火灾调查技术与方法研究

主　编　王鹤天　李　清　王秦科
罗　安　李　博

U0339014

吉林科学技术出版社

图书在版编目（CIP）数据

火灾调查技术与方法研究 / 王鹤天等主编 . -- 长春 : 吉林科学技术出版社 , 2023.6

ISBN 978-7-5744-0643-8

Ⅰ . ①火… Ⅱ . ①王… Ⅲ . ①火灾—调查—方法研究 Ⅳ . ① TU998.12

中国国家版本馆 CIP 数据核字 (2023) 第 136521 号

火灾调查技术与方法研究

主　　编　王鹤天等
出 版 人　宛　霞
责任编辑　袁　芳
封面设计　刘梦杳
制　　版　刘梦杳
幅面尺寸　185mm × 260mm
开　　本　16
字　　数　455 千字
印　　张　23.75
印　　数　1–1500 册
版　　次　2023年6月第1版
印　　次　2024年2月第1次印刷

出　　版　吉林科学技术出版社
发　　行　吉林科学技术出版社
地　　址　长春市福祉大路5788号
邮　　编　130118
发行部电话/传真　0431-81629529 81629530 81629531
81629532 81629533 81629534
储运部电话　0431-86059116
编辑部电话　0431-81629518
印　　刷　三河市嵩川印刷有限公司

书　　号　ISBN 978-7-5744-0643-8
定　　价　143.00元

前 言

习近平总书记指出:“科技创新、科学普及是实现创新发展的两翼，要把科学普及放在与科技创新同等重要的位置。”没有全民科学素质普遍提高，就难以建立起宏大的高素质创新大军，难以实现科技成果快速转化。科技创新与科学普及密切相关，科技创新离不开广泛的公众理解和积极的社会参与。

火灾事故调查是一项法律赋予公安消防机构的重要职责，不仅是查明火灾原因，追究事故责任的需要，也是一项消防基础工作。通过查找和探究火灾背后的深层次原因，总结分析火灾暴露出的问题和教训，改进和完善防火、灭火工作相关方法、措施，乃至政策、法规。当前，随着我国经济的不断发展，新技术、新材料、新设备、新能源不断应用，用火、用电、用气量不断加大，火灾事故原因日趋复杂，火灾事故调查难度相应增大，同时火灾事故调查结论关系受灾当事人的法律责任和切身利益，工作稍有差池，就有可能引发矛盾纠纷。因此，各级领导和社会各界越来越关注火灾事故调查工作，对火灾事故调查工作的要求也越来越高。为了顺应时代的需要，火灾事故调查人员必须增强责任感和紧迫感，明确职责、任务，不断加强火灾事故调查业务学习，精益求精地开展工作，确保调查结论经得起科学、历史和法律的检验。

本书首先介绍了火灾调查方面的技术内容；然后详细阐述了消防监督管理及产品检测知识，以适应当前火灾调查技术与方法研究的发展。

本书突出了基本概念与基本原理，在写作时尝试多方面知识的融会贯通，注重知识层次递进，同时注重理论与实践的结合。希望可以为广大读者提供借鉴或帮助。

由于笔者水平有限，书中难免出现不妥之处，恳请广大读者批评指正。

前言

目 录

第一章　火灾调查基本知识

第一节　火灾事故调查的概念、意义和任务

一、火灾事故调查的概念

火灾是时间或空间上失去控制的燃烧所造成的灾害，是在生产、生活中经常会发生的事故灾害之一。通过对火灾现场的勘验、对相关人员的调查询问和技术鉴定等活动，进行分析、认定火灾原因和对火灾进行处理的过程称为火灾调查。除了人为故意放火发生的火灾，大部分火灾表现为火灾事故，在生产、生活中随机发生，这时，火灾调查又称为火灾事故调查。根据《中华人民共和国消防法》（以下简称《消防法》）和《火灾事故调查规定》（公安部令第121号）的规定，火灾事故调查由各级人民政府公安机关消防机构负责组织实施。

二、火灾事故调查的意义

火灾事故调查是消防工作的一项基础性工作，搞好火灾事故调查对于加强消防建设，提高消防工作技术水平具有重要的现实意义和积极的作用。火灾事故调查的意义在于：

（一）获取火灾信息

火灾事故调查是公安机关消防机构和科研单位获取火灾信息的主要来源，是进行消防管理决策的重要依据。火灾事故调查所查明的起火原因、火灾性质、火灾损失的资料，又是进行火灾统计和分析的重要依据。通过对大量火灾信息进行统计、分析、比较，找出火灾发生的规律和特点，便于人们有针对性地采取消防安全措施，减少火灾的发生及其造成的损失。

（二）为制定消防法规、技术规范和措施等提供依据

我国相关消防法规、技术规范和措施是在总结以往同火灾进行斗争的经验的基础上制定的，随着经济建设和科学技术的发展，需要不断地补充、修改和完善。通过火灾事故调查获取的火灾资料，可以为制定、修改消防法规、技术规范和措施提供可靠的科学依据。

（三）为消防科研工作提供新课题

随着我国社会主义建设事业的飞速发展，新技术，新工艺、新设备、新材料、新能源等广泛应用，以及生产过程的大规模化和复杂化，消防工作出现了许多新情况、新问题。火灾事故调查工作能及时地从发生的火灾中发现这些新情况、新问题，为消防科研工作提供新的研究课题。

（四）为改进灭火手段，提高灭火效率提供新经验

通过分析火灾发展、蔓延的过程，可以重新调整灭火作战计划，增加新装备，研究新战术和采取新对策等。

（五）为防火宣传工作提供案例

火灾事故调查所积累的资料是防火宣传工作的重要素材和生动实例。通过宣传能起到教育人民群众提高消防安全意识，打击违法犯罪和加强法治建设的作用。

（六）为处理火灾责任者提供证据

通过火灾事故调查，可以及时有力地提供火灾责任者应承担什么火灾责任的证据，对于惩处火灾责任者，打击放火和渎职、失职造成火灾事故的罪犯，维护社会治安，保卫人民生命和财产的安全将起到重要作用。

三、火灾事故调查的任务

火灾事故调查的任务是指法律法规所设定的火灾事故调查机构应当承担的火灾事故调查的工作和责任。《消防法》和《火灾事故调查规定》中所规定的火灾事故调查的任务是：调查火灾原因，统计火灾损失，依法对火灾事故作出处理，总结火灾教训。

（一）调查火灾原因

公安机关消防机构通过勘验现场，调查询问，提取痕迹、物品，检验、鉴定和现场实验等手段收集证据材料，运用燃烧原理、火灾规律、痕迹物证等科学技术和人类认识规律，对火灾发生、发展过程进行综合分析，认定起火时间、起火部位、起火点、起火原因。

（二）统计火灾损失

火灾损失包括火灾直接经济损失和人员伤亡情况。根据《火灾事故调查规定》，受损单位和个人应当于火灾扑灭之日起七日内向火灾发生地的县级公安机关消防机构如实申报火灾直接财产损失，并附有效证明材料。公安机关消防机构应当根据受损单位和个人的申报、依法设立的价格鉴定机构出具的火灾直接财产损失鉴定意见以及调查核实情况，按照有关规定，对火灾直接经济损失和人员伤亡进行如实统计。火灾直接经济损失统计结果是公安机关消防机构总结、分析和研究火灾发生规律、特点的参考依据，不是民事赔偿或者保险理赔的法定证据和唯一证据。受损单位和个人因民事赔偿或者保险理赔等举证需要提供火灾直接经济损失数额的，可以自行收集有关火灾直接损失证据，或者委托依法设立的价格鉴定机构对火灾直接经济损失进行鉴定。

（三）依法对火灾事故作出处理

公安机关消防机构应当根据火灾事故调查认定情况，依法对火灾事故作出处理。对经过调查不属于火灾事故的，公安机关消防机构应当告知当事人相关处理途径并记录在案。公安机关消防机构对火灾事故的处理方式主要有以下三种：

（1）刑事处罚。经过调查，涉嫌失火罪、消防责任事故罪的，按照《公安机关办理刑事案件程序规定》立案侦查；涉嫌其他犯罪的，及时移送有关主管部门办理。

（2）行政处罚。经过调查，涉嫌消防安全违法行为的，按照《公安机关办理行政案件程序规定》调查处理；涉嫌其他违法行为的，及时移送有关主管部门调查办理，如交通事故引起的火灾等事故。

（3）行政处分。经过调查，对不构成违法犯罪的有关责任人，依据有关规定应当给予处分的，公安机关消防机构应当移交有关主管部门处理。

（四）总结火灾教训

公安机关消防机构在火灾事故调查中，不仅要查明引起火灾的直接原因，还要分析造成人员伤亡以及火灾蔓延、扩大的各个因素。从火灾事故单位及人员落实消防安全职责，执行法律法规和消防技术标准情况、火灾防范措施、日常监管和火灾扑救等方面进行全面调查，分析查找在消防安全管理、技术预防措施、消防设备和火灾扑救中存在的问题，从火灾中吸取教训，为有针对性地开展消防安全工作，避免类似的事故再次发生或尽量减少损失提供依据和指导。

第二节　火灾事故调查的管辖

火灾事故调查的管辖是对各级具有法定火灾事故调查主体资格的部门调查火灾时的职权范围的划分。为了充分发挥各级火灾事故调查部门的作用，使火灾事故调查工作及时、有效地开展，我国的法律对火灾事故调查的管辖实行谁主管、谁负责的原则。按照《消防法》和《火灾事故调查规定》的规定，从火灾事故调查的形式上来划分，我国的火灾事故调查采取职能管辖、级别管辖、属地管辖、指定管辖和移送管辖等多种管辖相结合的方式。

一、职能管辖

火灾事故调查由县级以上人民政府公安机关主管，并由本级公安机关消防机构实施；尚未设立公安机关消防机构的，由县级人民政府公安机关实施。公安派出所应当协助公安机关火灾事故调查部门维护火灾现场秩序，保护现场，控制火灾肇事嫌疑人。

铁路，港航、民航公安机关和国有林区的森林公安机关消防机构负责调查其消防监督范围内发生的火灾。

军事设施、矿井地下部分、核电厂的消防工作，由其主管单位管辖。军事设施发生火灾需要公安机关消防机构协助调查的，由省级人民政府公安机关消防机构或者公安部消防局调派火灾事故调查专家协助。

具有下列情形之一的，公安机关消防机构应当立即报告主管公安机关通知具有管辖权的公安机关刑侦部门，公安机关刑侦部门接到通知后应当立即派员赶赴现场参加调查；涉嫌放火罪的，公安机关刑侦部门应当依法立案侦查，公安机关消防机构予以协助。

（1）有人员死亡的火灾。

（2）国家机关、广播电台、电视台、学校、医院、养老院、托儿所、幼儿园、文物保护单位，邮政和通信、交通枢纽等部门和单位发生的社会影响大的火灾。

（3）具有放火嫌疑的火灾。

二、级别管辖

一次火灾死亡10人以上的，重伤20人以上或者死亡、重伤20人以上的，受灾50户以上的，由省、自治区人民政府公安机关消防机构负责组织调查；

一次火灾死亡1人以上的，重伤10人以上的，受灾30户以上的，由设区的市或者相当于同级的人民政府公安机关消防机构负责组织调查；

一次火灾重伤10人以下或者受灾30户以下的，由县级人民政府公安机关消防机构负责调查。

直辖市人民政府公安机关消防机构负责组织调查一次火灾死亡3人以上的，重伤20人以上或者死亡、重伤20人以上的，受灾50户以上的火灾事故，直辖市的区、县级人民政府公安机关消防机构负责调查其他火灾事故。

仅有财产损失的火灾事故调查，由省级人民政府公安机关结合本地实际作出管辖决定，报公安部备案。

上级公安机关消防机构应当对下级公安机关消防机构火灾事故调查工作进行监督和指导。

上级公安机关消防机构认为必要时，可以调查下级公安机关消防机构管辖的火灾。

三、属地管辖

跨行政区域的火灾，由最先起火地的公安机关消防机构按照级别管辖分工负责调查，相关行政区域的公安机关消防机构予以协助。

四、指定管辖

对管辖权发生争议的，报请共同的上一级公安机关消防机构指定管辖。对于重大、复杂的案件，上级公安机关可以直接办理或者指定管辖。

五、移送管辖

公安机关消防机构经立案侦查，认为有犯罪事实需要追究刑事责任，但不属于自己管辖的案件，应当移送有管辖权的机关处理。

六、由政府组织的火灾事故调查

按照《生产安全事故报告和调查处理条例》（国务院令第493号）的规定，特别重大事故由国务院或者国务院授权有关部门组织事故调查组进行调查。重大事故、较大事故、一般事故分别由事故发生地省级人民政府，设区的市级人民政府，县级人民政府负责调查。省级人民政府、设区的市级人民政府、县级人民政府可以直接组织事故调查组进行调查，也可以授权或者委托有关部门组织事故调查组进行调查。未造成人员伤亡的一般事故，县级人民政府也可以委托事故发生单位组织事故调查组进行调查。

上述由各级人民政府和国务院组织的火灾事故调查中，公安机关消防机构作为调查组成员单位，参与调查工作，主要职责就是认定火灾原因。

第三节　火灾事故调查的程序

一、简易程序

（一）简易程序的适用范围

同时具有下列情形的火灾，可以适用简易调查程序：

（1）没有人员伤亡的。

（2）直接财产损失轻微的。

（3）当事人对火灾事故事实没有异议的。

（4）没有放火嫌疑的。

其中，“直接财产损失轻微的”具体标准由省级人民政府公安机关确定，报公安部备案。

（二）简易程序的实施

适用简易调查程序的，可以由一名火灾事故调查人员调查，并按照下列程序实施：

（1）表明执法身份，说明调查依据。

（2）调查走访当事人、证人，了解火灾发生过程、火灾烧损的主要物品及建筑物受损等与火灾有关的情况。

（3）查看火灾现场并进行照相或者录像。

（4）告知当事人调查的火灾事故事实，听取当事人的意见，当事人提出的事实，理由或者证据成立的，应当采纳。

（5）当场制作火灾事故简易调查认定书，由火灾事故调查人员、当事人签字或者捺指印后交付当事人。

火灾事故调查人员应当在2日内将火灾事故简易调查认定书报所属公安机关消防机构备案。

二、一般程序

（一）一般程序适用范围

适用简易调查程序以外的火灾事故应当按适用一般程序实施调查。

（二）一般程序的实施

由公安机关消防机构组织实施，调查人员不得少于2人。通过现场保护、调查询问、现场勘验、鉴定检验等对火灾事故进行认定。必要时，可以聘请专家或者专业人员协助调查。公安部和省级人民政府公安机关应当成立火灾事故调查专家组，协助调查复杂、疑难的火灾。专家组的专家协助调查火灾的，应当出具专家意见。

公安机关消防机构应当自接到火灾报警之日起30日内作出火灾事故认定；情况复杂、疑难的，经上一级公安机关消防机构批准，可以延长30日。其中火灾事故调查中需要进行检验、鉴定的，检验、鉴定时间不计入调查期限。

三、复核程序

根据《火灾事故调查规定》的有关规定，火灾事故当事人对火灾事故认定不服的，可以依法向上一级公安机关消防机构提出复核，复核机构应当对复核申请和原火灾事故认定进行调查，并作出复核决定。

（一）申请

当事人对火灾事故认定有异议的，可以自火灾事故认定书送达之日起15日内，向上一级公安机关消防机构提出书面复核申请。对省级人民政府公安机关消防机构作出的火灾事故认定有异议的，向省级人民政府公安机关提出书面复核申请。复核申请应当载明复核请求的理由和主要证据。

当事人在申请时对检验、鉴定意见不服，申请进行重新检验、鉴定的，公安机关消防机构应当准许。为体现公开、公平、公正的原则，消除当事人的顾虑，第二次鉴定时可以召集火灾事故当事人到场，由当事人随机确定鉴定机构。

（二）受理

复核机构应当自收到复核申请之日起7日内作出是否受理的决定并书面通知申请人。有下列情形之一的，不予受理：

（1）非火灾当事人提出复核申请的。

（2）超过复核申请期限的。

（3）复核机构维持原火灾事故认定或者直接作出火灾事故复核认定的。

（4）适用简易调查程序作出火灾事故认定的。

公安机关消防机构受理复核申请的，应当书面通知其他相关当事人和原认定机构。

（三）调查

原认定机构应当自接到通知之日起10日内向复核机构作出书面说明，并提交火灾事故调查案卷。复核机构应当对复核申请和原火灾事故认定进行书面审查，必要时，可以向有关人员进行调查；火灾现场尚存且未变动的，可以进行复核勘验。

复核审查期间，复核申请人撤回复核申请的，公安机关消防机构应当终止复核。

（四）复核决定

复核机构应当自受理复核申请之日起30日内作出复核结论，并在7日内送达申请人、其他当事人和原认定机构。对需要向有关人员进行调查或者火灾现场复核勘验的，经复核机构负责人批准，复核期限可以延长30日。

原火灾事故认定主要事实清楚，证据确实充分，程序合法，起火原因认定正确的，复核机构应当维持原火灾事故认定。

原火灾事故认定具有下列情形之一的，复核机构应当直接作出火灾事故复核认定或者责令原认定机构重新作出火灾事故认定，并撤销原认定机构作出的火灾事故认定：

（1）主要事实不清，或者证据不确实、不充分的。

（2）违反法定程序，影响结果公正的。

（3）认定行为存在明显不当，或者起火原因认定错误的。

（4）超越或者滥用职权的。

复核机构直接作出火灾事故认定的，应当向申请人，其他当事人说明重新认定情况。复核以一次为限。

（五）重新调查

原认定机构接到重新作出火灾事故认定的复核结论后，应当重新调查，在15日内重新作出火灾事故认定。原认定机构在重新作出火灾事故认定前，应当向有关当事人说明重新认定的情况；重新作出的火灾事故认定书，自作出之日起7日内送达当事人，并告知当事人申请复核的权利，并报复核机构备案。当事人对原认定机构重新作出的火灾事故认定，可以按照《火灾事故调查规定》第35条的规定申请复核。

第四节　火灾事故调查的基本原则

火灾事故调查应当坚持及时、客观、公正、合法的原则。

一、及时性原则

火灾事故调查是一项时效性较强的工作。火灾事故案件证人关于火灾事实的记忆会随时间的流逝而遗忘，现场的痕迹物证随时间的推移被破坏、消失。因此，火灾发生后，应该及时展开火灾事故调查。

二、客观性原则

火灾现场的客观存在性，要求在火灾事故调查工作中，无论是调查询问、现场勘验、提取物证，还是制作法律文书，都要坚持客观态度，根据火灾现场的实际情况，注重证据，深入了解引起火灾的各种可能性，认真加以排除和认定，只有这样才能正确认识火灾，获得准确的调查结果并作出正确的结论。

三、公正性原则

公正包括程序公正和实体公正两方面的要求。调查程序公正的前提和基础是保障当事人必要的调查知情权。程序公正除了要求公安机关消防机构在进行火灾事故调查时，与火灾事实有利害关系的调查人员应当主动回避外，还包括公安机关消防机构在对火灾进行认定处理前，应当事先通知火灾当事人，并听取当事人对火灾事实的陈述、申辩。调查实体公正的内容包括：要求公安机关消防机构依法调查，不偏私，公平对待火灾当事人，以及合理处理火灾事故，不专断等。

四、合法性原则

火灾事故调查合法性原则主要包括调查主体合法和调查职权合法两部分内容。调查主体合法即要求公安机关消防机构能以自己的名义拥有和行使行政调查职权，并能够对调查行为产生的法律后果承担法律责任。职权合法是指火灾事故调查人员应当具备相应资格，由公安机关消防机构的行政负责人指定，负责组织实施火灾现场勘验等火灾事故调查工作，在火灾事故调查中实施的方法、手段要符合法律、法规的规定。同时，要求按照法定的程序，保证及时开展调查，收集到有效、合法的证据，提出火灾事故认定意见。

第五节　火灾事故调查的内容

一、火灾事故调查的工作内容

火灾事故调查是一项系统性的工作，在这个系统工作中有很多项工作内容，这些工作内容既是互相独立进行的，又是互相依赖、互相作用的。这些工作内容主要包括以下几方面：

（一）火灾现场保护

火灾现场保留着能证明起火点、起火时间、起火原因、火灾责任等的痕迹物证，这些痕迹物证容易受到人为的和自然的因素破坏。发生火灾后要把火灾现场很好地保护起来，划定现场封闭范围，设置警戒标志，禁止无关人员进入现场，对火灾现场进行保护。在调查中应当根据火灾事故调查需要，及时调整现场封闭范围，并在现场勘验结束后及时解除现场封闭。封闭火灾现场的，应当在火灾现场对封闭的范围、时间和要求等予以公告。

（二）火灾事故调查询问

火灾事故调查询问就是对与火灾有关的或知道火灾情况的人进行查访。它是展开火灾事故调查工作的第一步。通过对当事人、证人、受灾人员及周围群众的查访和对火灾责任者的询问，获取有关起火点、起火时间、起火原因、火灾责任等信息，为分析起火原因和火灾责任提供线索和证据。

（三）火灾现场勘验

火灾现场勘验就是对发生火灾的现场和一切与火灾案件有关的场所进行实地勘验，即对物的勘验。通过对火灾现场具体物品和痕迹的检验、提取、记录、分析，研究和发现它们的成因及与火灾的关系，为分析起火原因和火灾责任提供线索和实物证据。这是火灾事故调查工作的中心环节之一，是调查每场火灾所不可缺少的工作。

（四）火灾事故调查记录

火灾事故调查记录是研究起火原因的重要依据之一，也是处理火灾责任者的证据之一，主要包括火灾现场勘验笔录、现场照相、现场绘图，现场录像、现场询问笔录等。

（五）火灾物证鉴定

火灾现场上残留的能够证明起火原因、火灾责任等的证据，并不都是能够直接地或直观地作为证据的，有的需要经过有鉴定权的单位或专家进行鉴定，鉴定结论才能作为法定的证据。

（六）统计火灾损失

根据受损单位和个人的申报、依法设立的价格鉴证机构出具的火灾直接财产损失鉴定意见以及调查核实情况，按照《火灾损失统计方法》（XF 185–2014），对火灾直接经济损失和人员伤亡情况进行如实统计。

（七）认定起火原因和分析灾害成因

火灾事故调查人员要对从现场勘验、调查访问、物证鉴定等获取的线索、资料、证据进行综合分析和研究，通过分类排队、比较鉴别，排除来源不实、似是而非的材料，对查证属实的因素、条件和证据进行科学的分析和推理，进而认定起火原因。

对较大以上的火灾事故或者特殊的火灾事故，公安机关消防机构应当开展消防技术调查，形成消防技术调查报告，逐级上报至省级人民政府公安机关消防机构，重大以上的火灾事故调查报告报公安部消防局备案。

（八）火灾事故认定

公安机关消防机构应当根据现场勘验，调查询问和有关检验、鉴定意见等调查情况，作出火灾事故认定，制作《火灾事故认定书》。

《火灾事故认定书》自作出之日起7日内送达当事人，并告知当事人申请复核的权利。无法送达的，可以在作出火灾事故认定之日起7日内公告送达。公告期为20日，公告期满即视为送达。

（九）火灾事故处理

根据火灾事故调查获取的证据，依照有关的法律、法规的规定，对火灾事故作出处理。涉嫌失火罪、消防责任事故罪的，按照《公安机关办理刑事案件程序规定》立案侦查；涉嫌其他犯罪的，及时移送有关主管部门办理；涉嫌消防安全违法行为且尚未构成犯罪的，按照《公安机关办理行政案件程序规定》调查处理；涉嫌其他违法行为的，及时移送有关主管部门调查处理；依照有关规定应当给予处分的，移交有关主管部门处理。对经过调查不属于火灾事故的，告知当事人处理途径并记录在案。

二、火灾事故调查应当查明的案件事实

查明火灾原因是火灾事故调查工作的首要任务。一起火灾的发生，是多种因素共同作用的结果。在调查火灾原因中应重点查明如下情况：

（一）起火时间

起火时间是火灾过程中起火物发出明火的时间，对于自燃、阴燃则是发热、发烟量突变的时间。引火时间是指将火源接触可燃物的时间，此时可燃物可能立即燃烧，还可能过一段时间才能燃烧。所以起火时间和引火时间是两个不同的概念。

人们通常是看到浓烟，甚至火焰蹿出门窗或屋顶时才意识到发生火灾的，这是发现起火的时间。它与实际的起火时间通常有一段时间间隔，因为从开始着火到成为火灾有一个过程。例如一个烟头掉到易燃物上，到发生有火光的燃烧需要几十分钟，有时甚至需要几个小时。所以不要把引火时间、起火时间和发现起火的时间混淆。

确定起火时间的目的是帮助区分火灾的性质和划定调查范围。如果存在人为因素，就要以确定的时间为基础，采用定人、定时、定位的方法进行查证，以便从中发现可疑线索。有的火灾确定起火时间比较困难，这就要求调查人员认真听取群众的反映，细致分析、推算起火时间，必要时还应恢复起火前现场局部的原貌，进行模拟试验。

（二）起火部位和起火点

起火点是指最先开始起火的具体位置。在火灾现场勘验中对这个位置究竟按多大范围确定，目前尚没有标准，也很难作出规定。火灾事故调查人员总想把起火点的范围压缩得越小越好，事实上因为火灾现场的复杂性而很难做到。起火部位是包含起火点的大致的局部范围。对查清起火原因来说，不管是起火点还是起火部位，都具有同样的意义。

火灾事故调查的实践证明，起火点是认定起火原因的出发点和立足点，及时准确地判定起火点是尽快查明起火原因的基础。目前无论是国内还是国外，都公认在调查火灾原因和现场勘验中，一般应首先发现和确定起火点，然后在此基础上确定起火源和首先着火物质，进而准确查明起火原因。

火灾现场勘验中究竟把起火点确定为多大范围为宜，主要由火灾现场的客观情况来决定。一般燃烧痕迹比较集中，残痕特征比较清楚，能够看出火源的位置和火势蔓延方向，起火点的范围可压缩得小些；相反，则大些。

（三）起火前的现场情况

查明起火前的现场情况的目的是从起火前和起火后现场情况相对照的过程中发现可疑点，找出可能引起火灾的因素。主要应查明以下几方面情况：

1.建筑物的平面布置

建筑物的耐火等级，每个车间、房间的用途，车间内设备及室内陈设情况等。查清这些情况是为了研究这个建筑物起火后可能产生的状况特点。例如哪些地方可能成为火灾的蔓延途径，哪些地方可能遭到严重破坏。如果房间内存有机密文件或大宗钱财，并且此房间烧得特别严重，可据此提出放火的可能。

2.火源、电源情况

对火源所处的部位以及与可燃材料、物体的距离，有无不正常的情况，是否采取过防火措施；敷设电源线路的部位，以及使用的电线是否合格，是否超过使用年限，有无破旧漏电现象，负荷是否正常，近期检查修理情况；机械设备的性能、使用情况和发生过的故障都应了解清楚，以便推断出可能引起火灾的物质和设备。

3.储存物资情况

要了解起火房间或库房内是否存有互相抵触的化学物品或自燃性物品；可燃物品与电源、火源的接触情况；库房内通风是否良好，温度、湿度是否适当，仓库是否漏雨、雪等。

4.有关防火安全规定，操作规程等情况

发生火灾的单位有无防火安全规定、操作规程等，实际执行情况如何，有关制度规程是否与新工艺、新设备相适应。

5.曾经发生火灾的情况

以前是否发生过火灾，在什么地点、因什么原因发生火灾，事后采取过什么措施。

6.有哪些不正常现象

有无灯光闪动、异响、异味、升温和机械运转不正常等现象。

（四）火灾后现场情况

（1）起火时气象条件及火势蔓延方向。

（2）遭受火灾破坏比较严重的部位及周围的情况。

（3）现场上有哪些与火灾有关的痕迹和物证。

（4）当事人或其他人有无反常表现。

（五）灭火行动对现场的影响

灭火行动往往对火灾现场产生很大的影响，尤其是在灭火过程中进行的疏散财物，抢救人员和破拆将使火场的面貌发生很大的变化。为了对火灾现场有一个正确全面的认识，必须弄清灭火的全部过程，并分析灭火措施对火场产生的影响。

（六）群众对火灾发生的反映

本单位的职工、附近的群众对发生火灾的场所比较熟悉，他们对有关火灾发生的反映常常可提供很多可参考的线索，收集他们的反映，对查明火灾原因、厘定火灾责任有很大的帮助。但由于受每个人接触面所限，所以群众的反映有时会有不准确的成分。因此，调查访问时，既要听取群众的反映，也要结合其他材料进行全面分析印证。

第六节　火灾案件证据

火灾案件证据是认定起火原因、火灾性质，明确火灾责任，处理火灾责任者的依据，同时又是教育群众，制定有效防火措施的依据。《中华人民共和国刑事诉讼法》（以下简称《刑事诉讼法》）第四十八条指出：“可以用于证明案件事实的材料，都是证据”。对于火灾案件来说，凡是能够证明火灾案件真实情况的一切事实都是证据。

一、火灾案件证据的特征

火灾案件证据必须具有客观性、关联性和合法性的特征。

（一）客观性

火灾案件证据必须是客观存在的事实。一切没有经过调查核实的材料，如想象、推测、分析、猜疑、听说或无根据的流言等，都不能作为证据。客观性是证据的首要属性或根本特征。不论是由于主观故意、过失还是自然因素造成的火灾事故，总是在一定的时间、地点、范围和条件下发生的，不可避免地会与周围的事物发生联系或产生影响，必然会客观地留下燃烧痕迹、残留物，火灾责任者的行为也必然会在第三者的头脑中留下各种印象，这些都是客观存在的事实。因此，提取证据时必须深入开展调查研究，认真进行现场勘验、调查访问和鉴定证据，去伪存真、去粗取精，保持证据的客观性、真实性。

（二）关联性

证据的关联性是指证据与事件事实之间存在的一定程度的联系，这种联系是客观的而不是主观的。这种关联性可表现为因果联系，时间联系和空间联系、偶然联系和必然联系、直接联系和间接联系、肯定联系和否定联系等。火灾案件证据必须是同案件有关联，能起到证明作用的事实。一切与火灾案件有关的客观事实都可作为证据。例如，起火时间、起火点、燃烧痕迹、发火物残体、火灾损失等。凡是与案件有关的人证、物证、书证等都应收集。反之，与证明火灾事故无关的材料，即使是真实无误的，也不能作为火灾事故的证据。

证据与案件事实有一定关系的这个特征，又可称之为证明能力（或称为证明力）。证据的证明能力，是指证据对案件事实是否具有证明作用和作用的大小。显然，证据与案件事实关联性越大，证据的证明能力就越大。证据的证明能力与证据的关联性是有关系的，没有关联性的证据，也必然没有证明能力。

（三）合法性

收集火灾案件证据具有很强的法律性，火灾案件证据必须是合法的调查人员按照合法的程序收集来的事实。消防监督机构是调查处理火灾案件的法定机关。在调查时，如有需要可以询问和火灾有关的所有人员，在现场勘验时必须有两人以上的见证人在场；在询问证人时要坚持单独询问的原则，无关人员不要在场等。否则，即使发现了某些事实，也不能作为认定火灾原因、处理火灾事故的依据，即不具有法律效力。

二、火灾案件证据的作用

（一）证据能证明起火原因

对起火原因的准确认定是能否正确调查处理火灾案件的关键一步，所以必须以查证属实、确凿可靠的证据来证明起火原因。

（二）证据能确定火灾性质和认定火灾责任

任何火灾的发生都有因果关系，一场火灾是放火、失火还是自然火灾，只有在确凿的证据证明下才能认定。火灾责任者在火灾的发生上应当承担刑事责任、民事责任还是行政责任，也要有充分的证据才能确定。

（三）证据是处理火灾责任者的依据

对火灾责任者做出处理时，无论是刑事处罚、民事制裁还是行政处分，必须有充分确凿的证据作为依据，否则司法机关、消防监督机构和发生火灾的单位不能随便处理。公安机关消防监督机构在处理火灾案件中，必须提供查证属实、充分可靠的证据。

三、火灾案件证据的法定形式

证据的法定形式，又称证据种类，是指表现证据事实内容的各种外部表现形式。证据的种类由法律规定，公安机关消防机构承办的火灾案件性质不同，适用的证据类别和要求也有差异。

《刑事诉讼法》中规定，证据有八种：物证；书证；证人证言；被害人陈述；犯罪嫌疑人、被告人供述和辩解；鉴定意见；勘验，检查、辨认、侦查实验等笔录；视听资料电子数据。

《中华人民共和国行政诉讼法》（以下简称《行政诉讼法》）中规定，证据有八种：书证；物证；视听资料；电子数据；证人证言；当事人的陈述；鉴定结论；勘验笔录、现场笔录。

《公安机关办理刑事案件程序规定》中规定，证据有八种：书证；物证；证人证言；被害人陈述；犯罪嫌疑人供述和辩解；鉴定意见；勘验、检查，侦查实验、搜查、查封、扣押、提取、辨认等笔录；视听资料、电子数据。

《公安机关办理行政案件程序规定》中规定，证据有七种：书证；物证；被侵害人陈述和其他证人证言；违法嫌疑人的陈述和申辩；鉴定意见；勘验、检查，辨认笔录，现场笔录；视听资料、电子数据。

公安机关消防机构在调查火灾及办理案件过程中，火灾性质不同，则适用的证据种类不同。办理消防刑事案件，证据的种类适用《刑事诉讼法》的规定；办理消防行政案件则适用《行政诉讼法》和《公安机关办理行政案件程序规定》的规定。

（一）物证

物证是指以其内在属性、外部形态、空间位置等客观存在的特征证明案件事实的实物物体和痕迹。任何火灾案件在发生过程中都会对周围环境产生影响，留下物品或痕迹，这些物品或痕迹就成了证明案件事实的物证。火灾事故调查人员就是通过收集这些物证去查明或证明案件事实的。物证具有很强的客观性，是鉴别其他证据真伪的重要手段。

物证的内在属性，指的是物体的物理属性、化学成分和内部结构等。如金属物体的弹性、金相组织结构变化情况和金属表面氧化情况能够证明火灾现场曾经经历的温度，进而推断出火灾蔓延的方向，最终确定起火点。

物证的外部形态，指物证的大小，形状、颜色、光泽和图案等。例如，在起火点处提取的导线其断口处的形状可证明某种事实，是火灾现场高温还是电弧作用导致金属导线熔断。

物证的空间位置，指物证所处的位置、环境、状态及与其他物体的相互关系等。如确定燃烧痕迹的空间位置，对以此来确定火灾蔓延方向起证明作用。

痕迹是指一个物体在一定力的作用下在另一个物体的表面留下的自身反映形象。这种痕迹若能证明案件某种事实，也可以成为一种证据，我们称之为痕迹物证。火灾中常见的痕迹物证有燃烧痕迹、烟熏痕迹、摩擦痕迹、电蚀痕迹、受热痕迹、炭化痕迹、电熔痕迹等。

（二）书证

书证是指以文字、符号和图形等方式所记载的内容或表达的思想来证明火灾案件事实的书面文件或其他物品。书证具有书面形式，这是书证在形式上的基本特征。如火灾事故调查中常见的现场值班人员的值班记录、工厂生产车间记录生产过程的各种数据、火灾自动报警系统的记录清单、119消防指挥中心的接警记录、火灾单位研究消防问题的会议记录、业主与租户关于消防安全责任的合约、公安机关消防部门发出的《责令限期改正通知书》《复查意见书》、消防行政处罚的有关文书、火灾损失统计表、人员死亡证明材料、防火责任人任命书以及反映犯罪嫌疑人身份和年龄的身份证、户口本等，都属于书证。

书证虽然是实物，但它不属于物证。书证是以记载的内容来证明案件事实，而物证是以物品的自然属性或外部形态起证明作用。

书证一般不是当事人为调查火灾而形成的，它是在调查人员开始进行调查活动前，在事件发生过程中形成的，这也是书证与证人，当事人和鉴定人等提供的书面证明材料的主要区别。

（三）视听资料、电子数据

视听资料、电子数据，是指以录音录像或电子计算机储存的以及通过其他科技设备与手段所提供的有关信息。视听资料具有高度的准确性和逼真性，可以直观、动态地证明案件事实，可以直接证明火灾事实的多个要素。但视听资料是由人制作的，也有可能被用以制作伪证，因此要对其真实性进行审查核实。火灾事故调查中常见的视听资料、电子数据有：火灾现场及周边的监控录像，现场勘验时的录像，涉及报警时间的通信数据等。

（四）证人证言

证人是指知晓有关案件情况而向调查人员陈述案情的人。证人只能是了解案情、能够辨别事物并能正确表达的公民个人，单位不能作为证人。精神病患者等不能正确表达意思的人不能作证，对于精神状态、理解力尚未完全成熟的儿童，应根据其心理发育程度以及证明事实的难易程度，具体决定其能否作证。

证人证言是知晓案件有关情况的证人就其感知的事实向调查人员所作的陈述。证人证言有口头和书面两种形式，一般以口头陈述为主，必要时调查人员也可以要求证人提供书面证词。调查人员在询问证人时应该制作笔录，或者录音、录像。证人提供书面证词一般应由证人自己书写。

证人证言具有较强的主观性，与物证、书证相比，证人证言极易受到人的主观因素的影响。分析证人证言从感知、记忆和陈述等三个阶段的形成过程，即便完全排除外人对他的影响，证人的主观因素也会对其证言产生一定的影响，致使其可能失真、失实。

（五）当事人的陈述

当事人是指与火灾认定（即起火原因认定和火灾责任认定）有直接利害关系，未达到违法或犯罪的程度，但可能要承担火灾民事责任的人。如起火单位的业主，发生电器故障而引发火灾的电器生产厂家等，都是本节所指的当事人。

当事人的陈述是指当事人以口头或书面的形式就与火灾有关事实、情节和自己的行为向公安机关消防机构调查人员所作的陈述。

当事人不同于证人，证人是知道火灾情况的局外人，其证言有相当的真实性，而当事人所处的地位决定了他虽然比证人更了解火灾事实的某些真相，但由于他与起火原因或责任认定具有直接的利害关系，又使他不愿意如实陈述火灾事实。

当事人也不同于违法或犯罪嫌疑人，违法或犯罪嫌疑人面临着法律的惩罚，其陈述虚假的可能性很大，而当事人面临的主要是火灾的民事责任，虽然其可能不愿如实陈述，但又不敢公然作伪证。所以通过讲清道理和利害关系，当事人有可能作如实（或部分如实）

的陈述。

（六）违法嫌疑人的陈述和申辩

违法嫌疑人是指经公安机关消防机构收集到一定证据证明其有违反消防法律法规的嫌疑，并拟追究其行政责任的人。违法嫌疑人的陈述和申辩是指在办理行政案件中违法嫌疑人以口头或书面的形式，就有关火灾事实和自己的行为向公安机关消防部门所作的说明、辩解。

一般来讲，违法嫌疑人是最了解案件情况的人，其对火灾发生过程的陈述或对调查人员质询的申辩对查明火灾发生，发展的经过具有重要价值。但是，正因为违法嫌疑人的行为与火灾责任有因果关系，对火灾责任的处理也与其有直接的利害关系，因此违法嫌疑人可能会避重就轻，作虚假陈述，或者陈述真假混杂，对此，需要进行严格的审查判断。

（七）犯罪嫌疑人供述和辩解

犯罪嫌疑人供述和辩解，是指在公安机关消防部门办理消防刑事案件过程中，涉嫌失火罪或消防责任事故罪的嫌疑人在刑事诉讼过程中，就与火灾案件有关的事实向公安机关消防机构调查人员所作的陈述。一般表现为犯罪嫌疑人接受调查人员讯问，由调查人员根据讯问内容制作的讯问笔录。经调查人员许可，犯罪嫌疑人也可以亲笔书写的书面方式提供供述和辩解。

犯罪嫌疑人是最了解案件情况的人，其真实供述有可能全面反映案件事实情况，公安机关消防机构调查人员能够据此了解案件的全貌，有利于案件的调查。但是，为了逃避惩罚或减轻罪责，犯罪嫌疑人供述可能会隐瞒罪行，避重就轻，作虚假陈述，或者狡辩抵赖、编造谎言。所以，犯罪嫌疑人供述和辩解往往有真有假，真假混杂，而且是虚假的可能性最大。应当对犯罪嫌疑人供述和辩解进行严格的审查判断。

（八）鉴定意见，检测结论

鉴定意见是指由鉴定人运用自己的专业知识对案件中某些专门技术性问题所做的分析、鉴别和判断。检测结论是公安机关专业技术部门通过对可疑物质进行分析化验，得出被检验物的成分、含量等结论。在火灾事故调查中，调查人员提取到导线熔痕，要进行技术鉴定；现场勘验中提取到的可疑物品是否含有易燃物，要进行检测。所以鉴定意见、检测结论是公安机关消防机构调查火灾中经常使用到的一种证据，它是认定起火原因、案件性质的重要依据和手段。

在火灾事故调查中，鉴定意见、检测结论，主要是公安机关消防机构调查人员通过勘验、检查、搜查和调取等手段收集物证、书证，委托有资质的鉴定、检测机构进行鉴定、检测后获取的。违法嫌疑人或者受害人对鉴定结论有异议的，可以提出重新鉴定的申请，经县级以上公安机关负责人批准后，进行重新鉴定。

（九）勘验，检查笔录

勘验、检查笔录是指公安机关消防机构调查火灾和办理消防刑事案件时，调查人员对与火灾有关的物品、人身及场所进行勘验、检查所作的客观记录。火灾现场的勘验记录主要由《火灾现场勘验笔录》，现场图，现场照片，现场录像、录音等组成；对可能隐藏违法（或犯罪）嫌疑人或证据的场所进行检查的，制作检查笔录。

勘验、检查笔录不同于鉴定意见。鉴定意见是公安机关消防机构委托鉴定人就案件中的特定问题提出的判断性意见，而勘验、检查笔录是调查人员在勘验、检查过程中所作的客观记录。

勘验、检查笔录不同于书证。虽然勘验、检查笔录是以其记载的内容证明一定的案件事实，类似于书证，但它是在案件发生后，由公安机关消防部门调查人员对勘验、检查所见而作的一种纪实性的诉讼文书，所以又不同于书证。

勘验、检查笔录不同于物证。勘验、检查笔录虽然记载现场、物品、人身和尸体等情况，并附加绘图、照片等，使物证的某些情况得以固定，但它并不是物证本身。

四、火灾案件证据的收集

火灾事故调查中的收集证据，是公安机关消防部门调查人员依照法定的程序，发现证据、收取证据、固定证据的活动。收集证据包括发现证据和提取证据，它是证据调查工作的核心内容。

（一）火灾案件证据收集的原则

1.依据法定程序收集证据的原则

调查人员必须依据法律法规所规定的各项程序收集证据。法律法规对每种证据的收集都规定了严格的程序，在收集过程中都必须遵守，否则，非法获取的证据就没有证据效力。如对犯罪嫌疑人进行讯问时，调查人员不得少于两人，讯问前要告知犯罪嫌疑人其所享有的权利和义务，讯问笔录要犯罪嫌疑人签名或盖章等，这些程序在讯问时都必须遵守。

2.收集的证据必须具有合法性的原则

收集的证据必须具有合法性，不具有合法性的证据，不能作为定案的依据。证据的合法性体现在三个方面：收集证据、提供证据的主体合法；证据的形式合法，即证据的种类必须符合法定的形式；获取证据的手段合法。

（二）火灾案件收集证据的具体方法

火灾事故调查中的证据有物证，书证，视听资料，证人证言，当事人陈述，违法嫌疑人的陈述和申辩，犯罪嫌疑人供述和辩解，鉴定、检测结论，勘验、检查笔录等。由于这些证据的特点不同，收集方法和程序也不尽相同。

1.物证的收集

调查人员发现所需物证后，应尽快将其提取为证据。物证的提取，就是通过采取合理的方法和科学的技术手段将物证固定、提取为证据，确保物证不发生变形或者毁损，保持其原有的物质特征不变。可以用以下几种方法提取：

（1）笔录提取。笔录提取，即通过文字记录的形式来固定、提取物证。适用于不易实物提取的物证（特别是火灾燃烧痕迹物证）。其表现形式有现场勘验笔录，检查笔录。笔录提取除了用文字记录方式记载外，一般还配以照相、绘图等，使物证的特性得以更好表现。

（2）照相、摄像提取。即通过照相、摄像的方法摄取物证的影像，对其进行固定。照相、摄像提取法适用于各种物证。

（3）实物提取。直接提取与案件有关的物品，适用于体积不大的物证，痕迹载体以及以物质的内在属性（如物体成分、内在结构等）为证明内容的物证。

（4）复制提取。复制提取就是通过复制方式提取证据。对于物证的复制较多使用模型提取。即通过倒模成型等方式来复制、提取各种印压痕迹。

2.书证的收集

书证的收集主要是公安机关消防部门调查人员通过勘验、检查、搜查、扣押和调取等方法来进行。书证的收集方法与物证收集的方法相同，可参考本章关于物证收集的内容。

书证的收集应注意的是要尽可能收集原件，收集原件有困难的，还可采用以下方法：

（1）照相、摄像收集。将书证的内容采用照相、摄像的方法予以固定。

（2）复印、抄录收集。将不便提走的书证进行复印、抄录。

收集的书证不是原件的，调查人员应当在收集书证清单上注明出处，并由该书证原件持有人核实并签名、盖章或者捺指印。

3.视听资料的收集

收集视听资料，调查人员可采取检查、搜查、扣押、登记保存和调取等方法向有关单位或个人收集，保存有相关信息的录音、录像磁带和计算机储存器等原始载体。收集视听资料证据的方法与收集物证的方法基本相同，可参看物证的收集。

调取视听资料应当调取原始载体。取得原始载体确有困难的，可以调取副本或者复制件，并同时附有不能调取原始载体的原因、复制过程以及原始载体存放地点的说明，并由复制件制作人和原视听资料持有人签名、盖章或者捺指印。

对于可以作为证据使用的视听资料的载体，应当在有关笔录（如检查、搜查笔录等）中记载案件名称、案由，对象、内容，录取、复制的时间、地点、规格、类别、应用长度、文件格式及长度等，并妥为保管。

由于载体的特殊性，调取到视听资料后，应妥善保存，防止被他人剪辑、删节或意外灭失等。

4.证人证言的收集

公安机关消防部门调查人员收集证人证言一般是通过对证人进行口头询问，并以询问笔录予以固定。以口头询问的方式收集证言，主要是为了随时向证人提出问题，弄清证人具体了解哪些案件事实，情节及其感知的过程，还可以使证言中不清楚或矛盾的地方及时得到澄清。当然，根据《刑事诉讼法》，证人要求书写证言的，应当准许。必要时，调查人员也可以要求证人亲笔书写证言。

5.当事人陈述的收集

对于当事人的陈述这一证据的收集，可通过询问当事人进行。收集的方法与证人证言的收集相同。

6.违法嫌疑人陈述和申辩的收集

对违法嫌疑人的陈述和申辩这一证据的收集可采取询问的方式进行。在询问过程中要注意程序和方法，以使证据具有合法性，还要充分听取违法嫌疑人的申辩，可以使调查人员兼听则明，以利于查明案件事实。在询问过程中严禁刑讯逼供和以威胁、引诱、欺骗或者其他非法手段收集证据。

7.犯罪嫌疑人供述和辩解的收集

对犯罪嫌疑人供述和辩解这一证据的收集一般可采取讯问的方式进行。由于涉及犯罪嫌疑人的权利和义务，所以在讯问过程中要严格遵守法定的程序，严禁刑讯逼供和以威胁、引诱、欺骗或者其他非法手段收集证据。

8.鉴定意见、检测结论的获取

在火灾事故调查中，调查人员收集到的物证、书证，委托有资质的鉴定、检测机构进行鉴定、检测后获取鉴定意见、检测结论。调查人员所收集的物证、书证，没有必要都进行鉴定或检测，只有认为它具有某种证明作用，而调查人员因受技术水平和设备条件的限制无法了解其证明作用时，才需送有关专业技术部门进行鉴定或检测。

鉴定程序的合法性对于鉴定意见、检测结论是否合法具有非常重要的作用，不合法的鉴定意见、检测结论不能作为定案的依据。物证鉴定的程序包括一系列的从现场提取，送到鉴定部门，鉴定部门使用科学的方法得到鉴定意见的所有过程。

9.勘验、检查笔录的制作

调查人员对火灾场所进行勘验的，制作勘验笔录；对可能隐藏违法（或犯罪）嫌疑人或证据的场所进行检查的，制作检查笔录。检查笔录的制作与勘验笔录的制作方法基本相同，可参考勘验笔录的制作。

五、火灾案件证据的运用

在火灾事故调查中，公安机关消防机构调查人员收集齐全部证据后，运用科学的方法，通过运用证据，使火灾事实的真相得以查明，认定火灾事实，查明起火原因、火灾责任，以及消防刑事案件犯罪嫌疑人有罪无罪、罪轻罪重和是否应当负刑事责任。

证据的运用必须遵守一定的规则，才能准确、合法地证明案件事实。与火灾事故调查有关的运用证据规则主要有以下几类：

（一）证据排除规则

在证据调查中收集证据时，必须符合法律的规定。以违反法律禁止性规定或者侵犯他人合法权益的方法取得的证据，不能作为认定案件事实的依据。下列证据材料不能作为定案依据：

（1）严重违反法定程序收集的证据。

（2）以偷拍、偷录、窃听等手段获取侵害他人合法权益的证据。

（3）以利诱、欺诈、胁迫、暴力等不正当手段获取的证据。

（4）当事人无合法理由超出法定期限提供的证据。

（5）当事人无正当理由拒不提供原件、原物，又无其他证据印证，且公安机关消防机构难以辨认的证据的复制件或者复制品。

（6）被当事人或者他人进行技术处理而无法辨明真伪的证据。

（7）不能正确表达意志的证人提供的证言。

（8）不具备合法性和真实性的其他证据。

（二）优势证据规则

在运用多个证据证明同一案件事实要素时，如果证据证明的内容有冲突，除了应审查判断其矛盾之处、矛盾的原因外，还可以采取优势证据规则对证据进行选择。证明同一事实的数个证据，其证明效力一般可以按照下列情形分别认定：

（1）国家机关以及其他职能部门依职权制作的公文书证优于其他书证。

（2）鉴定意见，现场笔录，勘验笔录、档案材料以及经过公证或者登记的书证优于其他书证、视听资料和证人证言。

（3）原件、原物优于复制件、复制品。

（4）法定鉴定机构的鉴定意见优于其他鉴定机构的鉴定意见。

（5）原始证据优于传来证据。

（6）其他证人证言优于与当事人有亲属关系或者其他密切关系的证人提供的对该当事人有利的证言。

（7）公安机关消防机构通过直接询问取得的证人证言优于违法嫌疑人、被侵害人提供的证人证言。

（8）数个种类不同、内容一致的证据优于一个孤立的证据。

（三）不能单独作为定案依据的证据规则

办理行政案件时，为了提高行政效率，有时一两个证据就可以定案。哪些证据可以单独作为定案的依据，法律并没有明确规定，法律只规定了不能单独作为定案依据的证据。下列证据不能单独作为定案依据：

（1）未成年人所作的与其年龄和智力状况不相适应的证言。

（2）与一方当事人有亲属关系或者其他密切关系的证人所作的对该当事人有利的证言，或者与一方当事人有不利关系的证人所作的对该当事人不利的证言。

（3）难以识别是否经过修改的视听资料、电子数据。

（4）无法与原件、原物核对的复制件或者复制品。

（5）有改动的，当事人有异议的证据。

（6）其他不能单独作为执法依据的证据。

（四）免证规则

案件事实一般都需要用证据加以证明的，但有些事实则是无须证明的，下列事实公安机关消防机构可以直接认定：

（1）自然规律及定理。

（2）众所周知的事实。

（3）已经依法证明的事实。

（4）按照法律规定推定的事实。

（5）根据日常生活经验法则推定的事实。

（6）生效的人民法院裁判文书或者仲裁机构裁决文书确认的事实。

第七节　火灾和火灾原因分类

查清火灾和火灾原因的类别是火灾事故调查工作的目的和任务之一，也是认定火灾性质、处理火灾责任者和责任单位的依据之一。此外，在进行火灾统计，消防科学研究、学术交流、教学及其他消防工作中往往需要采用不同的分类方法和从不同角度调查火灾与起火原因。因此，在进行火灾事故调查时应根据所查明的线索和证据，对所调查的火灾和所查明的起火原因的类别进行正确的划分。

一、火灾的分类

（一）根据损失情况分类

根据公安部规定，火灾按照损失情况分为四类：特别重大火灾、重大火灾、较大火灾和一般火灾。

特别重大火灾是指造成30人以上死亡，或者100人以上重伤，或者1亿元以上直接财产损失的火灾。

重大火灾是指造成10人以上30人以下死亡，或者50人以上100人以下重伤，或者5000万元以上1亿元以下直接财产损失的火灾。

较大火灾是指造成3人以上10人以下死亡，或者10人以上50人以下重伤，或者1000万元以上5000万元以下直接财产损失的火灾。

一般火灾是指造成3人以下死亡，或者10人以下重伤，或者1000万元以下直接财产损失的火灾。（注：“以上”包括本数，“以下”不包括本数。）

（二）根据物质燃烧特性分类

根据中华人民共和国国家标准《火灾分类》（GB/T 4968-2008），依据可燃物的类型和燃烧特性，将火灾分为A、B、C、D、E、F六类。

A类火灾：指固体物质火灾。这种物质通常具有有机物质性质，一般在燃烧时能产生灼热的余烬。如木材、煤、棉、毛、麻、纸张等火灾。

B类火灾：指液体或可熔化的固体物质火灾。如煤油、柴油，原油、甲醇、乙醇、沥青、石蜡等火灾。

C类火灾：指气体火灾。如煤气、天然气、甲烷、乙烷、丙烷、氢气等火灾。

D类火灾：指金属火灾。如钾、钠、镁、铝镁合金等火灾。

E类火灾：带电火灾。物体带电燃烧的火灾。

F类火灾：烹饪器具内的烹饪物（如动植物油脂）火灾。

（三）根据火灾发生的场所分类

根据火灾发生的场所，可以将火灾分为化工火灾、建筑火灾、隧道火灾、森林火灾、公众聚集场所火灾、船舶火灾等。

二、火灾原因的分类

火灾原因的分类方法很多，不同的国家有不同的方法。我国目前主要从火灾统计和火灾事故调查的角度进行分类。

（一）从火灾统计的角度分类

现行的火灾统计方法将火灾分为放火、电气、违章操作、用火不慎、吸烟、玩火、自燃、雷击、原因不明、其他等十类。

（二）从火灾事故调查的角度分类

由于火灾性质不同，社会危害程度不同，调查的主体不同，对火灾事故的处理方式不同，在火灾事故调查中，将火灾原因分为放火、失火和意外火灾。

1.放火

放火是指行为人为达到个人的某种目的，在明知自己的行为会引起火灾的情况下，希望或放任火灾结果发生的行为。精神病人在不能辨认或不能控制自己行为时的放火除外。

放火是一种严重危害公共安全的故意犯罪行为，属于刑法严厉打击的范畴。根据放火的原因和目的可以将放火分为：为掩盖犯罪事实的放火、报复放火、为经济利益放火、自杀放火、精神病人放火、变态狂放火等。

2.失火

失火是指行为人应当能预见到自己的行为可能引起火灾，但由于疏忽大意而没有预见；或者已经预见到但由于过于自信，轻信能够避免；或者不负责任、玩忽职守，以致火灾发生。失火是最常见的火灾，在火灾类别中占有相当大的比例，也是火灾事故调查工作查处的重点。这类火灾大多是由于用火不慎、管理不当，或电气设备安装、使用不当，违反安全操作规程等因素所致。

3.意外火灾

意外火灾是指由于不可抗拒或者不能预见的原因所引起的火灾。不可抗拒的火灾是指由于人类所不能控制的，如地震、海啸、雷击等自然灾害引起的火灾。不能预见的火灾是指由于人们在生产、生活和科研过程中未曾经历过或未掌握其规律而无法预见的火灾。

另外，也有根据起火物的类型、起火源、起火原因分类的，此处不再赘述。

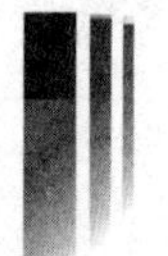

第二章　火灾调查询问

第一节　火灾调查询问的概念、作用与原则

一、火灾调查询问的概念

火灾的发生不仅会造成巨大的财产损失和人员伤亡，在客观上留下残垣断壁等视觉痕迹，同时还会在人的头脑中留下对火灾发生、发展及整个过程的记忆痕迹。为了查明火灾原因，火灾调查人员除了要认真勘验火灾现场、提取实物证据外，还要及时对火灾的知情人做大量的调查走访工作，询问有关火灾情况，获取火灾案件的线索和证据材料。

火灾调查询问，是指火灾调查人员用口头提问的方式向火灾受害人、火灾肇事嫌疑人和证人查询案情的活动。火灾受害人，是指由于火灾的发生，在经济上、生理上遭受损失和创伤的人。火灾肇事嫌疑人，是指对火灾发生、扩大和蔓延负有责任的嫌疑人。火灾案件的证人，是指了解火灾有关情况，生理或精神状态健康，能够辨别是非，并能进行正确表达的人。根据询问结果所制作的询问笔录是火灾调查中重要的法定证据之一。

询问是火灾调查中的一种最基本、最常用、最重要的调查手段，是一种重要的取证方法，是一种特殊的心理交往方式，是依靠群众办案的重要形式，是一项严肃的执法活动。

二、火灾事故调查询问的作用

通过对火灾当事人、责任者和证人等的调查询问，全面而有针对性地收集线索和证据，有利于高效查明起火时间、起火点及火灾的发生和发展过程，更有利于现场勘验、认定起火原因和火灾责任。因此，火灾事故调查人员在进行火灾事故调查的过程中，要充分利用一切机会，广泛深入地进行调查询问。调查询问具有以下作用：

（一）为现场勘验提供线索，明确调查方向

复杂火场，特别是烧毁、破坏情况比较严重的火场，有时单从烧毁痕迹、烟熏痕迹或其他火灾蔓延痕迹上很难确定起火部位。即使能够通过现场勘验得出结论，也需要花费数倍的时间，付出巨大的人力物力。火灾现场上有时存在着一次火流和二次火流，也就是燃烧蔓延方向返回的问题，一次火流留下的比较清楚的蔓延痕迹，有可能被二次火流破坏。比如一座厂房内部发生火灾，火从窗户窜出去，引燃了堆在窗外的货物，货物猛烈燃烧后，又反扑到厂房，在这种情况下单凭火场上留下的燃烧痕迹，要准确地判断起火点是非常困难的。但是，若能找到几个，哪怕是一个可靠的较早发现起火的人，他就可以提供有价值的线索，从而使勘验范围合理地缩小，做到有的放矢地进行勘验工作，大大加快勘验的进程。

（二）有助于发现、判断痕迹物证

现场上的痕迹、物证的形成过程以及与火灾原因、火灾过程的关系有时单凭现场勘验并不能搞清楚，由于火灾当事人和群众了解火灾现场原有物品的种类、数量、性质及其位置关系，生产设备、工艺条件及故障情况，火源、电源的使用情况及其他情况，所以，在调查询问时，可以让他们提供哪些地方有哪些物品，有关物品是否为原来现场所有的，可疑物品是否变动了位置，这些物品或痕迹在火灾过程中是如何形成的等。由此可以帮助火灾事故调查人员分析认定痕迹物证的证明作用及其与起火的原因和火灾责任的关系等。

（三）验证现场情况

通过调查询问获取的线索，能弥补现场勘验的不足，有助于进一步深入细致地勘验现场。火灾现场情况是复杂的，由于火灾的破坏、灭火的影响以及人为的故意破坏，使火灾现场较原始现场有所变化，这些变化往往会使现场勘验工作误入歧途。调查询问所获取的线索、证据与现场勘验所获取的线索、证据互相配合，互相验证，可使现场勘验工作方向明确，更加深入细致。此外，群众对火灾的观察，由于发现的时间不同，观察的角度不同，个人的认识能力和认识水平以及其他因素的影响，有的比较片面，有的可能是错觉，有的甚至是假的，因此应尽量多收集群众提供的各种不同情况，并对其互相验证，加以分析，去粗取精，去伪存真，以便得出正确的判断。

（四）有利于分析判断案情

通过调查询问，可以了解到现场的人、事、物以及相互关系的详细情况，获得火灾发生前后群众的所见所闻。这些材料和实地勘验材料是分析火灾案情的重要依据之一。有时根据证人提供的线索，有可能找到火灾肇事嫌疑人或火灾肇事嫌疑人的直接见证人。

三、火灾事故调查询问的原则

火灾事故调查询问是一项十分细致而复杂的工作，其政策性、策略性、技术性、时效性很强。火灾事故调查询问的原则是由相关法律、法规规定的，是火灾事故调查中必须遵循的行为准则。在工作中应遵循如下一般原则：

（一）个别询问原则

《刑事诉讼法》第一百二十四条规定："侦查人员询问证人，可以在现场进行，也可以到证人的所在单位，住处或者证人提出的地点进行，在必要的时候，可以通知证人到人民检察院或者公安机关提供证言。在现场询问证人，应当出示工作证件，到证人所在单位、住处或者证人提出的地点询问证人，应当出示人民检察院或者公安机关的证明文件。询问证人应当个别进行。"同一起火灾案件有两个以上被询问对象时，每次询问只能对一个被询问对象进行，其他证人或无关人员不能在场。不得把几个证人召集在一起进行集体询问，更不能采用开座谈会或集体讨论的方式进行询问。坚持个别询问不仅是法律本身的要求，而且还具有多方面的意义：一是有利于火灾事故调查人员根据被询问对象的不同情况，有针对性地提出问题和进行思想教育；二是有利于排除被询问对象相互间的干扰和影响，打消顾虑，如实陈述；三是有利于火灾事故调查人员对各个被询问对象陈述的情况进行分析、对比、印证；四是有利于对被询问对象的作证行为和提供的情况进行保密。

（二）依法询问原则

火灾事故调查是一项严肃的执法工作，整个过程都必须依法进行。调查询问当然也不能例外。依法询问就是在火灾事故调查中必须按照法律法规的有关规定对被询问对象进行询问。我国相关法律法规对火灾证人、被侵害人和肇事嫌疑人的询问作出了许多明确的规定。例如：调查询问必须由办案人员进行且办案人员不得少于两人；询问火灾证人，受害人和肇事嫌疑人应当个别进行；询问前应当向被询问人如实地告知提供证据、证言和有意作伪证或者隐匿罪证要负的法律责任；依法制作询问笔录等。严格执行依法询问原则，是确保询问活动和询问结果合法性和客观性的基本保证。

（三）及时询问原则

在火灾事故调查过程中，一旦发现知情人，应当及时进行询问，尤其是对那些重要的知情人、流动性较强的知情人以及伤病情严重的被侵害人更应当立即进行询问。及时询问有利于防止被询问人受到某些消极因素的影响，发生拒证和伪证的情况；同时也可预防由于被询问人出走或者死亡失去收集证言的条件。

第二节　询问的对象与内容

根据火灾现场的具体情况，确定火灾事故调查询问的对象和内容，是做好火灾事故调查询问工作的前提和基础。凡是了解火灾经过，熟悉现场情况，以及能为查明火灾原因提供信息和帮助的人，都应被列为调查询问的对象，而具体询问的内容则因人而异。

一、火灾事故调查询问的对象

在实际火灾事故调查工作中，被列为调查询问对象的通常是了解火灾经过，熟悉现场情况，能为查明火灾原因提供信息和帮助的人，主要包括：

（1）最先发现火灾和目睹火灾发生发展变化的人及火灾报警人。

（2）扑救火灾的人员。

（3）最后离开起火部位的人。

（4）熟悉起火场所、部位、生产工艺的人。

（5）火灾肇事嫌疑人。

（6）被侵害人。

（7）其他有关人员。

二、火灾事故调查询问的主要内容

通过调查询问，要搞清起火前后火灾现场七个方面的情况：

（1）建筑物的结构、空间组织、平面布局及实际使用状况、建筑耐火等级等。

（2）火源、电源的分布及使用情况。

（3）生产工艺流程、机器设备的布局，原料、产品的性质和火灾、爆炸危险性。

（4）火灾事故前的异常情况。

（5）在场人员的活动情况、防火安全制度的执行情况等。

（6）起火时间、起火部位、火灾蔓延情况。

（7）现场施救有关情况等。

三、不同对象调查询问的具体内容

（一）最先发现起火的人和报警人

（1）发现起火的时间、地点，最初起火的部位及证实起火时间和部位的依据等。

（2）发现起火的详细经过，即发现者在什么情况下发现，起火前有什么征象，发现时主要燃烧物质，有什么声、光、味等现象。

（3）发现后火场变化的情况，火势蔓延的方向，燃烧范围、火焰和烟雾颜色的变化情况。

（4）发现火情后采取过哪些灭火措施，现场有无发生变动，变动的原因和情况。

（5）发现起火时还有何人在场，是否有可疑的人出入火场，还有其他什么已知的情况。

（6）发现起火时的电源情况，电灯是否亮，设备是否转动等。

（7）发现起火时的风向、风力情况。

（8）报警时间、地点及报警过程。

（二）最后离开起火部位的人员或在场人员

（1）在场时的活动情况，离开起火部位之前是否吸烟或动用了明火，生产设备运转情况，本人具体作业或其他活动内容及活动的位置。

（2）离开之前火源、电源处理情况，是否关闭燃烧气源、电源，附近有无可燃、易燃物品及它们的种类、性质、数量。

（3）在工作期间有无违章操作行为，是否发生过故障或异常现象，采取过何种措施。

（4）其他在场人的具体位置和活动内容。何时离去，为何离去，有无他人来往，来此目的、具体的活动内容及来往的时间、路线。

（5）离开之前，是否进行过检查，是否有异常气味和响动，门窗关闭情况。

（6）最后离开起火部位的具体时间、路线、先后顺序，有无证人。

（7）得知发生火灾的时间和经过，对火灾原因的见解及依据。

（三）熟悉起火部位周围情况的人，熟悉生产工艺过程的人

（1）建筑物的主体和平面布置，建筑的结构耐火性能，每个车间、房间的用途，车间内的设备及室内陈设情况等。

（2）火源、电源情况。火源分布的部位及与可燃材料、物体的距离，有无不正常的

情况，如是否采取过防火措施；架设线路的部位。电线是否合乎规格，使用年限，有没有破损漏电现象，负荷是否正常。

（3）近期有关检查、修理、改造的情况；机械设备的性能，使用情况和发生的故障等都应该了解清楚，以便推断出可能起火的物体和设备。

（4）储存物资的情况，起火部位存放、使用的物资、材料、产品情况（包括种类、数量、相互位置）。如起火的房间或库房内是否有性能互相抵触的化学物品和自燃性物品；可燃性物品与电源、火源的关系；库房内的通风是否良好，温度、湿度是否适当，以及是否漏雨、漏雪等。

（5）有无火灾史。曾在什么时间、部位、地点，什么原因发生过火灾或其他事故，事后采取过什么措施。

（6）设备及工艺情况，以往生产及设备运转情况。

（7）有无防火安全规定、制度和操作规程，实际执行情况如何，有关制度和规程是否与新工艺、新设备相适应。

（8）有哪些不正常现象，如：设备、控制装置及灯火闪动、异响、异味等。

（四）最先到达火场救火的人

（1）到达火场时，火势发展的形势和特点，冒火冒烟的具体部位，火焰烟雾的颜色、气味。

（2）到达火场时，火势蔓延到的位置和扑救过程。

（3）进入火场、起火部位的具体路线。

（4）在扑救过程中是否发现了可疑物件、痕迹和可疑人员出入情况。

（5）起火单位的消防器材和设施是否遭到了破坏。

（6）起火部位附近在扑救过程中火势如何，是否经过破拆和破坏，原来的状态如何。

（7）采用何种灭火方式，使用什么灭火剂，作用如何。

（五）相邻单位目击起火的人和周围群众

（1）起火前后他们目睹的有关情况，如发现起火的部位、范围、火势情况、起火前火源、电源的反常情况，是否发现可疑物等。

（2）群众对起火的议论和反应。

（3）当事人的有关情况。如经济、作风和思想品质等，家庭和社会关系，火灾前后的行为表现等。

（4）以往是否发生火灾及其他事故和案件情况。

（六）值班人员

（1）交接班时间记录。

（2）检查情况、检查时间、检查部位、检查路线、检查次数，有无反常情况及处理情况等。

（3）用火、用电情况，如本人吸烟、照明情况等。

（4）发现起火经过、火势情况和采取的措施。

（5）值班巡逻制度、措施。

（6）有无人员进出及具体时间。

（七）火灾肇事嫌疑人和火灾被侵害人

（1）用火用电、操作作业的详细过程，有无因本人生产、生活用火或用电不慎，疏忽大意，违反安全操作规程而引起火灾的可能。火灾当时及火灾前当事人、被侵害人在何处，何位置，做什么，肇事前和受灾后的主要活动。

（2）起火部位起火物堆放情况，品种、数量与火源距离等。

（3）起火过程及扑救情况。

（4）受伤的部位、原因。

（5）对于居民火灾，还要了解当事人与邻居的关系，考虑有无因私仇或纠纷而放火的可能。

（八）起火单位领导或户主

主要向起火单位领导或户主了解以下情况：

（1）对起火原因的看法，如内部矛盾，提供可疑人、重点人等。

（2）起火前有无火灾隐患及整改情况。

（3）以往火灾及其他事故方面的情况。

（4）安全制度的执行情况。

（5）损失情况。

（九）消防机构有关部门或人员

（1）到达火场时燃烧的实际位置及蔓延扩大情况，如最先冒烟冒火部位、塌落倒塌部位、燃烧最猛烈和终止的部位等。

（2）燃烧特征，如烟雾、火焰、颜色、气味、响声。

（3）扑救情况，水枪部署部位和堵截的部位、放弃的部位。

（4）扑救时出现的异常反应，气味、响声。

（5）采取的措施，开启和关闭阀门、开关、门窗；开启地板、墙壁、屋顶、天棚洞孔情况和具体部位。

（6）到达火场时，门窗关闭情况，有无强行进入的痕迹。

（7）断电情况，照明灯是否亮，机器是否转动等。

（8）设备、设施损坏情况，如输送气体、液体的管道和阀门状态，电气设备，用电器具改动情况等。

（9）起火源的状态。

（10）是否发现起火源及其他火种、放火遗留物（瓶子、桶、棉花、布团、火柴等）。

（11）到达火场时，其他人员活动情况，如扑救、抢救物品情况，人员被火围困情况等。

（12）抢救人员经过路线和死者位置等。

（13）在场人员（单位领导、群众等）反映的有关情况。

（14）接火警时间、到达火场时间。

（15）天气情况，如风力、风向情况。

总之，调查询问要根据火灾事故调查的实际需要进行，对于那些起火原因比较清楚，痕迹物证十分明显充分的，则没有必要进行广泛的调查询问。

第三节　询问的方法与技巧

一、针对不同被询问对象的询问技巧

（一）对受害人及其他利害关系人的询问

受害人及其他利害关系人与火灾案件处理的结果有直接或间接的关系，在心理上具有接受询问的积极性和主动性，询问时一般不必过多启发教育，可让其自由陈述。当然，他们是火灾案件的受害人，受火灾的影响、刺激较多，在陈述时可能有事实情节失实、夸张的一面，所以，应特别注意其陈述的语气、表情、用词等，分析是否有虚假陈述的一面。

在陈述完毕后，还可让其复述一些重要情节或调查人员认为应当复述的问题，以此进一步判断陈述的真实程度。

（二）对知情人的询问

询问知情人经常遇到的困难是知情人不肯合作，多数人以不知情为由拒绝接受询问。应当根据知情人不愿合作的原因，有针对性地做好说服教育工作，采用恰当的方法、选择适合的环境，设法消除知情人拒绝合作的心理障碍。同时，建立行之有效的制度和物质保障，为知情人提供证言创造良好的大环境。

（三）对火灾肇事嫌疑人的询问

在调查询问中，火灾肇事嫌疑人有可能会对肇事行为做出供述，此时，火灾调查人员头脑要冷静，切不可喜形于色，更不能轻易表态。否则，就很容易使火灾肇事嫌疑人意识到火灾调查人员并不像所说的那样，掌握着自己的违法事实和证据，应随机应变，步步推进，不要轻易打断火灾肇事嫌疑人的供述，更不要急于揭露矛盾和谎言，让火灾肇事嫌疑人把自己所了解的一些事实线索和信息供出来。

火灾肇事嫌疑人否认违法事实并作某些申辩时，火灾调查人员应让火灾肇事嫌疑人详细具体地陈述无过错的理由和根据，不要随便堵塞言论，指责火灾肇事嫌疑人不老实，更不能进行威胁恫吓，无论申辩有理还是无理，都应认真耐心地听完并及时进行核实。对于不承认自己有火灾肇事行为的，可以根据情况分别采取重点突破或欲擒故纵谋略。对于承认自己实施了某种行为，但不承认其行为是违法的，可以采取“先查事实后定性”的做法。

遇到火灾肇事嫌疑人闭口不谈的情况时，火灾调查人员应耐心细致地进行思想教育，也可以进行探察式询问，即通过对一般问题的询问，摸清火灾肇事嫌疑人闭口不谈的原因，从中发现问题，为下一步询问创造条件。

二、常用的具体方法

（一）自由陈述法

这种方法是让被询问对象自然地、详细地、系统地叙述所知道的与火灾有关的情况。采用这种方法时，应该让被询问对象将所有知道的情况一口气讲完，即使陈述超过要求的范围，甚至琐碎重复，火灾调查人员也不要插话制止，否则不仅容易打断其思路，失掉线索，遗漏重要的细节，而且还会使其受到某种影响，少讲或根本不讲其所知道的情况。

（二）广泛提问法

这是火灾调查人员对被询问对象进行的一种提问范围广泛的询问方法。这种方法一般在陈述法之后采用，根据火灾案件情况和被询问对象叙述中的疑点进行提问。在具体操作中，应注意避免“提示性”或“供选择性”的提问方式。

（三）联想刺激法

这是火灾调查人员向被询问者提醒某些问题，促使其产生回忆的一种询问方法。其主要方式有以下几种：

（1）接近联想。它是指由对一件事物的感知或回忆，引起在空间或时间上接近事物的回忆。这种方法经常在被询问对象记不清火灾的地点、时间及用火、用电等情况时采用。

（2）相似联想。它是指利用对一件事物的感知或回忆引起与它在性质上接近或相似事物的回忆。

（3）对比联想。它是指由某一事物的感知或回忆引起的与它具有相反特点的事物的回忆。这种方法常常可以从询问问题的反面唤起被询问对象对该问题的回忆。

（4）关系联想。它是指由于事物的某种联系而形成的联想。反映事物的联想是多种多样的，当被询问对象对某一问题记忆不清时，可以从这一问题的多方面的联系中提醒被询问对象进行认真的回忆。

一件事物总是与许多事物联系着，因而可能引起的联想很多。对一件事物的感知或回忆究竟能够引起什么联想，是由事物间联系的强度和人的意向、兴趣等因素决定的。因此，在采用联想刺激法对询问对象进行询问时，应选择那些对被询问对象刺激强度大、联系次数多、时间近的事物进行联想刺激。只有这样，才能获得良好的回忆效果，使被询问对象把以前产生的与火灾有关的事实情节反映出来。

（四）检查提问法

这是火灾调查人员对被询问对象的陈述追根溯源的一种询问方法。采用这种方法询问，对于考查被询问对象陈述的准确性、真实性和发现新的重大问题都很有意义。火灾调查人员首先要向被询问对象提出确定的问题和需要补充说明的问题，让被询问对象进行具体的陈述，以便从中发现矛盾、揭露谎言，查明具有证据意义的重大问题。

火灾调查人员还要向被询问对象询问消息的可靠性和准确性。要详细查询当时的情况和条件，如时间、距离、火焰颜色、电灯亮与灭、风向等，并进行综合分析、比较，得出正确的结论。

（五）质证提问法

这是火灾调查人员巩固被询问对象陈述的一种询问方法。在被询问对象做了系统陈述或对某一重要事实、情节作了陈述之后，要先让被询问对象保证已做出的陈述是真实的，再让被询问对象重述一遍。如果被询问对象推翻已做出的陈述，应该允许，并要查明推翻的原因，以便进一步开展调查工作。

以上几种询问方法是互相联系、密不可分的，不能把它们割裂开来，孤立地去运用某一种方法，而应该把它们作为一个完整的方法体系，机动灵活地加以综合运用。只有这样，才能使取得的证言或其他证据材料更加真实可靠。

第四节　询问笔录的审查与判断

通过火灾事故调查询问所获取的证据可以统称为狭义的火灾事故调查言词证据，主要包括三部分内容，即火灾肇事嫌疑人的供述和辩解、被侵害人的陈述和证人证言。在众多的案件证据之中，言词证据具有生动形象、具体、获取效率高、办案成本低等优点。但是，与实物证据相比，由于受各种主客观因素的影响，言词证据也存在虚假或失真等致命缺点。因此，为了保证火灾事故调查的有效性和真实性，需要对言词证据进行必要的审查判断，以鉴别其真伪。

一、审查验证证言的重要性

与实物证据相比，言词证据具有自身独特的优点：能够形象生动、详细具体地反映案件事实，使得调查人员能够迅速地从总体上把握案件的全貌，这是痕迹、物证等实物证据所无法比拟的；言词证据收集方法需要的技术含量少，不需要额外的仪器设备，办案成本低；言词证据获取效率高，可以在有限的时空范围内，实现取证量的最大化等。但与此同时，以语言为载体的言词证据，不可避免地会受各种主、客观因素或其他因素的影响而出现虚假或失真现象的致命缺点。

（一）主观因素方面

言词证据的提供者与案件存在着某种利害关系，可能使其在主观上作虚假陈述。如部分火灾肇事嫌疑人为了逃避罪责，常故意隐瞒案件真实情况，提供虚假情况。也有部分被侵害人出于加重火灾肇事嫌疑人处罚的目的而故意夸大某种事实或情节，做出虚假陈述。还有部分被侵害人为了保全自身的名誉或隐私，也常常会隐瞒案件的真实情况。虽然一般证人、鉴定人与案件没有直接利害关系，但也会由于其个人品质、出于个人私利、受到威胁、利诱等因素的影响，而出现主观上不愿意作证、客观上作伪证或故意做出错误鉴定结论的现象。

（二）客观因素方面

即使责任感很强，或者最诚实、最善良的证人所提供的证言，也可能出现与案件事实不符的情况。因为言词证据的形成是一个相当复杂的过程，一般应经过感知、记忆、陈述三个阶段。在这三个阶段中，言词证据可能因各种客观因素的影响而出现失真现象，使其与案件真实情况差异较大，甚至严重失实。如在感知阶段的个人生理条件，心理素质、感知时的自然环境状况（如距离远近、光线明暗、气候条件等）会不同程度地影响言词证据提供者的感知能力；记忆阶段的感知强度与频率，情绪、年龄等因素也会影响言词证据提供者的记忆能力；陈述阶段的对问题的领悟能力、文化程度和社会经历等客观因素也会影响言词证据提供者的陈述能力。这些客观因素都在不同程度上制约了言词证据的真实性和完整性。

（三）其他因素方面

部分调查人员在收集言词证据过程中，由于业务水平较低，制作的询问笔录、讯问笔录出现错误，与被侵害人陈述、火灾肇事嫌疑人供述、证人证言相差较大；使用翻译人员的翻译水平等因素也可能影响言词证据的真实性等。

按照证据本质属性的要求，只有那些能够证明案件真实情况的客观事实，才能作为定案的证据。我国《刑事诉讼法》第五十条明确规定“……证据必须经过查证属实，才能作为定案的根据”。因此，只有对言词证据进行必要的审查判断，才能鉴别真伪，去伪存真，保证言词证据的客观真实性、合法性，为以后正确适用法律奠定基础。

二、审查验证言词证据的一般方法

（一）客观判断法

客观判断法，即通过火灾发生，发展、变化的一般规律和常识对言词证据进行审查，鉴别其真伪和证明力的方法。证据内容是否符合客观事实，需要与发生火灾时的环境、条件联系起来进行比较分析。传统证据理论认为，证据是产生于案件事实之中的，与其具有某种联系的客观事实。它或是案件事实发生时对客观外界产生的影响，或是案件事实作用于人的感觉器官而留下的印象。言词证据中的证人证言、被害人陈述、火灾肇事嫌疑人供述都是在案发之时，案件事实作用于证人、被害人、知情人的感觉器官而留下的印象。尽管这些印象在人脑感知、储存、再现过程中不可避免打上了个人的烙印，掺杂了主观因素，但这些感知或反映必须以客观存在的案件事实为基础，从不同角度反映着客观存在的犯罪事实。因此，对言词证据的审查判断，必须坚持客观性标准。

例如：室外地面上的人无法看到二楼以上楼层的地板，而只能看到其顶部，对于室内地面上开始燃烧起火的情况看不太清楚，只能看到上部的火焰、光或烟，在调查时注意收集不同位置的人的陈述，可以鉴别证据的真伪。

（二）实验法

实验法，是指为了审查判断某一现象或事实在一定时间内或一定条件下能否发生或怎样发生，还原现场条件将该现象或事实进行重演，得出可能或不可能发生的结论，以此对言词证据进行验证的方法。言词证据是案件事实作用于证人、被害人、知情人的感觉器官而留下的印象，其从不同角度、不同程度上反映着与案件有关的事实，和案件事实之间具有必然的客观联系，它不以人们的主观意志而转移。因此，在对言词证据进行审查判断时，应审查其与案件事实有无联系以及联系的紧密程度。在审查判断时，既不能主观臆断，也不能牵强附会。否则，会把调查活动引入歧途，得出错误的结论和判断。但确定其与案件事实的关联性是一个非常复杂的问题。由于每个作证主体的背景不同，同本案的关系不同，确定所提供证据的关联性，需要经过对比、分析、推理，甚至实验验证等，才能确定言词证据与案件事实有无关联及联系程度。这也是每个调查人员必须掌握的基本功，它直接反映着调查人员的业务能力和知识水平。因此，在对言词证据进行审查判断时，应从其与案件事实之间存在的具体联系入手，具体分析其能证明何种事实或情节及其证明力的强弱。

（三）比较印证法

比较印证法，是指火灾事故调查人员对于指向同一问题或事实的实物或言词证据进行对照、比较分析，发现和区分异同，进而确定其中各证据的真伪和证明力的一种方法。结合火灾现场勘验，将各个证据加以对照比较，在分析相互联系中考虑其是否一致，就比较容易发现异同和矛盾，然后通过深入调查，鉴别其中的真伪。比较印证的过程就是去伪存真的过程。运用比较印证法审查验证言词证据，应该注意的问题有：

第一，进行比较印证的证据必须具有可比性，即这些证据都是用来证明火灾中某一个事实或有因果关系的事实的。

第二，否定证据必须有充足的根据；认定证据彼此之间的一致性、互相联系，必须是本质上的一致、客观上的联系。

第三，为证明同一事实，对证明方向相反的证据，必须弄清各自的真伪及其与火灾案件的联系，结合各类证据作出正确判断。

（四）逻辑证明法

逻辑证明法是运用形式逻辑审查验证言词证据的方法。其主要有：

（1）直接证明法，即从已知证据按照推理的规则直接得出案件事实结论的一种证明方法。

（2）反证法，即通过确定某证据为虚假来证明与之相反的证据为真实证据的一种证明方法。

（3）排除法，即把被证明的事实同其他可能成立的全部事实放在一起，通过证明其他事实不能成立来确认或推论需要证明的事实成立的一种证明方法。

三、对被侵害人陈述的审查判断

被侵害人是火灾的直接受害者，其陈述在大多数的情况下是客观真实的，但也存在部分被侵害人因为受各种主客观因素的影响而导致其提供的情况与案件事实出入较大的现象。对其陈述的审查验证应重点放在以下几个方面：

（一）审查验证被侵害人陈述案情时的精神状态

对于火灾的侵害，不同的被侵害人会表现出不同的精神状态，不同的精神状态对其陈述内容的真实性也会产生不同的影响。如有的被侵害人出于对火灾肇事嫌疑人的愤恨，可能会故意夸大犯罪事实和情节，以求严惩罪犯。有的被侵害人受人利诱、威胁而不敢说出事实的真相或先证后翻；有的被侵害人为报复他人而故意编造虚假事实与情节等。因此，必须注意观察和判断被侵害人陈述时的心理因素和精神状态。

（二）审查被侵害人与火灾肇事嫌疑人的关系

一般而言，被侵害人与火灾肇事嫌疑人素不相识或关系正常，其虚假陈述的可能性较小；相反，如果被侵害人与火灾肇事嫌疑人有这样或那样的利害关系，那么其陈述中出现虚假成分的可能性就较大，如夸大事实情节，加重火灾肇事嫌疑人罪责，或缩小、隐瞒事实真相，为嫌疑人开脱罪责。因此，应对被侵害人与火灾肇事嫌疑人在案发前的关系进行审查判断。

（三）审查判断被侵害人陈述内容前后是否矛盾，是否符合事物的发展规律

客观真实的陈述前后应一致，而且也是符合事物的发展规律的。若发现被侵害人陈述的内容不合情理或前后矛盾，应进一步询问或采用其他的方法进行核实。另外，对于被侵害人陈述的内容与案件其他证据存在矛盾的，也应进一步查证，以判明真伪。

四、对火灾肇事嫌疑人供述的审查判断

火灾肇事嫌疑人与案件的处理结果关系最为密切，部分火灾肇事嫌疑人为了逃避罪责或减轻处罚，常常会提供虚假的口供。因此，应重点对火灾肇事嫌疑人的口供进行审查判断。审查判断应重点放在以下几个方面：

（一）审查火灾肇事嫌疑人供述的动机

实践表明，火灾肇事嫌疑人对犯罪事实的供述存在着各种各样的动机：有的是出于真诚悔过，投案自首，如实供述火灾事实；有的是在确凿、充分的证据面前被迫交代；有的是出于“江湖义气”或其他原因独揽罪责，等等。火灾肇事嫌疑人不同的供述动机，对其口供的真实性存在不同影响。因此，不能简单地认为凡是火灾肇事嫌疑人已供认的罪行就可以信以为真，而必须仔细审查其供述的动机，以辨明真伪。

（二）审查火灾肇事嫌疑人供述的内容是否合乎情理，前后供述是否一致，有无矛盾

对于火灾肇事嫌疑人供认的火灾事实，要根据各个案件的具体情况，从火灾的时间、地点、动机、目的、手段和后果等方面分析其是否合乎客观实际和事物的发展规律，并审查其前后供述是否一致，有无逻辑矛盾等。如果火灾肇事嫌疑人所供述的情节不合乎火灾发生的一般规律，或其供述前后矛盾，漏洞百出，时而翻供，则不可轻易相信，必须进一步调查核实，判明真假。

（三）审查火灾肇事嫌疑人供述是在何种情况下提供的，事前有无串供或受外界影响等情况

尤其应注意查清在询问火灾肇事嫌疑人时有无诱供、威胁、刑讯逼供等非法取证的情况。对于以非法取证手段取得的供述不能采用，必须依照法定程序重新进行询问。

（四）对火灾肇事嫌疑人供述的审查判断必须结合其他证据进行

不仅要查清火灾肇事嫌疑人前后供述的内容是否一致，而且要查清其与同案中其他火灾肇事嫌疑人之间、证人证言的供述及其他实物证据是否一致。如果同案多名火灾肇事嫌疑人的供述基本一致，并且其供述也能被证人证言、实物证据证明，那么火灾肇事嫌疑人的供述就较真实。反之，任何一方面出现矛盾，都可能说明火灾肇事嫌疑人供述可能存在着虚假的成分，应进一步核实，通过证据间对照分析找出破绽。

五、对证人证言的审查判断

一般证人与案件的处理结果并无直接联系，其主观上提供虚假证言的可能性相对较小。对证人证言的审查判断应重点放在以下几个方面：

（一）审查判断证人的作证能力

《刑事诉讼法》第六十二条规定：生理上、精神上有缺陷，不能明辨是非、不能正确表达的人不能作为证人。因此，在对证人证言的进行审查判断时，首先应考查证人在生理、精神上是否有缺陷。若部分证人虽然生理、精神上有缺陷，但在某些方面能辨别是非，并能正确表达，仍应肯定其作证资格。对于证人作证能力的认定，应当根据案件的复杂程度，作证能力对证人智力发育的要求程度，并结合有关证人的生理、心理环境因素，据案情加以审查判断。

（二）审查判断证人的品格、操行以及与案件的关系

实践证明，凡是品格、操行优良的证人，其证言较为真实可靠；反之，其证言可靠性较弱。但应注意的是，对此不能一概而论，应具体情况具体分析，不能以证人的身份、地位作为其证言证明力的唯一标准。同时还应审查证人与案件之间的关系，深入调查证人与被侵害人、火灾肇事嫌疑人之间有无利害关系。一般情况下，证人与案件当事人无任何利害关系，则其陈述相对来说比较可靠；反之，则虚假的可能性较大，应重点审查。证人与被害人、火灾肇事嫌疑人的利害关系是十分复杂的，既可能是财产关系，也可能是奸情、私仇关系，还有可能是亲属、上下级等关系。这些关系的存在，都有可能影响证人做出客观、公正的陈述，从而影响证人证言的真实性。

（三）审查证人的感知能力、记忆能力、表达能力

证人的感知能力直接影响着证言的客观性和全面性，因此，应对证人的感觉器官是否正常、感知案件情况时的客观环境和条件好与坏等这些影响证人感知能力的客观因素进

行审查。其次，证人的良好记忆力也是证人提供证言的必要条件，但证人的年龄、健康状况、知识经验都会对其记忆力产生影响，因此，也应对证人的年龄、健康状况、知识经验等因素进行审查判断。再次，证人的表达能力也直接影响着证言的证明力。即使证人对案件的感知能力、记忆能力都正常，但表达能力存在缺陷，同样也会影响证言的证明力。因此，对证人的表达能力进行审查判断也是必要的。

（四）审查判断证人证言内容是否合理以及与其他的证据是否有矛盾

一份真实的证言在内容上应当前后一致，没有矛盾。如果一份证言在内容上前后矛盾或与其他的证言存在矛盾，那么这份证言就可能存在虚假的成分，应进一步审查判断，以判明其真伪。此外，还应当审查证人证言与其他实物证据之间有无矛盾，这也是审查证人证言是否真实的一个重要方面。

（五）审查判断获取证言的途径、过程是否合法

应审查调查人员在获取证人的证言时是否采取暗示、诱导，是否向证人透露有关案情，是否存在刑讯逼供等情况。如存在上述情况，所获取的证言不能作为证据使用。还应审查询问笔录形式要件是否符合法律规定，有无证人、调查人员的签名或盖章等。

第五节　火灾调查询问笔录的制作

进行现场询问，必须制作正式笔录。现场询问笔录是法律文书。现场询问笔录对于确定火灾原因、处理责任者都有重要意义，是认定火灾原因的重要证据材料。

一、制作火灾事故调查询问笔录的要求

制作现场询问笔录必须准确、客观、完全、合法。具体地说，有以下几项要求：

（1）必须两人（或两人以上）询问，一人问、一人记。

（2）对于被询问对象的陈述要按他本人的语气记录，并且尽可能做到逐句记述，不能做任何修饰、概括和更改。

（3）对于询问时的问和答，也应当逐句记入笔录里，并且要反映出问与答的语气、

态度，必要时，可以把问、答双方的动作和面部表情也记入笔录。

（4）询问结束，必须向被询问对象宣读笔录，或者由被询问对象亲自阅读。如果被询问对象请求补充和修改，应当允许，并让被询问对象在补充、修改处捺手印或签名、盖章。

（5）被询问对象请求亲笔书写证言，应当允许。但必须事先认真地询问，然后要求被询问对象立即在询问地点进行书写。必要时，火灾事故调查人员可以把他要回答的问题列举出来，让他亲自书写。被询问对象书写完毕后，应马上检查笔录里所写证言是否完全，若不完全，可以让他进行补充。

（6）询问笔录应按顺序编号，并由被询问对象逐页签名、盖章或捺手印。火灾事故调查人员及其他人员（如翻译人员等）也应在笔录上签字。

（7）对于每一个被询问对象的询问笔录，都必须单独制作，不允许把几个被询问对象的证言写在同一份笔录里，更不允许只制作某一个被询问对象的笔录，而让其他被询问对象在该笔录上分别签名。

（8）询问笔录正文里遗留下来的空白页、行，在被询问对象签字以前，都应由询问人画线填满。

（9）现场询问笔录的用纸必须合乎要求，字迹必须清晰、工整。

（10）现场询问笔录必须用钢笔或毛笔书写，不能用圆珠笔或铅笔记录。

上述要求，火灾事故调查人员必须严格遵守，不得破坏其中任何一项。否则，询问笔录就会失去其应有的证据价值和法律效力。

二、调查询问笔录的内容格式

现场询问笔录一般由开头、正文和结尾三部分组成。

（一）开头部分

开头部分主要记明如下内容。

（1）笔录的名称：询问笔录。

（2）询问人员的姓名、单位。

（3）询问的地点、时间。

（4）被询问对象的简况：姓名、性别、年龄或出生日期、国籍，民族、文化程度、工作单位、职业或职务、家庭住址、身份证号码、联系电话等。

（二）正文部分

在这一部分，采取一问一答的形式，主要记载：被询问对象陈述的关于火灾事实的详细情况，经过、感受火灾时的客观条件，有谁了解情况以及询问人员想要了解的情况等。

（三）结尾部分

基于被询问对象阅览笔录的方式不同，在询问笔录的末尾以下列词句结束较为妥当："笔录已经本人阅读，记载无误"，或者是"笔录已向我宣读，记载无误"，并加捺手印。

第三章　火灾现场勘验

第一节　火灾现场保护

火灾现场是指发生火灾的地点和留有与火灾原因有关的痕迹物证的场所。火灾现场保留着能证明起火点，起火时间，起火原因等的痕迹物证，如不及时保护好火灾现场，现场的真实状态就可能受到人为或自然原因的破坏，不但增加了火灾事故调查的难度，甚至也可能永远查不清起火原因。

公安机关消防机构接到火灾报警后，应当立即派员赶赴火灾现场，做好现场保护工作，确定火灾事故调查管辖后，由负责火灾事故调查管辖的公安机关消防机构组织实施现场保护。保护人员要有高度的责任心，坚守岗位，尽职尽责，保护好现场的痕迹物证，自始至终地保护好火灾现场。

一、火灾现场的特点

（一）火灾现场的暴露性与破坏性

由于火灾本身的破坏作用（爆炸、燃烧等）和人为的破坏作用（救火、伪造现场）等原因，火灾现场具有复杂而又不完整的破坏性特点。此外，火灾现场的种种变化，都可以为人们所感觉到，使人有可能凭直观就能发现哪里发生了火灾，以及火灾发生的情况。通过视觉，观察到火灾的燃烧过程；通过听觉，听到了火灾燃烧、倒塌以及爆炸的声响；通过嗅觉，闻到火灾中不同物质燃烧的气味等等。所以，火灾具有很大的暴露性特点。火灾现场的破坏性和暴露性的特点，为我们消防工作提出了在救火时及火灾后保护好现场，火因调查过程中注意再现火灾在周围群众记忆中的“痕迹”问题。

（二）火灾现场的复杂性与因果关系的隐蔽性

由于火灾的破坏性和人为的破坏作用，往往使能反映出起火部位、起火点以及起火原因的痕迹与物证也遭到了不同程度的破坏，在原来的痕迹物证上留下了很多新的加层痕迹与物证，使火灾现场更加复杂化；由于火灾现场的破坏性，要“再现”火灾的发生、发展过程是一个逆推理过程。在推理过程中，由于痕迹物证被破坏或烧毁，推理过程往往因此中断，这反映了火灾现场的复杂性。这种现象与本质之间，现象与因果关系之间的复杂性，反映了因果关系的隐蔽性特点，所以在火灾事故调查中，一定要细致、全面、科学。

（三）同类现场的共同性与具体火灾现场的特殊性

虽然火场上的现象很复杂，表现形式也是多样的，但总的来说，同样的事物总是或多或少地有着某些相同的特征，现场也不例外。同类火灾现场具有某些相似的特征，这些相同的特征都反映着同类火灾现场的共同性，通过这些共同性，我们就可以把这一类火灾从另一类火灾中区别出来，找出同类火灾现场的一般规律和特点，去指导火灾现场的调查工作。

虽然同类火灾现场的现象具有共同性，但是同类火灾现场中的具体火灾现场由于各种原因的影响（如建筑结构、火灾燃烧时间，灭火过程中的破坏作用等等），其所表现出来的现象又不是完全相同的，都有着自己的特殊性，有时在这些特殊性中就隐藏着火灾原因的真相，对于这种情况我们就要具体问题具体研究，不能忽略任何一个细节，这也是作为一名火灾事故调查人员所应具备的一项特殊技能，即要有敏锐的洞察力。

二、火灾现场的分类

（一）根据火灾现场形成之后有无变动分类

根据火灾现场形成之后有无变动，可将现场分为原始现场和变动现场。

1.原始现场

原始现场就是火灾发生后到现场勘验前，没有遭到人为的破坏或重大的自然力破坏的现场。原始现场能真实、客观、全面地反映房屋倒塌，火灾发展、蔓延的本来面目，火灾的痕迹物证较完整，对分析火灾原因比较有利。

2.变动现场

变动现场是指火灾发生后由于人为的或自然的原因，部分或全部地改变了现场的原始状态。这类现场会给火因调查带来种种不利因素，会使火因调查人员失去本来可以得到的痕迹与物证。对于这类现场，我们应及时地进行访问调查，了解在灭火过程中由于抢救、排险、破拆、水渍、水流冲击、喷洒灭火剂等因素所造成的对火灾现场的破坏程度，收集在人们记忆中的“痕迹”，以便加以分析研究。

（二）根据火灾现场的真实情况分类

根据现场的真实情况，可将现场分为真实现场、伪造现场和伪装现场。

1.真实现场

真实现场是火灾发生后到现场勘验前无故意破坏和无伪装的现场。

2.伪造现场

伪造现场是指与火灾责任有关联的人有意布置的假现场。伪造现场有两种情况，一是犯罪分子为了掩盖其如盗窃、贪污、杀人等犯罪行为，伪造火灾现场以湮没证据，转移调查人员的视线；二是故意伪造假现场以陷害他人，进行陷害、报复、泄愤。

3.伪装现场

伪装现场是指火灾发生后，当事人为逃避火灾事故责任，有意对火灾现场进行某些改变的现场。如把放火伪装成失火或把失火伪装成意外事故等。

对于以上五种现场，我们应在实践中总结规律、经验加以区别，以免误判火灾。

此外，根据发生火灾的具体场所是否集中，可将火灾现场分为集中火灾现场和非集中火灾现场，大多数火灾现场是集中的，但也有火灾发生在此，火灾原因在彼，以及由于飞火和爆炸造成的不连续的、非集中的火灾现场等。

三、火灾现场保护的方法

火灾现场保护工作是做好火灾现场勘验工作的重要前提。火灾发生后，如不及时保护好现场，现场的真实状态就可能受到人为的或自然的（如清点财物、扶尸痛哭、好奇围观、刮风下雨，采取紧急措施等）破坏。火灾现场是提取查证起火原因痕迹物证的重要场所，若遭到破坏，则直接影响火灾现场勘验工作的顺利开展，影响勘验人员获取火灾案件现场诸因素的客观资料。这种现场，即使勘验人员十分认真、细致也会影响勘验工作的质量，影响对某些问题（如案件定性，痕迹形成原因等）作出准确的判断。只有把火灾现场保护好了，火灾事故调查人员才有可能快速、全面、准确地发现、提取火灾遗留下来的痕迹物证，才有可能不失时机地补充提供现场访问的对象和内容、获取证据材料。因此在火灾事故调查工作中务必要保护好火灾现场。

（一）火灾现场保护的要求

（1）现场保护人员必须在火灾事故调查组负责人领导下开展工作。火灾发生后，特别是发生对社会、经济影响较大的火灾后，一般都会成立火灾事故调查组，领导和协调整个火灾事故调查工作。现场保护人员必须在火灾事故调查组的领导下开展工作，一切行动听指挥。

（2）扑救火灾的过程也是保护火灾现场的重要环节。灭火指挥员在灭火行动中应有保护现场的意识，尽可能避免现场受到更严重的破坏，除了必要的情况外，尽量避免采用直流水流灭火，而应使用开花或喷雾水流灭火，还应尽量减少拆除或移动现场中的物品。参加救援的人员，应树立全局观念，在灭火救援的同时，尽可能地保护现场，把对现场的破坏降到最低限度。

（3）火灾事故调查人员应及时赶赴现场协调现场保护工作。火灾事故调查人员到达现场后，应主动、及时地部署现场保护工作，以减少人为、自然因素的影响。辖区公安派出所、失火单位和个人都有保护现场的责任，广大公民都有义务协助保护现场。辖区公安派出所、失火单位的安保人员等，都是调查人员进行现场保护所依靠的骨干力量。

（4）现场勘验时所有人员不得携带与现场勘验无关的物品进入现场，严禁在火灾现场内做与火灾事故调查无关的事情，特别应禁止所有人员在现场吸烟。勘验过程中的帽套、鞋套和其他包装物，以及用过的矿泉水瓶等，应集中处理，严禁随地丢弃。

（5）中介机构的有关鉴定人员需要进入现场收集证据的，必须经公安机关消防机构或火灾事故调查组负责人的同意。现场勘验人员有权制止他们损坏痕迹物证和不利于证据保全的行为，必要时可向公安机关消防机构负责人报告，以中止其证据收集活动。

（6）勘验过程中，在满足勘验要求的前提下，应力求保护现场的原始状态。对情况较为复杂的现场或勘验人员认为需要继续研究、复勘的现场，应视情况予以全部保留或局部保留。

（7）应挑选工作认真、责任心强的人担任现场保护人员。此外还应对现场保护人员进行必要的审查，与火灾有直接利害关系的人不得担任现场保护人员。必要时，可由公安机关负责确定火灾现场保护人员。

（8）现场保护人员应明确责任、明确分工。应对现场保护人员进行现场保护纪律的教育，并严格落实交接班制度。

（9）决定封闭火灾现场时，公安机关消防机构应当在火灾现场对封闭的范围、时间和要求等予以公告。制作填写《封闭火灾现场公告》，并张贴于火灾现场醒目位置。

（二）火灾现场保护的范围

火灾发生后，火灾事故调查人员必须迅速赶赴现场，首先了解发生火灾前后的情况，查证属实后，根据现场的具体情况，划定现场保护的范围。一般情况下，保护范围应包括被烧到的全部场所及与起火原因有关的一切地点。保护范围圈定后，禁止任何人进入现场保护区，现场保护人员未经许可不得无故进入现场移动任何物品，更不得擅自勘验，对可能遭到破坏的痕迹物证，应采取有效措施，妥善保护，但必须注意，不要因为实施保护措施而破坏了现场上的痕迹物品。

确定保护火场的范围，应根据起火的特征和燃烧特点等不同情况来决定，在保证能够查清起火原因的条件下，为避免火灾后对正常生产和正常生活秩序产生更多影响，尽量把保护现场的范围缩到最小限度。如果在建筑群中起火的建筑物只有一幢，那么需要保护的现场也只限于起火的那一幢。在一幢建筑物内如果起火的部位只是一个房间，则需要保护的火场也应限定在这个房间的范围内。

但遇到下列情况时，需要根据现场的条件和勘验工作的需要扩大保护范围：

1.起火点位置未能确定

起火部位不明显；对起火点位置看法有分歧；初步认定的起火点与火场遗留痕迹不一致等。

2.电气故障引起的火灾

当怀疑起火原因是因为电气设备故障时，凡属于火场用电设备有关的线路、设备，如进户线、总配电盘、开关、灯座、插座、电机及其拖动设备和它们通过或安装的场所，都应列入保护范围。有时因电气故障引起火灾，起火点和故障点并不一致，甚至相隔很远，则保护范围应扩大到发生故障的那个场所。

3.爆炸现场

对建筑物因爆炸倒塌起火的现场，不论抛出物体飞出的距离有多远，也应把抛出物着地点列入保护范围，同时把爆炸场所破坏和影响到的建筑物等列入现场保护的范围。但并不是要把这么大的范围都封闭起来，只是要将有助于查明爆炸原因、分析爆炸过程及爆炸威力的有关物件进行保护和圈定。

4.有放火嫌疑的现场

有放火嫌疑的火灾现场，因放火嫌疑人会在现场周围留下某些痕迹物证，此时不能只限于保护着火的现场，必须扩大现场保护范围，以保护重要的物证不被破坏。具体扩大保护的范围视情况而定。

5.飞火引起的火灾现场

对于怀疑是飞火引起的火灾现场，也应扩大现场保护的范围，把可能产生飞火的火源与火灾现场之间的区域列入保护范围，以便收集飞火的证据。

（三）火灾现场保护的时间

现场保护时间从发现火灾时起，到整个火灾事故调查工作结束为止。在保护时间内，对确需要及时恢复生产，且不会对现场造成严重破坏，不影响火灾事故调查的，公安机关消防机构可视情况予以批准。

当事人对火灾事故认定不服，应当延长现场保护时间。延长期间的火灾现场保护工作由当事人自行负责。

为了尽可能地减少火灾间接损失，尽快恢复灾后正常的生产和生活秩序，公安机关消防机构应及时勘验火灾现场，开展火灾事故调查，及时作出火灾事故认定，尽早解除火灾现场的保护。火灾现场的保护时间，由负责火灾事故调查工作的领导根据火灾事故调查工作的具体情况确定。

（四）火灾现场保护的方法

1.灭火中的现场保护

消防指战员在灭火战斗展开之前进行火情侦察时，应注意发现和保护起火部位和起火点。对于起火部位，在灭火中，特别是扫残火时，在这些部位尽可能使用开花水流，不要轻易破坏或变动物品位置，应尽量保持燃烧后物体的自然状态。特别是起火部位，起火源地段要特别小心，尽可能不拆散已烧毁的结构、构件、设备和其他残留物。如果仍有燃尽的危险应用开花水流或喷雾进行控制，避免更大水流的冲击。在翻动、移动重要物品以及经确认死亡的人员尸体之前，应当采用编号并拍照或录像等方式先行固定。

2.勘验前的现场保护

火灾被扑灭后，消防部门应立即组织、指挥、协同起火单位，保护现场。

（1）露天火灾现场的保护方法。对露天现场的保护，首先应在发生案件的地点和留有与火灾有关的痕迹物证的一切场所的周围，划定保护范围。保护范围划定后，应立即布置警戒，禁止无关人员进入现场。如果现场的范围不大，可以用绳索划警戒圈，防止人们进入，对现场重要部位的出入口应设置屏障遮挡或布置看守；如果火灾发生在交通道路上，在农村可实行全部封锁或部分的封锁，重要的进出口处，布置专人看守或施以屏障，此后根据具体情况缩小保护范围；在城市由于人口众多，来往行人、车辆流动性大，封锁范围应尽量缩小，并禁止群众围观，以免影响通行。

（2）室内火灾现场的保护方法。对室内现场的保护，主要是在室外门窗处布置专人看守，或重点部位加以看守加封；对现场的室外和院落也应划定出一定的禁入范围，防止无关人员进入现场，以免破坏现场上的痕迹与物证；对于私人房间要做好房主的安抚工作，劝其不要急于清理。

（3）大型火灾现场的保护方法。利用原有的围墙、栅栏等进行封锁隔离，尽量不要阻塞交通和影响居民生活，必要时应加强现场保护的力量，待勘验时，再酌情缩小现场的保护范围。

3.勘验中的现场保护

现场勘验也应看作保护现场的继续。有的火场需要多次勘验，因此在勘验过程中，任何人都不应有违反勘验纪律的行为。勘验人员在工作中认为烧剩下的一些构件或物体妨碍工作，也不应随意清理。在清理堆积物品，移动物品或取下物证时，在动手之前，应从不同角度拍照，以照片的形式保存和保护现场。

4.现场痕迹物证的保护方法

无论是露天现场还是室内现场，对于留有尸体痕迹、物品的场所均应该严加保护。为了引起人们的特别注意，以防无意中破坏了痕迹物证，可在有痕迹物证的周围，用粉笔或白灰画上保护圈记号。对室外某些痕迹、物证、尸体，容易被破坏的，可用席子、塑料布、面盆等罩具遮盖起来。有时火灾痕迹物证会留在曾在火场上活动过的小动物身上（如猫、鸟、鼠等），也应注意追踪和保护。

对易消失和损毁的痕迹物证，如汽油、煤油、酒精等一些易挥发的可燃液体，在光照风吹条件下很容易渗透、挥发掉，在火灾扑救结束后，应尽快提取并密封；一些燃烧痕迹留在烧损严重的建筑墙体等残垣断壁上，很容易倒塌损毁，对此类痕迹也应及早拍照固定。

总之，现场保护痕迹物证要根据火灾现场实际情况设法保护。

5.现场尸体的保护方法

对于火灾、爆炸现场的尸体，如现场尚有火势蔓延危险或现场存在爆炸危险，尸体有遭到破坏的可能时，应及时设法将尸体移除现场。移动尸体时，应注意不要给尸体造成新的损伤或使尸体上原有的附着物脱落或黏附上新的其他物质，并记录尸体的原始位置和姿态。如果现场尸体较多时，可以用布条缠绕在尸体上并编上号，逐一记下尸体的原始位置。如果火已经扑灭，危险已经排除，则不必移动尸体，可等待法医到场后进行处理。

（五）火灾现场保护中的应急措施

保护现场的人员不仅限于布置警戒线，封锁现场，保护痕迹物证，由于现场有时会出现一些紧急情况，所以现场保护人员要提高警惕，随时掌握现场的动态，发现问题；负责保护现场的人员应及时对不同的情况积极采取有效措施进行处理，并及时向有关部门报告。

（1）扑灭后的火场“死灰”复燃，甚至二次成灾时，要迅速有效地实施扑救，酌情及时报警。有的火场扑灭后善后事宜未尽，现场保护人员应及时发现，积极处理，如发现易燃液体或者可燃气体泄漏，应关闭阀门，发现有导线落地时，应切断有关电源。

（2）对遇有人命危急的情况，应立即设法施行急救；对遇有趁火打劫，或者二次放火的，思维要敏捷；对打听消息，反复探视，问询火场情况以及行为可疑的人要多加小心，纳入视线后，必要情况下移交公安机关。

（3）危险物品发生火灾时，无关人员不要靠近，危险区域实行隔离，禁止进入，人要站在上风处。对于那些一接触就可能被灼伤或有毒物品、放射性物品引起的火灾现场，进入现场的人，要佩戴隔绝呼吸器，穿全身防护衣，暴露在放射线中的人员及装置要等待放射线主管人员到达，按其指示处理、清扫现场。

（4）被烧坏的建筑物有倒塌危险并危及他人安全时，应采取措施将其固定。如受条件限制不能固定时，应在其倒塌之前，仔细观察并记下倒塌前的烧毁情况、构件相互位置及可能与火灾原因有关的重要情况，最好在其倒塌之前，拍照记录。

采取以上措施时，应尽量使现场少受破坏，若需要变动时，事前应详细记录现场原貌。

（六）火灾现场勘验后的处理

在火灾现场保护封闭期间，现场勘验工作结束后，火灾现场勘验负责人根据现场勘验收集的痕迹物证并结合调查访问所获得的信息进行分析判断，如果火灾事故认定的证据足够充分，现场没有必要保留时，可决定解除现场保护并通知当事人可以清理现场。如仍有疑点需要进一步查清，需要进一步收集痕迹物证时，则必须继续做好火灾现场保护工作。具有下列情形之一的，应保留现场：

（1）造成重大人员伤亡的火灾。

（2）可能发生民事争议的火灾。

（3）当事人对起火原因认定提出异议，公安机关消防机构认为有必要保留的。

（4）具有其他需要保留现场情形的。

对需要保留的现场，可以整体保留或者局部保留，应通知有关单位或个人采取妥善措施进行保护。对不需要继续保留的现场，及时通知有关单位或个人。

第二节　现场勘验的步骤、原则及方法

一、现场勘验的步骤

（一）环境勘验

环境勘验是指现场勘验人员在火灾现场的外围进行巡视、观察和记录火灾现场外围和周边环境的勘验活动，目的是确定下一步勘验的范围和重点。

环境勘验的主要内容包括：

（1）观察外部整体燃烧蔓延痕迹，确定火灾范围，分析火灾蔓延的大致方向。

（2）观察建筑各门窗洞口启闭或破坏状态，分析有无外部火源进入的条件，分析有无外来人员进入的条件。

（3）观察外部环境，分析有无外来火源、电气故障引燃的可能性，查勘与放火有关的可疑痕迹和物证，查明有无其他证人，查看有无外围监控。

（二）初步勘验

初步勘验是指现场勘验人员在不触动现场物体和不变动现场物体原始位置的情况下对火灾现场内部进行的初步的、静态的勘验活动，目的是确定起火部位和下一步勘验重点。

初步勘验的主要内容包括：

（1）观察内部整体燃烧蔓延痕迹，确定起火部位。

（2）观察内部火源、电源、气源情况，分析有无内部火源、电源、气源故障起火的可能。

（3）观察内部物品摆放及物品堆放情况，分析有无物品非正常移位，分析有无内部物品自燃引起火灾的可能。

（4）观察各门窗洞口启闭或破坏状态，分析有无外部火源进入的条件，分析有无外来人员进入的条件。

（5）观察内部监控位置，分析起火部位及起火原因。

（三）细项勘验

细项勘验是指现场勘验人员在初步勘验的基础上，对各种痕迹物证进行的进一步勘验活动，目的是确定起火点及专项勘验的对象。

细项勘验的主要内容包括：

（1）查看可燃物烧毁、烧损的具体状态。

（2）比较不燃物的破坏情况。

（3）物品塌落的层次和方向。

（4）低位燃烧区域和燃烧物的情况。

（5）详细勘验并确认各种燃烧图痕的底部。

（四）专项勘验

专项勘验是指现场勘验人员对火灾现场收集到的引火物、发热体以及其他能够产生火源能量的物体、设备、设施等特定对象所进行的勘验活动，目的是收集证明起火原因的证据，分析火灾原因。

专项勘验的主要内容包括：

（1）勘验、鉴别引火源，起火物的物证。

（2）勘验生产工艺流程（或工作过程）形成引火源或故障的原因的条件。

（3）勘验引火源与起火点、起火物的关系。

（4）判断引火源的能量是否足以引燃起火物。

（5）对电气进行勘验，确定或排除电气火灾。

（6）在发生死亡的火灾中对尸体进行勘验，分析死因。

二、现场勘验的原则及要求

现场勘验就是要收集能证明火灾事实的一切证据。为了保证各种痕迹、物证的原始性、完整性，确保它们的证明作用，在现场勘验过程中必须遵循“先静观后动手、先固定后提取、先表面后内层、先上部后下部、先重点后一般”的基本原则，并应做到以下要求：

（一）及时

火灾调查人员到场后，应及时对现场进行封闭保护，并着手开展勘验工作，避免现场变动破坏而干扰认定工作。

（二）全面

火灾调查人员到场后，应将现场所有高温、烟熏、火势影响到的部位及物品列入保护范围，进行全面细致的观察及勘验，同时应对火场周边进行观察，避免遗漏。

（三）客观

火灾现场勘验结论正确与否，涉及火灾的定性以及当事人的利益。火灾调查人员在勘验过程中，必须做到实事求是、客观公正，这样才能维护法律的公正性。对于物证的分析认定，一定要按照科学规律办事，切忌主观臆断，决不能弄虚作假，歪曲事实。

（四）合法

火灾现场勘验必须按照法律程序进行，使勘验活动具有合法性，使收集的物证、制作的勘验笔录都具有证据效力。现场勘验的目的，是在现场收集证明火灾事实的证据，勘验活动不合法，由勘验活动产生的一切证据就失去了证据效力。例如，勘验现场及提取物证都要求有见证人见证。

三、现场勘验的常用方法

（一）静态勘验法

静态勘验法是指勘验人员不加触动地观察现场痕迹、物证的特征、所在位置及相互关系，并对其进行固定、记录。

（二）动态勘验法

动态勘验法是指勘验人员在静态勘验的基础上，对怀疑与火灾事实有关的痕迹、物证等进行翻转、移动的全面勘验、检查。主要包括离心法、向心法、分片分段法，循线法。

1.离心法

由现场中心向外围进行勘验的方法。适用于现场范围不大，痕迹、物证比较集中，中心处所比较明显的火灾现场，也适用于在无风条件下形成的均匀平面火场。

2.向心法

由现场外围向中心进行勘验的方法。适用于现场范围较大，痕迹、物证分散，可燃物质燃烧均匀，中心处所不突出的火灾现场。

3.分片分段法

对现场进行分片分段勘验的方法。适用于现场范围较大，或者现场距离较长，环境十分复杂，痕迹、物证细小分散的火灾现场。

4.循线法

根据行为人引发火灾时进出现场的路线进行勘验的方法。适用于放火嫌疑现场的勘验。

（三）细项勘验的方法

1.观察法

对火灾现场痕迹、物证进行观察、了解，获取感性认识，判断形成机理、本质特征和证明作用的方法。

2.比较法

对火灾现场不同部位或不同部位上的痕迹、物证，对同一物体不同部位进行比较，发现火势蔓延方向、起火部位和起火点位置的方法。

3.剖面勘验法

在初步判定起火部位处，将地面上的燃烧残留物和灰烬扒掘出一个垂直的剖面，观察残留物每层燃烧的状况，辨别每层物体的种类，判断火灾蔓延过程的方法。

4.逐层勘验法

对火灾现场上燃烧残留物的堆积物由上往下逐层剥离，观察每一层物体的烧损程度和烧毁状态的方法。

5.全面扒掘勘验法

对只知道起火点大致的方位，需要对较大范围区域进行详细勘验所采用的一种方法，可分为合围扒掘、分段扒掘和一面推进扒掘。

6.复原勘验法

根据证人、当事人提供的现场情况，或是根据现场物体摆放痕迹，将现场残存的建筑构件、家具等物品恢复到原来位置的形状，观察分析火灾发生、发展过程的方法。

7.水洗勘验法

用水清洗起火点所在的表面或其他一些特定的物体和部位，发现和收集痕迹物证的方法。

8.筛选勘验法

对可能隐藏有小型物证的火灾现场的残留物，通过适当的手段除去杂物，找出痕迹物证的方法。

9.整体移动勘验法

将被勘验的物体整体移动到适宜勘验的场所进行勘验的方法。

（四）专项勘验的方法

1.直观鉴别法

直观鉴别法是火灾调查人员根据自己的日常生活知识、工作经验等，用肉眼、放大镜或显微镜对物证进行鉴别的方法。直观鉴别法适用于判断比较简单的物体，如电熔痕和火烧熔痕等。

2.物理检测法

物理检测法是用物理学的方法对待勘验的物品进行勘验检查的方法。现场勘验中常用的物理学检测方法有：

（1）电量参数检测。用万用表等对被勘验对象的电压、电流、电阻等电量参数进行检测。

（2）剩磁检测。用特斯拉计来测定火灾现场上铁磁性物件的磁性变化，以判断该物体附近在火灾前是否有大电流通过，主要用来鉴别有可能是雷击或较大电流短路造成的火灾。

（3）弹性检测。使用混凝土回弹仪测量混凝土的弹性，可以判断混凝土被烧损的程度。

（4）温度测量。使用温度计测量物体的温度，判断其作为引火源的可能性。

（5）碳化深度测定。测量可燃物的碳化深度，以此来判断物体被火烧损的程度，进而推断火灾蔓延的方向。

（6）探测金属。使用金属探测器、便携式X射线检测仪，可以在火场的残留物中搜寻小件金属（如金属熔珠等）；使用磁铁在火场的残留物中搜寻电焊熔渣等铁磁性物质。

3.化学分析法

化学分析法就是火灾调查人员在现场使用便携的化学分析仪器对待勘验物体的化学性质进行简单的识别、判断的方法。

在专项勘验中，需要使用化学分析法的，主要是对所勘验物体是否含有易燃液体、可燃气体进行定性的勘验检测。若须对该物体的性质做更多的了解，只能提取检材送有关鉴定机构进行鉴定、检测。现场勘验中常用于做化学分析的仪器有可燃性气体探测仪、易燃液体探测仪、直读式气体检测管和便携式气相色谱仪等。

4.调查实验法

调查实验法，是火灾事故调查人员为了查明或验证火灾事实的某个情节，按照火灾发生时的条件，对该情节进行模拟的方法。火灾调查中常做的调查实验是模拟某热源在一定条件下能否引燃某物体、某物体的燃烧能否形成某种痕迹等。通过调查实验，可以帮助调查人员验证对某些火灾痕迹物证的判断或对火灾事实某些情节的推断。

第三节　火灾物证的提取

一、火灾物证提取的要求

（一）提取物证要真实

提取物证时应根据现场保护情况和询问笔录，对物证进行审查，验证物证的真实性。同时还要判断物证是否处于火灾前的原始位置，物证破损状态是火灾本身造成的还是火灾扑救过程中人为因素造成的。

（二）提取物证要可追溯

提取物证前应通过拍照、录像、绘图等方式记录物证的原始位置和形貌，并对物证进行编号，以确保物证的可追溯性。

（三）提取物证要完整

提取物证时应尽量保持物证完整，不能损坏和残缺；具有关联的物证应全部提取，不能疏漏。如果物证体积很大或数量很多，应酌情提取能够反映该物证全部状况并具有代表性的部分。

（四）提取物证要细致

对微小物证的提取要特别谨慎，用干净的镊子提取。对特别细小和容易失落的残渣和碎屑，可用透明胶纸直接粘取。对纤维、粉尘等要轻拿轻放，提取时佩戴口罩。对于怀疑是放火工具或用品的物证，提取时应避免破坏上面可能留有的指纹。

（五）提取物证要封装

物证封装应使用专用物证袋、采集罐、采集瓶、物证提取箱等，应在包装外张贴封条，以保证物证从火灾现场转移到鉴定机构期间的真实性。封装容器上应注明物证编号、名称和火灾信息，并能够与物证提取清单相对应，不能将不同编号的物证放在同一个封装容器内。

二、火灾物证提取的方法

（一）固态物证的提取

火灾现场经常提取的物证主要是固体实物，如导线、设备（元器件）、开关、插座、容器、碳化物及灰烬等。

对于体积较小的应整体提取；对于体积较大或有效检材比较集中的，在不影响物证完整性的情况下，可采用截取、剥离等方法进行提取。如怀疑是放火工具时，应戴上手套提取，避免破坏可能留有的指纹。可能涉及刑事案件的凶器、工具、遗留物，应通知刑侦部门共同开展工作。

（二）液态物证的提取

常见的液态物证主要有现场上的液体、盛装液体的容器、浸到载体中的液体、水面浮着的有机液体等。

提取的方法有：

（1）容器内的液体用移液管吸取上、中、下三层。

（2）水面上浮着的有机液体用吸耳球吸取。

（3）浸到木板、泥土、水泥地面、纤维材料等物体中的液体连同本体一并提取。

（4）怀疑放火用的容器要一并提取。

（三）气态物证的提取

现场气态物证主要是残留的可燃气体、燃烧产生的气态产物、燃烧物质的挥发物等。

提取方法有：

（1）用抽气泵或注射器将气体样品抽进气囊。

（2）用吸附性较强的碳棒或聚合物的吸收材料提取并密封。

（3）用真空采样罐装置提取。

第四节　火灾现场勘验记录

火灾现场勘验记录是研究起火原因的重要依据，也是处理火灾责任者的重要证据之一，是具有法律效力的原始文书。火灾现场勘验记录主要由“火灾现场勘验笔录”、现场照相、现场摄像、现场制图等组成，还可采用录音等记录方式作为补充。

一、火灾现场勘验笔录

现场勘验笔录是对火灾现场及勘验活动所进行的一种客观记载，是火灾事故调查人员依法对火灾现场及其痕迹、物证的客观描述和真实记录。它是分析研究火灾现场、认定起火点和起火原因，处理火灾事故责任者的有力证据资料，是具有法律效力的原始文书。因此，认真做好现场勘验笔录，对确认火灾原因有着十分重要的意义。勘验现场后，必须制作“火灾现场勘验笔录”，提取的痕迹、物品应当填写“火灾痕迹物品提取清单”。现场勘验笔录的记述要客观、全面、准确，手续要完备，符合法律程序，才能起到证据作用。

现场勘验笔录应当与实际勘验的顺序相符，用语应当准确、规范。同一现场多次勘验的，应当在初次勘验笔录基础上，逐次制作补充勘验笔录。

（一）火灾现场勘验笔录的基本形式和内容

1.绪论部分

绪论部分的主要内容有：

（1）起火单位的名称。

（2）起火和发现起火的时间、地点。

（3）报警人的姓名、报警时间。

（4）当事人的姓名、职务。

（5）报警人，当事人发现起火的简要经过。

（6）现场勘验指挥员、勘验人员的姓名、职务。

（7）见证人的姓名、单位。

（8）勘验工作起始和结束的日期和时间。

（9）勘验范围和方法、气象条件等。

2.叙事部分

叙事部分主要写明在勘验过程中所发现的情况，主要包括：

（1）火灾现场位置和周围情况。

（2）火灾现场中被烧主体结构（建筑、堆场、设备），结构内物品种类、数量及烧毁情况。

（3）物体倒塌和掉落的方向和层次。

（4）烟熏和各种燃烧痕迹的位置、特征。

（5）各种火源、热源的位置，状态，与周围可燃物的位置关系，以及周围可燃物的种类、数量和被烧状态，周围不燃物被烧程度和状态。

（6）电气系统情况。

（7）现场死伤人员的位置、姿态、性别、衣着、烧伤程度。

（8）人员伤亡情况和经济损失。

（9）疑似起火部位，起火点周围勘验所见情况。

（10）现场遗留物和其他痕迹的位置、特征。

（11）勘验时发现的反常情况。

3.结尾部分

结尾部分的内容为：

（1）提取火灾物证的名称、数量。

（2）勘验负责人、勘验人员、见证人签名。

（3）制作日期。

（4）制作人签名。

（二）火灾现场勘验笔录的制作方法

火灾现场勘验笔录的制作方法主要包括如下几个方面：

（1）在现场勘验过程中随手记录，待勘验工作结束后再整理正式笔录。现场勘验笔录应该由参加勘验的人员当场签名或盖章，正式笔录也应由参加现场勘验的人员签名或盖章。

（2）在现场勘验过程中所记录的笔录草稿是现场勘验的原始记录，修改后的正式笔录一式多份，其中一份与原始草稿笔录一并存入火灾事故调查档案，以便查证核实。

（3）多次勘验的现场，每次勘验都应制作补充笔录，并在笔录上写明再次勘验的理由。

（4）火灾现场勘验笔录一经有关人员签字盖章后便不能改动，笔录中的错误或遗漏之处，应另作补充笔录。

（5）火灾现场勘验笔录中应注明现场绘图的张数、种类，现场照片张数，现场摄像的情况，与绘图或照片配合说明的笔录应加以标注（括注绘图或照片的编号）。

（三）制作火灾现场勘验笔录的注意事项

制作火灾现场勘验笔录应注意如下事项：

（1）内容客观准确。

（2）顺序合理。笔录记载的顺序应当与现场勘验的顺序一致，笔录记载的内容要有逻辑性，可按房间、部位、方向等分段描述，或在笔录中加入提示性的小标题。

（3）叙述简繁适当。与认定火灾原因、火灾责任有关的火灾痕迹物证应详细记录，也可用照片和绘图来补充。

（4）使用本专业的术语或通用语言。

二、火灾现场照相

火灾现场照相能真实地反映出火灾现场原始面貌，它能客观地记录火灾现场上的痕迹物证，火灾现场照片是分析认定火灾原因和处理火灾责任者的主要证据之一。火灾现场照相补充了现场勘验笔录的不足。

（一）火灾现场照相的目的和作用

1.目的

通过照相的方法，真实地记录火灾现场的客观事实，为分析研究火灾性质、确定火灾原因提供依据和形象资料，为追究火灾责任和惩治犯罪提供证据。

2.作用

（1）能够完整地、客观地、形象地、真实地反映现场情景和具体事物的状态。

（2）能够迅速地记录火场状况和火灾痕迹物证。

（3）能够将难以提取的痕迹物证，不受任何损坏地提取下来。

（4）能够将某些肉眼难以看见或分辨不清的痕迹物证显现出来。

（二）现场照相的种类

根据火灾现场照相所反映的内容，可将现场照相分为：方位照相、概貌照相、重点部位照相和细目照相。

1.方位照相

现场方位照相应反映整个火灾现场及其周围环境，表明现场所处位置及与周围建筑物等的关系。

这种照相要反映的场景较大，在选择拍照地点时，一般要离火场距离远些、位置高些。这样才能把整个火场所处的地理环境和方位反映出来。对于那些不便于后退和登高的狭窄现场，可以换广角镜头，以扩大拍照范围；相反地，如果是由于火场火势太大或其他原因不能靠近火场，而拍照距离太远以致用标准镜头拍照的影像太小而看不清时，可以换用望远镜头以得到较大而清晰的影像。在拍照火场上的火焰火势时，要尽量选择火场的侧风方向或上风方向位置，既便于观察和拍照，也便于安全撤退。

在拍照过程中，要注意把那些代表火场特点的建筑物或其他带有永久性的物体，如车站、道路、管廊以及明显的目标如起火单位（车间）的名称、门牌号等，拍照下来，用以说明现场所处的方位（环境、位置和方向）。

2.概貌照相

火场概貌照相是以整个火灾现场或现场主要区域作为拍照内容的，从中要反映出整个火灾现场的火势蔓延情况和现场燃烧破坏情况。这种照相宜在较高的位置拍照。分别从几个位置拍照火场上的火点分布、燃烧区域，火焰和烟雾情况等，为分析火势蔓延，起火部位提供依据。

概貌照相反映的是火场的全貌和火场内部各个部位的联系，可以使人明确地了解火场的范围、烧毁的主要物品、火灾蔓延的途径、起火部位等，即全面反映整个火场情况。现场概貌照相应拍照整个火灾现场或火灾现场主要区域，反映火势发展蔓延方向和整体燃烧破坏情况。

3.重点部位照相

火场重点部位照相主要反映火场中心地段，是拍照那些能说明火灾起因、火灾蔓延扩大等现象的现场遗留下的物体或残迹以及其他所处部位，例如起火部位，烧损最严重的地方、炭化最重的区域、残留的发火物和引火物残体、烟熏痕迹、危险品和易燃品原来所在的位置等。对于放火案件，还要拍照放火者对建筑物和物品的破坏情况、抛弃的作案工具等痕迹、物证；对于爆炸火灾现场，要拍照爆炸点、抛出物、残留物等的位置。

需要反映出物证大小或彼此相关物体间的距离时，可在被拍照位置放置米尺。在距被拍照物体较近，又要反映物体和痕迹等之间的关系时，应尽量使用小光圈，以增长景深范围，使前后景深物影像清晰。要正确选择拍照位置，尽量避免物体、痕迹的变形，在照明方面，应用均匀光线，同时注意配光的角度，以增强其反差和立体感。

现场重点部位照相应拍照能够证明起火部位，起火点、火灾蔓延方向的痕迹、物品。在对重要痕迹、物品照相时应放置位置标识。

4.细目照相

火场细目照相是拍照在火灾事故现场所发现的各种痕迹、物证，以反映这些痕迹、物证的大小、特征等。这些镜头是直接说明起火原因的。这种拍照一般是在详细勘验阶段进行的，也有的物证是在现场处理完毕进行拍照，可以移动物体的位置，改善拍照条件，客观、真实地表示其真实的大小。由于拍照对象多种多样，所以拍照方法应根据具体对象的特点的不同而定。对于较小的痕迹、物体，为了使影像清晰，特征反映明显，可采用原物大或直接扩大的拍照方法。对于那些不易提取的痕迹（如烟熏痕迹），只有在原位拍照才能反映其特征时，要注意现场配光和拍照方位，使其痕迹形状、特征能被清晰地记录下来。

现场细目照相应拍照与引火源有关的痕迹、物品，反映痕迹、物品的大小，形状、特征等。照相时应使用标尺和标识，并与重点部位照相使用的标识相一致。

（三）现场照相的要求

1.要了解现场情况，拟订拍照方案

到达火灾现场后，应首先了解观察现场情况，即对火场内外的各种物体、痕迹的位置和状况有一概括的了解。以此为根据，确定拍照的程序、内容、方法，以便有条不紊地进行拍照。

2.现场照片要能说明问题

对现场上的各种现象，特别是一些反常现象，要认真客观地拍照，以便能反映出痕迹、物证、起火点等的特征并具有一定的证明作用。

3.现场照片的排列能反映现场的基本情况和特点

排列顺序依火场具体情况而定。一般的排列顺序有：按照现场照相的内容和步骤排列；按照现场勘验的顺序排列；按照火灾发展蔓延的途径排列。火灾现场照片无论采用哪一种方式排列，都必须连贯地、中心突出地表达现场概貌和特点。

4.文字说明

文字说明要求准确、通顺，书写工整，客观地反映现场实际情况。

三、火灾现场摄像

摄像技术可以将火灾现场的燃烧状态、火灾发展蔓延、火灾扑救、火灾现场的勘验过程等各种复杂情况及其在时间和空间中的关系记录下来，以获得直观、真实和连续的视觉形象。现场摄像不仅在火灾现场勘验、检验痕迹物证、提供犯罪证据和法律诉讼中有重要作用，而且在信息传递、消防宣传教育、防火监督和战术讲评等方面也能起到特有的作用。

（一）火灾现场摄像的内容和要求

火灾现场摄像需要记录的火灾现场内容与火灾现场照相基本相同，反映的信息更加丰富。在具体的操作中，现场摄像内容与要求主要有：

1.火灾现场方位摄像

火灾现场方位摄像反映现场周围的环境和特点，并表现现场所处的方向，位置及其与其他周围事物的联系。这一内容，一般用远景和中景来表现。摄像时，宜选择视野较为开阔的地点，把能够说明现场位置和环境特点的景物、标志摄录下来。常用的拍摄方法有摇摄法和推摄法。当火灾现场周围建筑物较多时，需要从几个不同的方向拍摄，反映其位置和环境。

2.火灾现场概貌摄像

火灾现场概貌摄像是以整个火灾现场为拍摄内容，反映现场的基本情况。可分为两部分：

（1）拍摄火灾扑救过程，包含拍摄起火部位、燃烧范围、火势大小，抢救物资和疏散人员、破拆、灭火活动的镜头。

（2）拍摄勘验活动的过程，如拍摄能反映火灾现场范围及破坏程度、损失情况、火灾现场内各部分之间的关系等影像。

3.火灾现场重点部位摄像

火灾现场重点部位摄像是以起火部位，起火点、燃烧严重部位、炭化严重部位和遗留火灾痕迹物证的部位为拍摄内容，反映其位置，状态及相互关系。火灾现场重点部位摄像是整个现场摄像中的重要部分，常用的拍摄方法有：

（1）静拍摄，对现场的原貌进行客观记录。

（2）动拍摄，将勘验、现场扒掘和物证提取的过程一同拍摄。

4.火灾现场细目摄像

火灾现场细目摄像是以火灾痕迹物证为拍摄内容，反映火灾痕迹物证的尺寸、形状、质地、色泽等特征，常采用近景和特写的方法拍摄。在拍摄时，应选择适宜的方向、角度和距离，充分表现痕迹物证的本质特征。对各种痕迹物证拍摄时，应在其边缘位置放置比例尺。

5.火灾现场相关摄像

火灾现场相关摄像包括拍摄现场范围、现场分析会和对痕迹物证进行检验分析、模拟实验等活动的过程，可根据火灾的具体情况而定。

（二）火灾现场摄像方法

1.光线的运用

光线是勾画物体轮廓，反映物体细节，质感和色泽的物质条件。光线的运用关键在于把握光线的强度、照射方向，光比和光源的色温。

2.画面构图

摄像画面构图的原则是突出主体，色调统一，画面均衡和图像连续。影响摄像构图的因素较多，在拍摄时，主要通过改变摄像距离、拍摄角度和方向、镜头焦距以及正确地运用光线，有机地将这些因素组合在一起。

3.摄像技法

火灾现场摄像中，主要采用如下技法：

（1）摇摄法。指摄像机的位置不变，改变摄像机镜头轴线的拍摄方法。根据拍摄景物的需要，摇摄可以水平或者上下方向转动镜头。

（2）推、拉摄法。推摄是指被摄主体不变，摄像机位置向被摄主体方向推进，或变动摄像机镜头的焦距（从广角到长焦）使画框由远而近的一种拍摄方法。拉摄是指被摄主体不变，摄像机逐渐远离被摄主体，或变动镜头的焦距（由长焦到广角）使画框由近及远与主体脱离的一种拍摄方法。

（3）移动拍摄。移动拍摄是指依靠人体移动或将摄像机架设在活动物体上，并随之运动而进行的拍摄。常用于长条形的烟熏痕迹、管道、走廊等的拍摄。

（4）跟摄。跟摄是指摄像机跟随运动的主体一起运动进行的拍摄。拍摄时，摄像机的运动速度与被摄主体的运动速度始终保持一致，主体在画框中处于一个相对稳定的位置，画面的景别不变，而背景环境始终处在变化中。

4.镜头的长度

镜头的长短对于画面的表现效果有极大的影响。镜头长度的确定应以看清画面内容为依据。根据景别的不同，画面的明暗，动与静和节奏快慢，确定具体的时间长度。一般固定镜头能看清楚的最短时间长度为：全景6s、中景3s，近景1s，特写2s。拍摄时，必须保证足够的录制时间长度，以便于后期的制作。

四、火灾现场绘图

火灾现场勘验人员应制作现场方位图、现场平面图，绘制现场平面图应标明现场方位照相、概貌照相的照相机位置，统一编号并与现场照片对应。根据现场需要，选择制作现场示意图、建筑物立面图、局部剖面图、物品复原图、电气复原图、火场人员定位图、尸体位置图、生产工艺流程图、现场痕迹图、物证提取位置图等。

（一）常用火灾现场绘图

1.火灾现场方位图

火灾现场方位图主要表达火灾现场在周围环境中的具体位置和环境状况，如周围的建筑物、道路，沟渠、树木、电杆等以及与火灾现场有关的场所，残留的痕迹、物证等的具体位置都应在图中表示出来。方位图还可具体分为平面图、立面图、剖面图和俯视图。其所呈现的基本内容为：

（1）标明火灾区域及周围环境情况。

（2）标明该区域的建筑物的平面位置及轮廓，并标记名称。

（3）标明该区域内的交通情况，如街道、公路、铁路、河流等。

（4）用图例符号标明火灾范围，起火点、爆炸点等的位置，或可能的引火源位置。

（5）标明火灾现场的方位，发生火灾时的风向和风力等级。

（6）标明火灾物证的提取地点。

2.火灾现场全貌图

火灾现场全貌图主要描绘火灾现场内部的状况，如现场内部的平面结构、设备布局、烧毁状态，起火部位、痕迹物证的具体位置以及与相关物体的位置关系等。

3.火灾现场局部图

火灾现场局部图主要描绘起火部位和起火点，反映出与火灾原因有关的痕迹、物证、现象和它们之间的相互关系。根据火灾现场的实际情况可绘出局部平面图，局部平面展开图、局部剖面图。

4.专项图

专项图主要配合专项勘验，对痕迹、物证细微特征做突出描述。

5.火灾现场平面复原图

火灾现场平面复原图是根据现场勘验和调查走访的结果，用平面图的形式把烧毁或炸毁的建筑物及室内的物品恢复到原貌，模拟出事故前的平面布局。平面复原图是其他形式复原图的基础和依据。火灾现场平面复原图的基本内容如下：

（1）室内的设备和物品种类，数量及摆放位置，堆垛形式的物品，应加以编号并列表说明。

（2）起火部位及起火点。

6.火灾现场立体复原图和立体剖面复原图

火灾现场立体复原图是以轴测图或透视图的形式表示起火前（或起火时）起火点（部位）、尸体、痕迹物证等相关物体空间位置关系的图。

立体剖面复原图，是在立体复原图的基础上，用几个假设的剖切面，将部分遮挡室内布局的墙壁和屋盖切去，展示室内的结构及物品摆放情况的图形。

（二）火场现场绘图方法

1.比例图

按比例绘图要将整个火灾现场的大小，现场上的物体与物体之间的距离的实际尺寸，按一定比例画在图纸上。

2.示意图

在绘制示意图时，整个现场的长、宽，现场上物体与物体之间的距离都不是按一定比例绘制的。若有些物体的大小、长短和相互距离对于火灾原因的认定有必要时，可用实际数字注明。

3.比例、示意图结合

绘制比例图，同时又使用示意图将这两种图在一个火灾现场图中综合使用，要根据现场的实际情况来确定什么图需要绘制比例图，什么图需要绘制示意图，两种方法通常在绘制某些连片大火和户外火灾时综合使用，来表现大面积的火灾现场。

（三）火灾现场绘图的基本要求

（1）重点突出、图面整洁、字迹工整、图例规范、比例适当、文字说明清楚、简明扼要。

（2）注明火灾名称、过火范围、起火点、绘图比例、方位、图例、尺寸、绘制时间、制图人、审核人，其中制图人、审核人应签名。

（3）清晰、准确地反映火灾现场方位，过火区域或范围，起火点、引火源、起火物位置、尸体位置和方向。

第五节　视频分析技术

随着科技进步和全社会对安全的日益重视，视频监控逐渐普及。无论大街小巷，还是市集农村；无论是重点场所，还是小店小铺，甚至居民家庭，都有各种视频监控探头的身影，视频监控在各类火灾事故调查工作中发挥了重要作用。

一、监控探头的查找

查找火灾事故现场视频监控，是火灾事故调查的一项重要内容。查找监控探头应注意从以下三个方面入手：

（1）询问火灾当事人、知情人，了解火灾现场及其周边是否安装有视频监控。

（2）在现场环境勘验过程中，查看火灾建筑周边的建筑物、道路上是否有监控探头。

（3）在室内勘验过程中，查找监控系统主机、监控探头或烧损残留物中是否有监控探头残骸。

二、监控视频的证明作用

（1）对直接清晰拍摄到起火部位（点）的，可直接证明起火时间、起火点和起火原因。

（2）对未能直接拍摄到起火部位（点）的或图像不清的，可根据火光、烟雾的特征证明起火时间、起火部位和起火特征。

（3）对仅拍摄到出入口、周边道路的，可证明火灾相关人员活动情况，排除或证明其放火作案嫌疑。

在查找探头时，一定不能将排查对象仅仅局限于拍摄到起火部位（点）的探头，应扩大筛查范围，认真查看和分析所有监控视频内容。

三、监控视频的分析方法

（一）前期准备

1.时间的校对

大多数视频监控系统的时间与北京时间存在误差，因此在监控视频作为证据分析前，应首先校对视频监控系统时间。常见的方法：打开视频监控系统查看系统的当前时间，再用连接互联网的手机打开网页浏览器搜索“北京时间”，即可获得国家授时中心的标准北京时间，然后对照两个时间，就可确定视频监控时间与北京时间的误差。

2.探头的标定

一般视频监控系统都有多个探头，为了方便辨识和将具有证明作用的视频筛选出来，应首先标定所有探头。常见的方法有：对所有探头按系统顺序编号，并根据火灾前或当前探头拍摄的内容，确定每个探头的安装位置和拍摄范围。

（二）常见分析方法

除了观看清晰记录火灾发生经过的监控视频录像来直接证明起火部位（点）和起火原因的基础方法外，常见分析方法还有以下几种。

1.比对分析法

常用于分析夜间或关灯等光线较弱情况下的视频录像。分为以下两种：

（1）比对位置分析方法。包括：一是截取需比对的同一监控探头拍摄的白天或照明灯打开时最清晰的一段视频录像或录像截图。二是通过知情人指认或监控系统完好情况下的实地核实，分析确定截取视频或截图中各部位、点的实际位置。三是将截取的视频录像和截图与火灾发生时的录像视频进行比对，得出最先冒烟或出现火光的位置。

（2）比对特征分析方法。通过将拍摄到的起火经过的视频与已知类型的起火特征进行比对，两者吻合的，可作为判定起火特征和起火原因的依据。

2.逐帧分析法

常用于分析视频录像中相关人员行为、起火瞬间特征等。由于光线和分辨率的原因，以及拍摄内容快速变化的原因，在分析视频录像时经常有必要对重要视频内容慢放甚至逐个画面地进行仔细观看、分析。方法是通过播放器对视频录像进行逐帧播放而后观察。

3.辅助物分析法

常用于分析因距离远、清晰度差等而无法准确分辨位置的视频录像，前提是视频监控系统未在火灾中受损。在通过比对法仍无法确定视频录像中特定位置或对确定位置需要更高精度时，需要采用一些辅助手段来辨识位置。方法是由一人通过视频监控观察并指挥，另一人使用激光笔指向的光斑或其他鲜艳醒目的物品，根据观察人员指挥确定需要标定的准确位置。

4.计算分析法

指利用光线直线传播的原理，对仅拍摄到反光的视频录像进行计算分析的方法。

四、视频监控的提取和入档

对具有证据效力的视频监控数据应及时使用刻录光盘、优盘、移动硬盘等载体予以提取保存。在分类整理后应将数据材料至少一式两份保存，一份在稳定、耐久的载体上入档保存，一份保存在工作用计算机硬盘上或专用保存电子证据的移动硬盘等存储介质上。为便于视频监控证据的查阅，入档时应当建立视频监控数据的内容说明和索引。

第六节　现场实验

一、现场实验目的

现场实验是指为了证实火灾在某些外部条件下、一定时间内能否发生，或证实与火灾发生有关的某一事实是否存在的再现性试验。

现场实验应验证如下内容：

（1）某种引火源能否引燃某种可燃物。

（2）某种可燃物在一定条件下燃烧所留下的痕迹。

（3）某种可燃物的燃烧特征。

（4）某一位置能否看到或听到某种情形或声音。

（5）当事人在某一条件下能否完成某一行为。

（6）其他与火灾有关的事实。

二、现场实验要求

现场实验要求如下：

（1）是否开展现场实验由火灾现场勘验负责人根据调查需要决定。一旦确定开展现场实验，应注意保密原则，禁止向无关人员或单位泄露。

（2）实验应尽量选择在与火灾发生时的环境、光线、温度、湿度、风向、风速等条件相似的场所进行。现场实验应尽量使用与被验证的引火源、起火物相同的物品，尽量采用现场未燃烧的遗留物或与单位仓库同批次的物品。

（3）实验现场应封闭并采取安全防护措施，禁止无关人员进入。实验结束后应及时清理实验现场。

（4）现场实验应由两名以上现场勘验人员进行。现场实验应照相，需要时可以录像，并制作现场实验报告。实验人员应在现场实验报告上签名。

三、现场实验报告内容

现场实验报告应包括以下内容：

（1）实验的时间、地点、参加人员。

（2）实验的环境、气象条件。

（3）实验的目的。

（4）实验的过程。

（5）实验使用的物品、仪器、设备。

（6）实验得出的数据及结论。

（7）实验结束时间，参加实验人员签名。

经现场实验得出的数据及结论，不得作为证据使用，但可作为参考，并结合其他证据材料认定起火原因。

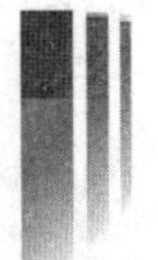

第四章　火灾痕迹物证

第一节　火灾痕迹物证概述

一、火灾痕迹物证的概念及研究内容

（一）火灾痕迹物证概念

火灾痕迹物证是指证明火灾发生原因和经过的一切带有痕迹的物体。包括因为火灾发生和发展而使火场上原有物品产生的一切变化和变动。

（二）研究内容

研究火灾痕迹物证，就是要研究每种痕迹和每种物证的形成过程，找出它们的本质特征，并利用这种特征证明火灾发生、发展过程的事实真相。认识了它们的形成过程及证明作用，也就基本掌握了临场鉴定的原理和一般鉴定的方法。因此，应对每种痕迹物证研究以下内容：

（1）形成机理及形成过程。

（2）本质特征。

（3）证明作用。

（4）发现、取样与固定。

（5）临场鉴定方法。

（6）实验室检验。

（7）模拟实验。

二、火灾痕迹物证的形成

火灾痕迹物证的形成，除了证明起火原因的那部分痕迹物证外，其余都是火灾作用的结果。这种火灾作用有直接的或间接的：直接作用有火烧、辐射、烟熏等；间接作用有由建筑构件造成的倒塌、碰砸等。证明起火原因的那部分痕迹物证，有的是人为的，有的是自然形成的。从各种痕迹的形成机理看，由于火灾作用形式不同，物质燃烧性质不同，在火灾中有的主要是发生化学方面的变化，有的主要发生物理方面的变化，也有的兼而有之。各种痕迹物证的形成和遗留都有其一般的规律性和特殊性，而研究其形成规律，尤其是它的特殊性，是解决火灾现场问题的关键。

三、火灾痕迹物证的证明作用及注意事项

（一）证明作用

火场的种种痕迹物证，根据不同的形成过程和特征直接或间接证明火灾发生时间、起火点位置、起火原因、扩大过程、蔓延路线、火灾危害结果及火灾事故责任等。

如烟熏痕迹是能证明阴燃起火的主要证据之一。阴燃起火是在通风不良、供氧不足的情况下形成的不完全燃烧。阴燃过程中产生的烟气中含有大量游离碳粒子，随烟气流动时黏附于其停留和扩散的地方后形成烟熏痕迹。在首先起火的房间里，因为房间内供氧不足，可燃物处在不完全燃烧状态，烟气充满室内空间，致使在天棚、墙壁，门、窗等部位形成浓密的烟熏痕迹，有别于其他蔓延成灾的房间。

（二）注意事项

（1）就一种痕迹物证来说，可能有某种证明作用，但是这种证明作用并不是在任何火场上都能体现。例如，烟熏痕迹在某个火场上能证明起火点，那是它在那个具体火场，那种具体物质在那种具体条件下燃烧遗留的结果。而在另一个火场，则不一定能形成具有那种形状和特征的烟熏痕迹，也就不能证明起火点。另外，一种痕迹物证可能有几种证明作用，这是对许多火场概括的结果，在一个火场上它兼有几种证明作用的情况不是没有，但是很少。因此有的痕迹物证在某个火场上只能起到一种证明作用，甚至没有任何证明作用。如烟熏痕迹在不同的火灾现场和情况下，可以证明起火点、蔓延路线和火灾时间等。

（2）依靠某一种痕迹就证明某个事实，有时也是很不可靠的。在利用痕迹物证证明过程中，必须利用多种痕迹物证及其他火灾证据共同证明一个问题，才能保证证明结果的可靠性。例如窗户玻璃破坏痕迹的特征说明起火点在某个房间内；门、窗框是从里向外烧，窗户外面上部的烟熏也特别浓密；又有人证实这间房子先起火。几种证据证明内容一

致，它们共同证明了一个事实，那么这个房间先起火就确定无疑了。

（3）在火场上还可能发现两种痕迹，或者某种痕迹与其他证据所证明的事实相反。这时，要反复认真研究它们的形成过程、主要特征，最终科学解释这种特异现象。或者再寻找其他方面的证据，对比各种证据证明作用的共同部分，综合分析做出结论。

（4）有的痕迹物证能够对初步判断和某些情况给予否定，这本身也是一种证明作用，因为它提示了假象和判断中的错误。因此，现场勘验中尤其要注意对这种证据的发现与研究。

四、火灾痕迹物证的后期处理

各种物证经有关方面的专家和部门鉴定，做出结论并在火灾事故处理完毕后，可予撤销、废弃或归还原主。

有的火灾案件需要司法部门处理，则应在调查终止后，将有关物证和案卷一并移交人民检察院。

对于鉴定有分歧的物证应当保存到鉴定结论统一时为止。

对于具有典型意义的实物证据和各种痕迹，公安机关消防机构的火场勘验人员应当保存或复制，以备总结经验。

第二节　烟熏痕迹

一、烟熏痕迹的形成机理

烟熏痕迹主要是指燃烧过程中产生的游离碳附着在物体表面或侵入物体孔隙中的一种形态。燃烧时产生的烟雾，其主要成分是碳微粒，也含有少量的燃烧物分解的液体或气体。根据燃烧物成分不同，烟中还可能含有非燃性的固体氧化物。

烟气中碳微粒的直径一般在0.01～50μm。在刚离开火焰时，烟气的温度可达1000℃，从密闭的建筑起火房间流出的烟气温度为600～700℃。建筑内着火时烟气向上的速度为2～3m/s，当烟到达房间上部后以0.5～1m/s的速度水平扩散，随着扩散距离增加，温度下降，烟粒子下沉。在此过程中，烟气会在遇到的物体表面上留下烟熏的痕迹。

烟熏程度的大小与可燃物的种类、数量、状态以及引火源、通风条件、燃烧的温度等因素有关。例如，在450～500℃时聚酯发烟量为木材发烟量的10倍；木材在400℃时发烟量最大，超过550℃时发烟量只有400℃时的1/4。

二、烟熏痕迹的基本特征

在火灾过程中，在对流、热压等因素作用下，烟气从低处向高处流动，竖直方向流动速率大于水平方向流动速率，其流动的方向一般与火势蔓延方向一致。烟熏痕迹一般在距起火点近、面对烟气流动方向的部位和处于烟气流顶部的物体上首先形成，而后在流向外部的通道上形成。烟熏痕迹浓密程度有轻重之别，形成的时间有先后之分，颜色一般呈黑色。烟气流动的连续性使物体表面上形成的烟熏痕迹也具有连续性，形成浑然一体的特征。烟熏浓密程度与可燃物的性质、数量、燃烧时的发烟量大小，通风条件和火场温度等因素有关。在现场勘验中，根据烟熏痕迹这些特征和形式，在不同的空间和部位上进行收集、鉴别工作，使烟熏痕迹作为证明某一事实的证据。

三、烟熏痕迹的证明作用

（一）证明起火点、起火部位、起火房间

根据烟熏痕迹的形状、位置、分布和浓密程度可以确定起火点、起火部位、起火房间。如果在室内墙壁上有“V”字形烟熏痕迹，那么“V”字形的底部就是起火点。例如，墙边纸篓、墙角拖把、扫帚等被扔入烟头，经过阴燃起火，就会在墙面上留下明显的“V”字形烟熏痕迹。

如果在吊顶内残存的山墙上烟熏浓密，而吊顶下面室内墙壁上烟熏稀薄，则说明吊顶内先起火；反之，说明室内先起火。

如果大部分烟熏痕迹在吊顶以下墙壁上，而且吊顶上下墙面烟熏界线分明，只有某部分墙壁吊顶上下烟熏浑然一体，则说明起火点在这个浑然一体的烟熏痕迹下面附近。

如果建筑物门窗等开口的外侧上部墙面烟熏明显，即使房盖已经烧塌，也说明是室内先起火；反之，则是吊顶内先起火。火焰很快将屋顶烧穿，热气携带烟粒子垂直排向空中，因此墙外开口上部烟熏稀少。

如果埋藏在废墟中的板条抹灰碎片原来抹灰面有烟熏，则是室内起火；反之，则为吊顶内起火。埋在可燃物中的高温管道通过垫料放在可燃物上的电熨斗等赤热体在本身或垫料上形成烟熏，不仅可证明起火点，而且可证明起火原因。

爆炸起火往往烟熏较轻或无烟熏，尤其被爆炸抛到室外的碎片一般无烟熏。根据这个碎片在事故前的位置，可找到爆炸点或先行爆炸的设备。

在利用烟熏痕迹的形状、位置、分布以及浓密程度判断起火点时，应注意是否有先期

形成的烟熏痕迹被后期火焰烧掉的可能。例如，室内天棚大部分烟熏均匀，而只有某个局部洁白发亮，则其下部是起火点。再如，室外各窗子上部墙面烟熏均匀、连续，唯有某间房子窗子上部墙面没有烟熏，则这间房子是起火房间。

（二）证明蔓延方向

火灾过程中，烟气的流动方向一般与火势蔓延方向一致，烟气流动具有方向性和连续性。在火灾中，一方面烟气流动的方向性使物体面向烟气流动方向的一面先形成烟熏痕迹，烟熏痕迹相对浓密，背面烟熏痕迹形成得晚，烟熏痕迹相对稀薄，这一特征表明是由浓密烟熏痕迹一侧蔓延过来的；另一方面烟气流动具有连续性，处在不同空间的物体表面，将先后连续形成烟熏痕迹。例如，室内起火，尤其是吊顶内起火，在房顶没有烧塌的情况下，会在墙壁上和没烧塌的屋顶、屋架上留下烟气流动方向的轮廓，这种轮廓指示了火焰与烟气的运动方向。在一栋平房或同一楼层数间房子着火时，根据每个窗口上面烟熏痕迹的浓密程度不同，不仅可以判断出先起火的房间，而且可以指出火灾的蔓延方向。

再如，根据玻璃两面烟熏情况的不同可以判断火是向哪一面蔓延。即使玻璃已经破碎掉在地上，也可以通过碎片上的烟痕确定玻璃原来在窗户上的位置，进而判断火势蔓延方向。

（三）证明起火特征

根据各种火灾起火时的特点和起火留下的痕迹特征，可分为阴燃起火、明燃起火和爆炸（燃）起火三种起火形式。不同起火形式的现场具有不同的特点。其中，阴燃起火的主要特征之一是烟熏明显；明燃起火和爆炸起火一般烟熏稀少。

（四）证明燃烧物种类

油类、树脂及其制品，因含有大量的碳，即使在空气充足、燃烧猛烈阶段也会产生大量的浓烟。它们燃烧后会在周围建筑物和物体上留下浓厚的烟熏痕迹，甚至在地面上也会掉落下一层烟尘。

植物纤维类，如木材、棉、麻、纸、布等燃烧形成的烟熏痕迹中凝结的液态物含有羧酸、醇、醛等含氧有机物；矿物油燃烧的烟熏痕迹中液态凝结物多含有碳氢化合物；橡胶及其制品燃烧后的烟痕中多含有表明其特征的成分；炸药及固体化学危险品发生爆炸、燃烧，在爆炸点及附近发现的烟痕中不仅含有一般的烟熏主要成分碳，由于爆炸迅速，其炸药成分往往还不能完全发生反应，因此在爆炸点及附近的烟痕中还存在炸药或固体化学危险品的颗粒。

由于烟熏痕迹中所含特征成分不同，因此表面颜色和气味不同。根据有关特征和实验分析，可以鉴定是什么物质产生的烟熏痕迹。

（五）证明燃烧时间

可根据烟熏的厚度、密度及牢固度的不同相对比较燃烧时间。某处的烟熏尽管浓密，如果容易擦掉，说明火灾时间并不长；如果不易擦掉，则说明经过长时间烟熏。

（六）证明开关状态

在勘验火灾现场时，为了查明电气线路在发生火灾时是否通电，就要检验电器电源线插头是否插入插座，或线路刀型开关是否闭合。但是，由于火灾的破坏作用，或人为的破坏作用，常造成原来插入插座的插头脱落，或刀型开关断开，因而不能以它们现存的状态来确定它们在火灾当时的通断情况。如果插头上和插座内侧均有烟痕，说明发生火灾时插头没有插入插座；如果查得上述位置的烟痕比插头、插座其他部分的烟痕明显稀少淡薄，甚至没有烟痕，则说明这个插头在火灾当时是插在插座上的。同理，可以判断刀型开关在火灾情况下是否闭合。其他非密闭的开关也可用同样的方法鉴别是否接通。

（七）证明玻璃破坏时间

因烟熏火烤炸裂落到窗台或地面上的玻璃，肯定有一部分碎片以烟熏的一面朝下，另一部分碎片以烟熏一面朝上，收集这些碎片，拼接在一起，烟迹均匀，连续；起火前被打碎的玻璃，落地后很少有烟痕，即使在以后的火灾作用下表面上附有烟痕，也只限于朝上的那一面有，贴地的那一面不会有烟痕，而且由于被烟熏前，碎块已经分散落地，或者个别碎块叠落，将碎块拼接，烟迹不均匀、不连续。

（八）证明容器或管道内是否发生燃烧

内装烃类物质的容器、反应器或者管道内发生过燃烧或爆炸，其内壁上会附有一层厚厚的烟痕。

电缆沟或下水道内如果发生过烃类易燃液体蒸气的爆炸或燃烧，在其内壁也会发现烟痕。烟道中平时积累的烟尘呈悬挂状，向空间伸展，如果烟道内发生过燃烧或爆炸，这些附着的烟尘将被烧掉或被气流冲掉。

（九）证明火场原始状态

某件物品在火灾后被人移动，其表面的烟痕、浮灰的完整性就被破坏，它下面的物件表面上没有与这个物品底部形状一致的烟尘图形，或者这个图形遭到破坏。如果一件物品在火灾后被人拿走，或者一个物体从外部移入火灾现场，也可用类似的方法进行判定。

另外，根据吊扣、合页以及铁栏杆拆下暴露的密合面、孔洞是否有烟痕，可以判断它们是火灾前还是火灾后被破坏。同理，可根据门窗密合面和窗栏杆上烟熏情况来判断着火时门窗开启状态。根据现场尸体呼吸道烟尘附着情况，可以判明是移尸火场还是火中丧生。前者的呼吸道无烟尘，后者的呼吸道有烟尘。

第三节　木材燃烧痕迹

一、木材的基本特性

（一）木材的容重

根据不同的树种，木材的容重（木材的容重是指木材单位体积的重量，通常以kg/m^3表示）有较大差别，它主要由木材的孔隙度和含水量决定。孔隙度随着树木的品种，年龄、生长条件不同而不同。木材炭化速率及炭化后的裂纹形态与容重有密切关系。实验表明，容重大的木材炭化速率小、裂纹密。

（二）木材的化学成分

木材主要由碳、氢、氧构成，还有少量氮和其他元素。干木材的化学组成是：木质纤维素、木素、糖、脂和无机物。

（三）木材的炭化和热分解

把木材从常温逐渐加热，首先是水分蒸发，到100℃时，木材已呈绝对干燥状，再继续加热就开始产生热分解。150℃开始焦化变色，170～180℃以上时热分解速度变快，放出CO、CH_4、C_2H_4可燃性气体和H_2O、CO_2等不燃气体，最后剩下木炭，温度超过200℃颜色变深（表现出黑色），这个过程称为炭化。温度越高，热分解速度越快，从250℃开始分解速度急剧加快，热失重显著增加，275℃时最为显著，350℃时热分解结束，木炭开始燃烧。

低温条件下，木材也能放出部分热量，因而存在低温发热起火的危险。由实验可知，当木材温度达到210℃时，停止外部加热，并把这一温度维持20～30min，放热反应便可达到相当快的速度。因其本身放热，木材的温度也能慢慢达到260℃。通常260℃为木材着火的危险温度。

二、木材燃烧痕迹的种类

（一）明火燃烧痕迹

在明火作用下木材很快分解出可燃性气体发生明火燃烧，由于外界明火和本身明火作用，表面火焰按照向上、周围、下面的顺序很快蔓延，暂时没有着火的部分在火焰作用下进一步分解出可燃性气体，并发生炭化，同时表面的炭化层也发生气、固两相燃烧反应。因为明火燃烧快，燃烧后的特征是炭化层薄，除紧靠地面的一面外，表面都有燃烧迹象。若燃烧时间长，其炭化层的裂纹呈较宽较深的大块波浪状。

（二）辐射着火痕迹

在热辐射作用下，木材是先经过干燥、热分解、炭化，受辐射面出现几个热点，然后由某个热点先行无焰燃烧，继而扩大发生明火。这种辐射着火痕迹的特征是，炭化层厚，龟裂严重，表面具有光泽，裂纹随温度升高而变短。

（三）受热自燃痕迹

插入烟囱内的木材，靠近烟道裂缝的木构件，它们受到热气流作用后的温度虽然不高，但经过长时间的热分解和炭化过程仍会发生明火燃烧。由于其所处的特殊环境，这种热分解和炭化过程的特征很可能被保存下来。其特征是炭化层深而平坦，无裂纹，炭化面较硬；没有形成明显的受热面，炭化部分均匀，受热方向不明显；炭化与未炭化部分界限不清，有过渡区；有不同程度的炭化区，即沿传热方向将木材剖开，可依次出现炭化坑，黑色的炭化层，发黄的焦化层等。

（四）低温燃烧痕迹

低温燃烧是指木材接触温度较低的金属，如100～280℃的工艺蒸气管线等，在不易散热的条件下，经过相当长时间后发生的燃烧。其实这也是一种受热自燃，但是由于温度低，其热分解、炭化的时间更长。其特征是有较长的不同程度的炭化区，其中发黄的焦化层比例居多，而炭化层平坦，呈小裂纹。

（五）干馏着火痕迹

干燥室内的木材，由于失控产生高温，木材在没有空气的情况下不仅发生一般的热分解，而且发生热裂解反应，析出焦油等液体成分，此时若遇空气进入，便立即会窜出烟火。这种干馏着火痕迹的特征是，炭化程度深，炭化层厚而均匀，并可在炭化木材的下部发现以木焦油为主的黑色黏稠液体。

（六）电弧灼烧痕迹

强烈电弧会使木材很快燃烧，如果是电弧灼烧后没有出现明火或者产生火焰后很快熄灭，则灼烧处炭化层浅，与非炭化部分界线分明。在电弧作用下可使炭化的木材发生石墨化，石墨化的炭化表面具有光泽，并有导电性。

（七）赤热体的灼烧痕迹

这是指热焊渣等高温固体以及通电发热的灯泡、电熨斗、电烙铁等接触木材使其灼烧的痕迹。这种痕迹在形成过程中，尽管赤热体没有明火，但温度高，因此炭化非常明显。根据赤热体温度不同，炭化层有薄有厚，但都有明显的炭化坑，甚至穿洞，炭化区与非炭化部分界线明显。

三、木材燃烧痕迹的证明作用

（一）证明蔓延速度

由于火流很快通过，不能使木材炭化很厚，因此火场上木材烧焦后的表面特征可以表明火流强度的大小及速度。

炭化层薄，炭化与非炭化部分界线分明，证明火势强，蔓延快；炭化层厚，炭化与非炭化部分有明显的过渡区，证明火势弱，蔓延速度慢。

垂直木板烧成“V”字形缺口，“V”字形开口小，说明向上蔓延快；开口大，说明向上蔓延慢。木质天花板烧洞小，说明向上蔓延快；烧洞大，说明向上蔓延慢。

（二）证明蔓延方向

（1）火场上残留在墙壁上的木构件，由于燃烧的次序不同，会按火灾蔓延方向形成先短后长的迹象。

（2）相邻的木构件、木器或同一木构件、木器，炭化层厚的一个或一面首先受火焰作用。

（3）烧成斜茬的木桩、门窗框，其斜茬面为迎火面。

（4）木构件立面烧损成一个大斜面，说明火势是沿着斜面从低处向高处发展的。

（5）木墙或木立柱，半腰烧得特别重，说明它面对着强烈的辐射源，或者有强大的火流迅速通过。

（6）烧残的带腿的家具，面向火焰来向倾倒。

（7）在较大面积的木板上烧穿的洞，哪面边缘炭化重，说明热源来自哪面。

在利用木材的烧损、炭化情况判断蔓延方向时，应注意木材种类对燃烧特性的影响。

（三）证明燃烧时间和火场温度

火场中不同种类的木材燃烧后，形成的炭化深度、裂纹形态与燃烧时间和火场温度之间有对应关系。现场勘验时可以利用炭化深度和裂纹形态结合现场情况判断出燃烧时间最长、受热温度最高的部位，进而判定起火部位。

（四）证明起火点

天棚上的木条余烬被压在火场废墟的底部，说明起火点在吊顶内；反之，则说明起火点在吊顶以下的房间内。

在木工厂，锯末炭化的几何中心或其炭化最深处是起火点。

如果在火场上发现木间壁、木货架、木栅栏一类的木制品被烧成“V”字形大豁口，或者烧成大斜面，则这个“V”字形和大斜面的低点是起火点。例如，一个商店发生火灾，现场勘验中发现某个墙壁的货架烧得最重，沿墙面布满的木货架烧成“V”字形的缺损部分，则说明这个“V”字形缺损部分的低点就是起火点。

在木桌子或木地板上发现一部分炭化较深，深度比较均匀，炭化与非炭化部分界线分明，并且具有像液体自然流淌那样的轮廓，则说明上面洒过液体燃料。

木材的炭化坑及其附近的炽热体残骸，或者炭化坑附近有产生电弧的电器，则可能与起火原因一起得到说明。

竹子及其制品、橡胶、胶木等固体可燃物的燃烧痕迹，也具有与木材燃烧痕迹相似的某些特征和证明作用。

第四节　液体燃烧痕迹

一、液体燃烧痕迹的形成机理

液体燃烧痕迹的形成机理与液体本身的性质、成分息息相关，同时接触物体的耐火性能、形状和所处的位置、环境条件也对液体燃烧痕迹有影响。可燃液体一般都具有较强的挥发性、流动性和渗透性。液体因某种原因发生渗漏、泼洒后，遇到火源引起燃烧，形成液体燃烧痕迹。由于液体的流动性，使液体燃烧痕迹具有连续性，呈不规则流淌痕迹；同时由于液体的渗透性和被接触物体的浸润性，又使液体燃烧痕迹有时呈孤立的、有一定深度的特定痕迹。

二、液体燃烧痕迹的特征

（一）平面上的燃烧轮廓

如果易燃液体在材质均匀的、各处疏密程度一致的水平面上燃烧，无论是可燃物水平面的被烧痕迹，还是不燃物水平面上所留下的印痕都呈现液体自然面的轮廓，形成一种清晰的表面结炭燃烧图形。

对于地毯，使其干透后，用扫帚或刷子刷扫，液体燃烧的图形即可显现；对于木地板经过仔细清扫和擦拭，很容易发现炭化区的轮廓；对于水泥地面，由于液体具有渗透和燃烧后遗留下来的重质成分会分解出游离碳，烧余的残渣及少量炭粒牢固地附在地面上，留下与周围地面有明显界线的液体燃烧痕迹，将火场的废墟除掉，扫除浮灰，用水冲洗，用拖布或抹布擦净、晾干，这种印痕就会清晰地显现。这只限于汽油、煤油、柴油等液体，对于挥发性极强的液体，如酒精、乙醚等，则不易在不燃地面上留下这种痕迹。

如果在房间里或者整个建筑物内的某个部分，发现了不规则的近似直的或者曲折的连成一条线的液体的燃烧印痕，而且根据地势和痕迹形态判定不可能是由于液体自然流淌造成的，则有可能是放火者为了使火焰按照他的企图传播，而事先把易燃液体倒在摆成条状的棉花、卫生纸、破布、衣物等可燃物上或者直接洒成一行，使它们起了导火索的作用。

（二）低位燃烧

物质的燃烧由于周围空气受热蒸腾的作用，总是先向上发展，再横向水平蔓延，而往下部蔓延的速度则极慢，所以火场上靠近地面的可燃物容易保留下来。如果木地板发生燃烧，经判定不是滚落的炭化块或其他赤热的物体引起，就可能是易燃液体造成的。由于液体的流动性，往往在不易烧到的低位发生燃烧。具体的低位燃烧有以下几种：①烧到地板的角落；②烧到地板的边缘；③烧到地板的下面。

（三）烧坑和烧洞

由于液体的渗透性和纤维物质的浸润性，如果易燃液体被倒在棉被、衣物、床铺、沙发上燃烧后，则会烧成一个坑或一个洞。

木地板上的桌子底下、门道以外、接近楼梯上下口的区域，由于人们经常脚踏摩擦，可将地板局部磨损。如果易燃液体流到这些地板表面被破坏的区域，液体容易渗入木质内部，则这些地方往往造成烧坑。

（四）呈现木材纹理

如果易燃液体洒在没有涂漆的水平放置的木材上，由于木材本来就存在着纹理，其中木质疏松的地方容易渗入液体，因此燃烧以后，这部分将烧得较深，使木材留下清晰的凸凹炭化的纹理。

三、液体燃烧痕迹的证明作用

（一）证明起火部位和起火点

液体燃烧属于明火燃烧，火焰明亮、辐射强度大，因此，液体燃烧部位周围的物体受到辐射热的作用，形成明显的受热面，受热面朝向都指向火源处。此外，液体流动性和渗透性所形成的痕迹中，低位燃烧的痕迹和局部烧出的坑、洞痕迹处一般都是起火点。

（二）证明起火原因

在停放车辆、油桶的场所，往往由于车辆的油管、开关、油箱或油桶渗漏，造成汽油流淌后某种原因引燃的火灾，现场勘验时通过液体流淌燃烧痕迹，寻找油管、油箱的渗漏原因，就能很快确定起火原因。

（三）证明火灾性质

现场勘验时，在疑似液体燃烧痕迹处或在燃烧后形成的烟尘吸附区域内提取检材，经鉴定确认含有某种易燃液体成分，而调查证实该处起火前没有此类易燃液体存在，就可作为认定放火嫌疑的重要证据。

四、低熔点固体熔化痕迹及证明作用

（一）沥青熔化滴落

沥青熔点约为55℃，平时为固态，在火灾条件下除燃烧外，还会熔化、流淌和滴落。沥青的这种特征在某些火场上具有指示起火部位的作用。

屋顶或木望板上铺油毛毡或沥青的建筑内部起火，由于起火房间对屋顶加热，热气或火焰从门、窗开口处窜出，起火房间上的房檐处的沥青将首先熔化、流淌，墙的上方及地面将留下明显的沥青熔流和滴落的痕迹。这些痕迹往往可以证明哪个是首先起火的房间。

（二）闸刀开关操作手柄上螺孔封漆熔流

闸刀开关操作手柄上有若干安装螺栓用的孔，该孔用紫褐色电工封漆封住。电工封漆熔点较低，在火灾中会因受热而熔化。如果开关处于断开状态，熔化的封漆将从小孔中流出。因此，可以利用其熔流情况判断火灾中的开关状态。

（三）易燃液体容器的鼓胀

在火灾作用下，装有易燃、可燃液体的金属薄壁容器将发生鼓胀。如果容器没有鼓胀，说明它在火灾前已经开口，或者封闭不严，或者液体被人倒出。

第五节　火灾中的倒塌

倒塌是指物体或建筑物构件由于火灾的作用而失去平衡，发生倾倒和塌落的现象。火场上常见的倒塌是房屋顶部、墙壁和室内物品被烧后自然塌落或倾倒。倒塌痕迹则是物体或建筑物构件倾倒、滑落及其残体在地面上的塌落堆积状态。在火灾现场勘验中，倒塌痕迹常被用于判断火势蔓延方向和指示起火部位或起火点。

一、倒塌痕迹的形成机理

现场勘验实践表明，火灾过程中一些物体和建筑构件发生倒塌掉落的原因与火场热作用密切相关，主要表现在首先受热燃烧部位的破坏程度上。一般距火源近的部位或受热面首先被加热燃烧而强度降低，在力的作用下，发生变形、折断，向失去支撑的一侧倒塌掉落。

二、建筑结构的倒塌及证明作用

火灾中建筑结构的倒塌或破坏，是由于燃烧、高温、外部震动、冲击等作用引起的。木梁或柱起火燃烧，表面炭化，削弱其荷重的截面面积。当不能再承受其原有的全部荷重时，结构便会倒塌。钢结构受热后，先出现塑性变形，当火烧15～20min时，钢构件变成面条形，随着局部的破坏，造成整体失去稳定而破坏。预应力钢筋混凝土结构遇热，失去预应力，从而降低结构的承载能力。花岗岩砖石砌体因受火灾作用，内部石英、长石、云母产生不同的热变形而碎裂；硅酸盐砌体则因内部的热分解而松散。此外，建筑物内部爆炸的冲击和震动，上部结构倒塌落在楼板上，或灭火积水不能排除，或楼板上的物质大量吸收灭火水流等，也是结构倒塌或被破坏的原因。

在火灾情况下，建筑物的倒塌是有一定规律的。从整体看，建筑物倒塌的次序一般是先吊顶，后屋顶，最后是墙壁，且一般房屋的墙是向里倒的，对于木结构屋顶，整个塌的少，局部破坏的多。对于钢结构的屋顶，局部被火烧毁，其余部分往往因被烧的部分塌落，也同时由墙头被拉到地面上来。由爆炸造成的建筑物的倒塌，一般都以爆炸部位为中心向外倾倒。从局部构件来看，三角形房架的下弦木被烧断后，由于上弦的撑力作用，会将承重墙推倒；以木结构为骨架的建筑主要由于梁柱的接榫部分以及屋架下弦或支撑屋面的墙柱被烧后，失去支撑能力，导致房顶塌落。

在火场燃烧负荷分配比较均匀的情况下，先受火焰作用的起火部位的顶棚和房顶一般先行塌落。根据建筑各部分的塌落顺序以及倒塌形式，可初步确定起火部位或起火点。在火场上，木结构建筑物的倒塌最具有典型性。这类建筑的倒塌归纳起来有四种形式：

（一）“一面倒”形

当建筑物一边首先被烧毁，受其支撑的物体则向该侧倒塌，构成房架的材料顺势逐一倒下去，呈一面倒形。这类形式的倒塌痕迹能够表示出燃烧的方向性，其屋架倒落方向指向起火部位。

（二）“两头挤”形

某些具有共同间壁，并依靠间壁支撑的房顶的建筑物，当间壁首先被烧毁，受其支撑的两边的檩条及房顶建筑材料就倾向中间倒塌，呈现出现两头挤形。如果现场上发现这种倒塌形式，且间壁已被烧毁，由此可推断起火点应在间壁附近。不受间壁墙支撑，即依靠前后墙支撑的三角形屋架建筑，在其中部起火时，若起火部位的房架先行塌落，两边的屋架有时可能相向倒落，先行塌落的地方，也呈现两头挤形式。根据交叉处两屋架残体或金属吊杆的叠压情况，可判断出先被烧毁的屋架。

（三）“漩涡”形

由于火场中心的支柱首先被烧毁，受其支撑的物体从四面向支柱倒塌，呈现漩涡形。因此，这种倒塌形式的中央就是起火点所在的部位。在闷顶火灾现场上，若闷顶未烧塌，屋面的烧塌形状也具有漩涡形。

（四）“无规则”形

在许多火场上，见到的是一种无规则形，这可能是由于建筑物几处同时起火，或建筑物结构特殊，各部分受力变化没有均匀性，而导致不规则的倒塌；也可能是由于建筑结构的关系，各部分构件耐火极限不同，内部可燃物数量和种类等分布不均匀或不同，或是由于灭火射水的影响，而造成倒塌形式反常。因此，利用建筑物倒塌痕迹分析起火部位或起火点时，应考虑上述各种影响因素。

三、室内可燃物品的倾倒及证明作用

在火灾破坏不很严重的中心现场，有时能残留部分没有完全烧毁的可燃物品的倒塌痕迹，这类残留物品的倾倒方向往往能指示起火点。因为火灾初期，火势较弱，一下子难以使可燃物品全面燃烧起来，当这些物品迎火一侧受热被烧后，物品重心失去平衡，必然会向失去承重一侧倾倒。尤其是室内的桌子、椅子等有腿的家具以及比较高的箱体等，如果由某一方向的低处首先燃烧起来，这一侧的桌腿和箱体的侧板先被破坏而失去支撑力，其余失衡部分便倒向该侧，因此其倾倒方向可用于指明火势蔓延方向或起火点的方向。

一般家具倒塌时多向起火点方向倾倒，但是，有些支撑面小的家具，如独脚圆桌，在火焰作用下，由于先烧的一侧失重，却会与其他一般家具倾倒方向相反，而倒向背火的一侧。

火场上，只有被火烧而倾倒的家具才有指示火势蔓延方向的作用，否则，不具有这种作用。例如，某火场上发现一只倾倒的四腿木凳子，其上面两腿烧损严重，而靠地面的两条腿基本没烧，这种倒塌痕迹是不能证明火势蔓延方向的，因为该木凳在火前就已倾倒了。

在火灾过程中，木质家具即使受火焰作用发生了倒塌，其倾倒于受火侧，但是若继续受火作用，会出现家具的其余部分再被烧毁的可能性，造成其倾倒方向无法辨认。此时，则应注意该家具上原摆放的不燃物品，如烟灰缸、台灯座、小闹钟等，被抛离家具的方向，该方向是与家具的倾倒方向一致的。

仓库火灾中，现场塌的货箱堆垛痕迹也能起到与家具倾倒相同的证明作用。如果堆放的货箱垛全部垂直塌落，则可说明起火点处于该箱垛上部，且靠中间部位。对于大货垛，若起火点在其上部中心，则四周货物会向这个中心倾倒。

四、塌落堆积层次及证明作用

塌落堆积层是建筑构件和贮存物品经过燃烧造成塌落形成的。它是倒塌痕迹的一个重要组成部分。由于起火点所处现场空间层次的不同，燃烧垂直发展蔓延的顺序也不同；建筑构件和物品塌落的先后不同，堆积物的层次及各层次上的燃烧痕迹也不同。这些痕迹的差异，可为分析确定起火点所在的现场立面层次提供依据。

（一）证明火势蔓延的先后顺序

在火灾现场勘验中，利用塌落堆积层的事例还是较多的。例如，某火场原为办公室，办公桌全被烧毁，地面上到处残留着被烧坏的桌腿，从塌落堆积层看到烧毁的桌板下面有零星房瓦，地面地板无烧漏处。根据这种倒塌痕迹，可说明天棚内燃烧先于室内的燃烧。诸如此类能证明天棚或闷顶内先起火的倒塌痕迹特征是瓦片，天棚的灰烬、灰条、屋架及瓦条的灰烬位于堆积物的最底层。同理，如果室内陈设物的灰烬和残留物紧贴地面，泥瓦等闷顶以上的碎片在堆积物的上层，可说明室内先起火。

（二）证明起火部位

火灾中物体倒塌掉落后，它们的残体一般都堆积在地面上，查明堆积物的层次和每层物体起火前的种类、位置，对判定起火点具有重要意义。现场勘验证明，起火点和非起火点部位物体倒塌掉落层次有很大区别。最典型的倒塌掉落层次是单层木结构建筑火灾，其倒塌掉落层次由下向上分别是：地面—炭化，灰化物—瓦砾（起火点部位），地面；地面—瓦砾—炭化、灰化物（非起火点部位），这种层次的形成是由物体燃烧时间差别和倒塌先后顺序决定的。

第六节　玻璃破坏痕迹

一、玻璃的组成及性质

（一）玻璃的组成

玻璃主要由二氧化硅及少量氧化钙、氧化钠、氧化铝等物质组成。

（二）玻璃的主要性质

（1）耐腐蚀性：玻璃对于大气中的水蒸气、水和弱酸等具有稳定性，不溶解也不生锈。

（2）绝缘性：在常温下玻璃的电导率很小，是电的绝缘体；高温下玻璃的电导率急剧增加。

（3）脆性：一般的玻璃硬且脆，机械强度很低，受力时易破碎。

二、玻璃破坏的机理

（一）玻璃的脆性破坏

玻璃的断裂破坏可分为脆性和塑性断裂破坏。在较低温度下的断裂纹，使得表面强度低于内部强度。微裂纹的产生则是由于原板上存在局部应力集中，造成原子、分子之间的键断裂而形成的。研究结果表明，玻璃表面的张应力是微裂纹产生与发展的原因。

玻璃的脆性破坏过程可认为是：由于各种原因使玻璃产生张应力，导致玻璃表面产生微裂纹；当玻璃表面受到力负荷或热负荷作用时，微裂纹扩展成裂纹，最终导致断裂。

（二）玻璃的热破坏

火场上窗玻璃受火焰和热烟气流作用导致破坏的根本原因是：玻璃是导热性很差的材料，当室内温度骤变时，窗玻璃内外层总有温差存在，从而引起玻璃内部胀缩不一致的现象，导致其产生不同程度的应变。在玻璃弹性限度以内，应变越大，其伴生的应力亦越大。玻璃的热破坏就取决于这一热应力的大小、种类以及最大热应力所处部位。

玻璃最大热应力产生于温度差最大之处。在建筑火灾现场中，窗玻璃内外表面之间和被窗框固定的边缘与其暴露于火焰和热气流部分之间是温度差最大的部位。当受到火灾作用引起的热应力超过玻璃能承受的强度极限（普通平板玻璃的平均破坏强度极限为34.32MPa）时，玻璃便会破裂。

在火场上均匀受热至高温的玻璃，当遇到灭火用水的急冷作用时，温度急剧变化的表面产生很大的张应力，同样会导致玻璃迅速破裂。

（三）玻璃的熔融变形破坏

火场上玻璃均匀受热升高到一定温度后，会出现熔融变形破坏。熔融变形破坏的温度有一个范围，因为玻璃是非晶体，没有固定的熔点，而只有一个软化温度范围。若将玻璃慢慢升温，一般玻璃在470℃左右开始变形，740℃左右软化，但不流淌，随着温度升高，黏度降低，则开始出现流淌迹象，大约在1300℃时完全熔化成液体状态。

三、玻璃破坏痕迹的证明作用

（一）证明破坏原因

被火烧、火烤而炸裂的玻璃与机械力冲击破坏的玻璃，在宏观上的主要区别有以下三点：

（1）形状不同。被火烧、火烤炸裂的玻璃，裂纹从边角开始，裂纹少时，呈树枝状，裂纹多时，相互交联呈龟背纹状，落地碎块，边缘不齐，很少有锐角；机械力冲击破坏的玻璃，裂纹一般呈放射状，以击点为中心，形成向四周放射的裂纹，落下的碎块尖角锋利，边缘整齐平直。

（2）落地点不同。烟熏火烤炸裂的玻璃，其碎片一般情况下散落在玻璃框架的两边，各边碎片数量相近；冲击破坏的玻璃碎片，往往向一面散落偏多，有些碎片落地距离较远。

（3）残留在框架上的玻璃牢固度不同。玻璃在火灾作用下炸裂，大部分脱落后，其残留在框架上的玻璃附着不牢，在冷却后一般会自动脱落；冲击破坏的玻璃，其残留在框架上的，若没经过火焰作用，一般附着比较牢固。

（二）证明受力方向

如果已经判明了某个门或窗子上的玻璃是被爆炸气浪、冲击波或其他外力击碎的，并且破裂的玻璃没有或没有完全从玻璃框架上脱落下来，则可以根据残存玻璃裂纹的断面、棱边的某些特征判断受力方向，从而确定爆炸点的方向，或者确定这块玻璃是从室内还是从室外被打破的。

平板玻璃在外力作用下，虽然瞬间破坏，但是在其破裂前还存在一个弹性形变过程，玻璃向非受力一面凸出，当作用力大于其抗张强度时便发生破裂，由于非受力面凸起变形，所以裂纹首先在非受力面开始，结果产生如下特征，并可利用这些特征确定受力方向。

（1）断面上有弓形线。弓形线即是沿辐射状方向破裂的玻璃新断面上的弧形痕。手持玻璃碎片，在阳光下变换角度，这种弧形痕很容易看清。弓形线以一定的角度和断面的两个棱边相交。相邻的弓形线一端在一面棱边上汇集，另一端在另一面棱边上分开，弓形线汇集的一面是受力面。

（2）断面的一个棱边上有细小的齿状碎痕。辐射状裂纹断面没有碎痕的一面是受力面。这种棱边上的碎痕，在用玻璃刀割开的玻璃上更明显，用肉眼很容易看出。但是后者比前者明显粗大，而且玻璃刀割开的玻璃的断面上弓形线短，没有并拢和分开现象，几乎与两个棱边垂直状态的。即使不垂直，其方向也几乎是平行的。通过这两点可以将它们区别开来。

（3）裂纹端部有未裂透玻璃厚度的痕迹。在外力作用下产生辐射状裂纹，有的没有延伸到玻璃的边缘，裂纹端部有一小部分没有穿透玻璃的厚度，没有裂透的那一面是受力面。玻璃在外力作用下不仅产生辐射状裂纹，有的同时也产生同心圆状裂纹，这种裂纹也有上述三种特征，由于同心圆状裂纹首先从受力这一面产生，因此它所证明受力方向的痕迹特征正好和辐射状裂纹所指明方向的痕迹特征相反。例如，同心状裂纹断面上弓形线分开的一面是受力面等。

（4）打击点背面有凹贝纹状痕迹。当打击力集中时，会使该点非受力面玻璃碎屑剥离，形成凹贝纹状。这也是判定受力方向的一个有效的方法。

玻璃即使已经完全从框架上脱落下来，如果能够通过落在地上的玻璃碎片的腻子痕、灰尘、油漆、雨滴等分清原来位置（里外面），仍可以利用上述痕迹判断破坏力的方向。

（三）证明打破时间

当判明现场某个门窗的玻璃确为外力打破之后，常常还要弄清这块玻璃是在火灾前还是火灾后被打破的。这对判断火灾性质、分析放火者的进出路线、受害人逃离行动以及扑救顺序均有重要意义。根据不同情况，一般可从以下四个方面进行区别：

（1）堆积层不同。火灾前被打破的玻璃，其碎片大部分紧贴地面，上面是杂物，余烬和灰尘；起火后被打破的玻璃一般在杂物余烬的上面。

（2）底面烟熏情况不同。起火前被打破的玻璃，其所有碎片贴地的一面均没有烟熏；起火后被打碎的玻璃，一部分碎片贴地的一面有烟熏。只要有一块碎片贴地一面有烟熏，就说明它是起火后被打碎的。

（3）断面烟熏情况不同。火灾前被打破的玻璃，其断面上往往有烟熏；火灾后打破的玻璃，其断面往往比较清洁或烟尘少。

（4）碎片重叠部分烟尘不同。玻璃被破坏时两块落地碎片叠压在一起，如果下面一块玻璃重叠部分的上面没有烟熏，其他部分有烟熏，说明是火灾前被打破的；如果下面一块上面重叠和非重叠部分都有烟熏，则是起火后被打破的。

（四）证明火势猛烈程度

由玻璃破坏机理可知，玻璃的炸裂并不取决于其整体温度高低，而主要取决于不同点或两平面的温度差，也就是取决于玻璃的加热速率和冷却速率。火场上玻璃所在处的温度变化速率越大，其两表面间的温度差值越大，玻璃的炸裂就越剧烈。因此，可以根据玻璃的炸裂程度判断燃烧速度或火势猛烈程度。

玻璃炸裂得细碎、飞散，说明燃烧速度快，火势猛烈；玻璃出现裂纹，还留在框架上，说明燃烧速度和火势为中等程度；玻璃仅是软化，说明燃烧速度慢，火势较小。

如果一个火场中一排房间的玻璃炸裂程度依次减弱，而且减弱一端的玻璃发生软化，玻璃软化的这间房子是起火点；而玻璃炸裂的依次加剧，说明是火势已经猛烈，迅速蔓延的结果。

（五）证明火场温度

1.根据玻璃受热变形程度判断

若玻璃发生轻微变形，即玻璃边缘或角上开始变形，出现轻微凸起或凹陷，边缘无锋利的刃，手感圆滑，四角仍为直角形式，则其受热温度在300～600℃；若玻璃发生中等变形，即玻璃面有明显的凹凸变化，边角已不再维持原形，但仍能推断出原来的形状，则其受热温度为600～700℃；若玻璃发生严重变形，即玻璃片卷曲、拧转，或者四个角全部弯成90°以上，有的已很难推测出原有的形状，则其受热温度一般为700～850℃；若玻璃发生流淌变形，即玻璃已熔融流淌，表面有鼓包，有的外形呈瘤状，完全失去原形，则受热温度在850℃以上。

2.根据玻璃受热后遇水产生的裂纹判断

玻璃受热后遇水产生的裂纹有自身特点，一般是：各种厚度的玻璃受热的温度越高，遇水后产生的裂纹数目越多，玻璃片越发白；同一温度下，受热的时间越长，遇水后产生的裂纹数目越多，在形态上，这种裂纹的特征是：200℃左右产生大裂纹，在大裂纹的周围有很浅的细小纹，玻璃片仍是透明的；300～400℃时裂纹数目增多，有小小的浅圆片从表面崩出，玻璃片为青白色；500～600℃时有细碎的彼此相叠的裂纹，纹路很深，同时还有大裂纹交错，有的裂开，玻璃片呈白色。因此，根据受热后遇水的玻璃裂纹形态，可推断出遇水时的火场温度。

3.根据玻璃的硬度变化判断

受火灾作用后，玻璃材料的性质变化突出的是其硬度随受热温度的变化。玻璃受热到某一温度后，经冷却用硬度计测定其维氏硬度发现：各种玻璃的硬度都随所受温度升高而变得越硬；玻璃受热时间越长，越硬；经受同一温度时，玻璃越厚，其硬度值越高。因此，根据受火作用玻璃的硬度，可分析火场温度及燃烧时间。

第七节　混凝土变化痕迹

一、混凝土的组成

混凝土是由水泥、骨料（沙，碎石或卵石）和水按一定比例混合，经水化硬化后形成的一种人造石材。

（一）水泥

水泥主要有普通水泥、矿渣水泥和火山灰水泥三大类。水泥性质和它的矿物组成之间存在着一定的关系，在相同细度和石膏掺入量的情况下，硅酸盐水泥的强度主要与$3CaO \cdot SiO_2$和$2CaO \cdot SiO_2$的含量有关。水泥经与水混合固化后，硬化水泥中就有五种有效成分：水化硅酸钙（$3CaO \cdot SiO_2 \cdot 3H_2O$），水化铝酸钙（$3CaO \cdot Al_2O_3 \cdot 6H_2O$），水化铁酸钙（$CaO \cdot Fe_2O_3 \cdot H_2O$）、氢氧化钙[$Ca(OH)_2$]和碳酸钙（$CaCO_3$）。其中，碳酸钙是由于水泥中的CaO与$H_2O$作用生成的产物$Ca(OH)_2$，部分处于水泥表层而暴露于空气中，会与空气中的$CO_2$作用而得到的产物。在完全水化的水泥中，水化硅酸钙约占总体积的50%，氢氧化钙约占25%，pH约为13。

（二）骨料

骨料是混凝土的主要成型材料，约占混凝土总体积的3/4以上。一般把粒径为

0.15 ~ 5mm的称为细骨料，比如沙等；把粒径大于5mm的称为粗骨料，如碎石、卵石等。

二、混凝土受热痕迹的形成机理

混凝土在火场热作用下，其力学性能遭到破坏，在受热，冷却过程中产生膨胀应力和收缩应力，致使在混凝土上形成变色、开裂、脱落、变弯和折断等外观变化。

三、混凝土受热痕迹的证明作用

（一）根据颜色变化痕迹判定

混凝土、钢筋混凝土构件受火灾作用后，在其外部会形成不同颜色的燃烧痕迹。这种颜色变化的实质，就是受火灾作用时的不同温度变化的再现。

温度不超过200℃时颜色无变化，之后随着温度升高，颜色由深色向浅色变化。虽然不同的混凝土被烧后生成的一些化合物（如铁的化合物）含量不同，使颜色的变化程度有一些差别，但是总的变化规律基本上是一致的。所以，在一般情况下，呈浅色的就是受火灾温度高、烧得重的部位。

（二）根据强度变化痕迹判定

混凝土受热时，在低于300℃的情况下，温度的升高对强度的影响比较小，而且没有什么规律；在高于300℃时，强度的损失随着温度的升高而增加。这是因为普通混凝土受热温度超过300℃时，水泥石脱水收缩，而骨料不断膨胀，这两种相反的作用力使混凝土结构开始出现裂纹，强度开始下降。随着温度升高，作用时间延长，这种破坏程度也随之加剧。573℃时骨料中的石英晶体发生晶形转变，体积突然膨胀，使裂缝增大；575℃时氢氧化钙脱水，使水泥组织破坏；900℃时其中的碳酸钙分解，这时游离水、结晶水及水化物脱水基本完成，强度几乎全部丧失而酥裂破坏。

（三）根据烧损破坏痕迹判定

混凝土、钢筋混凝土构件受火灾温度作用后，产生起鼓、开裂、疏松、脱落、露筋、弯曲、熔结、折断等外观变化的主要原因，一是其力学性能遭破坏，二是受热作用及冷却过程中产生膨胀应力和收缩应力所致。疏松、脱落是混凝土遭受到强烈的火灾温度作用后，混凝土的内部组织（如水泥石，水泥石与骨料的界面黏接等）遭到严重破坏的一种表现。

经过大量的试验研究及实际火灾现场勘验，混凝土、钢筋混凝土构件受火灾作用后，残留外观特征（烧损、破坏痕迹）同其遭受过的最高温度和相应火灾作用时间存在一定规律。在实际火场勘验中，可以根据混凝土、钢筋混凝土结构的残留物外观特征，推算出其遭受的最高温度和火灾持续时间。

（四）根据中性化深度判定

固化后水泥成分中含有一定数量的氢氧化钙，因此水泥会发生碱性反应。经火灾作用后，水泥中氢氧化钙若发生分解，挥发出水蒸气，则留下产物氧化钙。氧化钙在无水的情况下显不出碱性。因此，用无水乙醇酚酞试剂对受火作用的混凝土检测，根据检测的中性化深度推断混凝土受火的温度和时间。具体方法是：在选定的部位去掉装饰层，将混凝土凿开露出钢筋，除掉粉末，然后用喷雾器向破损面喷洒1%的无水乙醇酚酞溶液，喷洒量以表面均匀湿润为准，稍等一会儿便会出现变红的界线，从混凝土表面用尺子测出变红部位的深度，此深度即为中性化深度。通常受热时间越长，温度越高，则中性化深度越大。

第八节　金属变化痕迹

在火场中，金属由于受火焰或火灾热作用，会发生变色、变形、熔化等变化。

一、表面氧化变色

金属受热作用后，表面形成氧化层并发生颜色变化。受热温度和时间不同，形成的氧化层颜色也不同。在实际火灾中，处于不同部位的金属，甚至同一金属物体上不同部位的温度差也很大。因此，在其表面上形成的颜色有明显的层次，特别是薄板型黑色金属。例如，某一建筑火灾，观察其屋顶铁皮面，发现局部被烧部位呈圆形，颜色变化层次明显，从图形中心部位向外呈现淡黄色、黑红色、蓝色、原色变化，这种有层次的颜色变化，反映了火灾当时该部位温度的分布。

在一般情况下，黑色金属受热温度高、作用时间长的部位形成的颜色呈各种红色或浅黄色，颜色变化层次明显，特别是温度超过800℃的部位，在其表面上还出现发亮的铁鳞薄片，质地硬而脆。起火点往往在颜色发红、浅黄色或形成铁鳞的部位附近或对应的部位。

二、强度变化

在火场上，钢材强度变化与所受温度高低和受热时间长短有关。一般受热温度达300℃时，钢材强度才开始下降；500℃时强度只是原强度的1/2，600℃时为原来强度的1/6～1/7。因此，现场钢构件被烧塌处的温度至少为500℃，且受火焰作用的时间在25min以上。如果火场的钢屋架没被烧塌，则不能肯定那里的温度不曾超过500℃，因为可能那里出现火势发展快，可燃物很快燃尽，虽然产生高温，但高温作用的时间太短的情况。

三、弹性变化

金属构件在火灾作用下会失去原来的弹性，这种变化也是分析火场情况的一种根据。如果起火前刀型开关处于合闸位置，在火灾作用下，金属片就会退火失去弹性。如果发现刀型开关两静触头的距离增大，则说明它们在火灾时正处于接通状态。如果两静触头虽已失去弹性，但仍保持正常距离，说明火灾当时，它们没有接通。

如果发现沙发、席梦思床垫的某一部位只有几个弹簧失去了弹性，那么这个部位一般情况下就是起火点。这类火灾多数是烟头等非明火火种引起的阴燃，造成靠近火种部位阴燃时间比其他部位长，局部温度也高，使该部位的几只弹簧先受热失去弹性，当引起明火时，火势发展速度快，使其他部位弹簧受高温作用时间相对短些，因此比阴燃部位弹簧弹性强度降低得少。

四、熔化变形

金属及制品在火场上若所受温度高于其熔点，便会发生由固态向液态的转变。由此而形成的金属液体，滴到地面经过冷却，便会以熔渣的形式保留下来。熔渣的数量、形状以及被烧金属的熔融状态即是火场当时的温度的记录和证明。在现场勘验时，常根据熔化金属熔点分析火场燃烧时达到的最低温度。

根据金属熔点，依据不同种类金属熔化与未熔化或以同种金属在现场不同地点上熔化与未熔化的区别，判定出火场温度范围或局部受温最高的部位来。例如，在某火场地面发现放在电炉上面的铝盆全部熔化呈熔堆，而距电炉不远处地面上的几个同类型铝盆没有熔化只是外表变形，根据铝的熔点可以判定出放在电炉上的铝盆受到600℃以上高温，而同等条件下其他铝盆受到的温度远低于其熔点，说明电炉上的铝盆是受到电炉加热熔化的，从而可判定出起火点在电炉处。

金属受热温度达到熔点时开始熔化，当温度继续升高，作用时间增加时，其熔化面积扩大，长度变小，熔化程度变重；并且面向火源或火势蔓延方向一侧先受热熔化，熔化程度重些，形成明显的受热面。一般金属形成熔化轻重程度和受热面与非受热面差别的规律与可燃物（木材）是基本一致的。因此，可参照判别可燃物被烧轻重程度和受热面的基本方法来确定起火部位和起火点。

建筑物中钢铁构件的外形变化在火场也是常见的。钢铁构件熔点虽较高，一般火场达不到这个温度，但在火场温度作用下却易发生软化，力学性能变差，尤其在重力作用下会弯曲塌落，在拉力作用下会伸长变形，甚至拉断，并在断头处逐渐变细。例如，在火灾现场中发现只有一部钢架下弦一端靠近墙体部位有明显的弯曲变形（急弯）或截面发生变化（变细），另一端及其他钢架虽在其他部位也有不同程度变形痕迹，但与这一钢架相同部位没有形成与之相似的严重变形痕迹，这说明在这部钢架出现弯曲变形大的一端首先受热，超过危险温度时失去强度，在其顶部屋面荷载作用下，首先塌落，而形成严重变形。另一端及其他钢架在火势蔓延的情况下，才依次受热失去强度塌落，使其变形程度较前者轻得多。

此外，在现场还可能发现由于热膨胀或爆炸力而引起外部变形的金属容器或管道。根据这些物体变形情况可以分析作用力是来自物体内部还是物体的外部以及作用力的方向。

五、组织结构变化

金属组织变化主要是指金属构件在火灾条件下其晶粒形状、大小和数量的变化，有时还会有某种成分的融入或析出。金属的弹性、强度等性能变化都是由金属内部组织结构的变化引起的。

在不同的受热温度、保温时间和冷却速度条件下，金属会形成不同的金相组织，因此根据金属受热后的金相组织可以分析受热过程。根据火场上有关金属制品或有代表性位置的金属构件的金相组织变化，可以推断火场的燃烧温度、燃烧时间及冷却情况。某些金属材料，如钢板、角钢、钢筋、钢丝以及铜铝导线等，都是由冷扎，冷拔加工制成的。由于冷拔加工，金属内部的晶粒形状由原先的等轴晶粒改变为向变形方向伸长的所谓纤维组织。在受热条件下，由于原子扩散能力增大，变形金属发生再结晶过程，其显微组织发生显著变化，被拉长、破碎的晶粒转变为均匀、细小的等轴晶粒；同时，金属的强度和硬度明显降低而塑性和韧性大大提高。若温度继续升高或延长受热时间，则晶粒会明显变大，随后得到粗大晶粒的组织，使金属的机械性能显著降低。因此，根据金属受热后晶粒的大小，可以推断其在火灾中所受的温度和作用时间。

第九节　短路痕迹

一、短路痕迹的形成及其表现形式

电气线路中的不同相或不同电位的两根或两根以上的导线不经负载直接接触称为短路。由于短路时的瞬间温度可达2000℃以上，而常用的导线是铜线和铝线，铜的熔点为1083℃，铝的熔点为660℃，因此，短路产生的强烈的电弧高温作用可使铜、铝导线局部金属迅速熔化、气化，甚至造成导线金属熔滴的飞溅，从而产生短路熔化的痕迹。

由于短路电流的大小及作用时间不同，因而短路熔痕的外观状态相当复杂，常见的有：短路熔珠、凹坑状熔痕、熔断熔痕、尖状熔痕、多股铜芯线短路熔痕等。

二、不同熔痕的鉴定

（一）短路熔痕与火烧熔痕的鉴别

由于电弧温度高，作用时间短，作用点集中，而火烧温度相对较低，燃烧时间长，作用区域广泛，因此火烧熔痕与短路熔痕在外观表现、内部气孔及金相组织等方面都存在不同的特征。

1.外观表观的区别

（1）电弧熔痕与本体界线清楚，火烧熔痕与本体有明显的过渡区。

（2）电弧烧蚀的金属没有退火现象，火烧金属有相当一部分退火变软。

（3）电弧烧蚀可使金属喷溅，形成比较规则的金属小熔珠或溅片；火烧过的金属不能形成喷溅，但可使金属熔融流淌。前者喷溅熔珠分布面广，后者熔珠粒大且垂直下落。

（4）电弧烧蚀的金属变形小，只在熔痕处发生变化；火烧金属变形范围大，可使多处变粗、变细，呈现不规则熔痕。铝线在火烧情况下还有干瘪现象。

（5）短路熔痕在另一根导线或另一导体上一定存在对应点；火烧熔痕则在另一根导线上不存在对应点。

（6）多股软线短路时，除了短路点处熔化成一个较大的熔珠外，熔珠附近的多股线仍然是分散的；火烧的多股线，往往多处出现多股熔化成块粘连的痕迹。

2.内部气孔的区别

由于火烧熔化的金属凝固较慢，有较长的结晶时间，内部气体来得及慢慢析出，因此火烧熔痕内没有明显气孔；而各种短路熔痕内部都有明显的大小不等类似蜂窝的气孔。

3.金相组织的区别

由于短路熔痕是在较大的冷却速度下形成的，因此短路电弧形成的熔痕，生成以柱状晶粒为主的组织；火烧熔痕的冷却速度比较缓慢，所以火烧熔痕生成的组织由等轴晶粒组成。

（二）火灾前（一次短路）与火灾中（二次短路）短路熔痕的鉴别

1.气孔不同

火灾前与火灾中短路熔痕的气孔在数量、大小及内壁光滑程度上有所不同。

（1）火灾中短路熔痕的气孔比火灾前短路熔痕的气孔大而多。

（2）火灾中短路熔痕气孔内壁相当粗糙、呈鳞片状，有光亮斑点，有的有熔化后凝结形成的皱纹；火灾前短路熔痕气孔内壁不粗糙、呈细鳞状，基本没有光亮斑点与纹痕。

（3）火灾中短路熔痕内集中缩孔大而多，火灾前短路熔痕内基本无集中缩孔。

2.金相组织不同

火灾前与火灾中短路的熔痕，由于二者在凝固时的冷却条件相差很大，所以它们的金相组织也有一定的差别。火灾前短路形成的熔痕，由于外界温度低，过冷度大，因此火灾前短路熔痕的组织由细小的柱状晶粒组成。火灾过程中短路形成的熔痕，由于外界温度高，过冷度小，因此火灾中短路熔痕形成以粗大的柱状晶粒为主的组织，并且出现较多粗大晶界。

3.短路痕迹数量不同

火烧带电导线，短路可能会连续发生，并在导线多处留下短路痕迹；火灾前短路一般只有一对短路点。

4.表面烟熏不同

火烧短路熔痕的表面一般都被烟熏黑，光泽度差。铝线火烧短路熔珠表面有少量的灰色氧化铝，熔珠的个别部位有塌瘪现象。火灾前的短路熔痕一般没有烟熏。

三、短路痕迹的证明作用

（一）证明起火原因

在现场勘验中发现的短路熔痕，经金相法、成分分析法鉴定后，确认为一次短路熔痕，且熔痕所在的位置又在确定的起火点处，短路时间与起火时间相对应，并排除起火点处其他火源引起火灾的因素，就能认定这起火灾是由短路引起的。

（二）证明蔓延路线

起火后某个房间的电线被烧短路，使用同一电源的其他房间没有发现短路痕迹，说明火灾先烧到有短路痕迹的房间。因为短路引起保险动作，其他房间导线绝缘烧坏后已经没电，则不能产生短路痕迹。

（三）证明起火点

电路中总路控制分路，总闸控制分闸，分闸控制负荷，对应的保险装置也都有一定的保护范围。总路、总闸断开，分路、分闸、负荷就没有电流通过；而分路、分闸、负荷断开，总路、总闸仍在通电。这一规律决定了带电的电路在火灾过程中，在一个回路或几个回路上按着一定顺序形成短路熔痕。其顺序是分路—总路，负荷侧—分闸与总闸—电源侧。因此，在火灾中短路熔痕形成的顺序与火势蔓延的顺序相同，起火点在最早形成的短路熔痕部位附近。

第十节　过负荷痕迹

一、过负荷熔痕的形成机理

导线允许连续通过而不致使导线过热的电流量，称为导线的安全载流量或导线的安全电流。当导线中通过的电流超过了安全电流值，就叫导线过负荷。如果超过安全载流量，导线的温度超过最高允许工作温度，导线的绝缘层就会加速老化，严重超负荷时会引起导线的绝缘层燃烧，并能引燃导线附近的可燃物而起火。

二、导线在过负荷电流作用下的特征变化

导线截面与用电设备的功率不匹配、用电设备故障以及保险装置失效情况下的长时间短路等都可造成导线的过负荷。导线过负荷痕迹的形成主要与过负荷电流和通电时间有关。

常用单股绝缘导线通过1.5倍额定电流时，温度超过100℃，通过2倍额定电流时，铜

线温度超过300℃，铝线温度超过200℃；通过3倍额定电流时，铜线温度超过800℃，铝线温度超过600℃。

单根敷设的用橡胶和棉织物包敷的绝缘导线，通过1.5倍额定电流时手感微热，绝缘层无变化；通过2倍额定电流时，棉织物中浸渍物熔化，冒白烟，电线绝缘皮干涸；通过3倍额定电流时，内层橡胶熔化，胶液从棉织物外层中渗出，并可使绝缘物着火。

单根敷设的聚氯乙烯绝缘导线，通过1.5倍额定电流时，外层发烫，绝缘膨胀变软并与线芯松离，轻触即可滑动；通过2倍额定电流时，局部开始冒烟，有聚氯乙烯分解气体臭味，绝缘层起泡，熔软下垂；通过3倍额定电流时，聚氯乙烯熔融滴落，绝缘层严重破坏，线芯裸露。

铜、铝导线通过的电流分别大于2倍和1.5倍额定电流时，其金相组织发生变化。因此，可以通过导线金相组织变化判断其通过的电流大小。导线通过的电流增加到额定电流的3倍以上，线芯将发暗红，引起绝缘起火。并且随时间的延长线芯熔断。根据不同条件，熔断时间从几分钟到几十分钟不等。若使导线瞬时熔断，通过的电流需为额定电流5~6倍。

长时间短路将使全线过热，铜导线趋向熔化，而呈现间断结疤，疤与疤之间由粗变细，导线的大部分呈现黑色，少部分仍有铜的本色。铝线没有上述特征，因为铝的机械强度不高，再加上熔点低，在这种大电流的作用下，很快被烧断。

三、导线过负荷的鉴别

起火点在导线通过的地方，该处电线没有接头和短路条件，或者沿导线形成条形起火点，说明是导线过负荷。为了验证是否过负荷，一方面可通过调查用电设备容量，起动台数和使用时间，设备或远端电线是否发生过短路以及所使用的熔丝规格，保护装置电流整定值等情况进行判断；另一方面可以通过过负荷与火烧电线的不同特征判断。主要有以下区别：

（一）绝缘破坏不同

过负荷导线绝缘内焦、松弛、滴落，地面可能发现聚氯乙烯绝缘熔滴，橡胶绝缘内焦更为明显。外部火烧绝缘外焦，不易滴落，将线芯抱紧。二者的上述特征，可结合检验被怀疑过负荷线路且没被烧的区段进行。

（二）线芯熔态不同

铜线严重过负荷可形成均匀分布的大结疤，因其特征明显，容易鉴别。要注意火烧也可能造成结疤，但是火烧的导线结疤从大小和分布距离上都不会像内部通过大电流造成的结疤那样均匀。铝导线在电热或火烧情况下会产生断节，前者比后者的断节均匀且分布于全线，后者只可能产生于火烧的局部。

（三）金相组织不同

导线受火烧热和电流热作用所发生的金相组织变化不同。由于火焰的不均匀性，整根导线不可能都受同样程度的火焰作用，因此火烧导线不同截面处的金相组织不同。过负荷电流的发热是沿着整根导线均匀产生的，因此将沿整根导线整个截面出现再结晶，全线各处截面金相组织状态是相同的。

四、电磁线过负荷的鉴别

电磁线由纯铜制成，表面涂以高绝缘强度的绝缘漆或缠纱线，主要用来绕制变压器、电动机、镇流器及各种仪器仪表中的线圈。电磁线过负荷最明显的痕迹特征是绝缘漆烧焦变黑，颜色由焦黄到深黑，漆层由酥松到崩落。

通过电磁线烧焦痕迹可以判断变压器或镇流器是内烧（各种形式的电流过大），还是被外部火烧。在鉴定镇流器或变压器时，如果在拆线过程中发现线圈从外层到内层，逐渐由发黑到正常鲜亮，而且没有短路痕迹，则说明这是外部火烧所致；反之，包层线圈完好，而内层线圈电磁线变黑，则说明一定是由镇流器或变压器内部故障造成。

第十一节　火场燃烧图痕

一、火场燃烧图痕的形成机理

每起火灾由于燃烧条件不同，以及形成每种燃烧图痕的条件差异，导致构成燃烧图痕的形式也各有不同，燃烧图痕的表现形式一般分为烟熏、炭化、烧损、熔化和变色图痕，各种燃烧图痕的表现形式和形成机理基本相同。“V”字形燃烧图痕是各种燃烧图痕中最有代表性的图痕，斜坡形、梯形等燃烧图痕都是它的变化图痕。下面就以“V”字形燃烧图痕为例，介绍其形成机理。

“V”字形燃烧图痕的形成与燃烧条件、燃烧时的火焰状态以及热传播的形式等因素有关。如建筑物火灾，在室内某一部位放置的一定数量的可燃物燃烧，初起时烟气流总是先向上流动，当升起的炽热烟气流遇到上方平面物体的阻力时，沿平面做水平流动。随着火势发展，火焰和烟气流继续从起火部位中心升起，受到上部平面阻力后，在向横向蔓延的同时均匀地向下蔓延，并向外辐射大量热能。结果在靠近起火部位的物体上对应形成一个"V"字形燃烧图痕。

二、火场燃烧图痕的种类及证明作用

火场燃烧图痕的种类主要有："V"字形燃烧图痕、斜坡形燃烧图痕、梯形燃烧图痕、圆形燃烧图痕、扇形燃烧图痕、条状燃烧图痕、与引火物形状相似的燃烧图痕。下面分别介绍它们的证明作用。

（一）"V"字形燃烧图痕的证明作用

（1）证明起火点、起火部位。在火灾事故调查过程中，"V"字形燃烧图痕主要作为认定起火部位、起火点的证据。通常起火部位、起火点在"V"字形燃烧图痕顶点的下部。由于起火部位，起火点处环境条件不同，起火物的燃烧性能，起火方式的差别，"V"字形燃烧图痕有时也有一些变化，形成倒"V"字形图痕或对称形图痕。

（2）证明引火源种类、燃烧时间和速度。根据"V"字形燃烧图痕的角度大小可定性地判断引火源的种类和燃烧时间的长短。一般"V"字形燃烧图痕呈锐角时，为明火源，火势发展快，燃烧时间较短；呈钝角时一般为微弱火源，火势发展迟缓，燃烧时间较长。

（3）证明起火方式。根据"V"字形燃烧图痕的表现形式，可判断起火特征。如房间内墙壁上形成的"V"字形燃烧图痕表现为烟熏图痕形式，则阴燃起火的可能性很大。

（二）斜坡形燃烧图痕的证明作用

斜坡形燃烧图痕是"V"字形燃烧图痕的变化图痕，即"V"字形的局部图痕。起火点和起火部位一般在斜坡的最低点部位。

（三）梯形燃烧图痕的证明作用

梯形燃烧图痕也是"V"字形燃烧图痕的变化图痕，即倒梯形燃烧图痕为正"V"字形燃烧图痕的变化，正梯形燃烧图痕是倒"V"字形燃烧图痕的变化图痕。梯形燃烧图痕多形成于与火源相距一定距离的物体上，起火部位、起火点一般在距梯形的底面一定距离范围内。

（四）圆形燃烧图痕的证明作用

圆形燃烧图痕一般形成在火焰、烟气流流动的对应物体表面上。因此，起火点一般在与圆形图痕对应的下部。

（五）扇形燃烧图痕的证明作用

扇形燃烧图痕，一般形成于大面积火灾现场，如大型露天堆垛、仓库等大面积火灾。通常情况下，室外大风天的大面积火灾，常由风向决定火势蔓延的方向。燃烧图痕常呈扇形，起火点一般在上风方向的扇形顶端。

（六）条状燃烧图痕的证明作用

在火灾中，物体暴露在火势蔓延方向一侧，由于物体在火场中所处的状态不同，其各部位受到的热作用强度也不同，致使在受热面上形成条状燃烧图痕，图痕的基本特征是呈条状锯齿形。条状燃烧图痕主要用于证明火势蔓延的方向。

（七）与引火物形状相似的燃烧图痕的证明作用

一些引火源直接接触可燃物体，形成与引火物形状相似的图痕，这种燃烧图痕是引火源以热传导形式传播热能，直接引燃与之相接触的可燃物而形成的。这种图痕除了证明起火点外，还能提供引火源物证。

第十二节　人体烧伤痕迹

一、火灾中人员死亡的原因

在火灾中，受困人员不仅在心理上极度紧张，容易做出盲目跳楼、消极躲避和挤向同一出口等错误举动，而且在生理上面临高温、烟尘、毒气和缺氧等危险因素。人体在高温环境下容易脱水，逐步失去知觉和活动能力。火灾过程中产生的一氧化碳、硫化氢和氰化氢等有毒气体，被人体吸入后容易造成中毒死亡。人体吸入火场中的高温烟气后致使气管烧伤、肿胀，同时烟气中的烟尘、炭末还会造成呼吸器官堵塞，加之燃烧降低了空气中的氧浓度，造成体内严重缺氧而窒息死亡。除此之外，烟气中大量的烟尘、炭末严重影响视线，微小颗粒入眼后使眼睛无法睁开，因误判逃生方向，找不到疏散通道而错失逃生机会。火灾事故调查实践表明，火场中的高温、烟尘、毒气和缺氧任一个因素都可能造成人员伤亡，而火灾中大多数人员死亡是几种因素共同作用的结果。

二、人体烧伤痕的特征

火烧致死尸体特征主要表现在尸体外部表面和尸体内部的变化上。

（一）尸体外部特征

尸体四肢、五官发生姿态变化，眼强闭，外眼角起皱，眼睑内残留烟粒。面部与口部周围被烧时，舌向后紧，颈部与口底部被烧时，舌向前方突出，四肢呈屈曲状或抱头作保护姿势等。身体外部形成不同程度的烧伤痕迹。创口处发生生化反应形成充血、出血，水肿和炭化等痕迹。

（二）尸体内部特征

生前被烧死的尸体内部特征主要有：

（1）呼吸道有异物。火场内有大量的烟尘，被烧者在呼吸急促的情况下，会将炭末、烟尘吸入呼吸道内。解剖时可见咽、喉、气管和各级支气管及肺泡内的黏膜上有炭末沉着。它是烧死的重要证据之一。

（2）呼吸道内灼伤。高温的气体及烟尘被吸入呼吸道时，使呼吸道黏膜灼伤。解剖时可见咽、喉、声带、气管和支气管黏膜充血、水肿和组织坏死。

（3）口腔、食管、胃肠及眼睑内有烟尘，炭末。

（4）呈现硬脑膜特征。被火烧死尸体的头部受高温作用，使脑及硬脑膜收缩，静脉窦或与其相连的血管受到牵拉而发生断裂，将血液挤压出硬脑膜外形成血肿。

（5）血液发生变化。生前被火烧死的尸体，死前吸入一氧化碳，血液中有一氧化碳成分，并生成碳氧血红蛋白，碳氧血红蛋白是樱桃色，故尸体的血液、内脏及尸斑均呈樱桃红色。

三、人体烧伤痕的证明作用

（一）证明火灾性质

如果火灾中发现尸体，经勘验检查后具备前述火灾中的致死特征，若尸体上存在某种程度的烧伤，则可证明是烧死。但是尸体上发现火灾前形成的致命伤，或者检查后发现呼吸道清洁，这说明是火灾前致死。如果查得尸体呼吸道有烟熏痕迹，但是尸体被捆绑，则说明是放火杀人。

（二）证明火势蔓延方向、起火部位和起火点

人在火灾中有极强的逃生欲望，一般都背离火源方向，朝着出口方向逃生。现场中的尸体位置大多在出口部位，脸部朝下、头朝出口方向。因此，现场勘验时可根据尸体的位置和朝向判定火势蔓延方向和起火部位。

此外，一些老弱病残以及酒后躺在床上、炕上和沙发上吸烟而引起火灾被烧死者，烧伤痕迹的特征与其烧死部位上形成的燃烧痕迹组成一组证据，证明尸体所在的部位往往就在起火点处。

（三）证明起火原因

尸体裸露部分的皮肤均匀烧脱，形成“人皮手套”或“人皮面罩”，说明是因为接触易燃液体而起火。尸体上的衣服和暴露的皮肤烧得均匀，呼吸道污染，没有机械性外力损伤，说明是因气体爆燃致死。若发现尸体与他生前位置存在推力性位移，衣服部分撕破剥离，尸体某一方向上皮下充血或内脏器官破坏，则说明是爆炸所致。一般在床上、炕上和沙发等固定部位，因吸烟、电褥子等过热引起阴燃起火的现场，烧死尸体的位置与起火点相对应，其附近有证明引火源的直接物证和间接物证。

（四）证明当事人

易燃液体闪点低，燃烧速度快，用易燃液体放火者和接触易燃液体的人，大多来不及撤离现场就被烧伤甚至烧死。现场勘验时，对烧死者尸体和受伤者头部、四肢、胸部等部位详细检查，发现、确认是否与现场中的位置、动作行为有差异，而火灾过程中，在他们身体上会留下证明其行为和所在位置的烧伤痕迹。

（五）证明起火时间

根据死者生前到达现场的时间，进行某种操作所需要的时间、被损坏手表停止的时间以及死亡时间，判断起火时间。此外，通过尸体解剖确定死者最后进食时间和食物成分，根据食物在体内的消化吸收程度推算食物在体内的消化时间，推算出死者进食后的存活时间，从而推断死者的死亡时间，为分析确定起火时间提供证据。

第十三节　其他痕迹物证

一、灰烬

灰烬是可燃物在火烧作用下的固体残留物，它是由灰分、炭、残留的可燃物、可燃物的热分解产物等组成。灰分是可燃物完全燃烧后残存的不燃固体成分，是可燃物充分燃烧的结果，它由无机物和盐组成。

火场上的灰烬，主要用于查明可燃物的种类。多数火场可燃物局部燃烧后，还会留有残存的未燃烧部分，只要仔细观察，不难查明是什么物质发生的燃烧。若可燃物已全部燃烧，则需要对灰烬进行认真的观察、分析和鉴别，一般可以从灰烬的颜色、形状特征方面分析判断燃烧的可燃物种类。

某些木材、布匹、书报、文件、人民币等在以阴燃的形式燃烧后，或者在气流扰动很小的情况下燃烧后，其遗留的灰烬只要没有改变原来存放的位置，不被风吹、水冲、人为翻动等破坏，表面仍保留原来物质的纹络，有时纸上面的笔迹仍可辨认。木材燃烧可能遗留一些微小炭块；柴草燃烧留下轻而疏松的白灰；纸的灰烬薄而且有光泽，边缘打卷；布匹的灰烬厚而平整，可见原来的布纹。当然，一经扰动就不容易看清上述特征。

天然植物纤维（棉、麻、草、木）和人造纤维（黏胶纤维）燃烧的灰烬呈灰白色，松软细腻，质量轻。动物纤维（丝、绢、毛）的灰烬呈黑褐色，有小球状灰粒，易碎且有烧焦毛味。合成纤维的灰烬大多呈黑色或黑褐色，有小球或者结块，结块不规则，小球坚硬程度不等。

二、摩擦痕迹

摩擦痕迹指的是物体间相互接触并相对运动而在物体表面上产生的划痕。在工业生产、交通运输等过程中，由于设备机械故障、车辆船只的撞击等各种摩擦，可以直接或间接地引起火灾。

（一）摩擦、撞击产生高温或火花的常见现象

（1）机械转动部分，如轴承，搅拌机、提升机、通风机的机翼与壳体等摩擦产生

过热。

（2）高速运行的机械设备内混入铁、石等物体时，由于机械运动中摩擦撞击而达到很高温度。

（3）砂轮、研磨设备与铁器摩擦产生火花，与可燃物或其他物体摩擦也会生热或发生燃烧。

（4）铁器与坚硬的表面撞击产生火花。

（5）高压气体通过管道时，管道的铁锈因与气流一起流动，而使其与管壁摩擦，变成高温粒子，成为可燃气体的起火源。

（6）碾压易燃、易爆危险品引起爆炸起火。

（二）摩擦痕迹的常见部位

摩擦痕迹一般在能够产生相对运动的两物体接触处寻找，常见部位是：

（1）轴与轴承之间、滚动轴承的沙架上。

（2）电机转子与定子之间，离心分离机的转子与外壳之间。

（3）泵、风机、汽轮机等机器的叶片与外壳。

（4）反应釜中的搅拌桨与釜内壁之间，搅拌桨握手与转动轴之间（握手为搅拌桨的根部与轴固定的环形部分）。

（5）压缩机活塞与汽缸壁之间。

（6）高压氧、氯气管道中转角、阀门、接头等变向、变径处。

（7）传动皮带与皮带轮，输送皮带与皮带轮、托辊之间。

（8）斗式提升料斗与机壳之间。

（9）梳棉机筒与机壳内壁及混入的包装铁丝、铁片等。

（10）车辆脱落油箱的底部、闸瓦与闸轮之间。

（11）生产子弹、炮弹的装药装置中的填装和压实机件与弹壳内壁之间等。

若发现划痕，则需认真观察判断是否因摩擦产生，以及其新旧程度；根据摩擦处机件色泽变化还可分析摩擦时的温度。

此外，通过摩擦痕迹还能说明是什么物体造成的，是什么力作用的结果，它与火灾发展蔓延有什么联系，从而将会对分析研究火灾发生、发展以及蔓延过程有一定帮助。

三、陶瓷制品在火灾中的变化

火场上常见的陶瓷制品主要有贴面砖、茶具、餐具、砖瓦等，其主要组成是氧化硅、三氧化二铝，并含少量其他碱土金属氧化物。陶瓷制品很耐高温，在火灾中一般不会发生化学变化，外形也不会改变，只可能发生炸裂和表面产生釉质或表面釉质流淌。

对于瓷器，如餐具、茶具、工艺品等，如果原有的釉质层发生流淌，说明温度至少在950℃以上，根据釉质流淌的轻重，可以分析判断火灾蔓延途径。如果发生炸裂，既说明温度高，也说明火势发展猛烈。

对于清水砖墙的青、红砖，房顶的泥瓦，如果在一定时间的950℃以上温度作用下，其表面产生一种类似釉质的壳面，表面光滑，起壳，有时呈流淌状。由于制砖所用黏土成分不同，这层釉壳呈褐色、褐绿色不等。温度高，作用时间长，青、红砖则会因过火体积收缩，颜色变深。被火烧的清水砖墙，在消防射水冷却的情况下，表面层炸裂，如果某一部分墙面炸裂层厚，说明这部分受高温作用时间长，可能是阴燃起火点。

四、计时记录痕迹

由于火灾造成计时记录仪器、仪表指针定格所显示的数据称为计时记录痕迹。计时痕迹表现为钟表被烧停或电钟、电表由于电路故障造成的停止，根据这一痕迹可以大致推断起火时间。如果在一个火场内有多只钟表停摆的话，可根据停摆指示的时间上的先后顺序来分析火势蔓延的方向，一般规律是越靠近起火点的钟表越先停摆。

在自动化程度较高的生产企业，计时记录痕迹还可由工艺生产过程控制启示录和各种技术参数反映出来。例如，化工厂某个反应器发生爆炸火灾，控制室有关仪表记录下来的这个反应器温度或压力突变的时刻，就可用于确定起火时间。

第五章　火灾原因认定与处理

第一节　火灾性质与起火方式的认定

在做火灾调查时，认定火灾性质有助于明确调查的主要方向；分析起火方式，能够缩小现场勘验工作的范围，为火灾原因的认定打下基础。

一、火灾性质的认定

根据火灾发生是否存在人的主观态度影响，以及这种主观态度是故意还是过失，抑或是突发的不可抗力的因素所致，可以把火灾分为放火、失火和意外火灾三种。

（一）放火的认定

放火是指以故意放火烧毁公私财物的方法危害公共安全和人身安全的行为。与其他火灾相比，放火不仅有“人为”因素，而且是一种“故意”行为。在调查火灾过程中，通常发现下列情形，可以确定具有放火嫌疑：

（1）现场内的尸体有非火灾致死特征；

（2）现场内有来源不明的起火物、引火源，或在其周围发现有可用于实施放火的器具、容器、登高工具等；

（3）现场建筑物门窗、外墙有非施救人员的破坏、攀爬痕迹；

（4）起火前出现可疑人员、恐吓信件、报复性语言；

（5）火灾发生前有物品被盗；

（6）非自然因素造成的两个以上起火点；

（7）有证据证明非放火不可能引起的现象等；

（8）其他与放火犯罪有关的线索。

对于放火嫌疑案件，公安机关消防机构应按规定移送公安机关刑事侦查部门处理。

（二）失火的认定

失火是指火灾责任人非主观故意造成的火灾，即火灾的发生并不是责任人所希望的，这也是失火与放火最主要的区别。非主观故意主要表现为人的疏忽大意和过失行为，在此类火灾中责任人本身也是火灾的受害者。尽管是过失行为，如果火灾危害结果严重，根据责任人的职责和过失情节可分别构成失火罪、消防责任事故罪、危险品肇事罪和重大责任事故罪。

（三）意外火灾的认定

意外火灾又称自然火灾，是指因人类无法预料和抗拒的原因造成的火灾，如雷击、暴风、地震和干旱等原因引起的火灾或次生火灾。火灾调查人员可以根据发生火灾时的天气等自然情况、火灾周围地区群众的反映、现场遗留的有关物证进行认定。例如，雷击火灾，不仅有雷声、闪电等现象，通常还会在建筑物、构筑物、电杆和树木等凸出物体上留下雷击痕迹，如树木劈裂痕迹、金属熔化痕迹等，有时雷击火灾还会有直接的目击证人。除自然因素外，意外火灾还包括在研究实验新产品、新工艺过程中因受人们认识水平的限制而引发的火灾，如新材料合成实验过程中引发的火灾等。

二、起火方式的认定

起火方式是指引火源（热源）与可燃物接触引起可燃物燃烧的过程及形式。按起火方式不同，可分为阴燃起火、明火引燃、爆炸起火三种方式。

（一）阴燃起火的认定

阴燃起火是指起火物在发出明火前，经历了相对较长时间阴燃过程的起火方式。阴燃时间可以从几分钟到几十分钟乃至几个小时、十几小时。发生阴燃起火的情况主要包括弱小火源缓慢引燃可燃物、不易发生明火的物质燃烧、自燃性物质的自燃等。这种起火方式，在生产和生活中经常可以遇到，而且在火灾现场上的特征比较明显。

（1）火灾现场具有明显的烟熏痕迹。阴燃时，氧供应相对较慢，物质燃烧一般不充分，因此发烟量较大，在受限空间内往往能够形成浓重的烟熏痕迹。但需要注意，一些可燃物，如石油化工产品，即使在明火燃烧时也会产生大量的烟尘，在现场形成浓重的烟熏痕迹，分析起火方式时应该考虑这些因素。

（2）具有以起火点为中心的炭化区。阴燃起火时，起火点内最初阴燃点处的物质由于经历了最长时间的阴燃过程，容易形成炭化中心，甚至灰化，如果该区域不受扰动，一些植物纤维、纸张字迹、布料纹理等仍清晰可辨。当阴燃转变为明火燃烧后，火势向四周蔓延。由于燃烧方式不同，两者的炭化区存在较明显的差异。

（3）阴燃期间存在异常现象。阴燃时，物质会释放出水蒸气、烟、气味等，有时堆垛内部的阴燃还会导致堆垛凹陷。这些异常现象容易被人发现，是阴燃起火的重要特征之一。

（二）明火引燃的认定

明火引燃是起火物在引火源作用下，迅速产生明火燃烧的一种起火方式。由于引火源为强火源、氧供应充分、燃烧速度快，现场具有如下特征：

（1）火场烟熏程度轻。在明火引燃条件下，可燃物迅速进入明火燃烧状态，燃烧比较完全，发烟量比较少，与阴燃起火相比，火灾现场的烟熏程度较轻，有的甚至没有烟熏痕迹。

（2）物质烧毁程度比较均匀。由于明火引燃的火灾中火势发展较快，不同部位受热时间差别不大，总体上看，物质的烧毁程度相对比较均匀。

（3）起火点处炭化区小。起火物被迅速引燃后，火势开始向四周蔓延。与此同时，起火物继续有焰燃烧，造成起火点处可燃物炭化程度与四周相差不明显，甚至没有差别，在起火点处形成较小的炭化区，往往难以辨认。

（4）火灾现场有较明显的燃烧蔓延迹象。由于在明火引燃的火灾中火势蔓延较快，容易产生明显的蔓延痕迹，如物体的迎火面与背火面痕迹差别。根据这些痕迹，可以分析火势蔓延方向，判断起火点的位置。

（三）爆炸起火的认定

将由于爆炸性物质爆炸、爆燃，或设备爆炸释放的热能引燃周围可燃物或设备内容物形成火灾的一种起火形式称为爆炸起火。爆炸起火的主要特征如下：

（1）爆炸和起火时间明确。爆炸起火时，爆炸能量瞬间释放，往往伴有巨响，同时迅速形成猛烈的火焰。因此，一般爆炸起火在第一时间即可被人发现，且能够提供线索者较多，爆炸和起火时间容易确定。

（2）现场破坏严重。爆炸起火时，除了燃烧造成的破坏之外，还有爆炸冲击波的破坏作用，所以现场破坏更为严重，如建筑物坍塌、设备摧毁、物件移位与抛出等迹象常见，对于火灾调查工作利弊共存。

（3）中心现场明显。因为爆炸冲击波随着传播衰减而破坏作用减弱，所以爆炸中心处的现场破坏程度最重，越远越轻，易形成明显的爆炸中心。有的爆炸（如固体爆炸物爆炸）在现场还能够形成明显的炸点或炸坑。在爆炸中心周围，可能存在爆炸抛出物，距中心越远，抛出物越少。

第二节　起火时间的认定

起火时间一般是指可燃物被起火源点燃的时间，对于阴燃、自燃火灾，则是发烟、发热量突变的时间。

一、认定起火时间的主要依据

（一）根据证人证言认定

起火时间通常是从最先发现起火的人、报警人、接警人、当事人和扑救人员等提供的发现时间、报警时间、开始灭火时间，公安消防队、企业消防队及单位保卫部门接警时间，最先赶赴火灾现场的消防及有关人员到达时间，火场周围群众发现火灾的时间及当时的火势情况来分析和判断的。发现人和报警人因为当时急于报警或进行扑救，往往忽视记下发现时间，在这种情况下，可以将他们的日常生产和生活活动及其他有关现象和情节中的时间作为参照进行推算。

（二）根据相关事物的反应认定

若火灾的发生与某些相关事物的变化有关，或者火灾发生时引起一些事物发生相应的变化，那么这些事物的变化情况可用来分析起火时间。例如，可以通过向有关人员了解、查阅有关生产记录、根据火灾前后某些事物的变化特征来判定起火时间。如果火灾是由电气线路短路引起的，则可以根据发现照明灯熄灭的时间、电视机的停电时间或电钟、仪表停止的时间来判断起火时间。也可根据电、水、气的送与停的时间来推算起火时间。另外，为保障建筑物的消防安全而安装的自动报警、自动灭火设施，都能在火灾发生时和正常情况下以声响、灯光显示等形式立即报警，并将报警时间自动记录，可以根据这些记录正确分析起火时间。此外，自动红外防盗报警装置也能反映和记录起火时间和起火部位。

（三）根据火灾发展阶段认定

不同类型的建筑物起火，经过发展、猛烈、倒塌、衰减，到熄灭的全过程是不同的。根据实验，木屋火灾的持续时间，在风力不大于0.3m/s时，从起火到倒塌所需时间为

13～24min。其中，从起火到火势发展至猛烈阶段所需时间为4～14min，由猛烈至倒塌的时间为6～9min。砖木结构建筑火灾的全过程所需时间要比木质建筑火灾的时间长一些；不燃结构的建筑火灾全过程的时间则更长一些。根据不燃结构室内的可燃物品的数量及分布不同，从起火到猛烈阶段需15～20min，若倒塌则需更长的时间。普通钢筋混凝土楼板从建筑全面燃烧时起约在120min后塌落；预应力钢筋混凝土楼板约在45min后塌落；钢屋架则不如木屋架，约在15min后塌落。

（四）根据建筑构件烧损程度认定

不同的建筑构件有不同的耐火极限，当超过此极限时，便会失去承载能力，或发生穿透裂缝，或失去机械强度和阻挡火灾蔓延的作用。例如，普通砖墙（厚12cm）、板条抹灰墙的耐火极限分别为2.50h和0.70h；无保护层钢柱、石膏板贴面（厚1cm）的实心木柱（截面30cm×30cm）的耐火极限分别为0.25h和0.75h；板条抹灰的木楼板、钢筋混凝土楼板的耐火极限分别为0.25h和1.50h。

根据建筑构件的烧损程度，结合其耐火极限，可以判断这种构件的受热时间，进而分析起火时间。

（五）根据物质燃烧速度认定

不同物质的燃烧速度不同，同一种物质燃烧时的条件不同其燃烧速度也不同。根据不同物质燃烧速度推算出其燃烧时间，可进一步推算出起火时间。例如，可以根据木材的燃烧速度，利用其烧损量计算燃烧时间。汽油、柴油等可燃液体储罐火灾，在考虑了扑救时射入罐内水的体积的同时，通过可燃液体的燃烧速度和罐内烧掉的深度可推算出燃烧时间。其他物质火灾的起火时间也可采用此法推算。

（六）根据通电时间或点火时间认定

由电热器具引起的火灾，其起火时间可以通过通电时间、电热器具种类和被烤燃物的种类来分析判定。例如，普通电熨斗通电引燃松木桌面导致的火灾，可根据松木的自燃点和电熨斗的通电时间与温度的关系推测起火时间；如果火灾是由火炉、火炕等烤燃可燃物造成的，可以火炉、火炕等点火时间和被烤燃物质的种类作为基础，分析起火时间；如果火灾是蜡烛引燃的，则可以根据点燃的时间分析起火时间。

（七）根据火灾现场死者死亡时间分析认定

如果火灾现场存在尸体，可以利用死者死亡的时间分析起火时间。例如，根据死者到达事故现场的时间，进行某些工作或活动的时间，所戴手表停摆的时间，或其胃中内容物消化程度分析死亡时间，进而分析判定起火时间。

二、认定起火时间的注意事项

（一）分析要全面

在认定起火时间时，应该对其进行全面分析，注意起火时间与火灾现场其他事实之间是否相互吻合。尤其要注意起火时间与引火源、起火物及现场的燃烧条件是否相互一致，并且加以综合分析。

（二）要注意认定依据的可靠性和正确性

在认定起火时间时，应该注意认定依据的可靠性和正确性。对提供起火时间的人，要了解其是否与火灾的责任有直接关系，不能轻信其为掩盖或推脱责任而编造的起火时间。作为认定起火原因依据之一的起火时间必须符合客观实际。起火时间不准确，则可能造成起火原因认定工作范围的扩大或缩小，前者使起火原因认定的工作量增加，后者可能造成某些方面的遗漏。

（三）要注意客观条件对起火时间的影响

在认定起火时间时，应该注意，在同样的引火源作用下，因为不同物质的燃点、自燃点、最低点火能量和燃烧速率不同，所以引燃的难易程度和起火的时间也不相同；同一种起火物由于其形态不同，其最小点火能量、导热率、保温性也不同，所以引燃的难易程度和起火的时间也不相同。

第三节　起火点的认定

起火点是包含在起火部位内的火灾发生和发展的初始点。在火灾调查过程中，只有找到了起火点，才有可能查清真正的起火原因。因此，在一般情况下，都应先找出证明起火点的证据，而后分析认定起火原因，在没有确定起火点之前不能认定起火原因。

一、认定起火点的主要依据

（一）依据火势蔓延痕迹认定起火点

可燃物的燃烧总是从某一部位开始的，火势的发展也总是由一点烧到另一点，从而形成了火灾的蔓延方向和燃烧痕迹，这个蔓延方向的起点就是起火点。因此，火灾后在现场中寻找起火点的过程就是寻找火势蔓延方向的过程。寻找火势蔓延方向的过程，实质上就是在各种燃烧痕迹中寻找证明火势蔓延方向痕迹的过程，各种证明火势蔓延方向的痕迹起点的汇聚部位就是起火点。

热能是以热传导、热对流、热辐射三种方式传播的。首先，热能随传播距离的增大而减少，形成离起火点近的物质先被加热燃烧，而导致烧毁程度重一些；离起火点远的物质被加热晚，烧毁程度相对轻一些。其次，热辐射是以直线的形式传播热能的，所以物体受到热辐射的作用，受热面和非受热面被烧程度的差别十分明显，面向起火点的一面先受热，被烧得重一些；而背向起火点的一面则轻一些。物体形成这种烧毁轻重程度差别和受热面与非受热面的痕迹区别，不仅反映出火势蔓延先后的信息，而且也显示出火势传播的方向性。所以说，燃烧轻重的顺序和受热面朝向是最典型的火势蔓延痕迹，在现场勘验中应作为分析认定起火点的重要根据。

（1）根据被烧轻重程度分析。火灾现场残留物的烧损程度、炭化程度、熔化变形程度、变色程度、表面形态变化程度和组成成分变化程度等往往能反映出火灾现场物体被烧的轻重程度。在火灾现场的残留物中，它们被烧的轻重程度往往具有明显的方向性，这种方向性与引火源和起火点有密切的关系，即离起火点或引火源近的物体易被烧毁破坏，朝向引火源的一面被烧严重。广义上讲，局部烧毁严重的部位是指某一范围、某一局部或某一特定的部位，这一部位指的就是起火部位。例如，对于燃烧面积大的火灾现场，起火部位可指某一方向上的局部范围，既可以是一栋平房的某一间，也可以是一栋楼房的某一层等。分析判定时可先从宏观上判定，即对各种痕迹分别判别出其被烧的轻重程度，并观察轻重变化顺序是否都是从同一部位开始的。若各种痕迹破坏程度变化顺序都是从某个部位开始的，那么就可以将这个部位判定为起火部位。狭义上讲，烧毁严重的部位是指某一具体物体或该物体的某一侧、某一组成材料等。因此，在实际的现场勘验实践中，一般先从整体上判别出现场物体被烧的轻重程度，即通过各种物体被烧痕迹分别找出烧得最重的部位，然后综合起来进行对比，各种燃烧痕迹最重的汇合部位就是火场烧得最重的部位。物体被烧程度从重到轻的顺序，一般与火势蔓延顺序是一致的，即火从被烧最重的部位向较轻的部位蔓延，则起火部位就在被烧最重的部位。

（2）根据受热面分析。热辐射是造成火灾蔓延的重要因素之一。由于热辐射是以直线形式传播热能的，所以在火灾过程中，物体上形成了表明火势蔓延痕迹的受热面。这种痕迹的特征主要表现在可以形成明显的方向性，使物体总是朝向火源的一面比背向火源的一面烧得重，形成明显的受热面和非受热面的区别。因此，物体上形成的受热面痕迹是判断火势蔓延方向最可靠的证据之一，是确定起火点的重要依据。在现场勘验中，在可燃物体和不燃物体上都可以找到受热面的痕迹。由于热辐射只能沿直线传播，所以物体受到直射的部分比没有受到直射的部分被烧程度明显要重得多，特别是在同一物体不同侧面表现得更为明显。对建筑火灾中的门、窗进行仔细观察，就会发现门、窗两侧的框被烧程度有明显区别，一侧烧得重另一侧烧得轻，这就是热辐射方向性的结果。但有时热辐射被其他物体遮挡时，可使离火源近的物体反而比远的物体烧得轻。现场勘验中，不仅要对单个物体进行判断，也要将多个物体联系起来进行判断。对同一个火灾现场来说，在多个物体上形成的受热面的朝向基本是一致的。因此，首先找出它们的受热面，确定火势蔓延的方向，然后再通过对每个物体受热面被烧程度的鉴别，确定烧得最重的部位，最终确定起火点。

（3）根据倒塌掉落痕迹分析。一般情况下，在火灾中距引火源近的部位或迎火面的物体，先被烧而失去强度，导致发生形变或折断，使物体失去平衡，面向火源一侧倒塌或掉落。虽然倒塌的形式、掉落堆积状态各不相同，但是都有一定的方向和层次，并遵循着一个基本规律，即都向着起火点或迎着火势蔓延过来的方向倒塌、掉落。所以，在现场勘验中，可以参照物体火灾前后的位置和状态变化事实，通过对比判断出倒塌方向，逐步寻找和分析判断起火点（倒塌方向的逆方向就是火势蔓延方向）；还可以通过分析判别掉落层次和顺序认定起火点的位置。例如，平房被烧毁并塌落的火灾现场，从塌落堆积层的扒掘情况看，若靠地面处是零星房瓦、天棚材料，上层是家具烧毁的残留物，则根据这种倒塌痕迹特征，可表明天棚内先于室内燃烧，说明起火点在天棚上部；如果家具的灰烬和残留物紧贴地面，泥瓦等闷顶以上的碎片在堆积物的上层，说明天棚以下可能先起火。

（4）根据电路中电熔痕（短路熔痕）分析。在火灾发生和蔓延的过程中，如果导线处于带电状态，被烧时绝缘层被破坏，有可能形成短路熔痕，而被烧的顺序与火灾蔓延方向有关。在火灾过程中，电熔痕的形成顺序以及电气保护装置的动作顺序是与火势蔓延顺序一致的，而保护装置动作后，其下属线路就不会产生短路痕迹。因此，火灾中短路熔痕形成的顺序与火势蔓延的顺序相同，起火点在最早形成的短路熔痕部位附近。在燃烧充分、破坏严重、残留痕迹物证比较少的火灾现场，利用这一方法判定起火点非常有效。

（5）根据热气流的流动痕迹分析。在火灾现场上，灼热的燃烧气体从燃烧中心向上和周围扩散和蔓延，热从温度高的地方流向温度低的地方，离火源越近温度越高，离火源越远温度越低。因此，高温浓烟和热气流的流动方向往往就是火势蔓延方向。当室内起火时，烟总是先向上升腾，然后沿天棚进行水平流动。当烟积蓄到一定数量，便从开启的门、窗或通气孔洞向外逸散，于是便留下带有方向性的烟熏痕迹。这种烟熏痕迹反映了火势蔓延和烟气流动的方向。在一些火灾现场中，依据烟熏痕迹的方向性，可以找出火势蔓延的途径，并依据火势蔓延的途径找出起火点的位置。

（6）根据燃烧图痕分析。燃烧图痕是火灾过程中燃烧的温度、时间和燃烧速率以及其他因素对不同物体的作用而形成的破坏遗留的客观“记录”。这些图痕直观简便地指明了起火部位和火势蔓延的方向，是认定起火点的重要根据。例如，火灾现场中最常见的“V”字形图痕，对确定起火点有重要意义。由于燃烧是从低处向高处发展的，所以，在垂直的墙壁、垂直于地面的货架、设备及物体上，将留下类似于“V”字形的烟熏或火烧痕迹。火是由“V”字形的最低点向开口方向蔓延的。一般起火点就在“V”字形的最低点处。常作为判定起火部位的燃烧图痕有“V”字形、斜面形、梯形、圆形和扇形等图形，它们主要以烟熏、炭化、火烧、熔化和颜色变化等痕迹形式出现。

（7）根据温度变化梯度分析。物体被烧轻重程度，在火源和其他条件完全相同的情况下，主要与燃烧温度和作用时间有关系，可燃物体、不燃物体部位被烧轻重程度实质上是火灾中燃烧温度和作用时间在这物体或部位上作用的反映，它是以不同的痕迹表现出来的。因此，可以通过可燃物体和不燃物体上形成的痕迹（如炭化痕迹、变色痕迹、炸裂脱落痕迹、变形痕迹等），比较各部位实际的受热温度的高低，找出全场的温度变化梯度，进而分析判断起火点的位置。例如，可以测定火灾现场不同部位混凝土构件的回弹值，根据回弹值的变化情况来判断受热温度的高低，通过分析找出全场温度变化梯度，从而判断起火点的位置。

（二）依据证人证言认定起火点

通过询问发现火灾的人、从火场里逃出来的人、当事人，可获取证明起火点和起火部位的证据和线索。特别是烧毁破坏严重的火灾现场，通过询问可以缩小勘验范围，大大加快勘验进程。

（1）根据最早出现烟、火的部位分析。由于起火点处可燃物首先接触火源而开始燃烧，所以该部位一般最早产生火光和烟气，这一基本特征就是证明起火点位置的最直接、最可信的根据。因此，在现场勘验前必须把最先发现起火的人、报警人、扑救人和当事人等作为现场询问的重点，详细查明最早发现火光、冒烟的部位和时间、燃烧的范围和燃烧的特点，以及火焰、烟气的颜色、气味及冒出的先后顺序，并进行验证核实，作为现场勘验的参考和分析认定起火点的证据。

（2）根据出现异常响声和气味部位分析。发生火灾初期的异常响声和气味，对分析判断起火点非常重要。例如，火灾初期阶段，一些平稳物体（如固定在墙外的空调机、悬挂在天棚上的吊灯和电风扇等）被烧发生掉落时与地面或其他物体撞击而发出的一些响声；电气设备控制装置动作时的响声（如跳闸声）；线路遇火发生短路时的爆炸声；还有一些物质燃烧时，本身也会发出独特的响声，如木材及其制品燃烧时发出“噼啪”响声，颗粒状粮食燃烧时发出“啪啪”响声等。这些不同的声音都表明火灾发生部位的方向或指明火势蔓延的方向。不同物质燃烧初期会产生不同的气味，如烧布味、烧塑料味等，根据这些气味的来源，可以分析判断起火部位的方向或火势的方向。因此，向当事人了解有关听到响声的时间和部位，发出异常气味的部位，就可以得到起火部位的线索和信息。在查明发出响声的部位、物体和原因后，再验明现场中的实际物证。如果两者一致，则表明证人提供的证言是正确的，可以认定起火部位就在发出响声部位的附近。

（3）根据有关热感觉方向分析。火灾过程中，火从起火点向外蔓延的过程就是热传递的过程。离起火部位近的物体先被加热，温度较高；离起火部位远的物体后被加热，温度较低。这样就形成了起火部位与非起火部位之间的温度梯度，而且起火部位物体的温度明显高于其他部位物体的温度。因此，发现火灾的人、救火的人、在火灾现场的人等提供的有关皮肤有发热、发烫感觉的部位，很可能反映了起火部位的信息。例如，发现火灾的人听到异常响声或嗅到异常气味后开始检查，当感觉到某一房间的门或金属把手有热感或发烫，而其他房间没有热感，那么就可以证明这个房间先起火。因此，证人提供的一些部位的物体不同温度情况的证言，可作为分析判定起火部位的证据。

（4）根据电气系统反常情况分析。电气设备、电气控制装置、电气线路和照明灯具等被烧短路时，控制装置动作（跳闸、熔丝熔断）断电，使该回路中的一切电气设备停止运行，这些因停电产生的现象能传递故障信息，反映出起火部位的范围。因此，通过电工、岗位工人及起火前在现场的人了解起火前电气系统的反常现象，可以查明断电和未断电回路及断电回路之间的顺序。一般情况下，在几条供电回路中，只有一个回路突然断电，其他回路正常供电，则可以推断起火部位就在断电回路范围内。若几个回路都断电，则需要查清断电的先后顺序（可以通过电灯熄灭顺序、电风扇停转顺序、空调机停止运行顺序等），起火部位一般在第一个断电回路所在的部位。

（5）根据发现火灾的时间差分析。火灾的发生和发展需要一定的时间。距起火点距离不同的地方和物体，发生燃烧的时间不同，火势大小也存在一定的差异，这就产生了起火部位和非起火部位之间燃烧的时间差。这种时间差，反映了燃烧的先后顺序，有时指明了起火点的部位。因此，不同部位的人员提供的有关发现火情的时间和当时火势的大小情况与起火部位有一定的联系。把他（她）们发现起火的时间按先后顺序排列起来，并把火势大小情况和现场环境、建筑特征结合起来，综合分析比较，就能判断出燃烧的先后顺序，并初步判断出起火点所在的部位。例如，一般情况下，距离起火部位近的人先发现火灾，而距离起火部位远的人后发现火灾，可从时间差上大致判断起火部位。

（三）以引火源物证认定起火点

在有些火灾现场中，可能还存在着引火源的残骸，如果在现场勘验时找到它，确定其原始位置，弄清其原始位置、使用状态和火势蔓延方向等情况，就可以确认其所在的位置就是起火点。引火源是指直接引起火灾的发火物或其他热源。例如，电熨斗、电炉、电暖器等电热器具，以及烟囱、炉灶等。用引火源物证分析起火点时，一要确定其火灾前的原始位置和使用状态；二要确定其周围物体的燃烧状态。如果证明引火源处于使用状态，且周围又有若干证明以此为中心向四周蔓延火势的燃烧痕迹，一般情况下，其所在的位置就是起火点。

发现引火源的残骸后，首先应该判断其是否在火灾前就存在于现场，或者火灾前就在这个位置，这一点非常重要。如果起火前现场不存在这一引火源，或者引火源的位置被移动，则应该重点调查引火源的来源、移动的原因，以判断是否有人故意将引火源带人现场，或者故意移动引火源使其引燃可燃物，从而判断是否为放火案件。如果有证据证明引火源在起火后被人移动过，显然不能以现场中被移动后的位置作为起火点。

（四）依据炭化、灰化痕迹认定起火点

炭化、灰化痕迹是指有机固体可燃物质燃烧后形成的残留特征，炭化物是指高温缺氧情况下物质不完全燃烧的产物。灰化物是指物质完全燃烧的产物。形成炭化、灰化的原因主要与可燃物性质、引火源强弱、燃烧条件以及燃烧时间等因素有关。

一般情况下，引火源为明火，且供氧充足，引起明火燃烧时易形成灰化痕迹；引火源为无火焰的热源且供氧不足时引起的阴燃，或一些有机物质本身自燃及本身属于阴燃物质的，燃烧时形成炭化痕迹。当炭化、灰化部分形成一定面积和深度时，称为灰化区（层）、炭化区（层）。可燃物形成的炭化区和灰化区，也是一种燃烧痕迹，是表明局部烧得“重”的标志。因此，在火灾现场中局部出现灰化区或炭化区，并有火势蔓延痕迹的部位，一般情况下就是起火点。阴燃起火的起火点由于阴燃的时间比较长，所以能形成较大的炭化区和炭化结块；而明火点燃起火的起火点由于燃烧的温度高、时间长，所以此处炭化和灰化都比较严重，残留的炭化结块比较少而小。但是，由于物质的性质、存放的数量、存在状态的不同以及扑救等方面的因素影响，有时不是起火点的地方被烧破坏程度更严重，出现的灰化区和炭化区面积更大，因此不能一概而论，要具体问题具体分析。二者最重要的区别在于起火点周围物体上形成显示火势蔓延方向的痕迹；而非起火点虽然烧毁破坏严重，但是此处没有向四周蔓延火势的痕迹。

（五）依据其他证据认定起火点

（1）根据现场人员死、伤情况分析认定。如果火灾中有人员伤亡，可根据具体的伤亡情况证明起火点。例如，死者在现场的姿态、伤者受伤的部位、死者遇难前的行为等，对于分析判断起火点、火势蔓延方向有着重要的证明作用。现场中受到火灾威胁的人，逃生时大都背离起火的方向，死者在现场一般背向起火部位。因此，可利用这一特征，根据死者在现场的姿态和受伤者提供的线索分析认定起火点。

（2）根据自动消防系统动作顺序分析认定。一些建筑物内安装了火灾自动报警装置、自动灭火设施，当火灾发生时，正常情况下都能以声响、灯光显示等形式立即报警并能自动记录，使消防或安全监控人员、值班人员能很快查明起火的房间和部位，并能采取相应的措施将火扑灭在初起阶段。有自动灭火设施的部位，在报警的同时也自动启动灭火装置进行灭火，这些装置动作的次序，往往都能指明起火的大致位置和方向。

（3）根据先行扑救的痕迹分析认定。个别单位和个人为逃避火灾责任，往往不主动提供火灾发生部位和回避先行扑救的情况。火灾调查人员若在现场某局部区域发现使用过的灭火器，灭火器喷出的干粉或者其他灭火工具，则起火点就在这局部区域之内。

二、认定起火点应注意的问题

（一）分析烧毁严重的原因

现场烧毁严重的部位一般应为起火点，这符合火灾发生和发展的一般规律，但是千万不能把烧毁严重的部位都看作起火点。有时，影响局部烧毁情况的因素很多，在分析起火点时，应该全面分析这一部位烧毁严重的原因及影响因素，才能得出正确的结论。

（二）分析起火点的数量

火灾是一种偶发的小概率事件，一般只有一个起火点。但是一些特殊火灾，由于受燃烧条件、人为因素以及一些其他客观因素的影响，有时也会形成多个起火点。因此，火灾调查人员在分析认定起火点时不能一成不变地对待现场，要具体问题具体分析。一般易形成多个起火点的火灾有放火、电气线路过负荷火灾、自燃火灾、飞火引起的火灾等。

（三）分析起火点的位置

虽然火灾的发生有一定的规律性，但是具体到每一起火灾来说，火灾的发生一般没有特定的地点。只要起火条件具备的地方都有可能发生火灾，所以起火点的位置也没有特定的地点。就建筑物起火而言，起火点可能在地面，也可能在天棚上，还可能在空间任何高度的位置上出现。当在地面、天棚上没有找到起火点时，特别要注意空间部位的可能性。有些起火点也可能在设备、堆垛等的内部。因此，既要从物体的外部寻找，也要注意从物体的内部寻找。

（四）起火点、引火源和起火物应互相验证

初步认定的起火点、引火源和起火物，应与起火时现场影响起火的因素和火灾后的火灾现场特征进行对比验证，找出它们之间内在的规律和联系，并重点研究分析燃烧由起火点处向周围蔓延的各种类型的痕迹，看其是否与现场实际蔓延的方向一致，由起火物与引火源作用而起火的条件是否与现场的条件相一致等，避免认定错误。

第四节　起火原因的认定

任何物质开始燃烧都必须具备一定的条件，这些条件就是认定起火原因需要查明的内容。在火灾调查中，对起火原因的认定通常是指对引火源、起火物和环境因素的分析和认定，只有准确分析和认定引火源、起火物和起火前现场环境因素对起火的影响，才能准确认定起火原因。

一、引火源的认定

引火源是起火时作用在起火物上，使起火物升温并使其燃烧的能量体。对于任何物质的燃烧，引火源都是一个不可缺少的条件。据不完全统计，现在常见的引火源有400多种，随着科学技术和经济的发展，引火源的种类也在不断地增加。

（一）引火源的认定条件

（1）引火源应该具有引燃起火物的能量。引火源一般应是起火前在起火点正在使用或处于高温状态下的火源，或起火前能够使起火点可燃物着火的火源；同时，引火源的作用时间或高温持续时间应在起火前的有效时间内；引火源在现场影响起火因素的作用下足以引起起火物着火；引火源的特性与现场起火方式相吻合。

（2）有直接目击证人。如果在起火点发现证明某种火源存在的证据，而且有证人、当事人或违法嫌疑人证明该火源作用于起火物而起火，则可以认定这种火源为引火源。

（3）排除其他火源。认定的火源必须具有唯一性，即排除其他火源引起火灾的可能性，这是认定引火源的主要条件之一。

（二）分析引火源

（1）分析引火源的位置。起火点是火灾的起始地点。一般情况下，引火源应位于起火点；个别情况下，引火源的位置与起火点可以不一致，但是必须存在一定的对应关系。例如，热辐射引起火灾，热源与起火点有位置差；短路火花引起着火，短路点和起火点可能有一定的位置差。

（2）分析引火源的来源。分析引火源的来源对于分析火灾性质非常重要，有的引火源原来就在起火点；有的引火源是被人从火灾现场内的另一个位置移到起火点；有的引火源是外来火源。在认定引火源时，应该根据火灾前后现场情况，判断引火源的来源。

（3）分析引火源与起火物的相互关系。火灾是引火源与起火物相互作用的结果，两者联系紧密，不可分割。所以，在分析研究一种火源能否成为引火源时，首先要分析这个火源周围有无可燃物，若无可燃物，此火源就不能成为引火源；若有可燃物，还要分析该火源能否引燃这些可燃物，如果不能引燃这些可燃物，此火源也不能成为引火源。

（4）分析引火源的使用状态。对于用具和设备一类的引火源，只有其处于使用状态才有引起起火物着火的可能性。所以，分析火源的使用状态对于认定引火源是非常重要的。例如，某火灾现场起火点发现了一个被烧毁的电熨斗，要确认是该电熨斗引起火灾，首先要确认电熨斗在火灾前是否处于通电或高温状态，否则，就不能肯定该电熨斗引起火灾。

（5）分析引火源的能量。引火源释放的能量大于起火物的最小点火能量时才能引燃起火物，这是作为引火源的基本条件之一。像明火、高温物体和电弧等强火源，它们的温度和释放的能量远高于一般可燃物的自燃温度和最小点火能量，因此很容易成为引火源；一些弱火源，如静电火花、烟囱火星和碰撞火星等，就要考虑其放出的能量是否大于或等于起火物的最小点火能量。

（6）分析引火源的作用时间。作为引火源，其对起火物作用的时间应该与起火时间相吻合。引火源的作用时间与起火时间可以基本相同，也可以有一定的时间差。引火源作用于起火物后，起火一般滞后一段时间，这个时间有长有短。在一般情况下，明火作用于可燃物会立即起火，而有的弱火源（如烟头）作用于纤维类物质或物质自燃等，起火滞后的时间比较长。

（7）分析引火源种类与现场起火方式是否相吻合。对于认定的引火源，应该与现场的起火方式相吻合。一般情况下，弱火源（如烟头、烟囱火星和自燃等）作用于纤维类可燃物（如棉花、布、纸和草等）、各种引火源作用于不易发生明火燃烧的物质（ 如锯末、胶末和成捆的棉麻等），现场一般呈阴燃起火特征，强火源（如明火、电弧等）作用于一般起火物，现场呈明火引燃特征；引火源作用于爆炸性物质，现场呈爆炸或爆燃起火特征。

二、起火物的认定

起火物是指在位于起火点，在引火源的作用下最先发生燃烧的可燃物。起火物是认定起火原因的一个重要证据。不同状态的起火物引燃性能是不同的，一般来说，气态起火物比较容易被引燃，其次是液态起火物，最后是固态起火物。同一状态的物质由于组成不同，其引燃性能也不相同。同种物质由于状态不同其引燃性能也有区别，如木柱用火柴不容易引燃，木刨花用火柴却比较容易引燃，而木粉尘遇火柴火焰会立即发生爆炸。

（一）认定起火物的条件

（1）起火物必须在起火点。只有起火点的可燃物才有可能成为起火物，所以不能在没有确定起火点的情况下，只根据一些可燃物的烧毁程度来分析和认定起火物。

（2）起火物必须与引火源相互验证。引火源和起火物相互作用既然能起火，说明它们相互作用能满足起火条件，即引火源的温度一般应等于或大于起火物的自燃点，引火源提供的能量大于等于起火物的最小点火能量，或起火物浓度在其爆炸极限内。

（3）起火物一般被烧或破坏程度更严重。一般情况下，起火点或起火部位，可燃物燃烧的时间比较长、温度比较高，所以被烧或破坏程度比其他部位更严重，即起火物被破坏最严重。但也有一些例外，如易燃物品或后灭火的部位的物品被烧或破坏程度也会很严重。

（二）分析起火物

（1）起火物的种类和数量。通过现场勘验，应查明起火点或起火部位所有可燃物的种类及数量，并分析判断这些可燃物是否属于一般可燃物、易燃液体、自燃性物质还是混触着火（或爆炸）性物质等。

（2）起火物的燃烧特性。对于可能的起火物要查明它的自燃点、闪点、最小点火能量、沸点、燃烧速率、氧化性、还原性、遇水燃烧性、自燃性和爆炸极限等性质，并分析判断在认定的火源作用下能否起火，即分析起火物能否被火源引燃，引燃后的燃烧速率如何。在这里应该注意的是现场中起火物的形态，因为可燃物的形态不同，其燃烧特性也不一样。

（3）起火物的来源。分析起火物是否为起火点原有的物品，如果发现是有人从火灾现场内的另一个地方移到起火点的，或是有人从火灾现场外带进火灾现场内的，还要进一步分析判定是什么人、为什么要将起火物放到起火点，是否为放火。

（4）分析起火物燃烧后的痕迹特征。不同的可燃物燃烧后残留在火灾现场痕迹的特征是不相同的，它们对于分析认定起火物种类和起火时间等有着重要作用。

（5）起火物的运输、储存和使用情况。查明并分析起火物在运输、储存和使用时被晃动、碰撞、日照、受潮、摩擦以及挤压等情况，对于分析是否增加了其危险性或破坏了其稳定性，进而分析起火物是否能发生自燃或产生静电放电而起火等具有重要作用。

三、分析起火前的现场环境因素

可燃物、氧化剂和温度是发生燃烧的必要条件，且是决定性的因素。另外，起火时火灾现场各种影响起火的因素也对能否起火起着非常重要的作用。

（一）氧浓度或其他氧化剂

现场氧浓度的高低直接影响起火物起火的难易及燃烧猛烈程度。在大多数情况下，火灾现场中氧气浓度（约21%）是保持不变的。但是，在氧气瓶泄漏处以及医院高压氧舱内，氧气浓度则大大提高，这种环境下的可燃物的自燃点、最小点火能量、可燃性液体的闪点和可燃性气体的爆炸下限都将降低，这种情况下可燃物更容易起火和燃烧。

（二）温度和通风条件

现场温度的高低直接影响起火物起火的难易程度及燃烧猛烈程度。现场温度越高，物质的最小点火能量降低，起火物更容易起火，自燃性物质更容易发生自燃。现场通风条件好，散热好，现场不易升温，不易起火；但是，良好的通风条件有时可以提供充足的氧气，促进燃烧。所以，应该根据现场的情况具体分析。

（三）保温条件

现场保温条件好，不仅有利于起火体系升温，更有利于起火和燃烧。例如，自燃性物质的堆垛越大，保温越好，升温越快，越易发生自燃。

（四）湿度或雨、雪情况

如果湿度、温度适宜于植物产品发酵生热，则有利于自燃的发生；但是水分太多，不易升温和保温，也不利于发酵。仓库漏雨、雪，增加了储存物资的湿度，容易引起发酵生热。空气的相对湿度小于30%，容易导致静电聚集和放电，可能引起静电火灾。煤含有适量的水分更容易发生自燃。

（五）阳光、震动、摩擦和流动情况

阳光的照射有利于物质的升温，一些光敏性的物质易引发化学反应，如油罐、液化气石油气罐等在强烈的阳光照射下，其内部温度升高、蒸气压升高，爆炸和着火的危险性增大；机械摩擦易生热升温，引起可燃物质起火；震动和摩擦易引起爆炸性的物品（如火药）着火或爆炸；流动和摩擦又容易产生静电，若聚集后放电，有可能引起爆炸性的气体混合物或粉尘发生爆炸。

（六）催化剂

现场有某种催化剂存在，往往加速着火或化学爆炸反应的进行。例如，酸和碱会加速硝化棉水解反应和氧化反应的进行，更加容易发生自燃事故；适量的水分对黄磷和干性油的自燃有很大的催化作用。

（七）气体压力

压力的大小对爆炸性气体混合物的性质有重要影响，如果压力增大，则爆炸性气体混合物自燃点降低、最小点火能量降低、爆炸极限范围变大。

（八）现场避雷设施、防静电措施

如果避雷设施不能保护全部建筑物或设备，那么该建筑物或设备就可能遭到雷击；如果避雷设施发生故障，该建筑物或设备也可能遭雷击。在有易燃易爆气体或液体的场所，如果防静电措施出问题，就容易聚集静电荷，就有因静电放电引起爆炸的危险性。

四、认定起火原因的方法

（一）直接认定法

直接认定法就是在现场勘验、调查询问和物证鉴定中所获得的证据比较充分，起火点、起火时间、引火源、起火物与现场影响起火的客观条件相吻合的情况下，直接分析判定起火原因的方法。利用此法认定起火原因前，应该用演绎推理法进行推理，符合哪种起火原因的认定条件，就判断为哪种起火原因。直接认定法适用于火灾调查中获取的证据比较充分的起火原因的认定。

（二）间接认定法

如果在现场勘验中无法找到证明引火源的物证，可采用间接认定的方法确定起火原

因。所谓间接认定法，就是将起火点范围内的所有可能引起火灾的引火源依次列出，根据调查到的证据和事实进行分析研究，逐个加以否定排除，最终认定一种能够引起火灾的引火源。这种方法体现了排除推理法的应用，对于每一种引火源则采用演绎法进行推理判断。

第五节　灾害成因分析

一、事故树分析法

事故树分析法又称故障树分析法，是从结果到原因找出与火灾有关的各种因素之间的因果关系和逻辑关系的分析方法。进行灾害成因分析时，一般按照熟悉调查对象、确定要分析的火灾危害结果、确定分析边界、确定影响因素、编制事故树、系统分析等步骤，对灾害成因进行分析，并最终做出认定结论。

（1）熟悉调查对象。灾害成因分析首先应详细了解和掌握有关火灾情况的信息，包括火灾发生时间、地点、火灾场所建筑物情况、消防设施情况、可燃物情况、场所的使用情况、火灾蔓延扩大情况、扑救情况、人员伤亡情况等。同时，还可广泛收集类似火灾情况，以便确定影响火灾结果的可能因素。

（2）确定要分析的火灾危害结果。灾害成因分析所要分析的火灾危害结果可能是严重的人员伤亡、财产损失、火灾面积扩大、起火建筑意外垮塌等。

（3）确定分析边界。在分析前要明确分析的范围，灾害成因分析一般把与火灾有直接关系的人、事、物、环境划在分析边界范围内。

（4）确定影响因素。确定顶上事件（即所要分析的对象事件）和分析边界后，就要分析哪些因素（原因事件）与火灾有关，哪些因素与火灾无关，或虽然有关，但可以不予考虑。例如，当把某火灾造成重大人员伤亡结果作为顶上事件时，人员疏散逃生受阻很可能成为中间原因事件。在确定基本事件时，会发现尽管被疏散人员可能有着性别、体力上的差异，但这些可能对疏散逃生影响甚微，可以不予考虑；但在病房、幼儿园等特殊人群火灾场所，又必须作为重要因素给予关注。

（5）编制事故树。从火灾的危害结果开始，逐级向下找出所有影响因素直到最基本事件为止，按其逻辑关系画出事故树。

（6）系统分析，得出结论。根据火灾具体情况，结合询问、勘验、鉴定、现场实验等情况，综合分析各个因素对火灾的影响度，并按照影响度大小顺序排序。

二、事件树分析法

事件树分析是从原因推论出结果的系统安全分析方法。按照事故从发生到结束的时间顺序，把对火灾有影响的各个因素（事件）按照它们发生的先后次序和逻辑关系组合起来，通过绘制事件树，并结合调查信息进行综合分析，找到影响火灾的关键因素链。灾害成因事件树分析法的具体内容如下：

（1）收集和调查火灾相关信息。这些信息主要包括，建筑物基本情况、消防设施情况、使用情况、火灾基本情况、内部人员情况等，还要找出主要的火灾中间事件。

（2）对中间事件的逻辑排列。所谓逻辑排列，就是根据火灾过程的时间顺序，按照中间事件发生的先后关系来排列组合，直到得出火灾结果为止。每一中间事件都按照“成功”和“失败”两种状态来考虑。

（3）绘制事件树图。在上述步骤的基础上，完成事件树的绘制。

（4）综合分析，得出结论。根据调查获得的具体情况，结合询问、勘验、鉴定、现场实验等情况，综合分析，得到是什么中间事件（影响因素）、如何影响了火灾结果。

第六章　火灾事故调查处理

第一节　火灾事故原因调查的原则和基本任务

一、火灾事故原因调查的原则

公安机关消防机构负责调查火灾原因，统计火灾损失，并根据火灾现场勘验、调查情况和有关的检验、鉴定意见，依法对火灾事故作出火灾责任认定，作为处理火灾事故的证据。公安机关消防机构在进行火灾事故调查时，应当坚持及时、客观、公正、合法的原则，任何单位和个人不得妨碍和非法干预火灾事故调查。

二、火灾事故调查的基本任务

（一）调查火灾原因

火灾原因包括起火原因和致灾原因两个方面。起火原因是指直接导致起火燃烧的原因；致灾原因是指直接导致火灾危害后果的原因。火灾原因调查就是要查清起火原因和致灾原因，确定火灾事故的性质，总结火灾教训，发现单位消防安全工作中存在的问题，根据问题的症结所在，采取有针对性的改进措施和对策，防止类似事故的再次发生，并为改进火灾扑救工作，调整灭火作战计划，增加新的灭火设备或器材，研究新的灭火战术、技术对策提供经验和素材。

（二）作出技术鉴定

在火灾事故调查过程中，进行火灾现场勘验，对发现的现场物证做出技术鉴定，为依法追究火灾事故责任提供事实根据，使火灾肇事者及责任者受到应有的惩罚，使职工群众从中受到启发教育，从而提高人们的防火警惕性。

（三）制作火灾事故认定书

根据火灾现场勘验、调查情况和有关的检验、鉴定意见，依法对火灾事故作出火灾责任认定，制作火灾事故认定书，作为处理火灾事故的证据。根据火灾事故的性质、情节和后果，对有关责任者提出处理意见，分别由有关部门进行处理，及时有力地打击放火犯罪，维护社会治安，保护人民群众的利益和国家的利益。

（四）火灾损失统计

公安机关消防机构应当根据受损单位和个人的申报、依法设立的价格鉴证机构出具的火灾直接经济损失鉴定报告以及调查核实情况，按照有关火灾损失统计规定，如实对火灾直接经济损失和人员伤亡情况进行统计，填写火灾损失统计表。为国家提供准确的时效性强的火灾情报和统计资料，为制定消防工作对策提供决策依据。

（五）发现消防安全工作中的难题

在火灾事故原因调查的过程中，通过火灾原因分析，可以发现单位消防安全工作中存在的问题，为单位的消防安全解决实际问题；可以发现消防安全工作中的难题，为消防科研部门提供研究课题，使消防科学研究更好地为经济发展服务。

第二节　火灾事故原因调查的主体及分工

一、火灾事故原因调查的主体

火灾事故调查由县级以上公安机关主管，由本级公安机关消防机构实施；尚未设立县级公安机关消防机构的，由县级公安机关实施。公安机关消防机构接到火灾报警，应当及时派员赶赴现场，开展火灾事故调查工作。

公安派出所应当协助公安机关火灾事故调查部门维护火灾现场秩序，保护现场，进行现场调查，根据需要收集、保全与火灾事故有关的证据，控制火灾肇事嫌疑人。

二、火灾事故原因调查的分工

（1）一次火灾死亡十人以上的，重伤二十人以上或者死亡、重伤二十人以上的，受灾五十户（“户”是指由公安机关登记的家庭户）以上的，由省、自治区、直辖市人民政府公安机关消防机构负责调查（“以上”含本数、本级，“以下”不含本数）。

（2）一次火灾死亡一人以上的，重伤十人以上的，受灾三十户以上的，由设区的市或者相当于同级的人民政府公安机关消防机构负责调查。

（3）一次火灾重伤十人以下或者受灾三十户以下的，由县级人民政府公安机关消防机构负责调查。

（4）其他仅有财产损失的火灾事故调查，由省级人民政府公安机关结合本地实际作出具体分级管辖决定，报公安部备案。

（5）跨行政区域的火灾事故，由最先起火地的公安机关消防机构负责调查，相关行政区域的公安机关消防机构予以协助。管辖权发生争议的，报请共同的上一级公安机关消防机构指定管辖。

（6）军事设施发生火灾需要公安机关消防机构协助调查的，由省级人民政府公安机关消防机构或者公安部消防局调派火灾事故调查专家协助。

（7）铁路、交通、民航、林业公安机关消防机构负责调查其消防监督范围内发生的火灾事故。

三、需公安机关刑侦机构立案侦查的火灾

为了及时有效地掌握证据，对有下列情形之一的火灾，公安机关消防机构应当立即报告主管公安机关通知具有管辖权的公安机关刑侦部门参与调查。

（1）有人员死亡的火灾。

（2）国家机关、广播电台、电视台、学校、医院、养老院、托儿所、文物保护单位、邮政和通信、交通枢纽等部门和单位发生的社会影响大的火灾。

（3）具有放火嫌疑线索的火灾。

公安机关刑侦部门接到通知后应当立即派员赶赴现场参加调查。构成放火嫌疑案件的，公安机关刑侦部门应当立案侦查，公安机关消防机构予以协助。

第三节　火灾事故原因调查的程序与具体实施

一、火灾事故原因调查的程序

根据火灾规模的大小、损失的严重程度、当事人的意见等情况，火灾事故原因调查程序有简易和一般两种程序。

（一）简易程序

1.适用于简易程序的条件

同时具有下列情形的火灾事故，可以适用简易程序调查：

（1）没有人员伤亡的。

（2）根据省、自治区、直辖市公安机关确定的标准，火灾直接财产损失轻微的。

（3）当事人（指与火灾发生、蔓延和损失有直接利害关系的单位和个人）对火灾事故事实没有异议的。

（4）没有放火嫌疑的。

2.简易程序的实施

（1）表明执法身份，说明调查依据。

（2）调查走访当事人、证人，了解火灾发生过程、火灾烧损的主要物品及建筑物受损等与火灾有关的情况。

（3）查看火灾现场并进行照相或者录像。

（4）告知当事人调查的火灾事实，听取当事人的意见；采纳当事人提出的成立的事实、理由或者证据。

（二）一般程序

除适用于简易程序的火灾调查，都应采用一般程序。采用一般程序的火灾调查有下列基本要求。

1.人员要求

（1）公安机关消防机构对火灾事故进行调查时，调查人员不得少于两人；必要时，可以聘请有关方面的专家或者专业人员协助调查。

（2）火灾事故原因调查实行主责火灾事故调查员负责制，主责火灾事故调查员应当具备相应资格，由公安机关消防机构的行政负责人指定，负责组织实施火灾现场勘验等火灾事故调查工作，提出火灾事故认定意见。

（3）对复杂、疑难的火灾事故，公安部和省、自治区、直辖市公安机关应当成立火灾事故调查专家组协助调查，专家组协助调查火灾事故的，应当出具专家意见。

2.火灾现场保护

最早到达火灾发生地的公安机关消防机构，应当根据火灾现场情况，排除现场险情，初步划定现场封闭范围，禁止无关人员进入现场，控制火灾肇事嫌疑人。公安机关消防机构应当根据火灾事故调查需要，及时调整现场封闭范围。并将现场封闭的范围、时间和要求等，在火灾现场予以公告，同时对封闭范围设置警戒标志。现场勘验结束后及时解除现场封闭。

3.限定调查期限

公安机关消防机构应当自接到火灾报警之日起六十日（指工作日，不包括节假日，下同）内作出火灾事故认定；情况复杂、疑难的，经上一级公安机关消防机构批准，可以延长三十日。火灾事故调查中需要进行检验、鉴定的，检验、鉴定时间不计入调查期限。

4.其他要求

火灾事故调查中有关回避、证据、调查取证等要求，应当符合公安机关办理行政案件的有关规定。

二、火灾事故原因调查的实施

公安机关消防机构应当根据调查需要，确定调查工作重点和方向，适时对现场勘验和调查询问收集到的证据、线索进行审查和分析，确定火灾事故的主要事实。

（一）调查询问

火灾事故调查人员应当根据调查需要，对发现、扑救火灾人员，熟悉起火场所、部位和生产工艺人员，火灾肇事嫌疑人和受害人等知情人员进行询问。对火灾肇事嫌疑人可以依法传唤。必要时，可以要求被询问人到火灾现场进行指认。询问应当制作笔录，由火灾事故调查人员和被询问人签名或者捺指印。被询问人拒绝签名和捺指印的，应当在笔录中注明。

调查询问要紧紧围绕起火时间、起火部位、起火源、起火物进行，做到依法调查、目的明确，根据不同对象，采用不同方法，侧重了解不同内容，并及时做好笔录。同时在询问调查的过程中，要认真对所收集的各种材料进行审查和验证。

（二）火灾现场勘验

火灾事故现场勘验是在火灾发生后，火灾调查人员深入火灾现场，使用科学方法和手段对火灾案件的发生、发展、发现的经过情况和现场上每一现象进行详细询问、观察、提取、检验、比较和分析、判断、确定火灾原因的过程。火灾事故现场勘验是火灾事故调查的核心部分，对火灾事故调查起着决定性的作用。

（1）勘验火灾现场应当遵循火灾现场勘验规则，采取现场照相或者录像、录音，制作现场勘验笔录和绘制现场图等方法记录勘验情况。

（2）勘验有人员死亡的火灾现场，火灾事故调查人员应当对尸体表面进行观察并记录，对尸体在火灾现场的位置进行调查。

（3）现场勘验笔录、现场图应当由火灾事故调查人员、当事人或者证人签名。当事人、证人拒绝签名或者无法签名的，应当在现场勘验笔录、现场图上注明。

（三）物证提取

现场提取痕迹、物品，应当按照下列方法和步骤进行。

（1）量取痕迹、物品的位置、尺寸，并进行照相或者录像。

（2）填写火灾痕迹、物品提取清单，由提取人、当事人或者证人签名；当事人、证人拒绝签名或者无法签名的，应当在清单上注明。

（3）封装痕迹、物品，粘贴标签，标明火灾名称、提取时间、痕迹、物品名称、序号等，由封装人、当事人或者证人签名；当事人、证人拒绝签名或者无法签名的，应当在标签上注明。

（4）提取的痕迹、物品应当妥善保管。

（5）痕迹、物品或者证据可能因时间、地点、气象等原因灭失的，可以先行登记保存。

（四）现场实验

火灾事故原因调查过程中，公安机关消防机构可以根据需要进行现场实验。现场实验应当照相或者录像，制作现场实验报告，现场实验报告的内容包括实验的目的、时间、环境、地点、使用仪器或者物品、过程以及实验结果等，并由实验人员和见证人员签字。

（五）鉴定与检验

火灾现场提取的痕迹、物品需要进行技术鉴定的，公安机关消防机构应当委托依法设立的鉴定机构进行鉴定，并与鉴定机构约定鉴定期限和鉴定材料的保管期限。

有人员死亡的火灾事故，公安机关消防机构应当立即通知同级公安机关刑事科学技术部门进行尸体检验。公安机关刑事科学技术部门应当按规定进行尸体检验，确定死亡原因，出具尸体检验鉴定报告，送交公安机关消防机构。

（六）火灾损失统计

火灾损失统计，是火灾事故调查的任务之一。火灾发生后，公安机关消防机构应统计好火灾造成的经济损失和人员伤亡情况。

1.火灾经济损失的统计范围

火灾经济损失的统计范围主要包括直接经济损失和间接经济损失。

（1）火灾直接经济损失

指被烧毁、烧损、烟熏和灭火中破拆、水渍以及由火灾引起的污染造成的损失。如房屋、机器设备、古建筑、文物、运输工具等固定资产，存货、商品等流动资产，生活用品、工艺品和农副产品等由火灾烧毁、烧损、烟熏和灭火中破拆、水渍等造成的损失等。

（2）火灾间接损失

指因火灾而停工、停产、停业所造成的损失，以及现场施救、善后处理的费用。①因火灾造成的“三停”损失。主要包括：火灾发生单位的三停损失；由于使用火灾发生单位所供的能源、原材料、中间产品等造成的相关单位的三停损失；为扑救火灾所采取的停水、停电、停汽（气）及其他所必要的紧急措施而直接造成的有关单位的三停损失；其他相关原因所造成的三停损失。②因火灾致人伤亡造成的经济损失。主要包括：因人员伤亡所支付的医疗费，死者生前的住院费、抢救费，死者直系亲属的抚恤金，死者家属的奔丧费、丧葬费及其他相关费用等；养伤期间的歇工工资（含护理人员），伤亡者伤亡前从事的创造性劳动的间断或终止工作所造成的经济损失（含护理人员），接替死亡者生前工作岗位的职工的培训费用等工作损失费。③火灾现场施救及清理现场的费用。主要包括：各种消防车、船、泵等消防器材及装备的损耗费用以及燃料费用（含非消防部门）；各种类型的灭火剂和物资的损耗费用；清理火灾现场所需的全部人力、物力、财力的损耗费用等施救和清理费用。

2.人员伤亡的统计范围

对在火灾发生后和扑救过程中因烧、摔、砸、炸、窒息、中毒、触电、高温辐射等原因所致的人员伤亡，都应列为火灾伤亡的统计范围。

以上所列的各项经济损失和人员伤亡的统计，不论是直接的还是间接的，失火单位都应当按照要求认真清理，如实上报，绝不能因怕追究责任而少报，也不能为求保险公司的赔偿而多报。

3.火灾损失统计的要求

（1）火灾后，受损单位和个人应当如实填写火灾直接财产损失申报表，并附有效证明材料，于火灾扑灭后七日内向公安机关消防机构申报。

（2）公安机关消防机构、受损单位和个人，可以根据需要委托依法设立的价格鉴证机构对火灾直接经济损失进行鉴定。公安机关消防机构应当对鉴定结果进行审查，对符合规定的可以作为证据使用；对不符合规定的，应当要求价格鉴证机构重新出具鉴定报告，或者不予采信。

（3）公安机关消防机构办理刑事案件，应当委托价格主管部门设立的价格鉴证机构对火灾直接经济损失进行鉴定。

（4）公安机关消防机构应当根据受损单位和个人的申报、依法设立的价格鉴证机构出具的火灾直接经济损失鉴定报告以及调查核实情况，按照有关火灾损失统计规定，对火灾直接经济损失和人员伤亡如实进行统计，填写火灾损失统计表。

第四节　火灾事故认定书的制作与送达

一、火灾事故认定书的格式和内容

（一）火灾事故认定书的格式

为了规范火灾事故认定书的格式，公安部下发了火灾事故调查法律文书，包括火灾事故简易认定书和火灾事故认定书两种。火灾事故认定书应当载明的事项有：火灾事故基本情况；起火原因认定事实及证据；申请复核的途径、期限；认定机构名称和作出认定的日期。

（二）火灾事故认定书的内容

火灾事故认定书的内容为：起火原因已经查清的火灾，火灾事故认定书中应当认定起火时间、起火部位、起火点和起火原因；对起火原因无法查清的火灾，火灾事故认定书中应当认定起火时间、起火点或者起火部位以及有证据能够排除和不能排除的起火原因。

二、火灾事故认定书的制作要求

（一）以法律为准绳

火灾事故认定书既然是执法活动结果的书面表现形式，那就要以消防法律、法规和有关规范性文件为准绳。火灾事故认定书只有符合法律、法规和规范性文件的规定，才能受到法律的支持和保护。因此，制作火灾事故认定书的人员要熟悉和了解有关的法律、法规和规范性文件，真正制作好火灾事故认定书。

（二）实事求是，以客观事实为依据

火灾事故认定书的制作，必须在实事求是地调查取证，并掌握充分证据的前提下，把事实的前因后果、适用的法律条文、当事人情况等表述清楚，这样才是一份合格的火灾事故认定书。否则，就会出现不客观、不正确的处理结果。

（三）内容完整，结构严谨

火灾事故认定书具有严格的结构样式，制作时要按照既定的格式逐项实事求是地填写，不能有空项，引用法律条文要完整、准确。

（四）叙述清楚，语言得体

火灾事故认定书中的叙述要清楚，如果叙述不清，就可能造成事实不清或适用法律错误。火灾事故认定书的语言要得体，应当符合法律文书的文体，既要通俗化，又要规范化，还要程式化。

三、火灾事故认定书的制作和送达

按照火灾事故简易程序调查的火灾，火灾调查人员在火灾事故简易调查认定书制作前，应告知当事人调查的火灾事故事实，听取当事人的意见，当事人提出的事实、理由或者证据成立的，应当采纳；火灾事故调查人员应当场制作火灾事故简易调查认定书，由火灾调查人员、当事人签字或者捺指印后交付当事人。火灾调查人员应当在二日内将火灾事故简易调查认定书报所属公安机关消防机构备案。按照一般程序调查的火灾，火灾调查人员在进行火灾事故认定前，应当召集当事人到场，说明拟认定的起火原因，听取当事人意见；当事人不到场的，应当记录在案。公安机关消防机构应当制作火灾事故认定书，自作出之日起七日内送达当事人，并告知当事人申请复核的权利。无法送达的，可以在作出火灾事故认定之日起七日内公告送达。公告期为二十日，公告期满即视为送达。

第五节　火灾事故处理

一、火灾事故的刑事处理

（1）涉嫌失火罪、消防责任事故罪的处理。涉嫌失火罪、消防责任事故罪的，按照《公安机关办理刑事案件程序规定》立案侦查。

（2）涉嫌放火犯罪的处理。涉嫌放火犯罪的需要移送公安机关刑侦部门处理，火灾现场应当一并移交。公安机关消防机构向公安机关刑侦部门移送案件时，应当在本级公安机关消防机构负责人批准后的二十四小时内移送，并根据案件需要附下列材料：案件移送通知书；案件调查情况；涉案物品清单；询问笔录，现场勘验笔录，检验、鉴定意见以及照相、录像、录音等资料；其他相关材料。相关主管部门应当自接受公安机关消防机构移送的涉嫌犯罪案件之日起十日内，进行审查并作出决定。依法决定立案的，应当书面通知移送案件的公安机关消防机构；依法不予立案的，应当说明理由，并书面通知移送案件的公安机关消防机构，退回案卷材料。对公安机关刑侦部门依法决定立案的放火案件，公安机关消防机构应当及时告知当事人办理案件的主管部门，并将告知情况记录在案，告知记录应当由被告知人签字确认。对公安机关刑侦部门依法不予立案的，公安机关消防机构应当重新开展调查，并根据调查情况出具火灾事故认定书。公安机关消防机构与刑侦部门对火灾性质认定存在分歧的，可以报请共同的主管公安机关负责人协调解决，或者申请上一级公安机关消防机构、刑侦部门指导调查。

（3）涉嫌其他犯罪的处理。涉嫌其他犯罪的，应当由火灾调查人员起草呈请案件移送报告，报本级消防机构负责人批准后，制作案件移送通知书，及时移送有关主管部门办理。

二、火灾事故的行政处理

（1）火灾事故行政责任的构成要件如下：

①有火灾发生。

②实施了违反消防安全的某种行为，指行为人具有不履行防火义务，实施了涉嫌违反消防安全的行为，该行为包括作为与不作为两种形式。

③行为与火灾之间存在因果关系，指不履行防火义务，违反消防安全的行为与火灾的发生、发展有必然的、直接的因果联系。

④造成了一定的危害后果。火灾的发生必然造成一定的危害，但危害后果尚不构成刑事犯罪的，应追究其行政责任。

（2）火灾事故行政处理的方式。火灾事故行政责任的处理方式主要是行政处罚。行政处罚是指行政主体依法定职权和程序对违反行政法规尚未构成犯罪的行政相对人给予行政制裁的具体行政行为。在火灾事故行政处理中常见的行政处罚有警告、罚款、拘留。

①警告，是行政机关对行政违法行为人的谴责和告诫，是对行为人违法行为所作的正式否定评价。警告是行政处罚中最轻的处罚。

②罚款，是行政机关对行政违法行为人强制收取一定数额金钱，剥夺一定财产权利的制裁方法。

③拘留，是指公安机关对违反行政法律规范的公民，所做出的在短期内限制其人身自由的一种处罚措施。一般对于危害较大，违法情节较重的行为才给予拘留处罚。拘留属于限制人身自由的处罚，只能由法律设定，并由公安机关执行。

三、党纪、政纪处分

依照有关规定应当给予处分的，移交有关主管部门处理。火灾事故责任人违法行为轻微，尚不构成行政责任的，应视情节由相关组织、单位给予纪律处分，如行政处分、党纪处分、企业内部处分等。对应当给予党纪、行政处分的火灾事故责任人，公安机关消防机构可向有权作出处分决定的党组织或单位提出建议，在责任人受到处分后，可将处分决定材料复印件装入火灾档案。

四、对不属于火灾事故的处理

经调查，不属于火灾事故的，公安机关消防机构应当告知当事人处理途径并记录在案。

（1）生产安全事故。生产安全事故是指在生产经营活动中发生的造成人身伤亡或者直接经济损失的事故。对于在生产作业中发生的火灾事故应当由安全生产监督管理部门按照有关规定进行调查处理。

（2）交通事故，机动车在通行过程中，因驾驶员违章驾驶机动车造成车辆碰撞、刮擦、颠覆直接导致燃烧的，应按交通事故统计。

（3）燃气事故。对燃气生产安全事故，依照有关生产安全事故报告和调查处理的法律、行政法规的规定调查处理。由此可见，对于燃气生产安全事故，应当由安全生产监督管理部门负责调查处理。

第六节　火灾事故调查报告与档案

一、火灾事故调查报告

（一）火灾事故调查报告的报送要求

对较大以上的火灾事故或者特殊的火灾事故，公安机关消防机构应当开展消防技术调查，形成消防技术调查报告，逐级上报至省级人民政府公安机关消防机构，重大以上的火灾事故调查报告报公安部消防局备案。

（二）火灾事故调查报告的主要内容

1.首部与尾部

首部须填清发文机构所在地的简称，发文的字、年号，写明报告标题，抄报单位名称。尾部需写明日期并加盖公安机关消防机构印章。

2.正文

正文是火灾事故调查报告的主干，包含的内容如下：

（1）火灾基本情况。应写明的内容包括：火灾发生的时间、地点、单位或场所名称，如有必要应写明起火的具体建筑或部位名称；火灾烧毁、烧损的主要物品、建筑情况，燃烧面积，受烟熏、水渍、污染等影响的物品情况，直接经济损失情况，人员伤亡情况；调查组的组成及简要的调查工作情况。

（2）起火场所概况。应写明的内容包括：起火单位（场所）的名称、道路门牌号码、周边相邻道路或建筑等情况；起火单位（场所）的组织形态，主要业态，规模和职工人数，成立时间或场所投入使用的时间等情况；起火单位（场所）建筑布局、建筑结构、用途，建造时间及许可等情况；起火建筑的消防设施情况；起火单位（场所）消防安全责任制的情况，消防安全状况等。部分火灾涉及多家单位，且单位与单位之间存在上下级、租赁、发包、代仓储等多种关系，与火灾事故调查相关的都需要在概况中介绍清楚。

（3）起火经过和火灾扑救情况。应写明的内容包括：最早发现起火的人员、发现时间及发现经过；第一报警人、报警时间及发现和报警的过程；发现人参与前期扑救火灾、处置措施以及人员疏散的情况；出动警力及人员扑救火灾的情况。

（4）火灾直接经济损失及人员伤亡情况。应写明的内容包括：死亡人员清单，包括姓名、性别、籍贯、户籍、身份证件号码、死亡原因等；受伤人员清单，包括姓名、性别、籍贯、户籍、身份证件号码，受伤情况应当包括轻重伤分类、伤情分类等；直接经济损失情况，包括按照直接财产损失统计分大类列出各类数据，医疗救治、火场处置等项的费用，直接经济损失总额。

二、火灾事故调查档案

火灾事故调查档案分为火灾事故简易调查卷、火灾事故调查卷和火灾事故认定复核卷。另外，公安机关消防机构办理失火案、消防责任事故案时还需要建立消防刑事档案。

（一）火灾事故简易调查卷

适用简易程序调查的火灾事故需要建立火灾事故简易调查卷。火灾事故简易调查卷可以以每起火灾为单位，以报警时间为序，按季度或年度立卷，集中归档。火灾事故简易调查卷归档内容及装订顺序如下：

（1）卷内文件目录；

（2）火灾事故简易调查认定书；

（3）现场调查材料；

（4）其他有关材料；

（5）备考表。

（二）火灾事故调查卷

适用一般程序调查的火灾事故应建立火灾事故调查卷。火灾事故调查卷归档内容及装订顺序如下：

（1）卷内文件目录；

（2）火灾事故认定书及审批表；

（3）火灾报警记录；

（4）询问笔录；

（5）传唤证及审批表；

（6）火灾现场勘验笔录，火灾痕迹物品提取清单；

（7）火灾现场图、现场照片或录像；

（8）鉴定、检验意见，专家意见；

（9）现场实验报告、照片或录像；

（10）火灾损失统计表，火灾直接财产损失申报统计表；

（11）火灾事故认定说明记录；

（12）消防技术调查报告；

（13）送达回执；

（14）其他有关材料；

（15）备考表。

其中，现场照片要进行筛选，按照环境勘验、初步勘验、细项勘验、专项勘验的顺序进行粘贴，与勘验笔录相互印证，互相补充。复核机构应责令原认定机构重新作出火灾事故认定后，原认定机构作出火灾事故重新认定的有关文书材料等，按照火灾事故调查卷的要求立卷归档。

（三）火灾事故调查档案保存

火灾事故调查档案中火灾事故简易调查卷按短期5年保存，较大以上火灾事故调查卷按长期50年保存，消防刑事档案永久保存，其他案卷根据情况按照长期16年至50年保存。公安机关消防机构应当每年组织对保管到期的执法档案进行鉴定。对属于公安机关归档范围的执法档案应当按照公安机关综合档案部门的要求定期移交归档；对不属于归档范围的其他执法档案，且经鉴定确实无继续保存价值的，应当经公安机关消防机构主要负责人审批后按规定销毁。

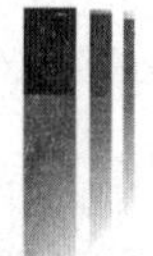

第七章　电气火灾典型痕迹物证

第一节　相关术语和鉴定依据

一、相关术语

（一）电气火灾

电气火灾是按起火原因分类的火灾类别之一。一般是指由于电气线路、用电设备、器具以及供配电设备出现故障而释放的热能，在具备燃烧条件下引燃本体或其他可燃物而造成的火灾。电气火灾是火灾统计案例的主要类别，约占40%。

（二）电气火灾原因调查

电气火灾原因调查是指火灾调查人员为了查清原因，通过火灾现场勘验、有关人员调查和有关痕迹物证技术鉴定等方式而得到的引起电气火灾起火原因结论所进行的一系列工作。

（三）电气火灾物证鉴定

电气火灾物证鉴定，即针对火灾现场提取的导线、电气连接件、电热器具、用电设备上的金属痕迹物证进行定性分析，判断痕迹形成的时刻是火灾发生前还是火灾发生后以及痕迹形成时是否有电作用的参与。

（四）短路火灾

短路火灾，即电气线路、用电设备短路时阻抗突然减少，电流增大，瞬间产生高温，引燃本体及周围可燃烧物而造成的火灾。

（五）熔痕

熔痕是指导线在外界火焰或电气故障产生电弧高温作用下形成的圆状、凹凸状、瘤状、尖状及其他不规则的微熔及全熔痕迹。

（六）熔珠

熔珠是指导线在外界火焰或电气故障产生电弧高温作用下，在导线的端部、中部或落地后形成的圆珠状熔化痕迹。

（七）火烧熔痕

火烧熔痕是指电气设施金属部分在火灾中受火焰或高温作用被熔化后残留的痕迹，铜铝导线、接线端子、线圈绕组、插接件以及其他导体，在火灾中受火焰或高温作用被熔化后残留的痕迹。铜铝导线、接线端子、线圈绕组、插接件以及其他导体，在火灾中火焰温度高于上述物体熔点时，局部会出现软化、熔滴、熔瘤、气化孔、溶蚀坑等不同形态，冷却后仍保持其特征。

（八）短路熔痕

短路熔痕，即导体在短路电流、电弧高温作用下接触处熔化，冷却后保留下来的不同特征的熔化痕迹。短路熔痕又分为一次短路熔痕和二次短路熔痕。

（九）一次短路熔痕

一次短路熔痕，即火前短路熔痕，是指火灾之前由于电气短路形成的熔痕，即火灾的发生有电作用参与的可能。

（十）二次短路熔痕

二次短路熔痕，即火后短路熔痕，是指在火灾环境中，由于火烧破坏绝缘层而发生短路形成的熔痕。

（十一）晶粒

晶粒是指熔化的金属凝固形成的金相组织，构成多晶体的各个单晶体由很多晶胞组成，外形往往呈颗粒状，无规则。

（十二）晶界

晶界，即两个位向不同的晶粒相接触的区域，即晶粒与晶粒之间的界面。

（十三）等轴晶

在通常的凝固条件下，金属或合金的固溶体结晶成颗粒状，形成内部各自等长相近的枝晶组织叫作等轴晶。形成枝晶的各个分枝，在各个方向均匀生长成大小不同的晶粒。

（十四）树枝晶

树枝晶，即先后长成的晶轴，彼此交错似树枝状。

（十五）胞状晶

胞状晶，即固溶体在结晶时，晶体在界面上以凸起条状自由生长，在过冷区内所形成的不规则形状、条状、规则六角形。

（十六）柱状晶

在通常的凝固条件下，金属或合金的固溶体在结晶时由晶内生长成的枝晶，沿着分枝（主干）在某一特殊界面延伸生长，最后形成长条状的晶粒称为柱状晶。

（十七）熔化过渡

熔化过渡，即由熔痕向导线延伸的一定距离内存在熔化现象的部分，是火烧熔痕和二次短路熔痕所具有的特征。

（十八）外观

外观是指熔痕和熔珠外部形状、表层、覆盖物等特征。

（十九）金相组织

金相组织是指金属组织中化学成分、晶体结构和物理性能相同的组成，其中包括固溶体、金属化合物及纯物质。

（二十）检材

检材是指在电气火灾现场起火点及其附近提取的可能构成起火原因的导线及其插接件物证，这些物证需要进一步检测和分析其成因。

（二十一）样品

样品是指在对火灾现场提取的检材，通过检查后提取的带有熔痕、溶蚀坑等检测样品。

（二十二）鉴定结论

鉴定结论是指鉴定人对案件中需要解决的专门性问题进行鉴定后做出的结论。电气火灾物证鉴定过程中，鉴定人根据所提取的熔痕外观特征以及金相显微组织特征，按照国家标准中的鉴定依据对熔痕样品成因进行的判定。

二、鉴定依据

一次短路熔痕是指电气线路在着火前发生短路故障而残留的熔化痕迹，包含三层含义：一是熔痕产生时处于非火灾环境，即自然环境；二是该熔痕的产生表示电气线路发生了火前短路故障，但是并没有考查短路形成的原因；三是熔痕产生的过程即导线短路释放热能使导线本身从熔化到凝固的过程。在勘查现场过程中，若技术鉴定做出了一次短路熔痕的结论，并确定熔痕提取的位置来自火场的着火点，再结合火场的环境，则可判定此火灾是该线路发生一次短路后引燃造成的。一次短路熔痕是指在正常的情况下，电气线路因为本身的故障而造成短路引发大电流发热，在导线上留下的熔化痕迹。一次短路发生之后会留下不规则的熔痕或者圆润的熔珠。一次短路发生在火灾之前，属于瞬间电弧高温熔化，具有熔化范围小、冷却速度快的特点。

二次短路熔痕是在火灾环境下，带电的铜或者铝导线绝缘层失效而引发短路，在导线上留下的金属熔化痕迹。其包含三个含义：首先，痕迹的形成处于火灾环境中或高温分布区域；其次，痕迹的形成表示电气因绝缘层破坏而发生诱发性短路故障；最后，痕迹的形成表示短路释放的热能和高温热能共同作用使导线发生熔化和凝固的过程。二次短路发生时金属导线可能会留下熔痕或者熔珠。二次短路发生在火灾环境条件下，属于瞬间电弧高温熔化，具有熔化范围小、冷却速度相对快的特点，同时受到火灾现场环境影响较大。

火烧熔痕是在火灾中，受火焰或高温作用被熔化后残留的痕迹。由于火场的高温作用能使铜导线的金相组织出现再结晶现象，因而火烧熔痕的金相组织呈粗大的等轴晶；同时，温度较低，几乎不溶解空气，无孔洞，个别熔珠磨面有极少缩孔（多股导线熔痕除外）。

第二节 电气线路痕迹特征

一、一次短路痕迹物证特征

（一）一次短路熔痕形成

铜铝导线因自身故障于火灾发生之前形成的短路现象称为一次短路，其形成的短路熔化痕迹为一次短路熔痕。

一般情况下，电气线路一次短路熔痕直径较小，短路点处于2000℃～3000℃，整个导线温度接近于环境温度，导线熔化部分与线材本体之间的过渡区域温差较大，其连接处过渡区别明显。一次短路导线熔化液态金属存在表面张力，凝固成圆形熔珠且熔珠表面光泽明显。一次短路熔痕凝固时间极短，结晶时固态与液态界面将以树枝方式在空间中迁移，晶粒彼此交错似树枝状，呈树枝晶。同时熔珠内部夹杂的气孔既少又小，且温差作用过渡区域晶粒界限特征明显。

（二）痕迹外观图谱

一次短路熔痕颗粒圆润，表面有麻点和小坑，有氧化膜，线材与熔痕间无过渡迹象，其连接部分界明显。

（三）痕迹金相图谱

一次短路熔痕的金相显微组织是由细小的柱状晶或胞状晶组成，熔痕内部气孔较少而小，内部金相组织分层分界明显。

二、二次短路痕迹物证特征

（一）二次短路熔痕形成

铜铝导线带电，在外界火焰或高温作用下，导线绝缘层失效而导致的短路现象称为二次短路，其形成的短路熔化后残留的痕迹为二次短路熔痕。

二次短路熔痕形成于火灾高温环境中，其短路点及附近导线均受火灾中外界火焰的高温作用，火灾环境中存在大量的灰尘、烟气和各种燃烧产物，冷却速度慢，凝固时间长，结晶完成后晶粒数目少，晶粒粗大，被截留在熔痕内的气体杂质多，夹杂在粗大晶粒中的气孔既大又多，导线熔化部分与线材本体的温度都比较高，过渡区域的温差较小，晶粒界限特征比较模糊。

（二）痕迹外观图谱

二次短路熔痕与一次短路熔痕类似，表面有麻点和小坑，有氧化膜，线与熔痕间无过渡迹象，但二次熔痕表面通常会被熏黑，光泽性差，导线上有微熔变细的痕迹。

（三）痕迹金相图谱

二次短路熔痕金相显微组织为粗大柱状晶或粗大晶界，内部气孔较大而且比较多，孔洞周围的铜和氧化亚铜共晶体较多而且较明显。

三、火烧痕迹物证特征

（一）火烧熔痕形成

铜铝导线在火灾中受火焰或高温作用被熔化后残留的痕迹。火烧所形成的熔珠较大，通常是线径的1～3倍，尤其是铝线形成的熔珠会更大。熔珠的位置，有的凝结在线端上，也有出现在导线中部的。熔珠表面光滑，无麻点和小坑，具有金属光泽。在整根导线上若干部位因熔化而变细，若干部位因熔化增粗，无固定形状的熔化痕迹。干瘪状熔痕在导线的某一段上因火烧而出现许多干瘪熔坑。多股软线铜芯被火烧之后会黏结难以分开。火烧熔痕的金相组织多为粗大等轴晶，组织内几乎没有孔洞。因为火烧熔痕是在火灾中形成，冷却速度比较缓慢，熔痕形成时，从液态转变到固态，晶核有一个形成与长大的阶段，同时火烧熔痕除了充分地吸收周围氧气而起氧化还原反应之外，大部分气体都会逸出。又因火灾现场温度较高，冷却速度相对缓慢，凝固过程较长，气体溶解的时间较充分，因此组织内部几乎没有孔洞。

（二）痕迹外观图谱

火烧所形成的熔痕较大，表面相对比较光滑，无麻点和小坑。

（三）痕迹金相图谱

火烧熔痕金相显微组织是由粗大的等轴晶组成，金相磨面较光滑，组织内部几乎没有孔洞。

四、过负荷痕迹

导线允许连续通过而不致使导线过热的电流量，称为导线的安全载流量或导线的安全电流。当导线中通过的电流超过了安全电流值，就叫导线过负荷。如果超过安全载流量，导线的温度就会升高，当导线温度超过最高允许工作温度时，导线的绝缘层就会加速老化，严重过负荷时会引起导线的绝缘层燃烧并造成火灾。当然，过负荷程度的大小和时间长短是决定其是否可能成为引火源的因素。过负荷时，全回路导线绝缘层从内层向外层老化或烧焦，与线芯脱离，在导线经过的对应地面上可以见到绝缘层被烧后熔化滴落的痕迹。

五、接触不良熔痕

（一）接触不良熔痕形成机理

在电气连接的地方，如开关、电源线与母线、电线与开关、保护装置与用电器连接处等，在接触面上会形成一定的电阻，称为接触电阻。接触不良是当这些电气系统的连接处接触不紧密，导致接触电阻过大的一种故障。

当电气回路中有较大电流通过，在电气连接处接触电阻过大时，其连接处局部范围会产生热量，热量会加速接触面上的金属氧化，使接触电阻进一步增大，如此恶性循环，使金属变色甚至熔化，并引起电气线路的绝缘层或附近的可燃物着火。由于接触不良引起导线金属变色、熔化的痕迹就是接触不良熔痕。

电气系统造成接触不良的原因主要有：

（1）违反电气接线规范和连接方式，接线质量差。

（2）铜铝导线混接，接头处理不当。

（3）由于金属蠕变作用导致电气连接松动。

（4）电气设备振动或开关、插头、插座频繁操作导致接触不紧密。

（二）接触不良熔痕的特征

接触不良熔痕的特征主要有以下3点：

（1）接头处出现局部变色，表面形成凹痕，严重时有烧蚀甚至局部熔断形成熔珠。

（2）由于接头处的高温导致接头处的绝缘层受热损坏，形成绝缘层内部烧焦、炭化的熔痕。

（3）接头处接触松动产生电火花，造成接头处出现烧蚀痕迹。

第三节　锂离子电池起火特征与痕迹分析

一、锂离子电池的分类和原理

（一）分类

（1）根据正极材料，可分为磷酸铁锂电池、钴酸锂电池、锰酸锂电池、三元材料电池等。

（2）根据锂离子电池的外观可分为圆柱形电池和方形电池，其中圆柱形电池包括18650、21700、26700等常见型号。

（二）原理和结构

锂离子电池是一种二次电池，它主要依靠锂离子在正极和负极之间移动来工作，在充放电过程中，Li^+在两个电极之间往返嵌入和脱嵌：充电时，Li^+从正极脱嵌，经过电解质嵌入负极，负极处于富锂状态；放电时则相反。回正极的锂离子越多，放电容量越高。锂离子电池模组和电池包通常设有保护电路，用于对充、放电状态进行监测和管理，并在电量充满时断开充、放电回路，以防止对电池造成损害。

二、询问要点

（1）锂离子电池和充电器的购买时间、品牌、型号，是否改装过。

（2）锂离子电池火灾前是否在充电，充电时长，充电器是否匹配。

（3）锂离子电池的日常使用情况，充电时间间隔，是否维修过。

（4）锂离子电池是否曾出现过碰撞、涉水、接触高温等情况。

（5）起火时有无气体泄漏声音、爆炸声、异味、白雾、喷火等现象。

三、勘验要点

（1）调阅监控录像，分析火灾初期特征。

（2）起火部位及周边是否存在锂离子电池模组、电池包、电芯和充电器残骸。

（3）电池模组、电池包及充电器外壳上的铭牌。

（4）锂离子电池模组、电池包外壳的变形情况，电芯的破损情况，充电线路的连接状态。

（5）电池模组、电池包的内部线路和充电线路是否存在故障点。

四、特征痕迹

锂离子电池发生热失控的主要特征痕迹有：

（1）电池模组（电池包）外壳鼓胀变形。

（2）电池模组（电池包）外壳螺丝孔拉扯变形。

（3）部分电芯出现炸裂痕迹。

（4）电池组（电池包）内部电气线路存在短路点。

五、原因分析认定

锂离子电池热失控的诱发因素包括过充电、短路、挤压、穿刺、振动、跌落、高温、制造瑕疵等。认定锂离子电池火灾时，应把握以下要点：

（一）调阅监控

仓库、公路、停车场、充电站等场所的监控录像通常会记录下起火过程，当没有直接拍摄到中心现场时，应当扩大视频的收集范围，分析火焰特征。一般情况下，火灾初期锂离子电池热失控，可燃气体冲开电池的泄压阀，冒出大量的白色可燃气体，瞬间猛烈燃烧喷射出火焰，然后迅速收缩。

（二）询问证人

从闻到的味道、听到的声音、看到的火光方面，对目击证人进行询问：

（1）味道方面。锂离子电池热失控初期有刺鼻的酸味，焦煳味相对较少。

（2）声音方面。锂离子电池热失控初期由于泄压阀的打开，会发出类似于鞭炮的声音。

（3）视觉方面。锂离子电池热失控会首先冒出烟气，接着产生明火或者爆燃。

（三）分析特征

锂离子电池热失控起火，除呈现上述的痕迹特征外，还应注意：

热失控时电芯可能炸裂飞出，散落到电池模组（电池包）外面，勘验时应仔细寻找。当现场有多个锂离子电池组起火、多个电芯散落时，应当对散落的电芯逐个辨别，确定属于哪个电池模组。

第四节　典型电气火灾调查案例

一、一起电动自行车火灾的调查与思考

（一）典型事故

2019年8月，上海市某路口发生火灾，上空浓烟滚滚。火灾未造成人员伤亡，未蔓延至建筑室内，现场约17辆露天停放的非机动车烧毁烧损。

（二）事故调查情况

1.监控视频分析

火灾发生后，调查人员立即展开调查，第一时间采集周边监控，确认起火时间、起火部位、起火现象。根据视频监控显示，现场10时32分51秒有白烟冒出，10时32分54秒出现疑似明火爆燃的现象，10时32分59秒火势扩大并出现黑烟。起火特征如下：一是先有白烟，后出现明火和黑烟；二是火势发展迅猛，从出现白烟至明火蔓延仅经过8秒的时间；三是火势发展过程中存在爆燃、爆炸的现象。调查人员在校准北京时间、监控角度的基础上，以路灯、栏杆、地砖为参照物对监控画面进行“分割”，并逐帧分析每秒画面的细微变化，将嫌疑车辆缩小至三辆以内。

2.现场勘验还原

根据监控得出的线索，调查人员对现场进行勘验。由于现场封闭及时，现场车辆及其他过火物品基本处于原位，事故现场不存在“人为破坏”的可能性。调查人员采用监控画面实时比对的方法进一步确认了起火部位和嫌疑车辆，将嫌疑最大的两辆车命名为1号

车、2号车。起火区域内过火的非机动车以1号车、2号车为中心分别向东、西两侧倾斜倒塌：1号车及其东侧的非机动车向东倾斜倒塌，2号车及其西侧的非机动车向西倾斜倒塌。调查人员对两车的电池、电源线及周边过火的物品进行逐一勘查，确认1号车的电源为18650型锂离子电芯构成的电池包，2号车为铅酸蓄电池。

3.确认事故缘由

该起事故调查的难点在于相关车辆车主的确认，起火地点为一处露天的非机动车临时停放点，该位置的车辆多为路人、外卖骑手临时停放，不存在管理单位、管理人员，且部分车辆长期放置此处弃用。调查人员根据现场残留的车牌号、钢印号逐一筛查，锁定车主，并传唤至现场进行指认，确认1号车车主为一名外卖骑手。他当时停车后回头，发现停车区域内突现出现白烟，随后出现明火。根据现场指认内容，结合监控分析、现场勘验的情况，进一步印证该起火灾为1号车的电池包故障引发。

（三）调查体会与深层问题思考

1.危险性的认知缺失

当前，全国电动自行车的保有量已突破2.5亿辆，国内的外卖、快递骑手的从业总人数已超过1000万人，并且这一数字仍在迅猛增长。多数兼职骑手的电动自行车都是自购，充电方式往往依照个人习惯，混充、飞线充电的现象不在少数，对锂离子电池相关的风险更是知之甚少。以磷酸铁锂体系的锂离子电池为例，其故障起火时会释放出多种有害气体，易使人中毒、窒息。据不完全统计，2020年以来上海市已发生电动自行车火灾事故381起，造成20人死亡，造成死亡的9起火灾事故中有6起和外卖、快递骑手的电动自行车相关。

2.非标电池值得思考

作为城市不可或缺的组成部分，外卖、快递骑手对全市经济发展功不可没，尤其是今年防疫抗灾期间，其贡献不容置疑。但该行业的现状是工作量大、时间紧迫，采用能量密度高、重量相对于铅酸蓄电池轻三分之二的锂离子电池包成为骑手的首选。

据调研，每个外卖骑手每天驾驶电动自行车的行驶里程在100公里左右，如果使用符合新国标规定的蓄电池或电池包（即标称电压不超过48V），无论是铅酸蓄电池还是锂离子电池包都要更换2~3次才能完成一天的任务。如果使用60V、55Ah以上的非标电池，外卖骑手只要使用一组电池就可以基本搞定一天的任务。结合这次案例进行分析，这类非标电池应用于外卖行业的现象或许不是个例，这些电池或源于新国标落地前售出的老式电动自行车，或源于一些合法性存疑的电池租赁点，甚至可能源于一些没有资质非法进行电芯、电池包组装的小作坊。

3.产业链条需要规范

正规的蓄电池、电池包通常设置保护电路，用于对充、放电状态进行监测和管理，并在电量充满时断开充、放电回路，防止电池受损。相比较而言，一些既没有生产厂家，也没有任何容量、产品性能标识的“三无电池”，往往只是对电芯进行了简单的串并联，缺乏相应的保护电路。同时，这些“三无电池”的电芯来源值得推敲。

据初步调研，这些来源不详的电芯存在以下几种出处：一是通过较低的价格回收“退役”的动力电池包或电池组并拆解电芯，重新进行兼容配组，装配成了“新电池”；二是通过各种途径采购正规企业已经报废的电芯次品组装成电池包，并通过低价租赁、售出，以价格优势争取市场。据国内几家著名的锂离子电池制造企业相关的技术人员所述，部分用于外卖行业的电池包或蓄电池，每组（包括保护板）制造成本在700~1000元，而售价在2000元/组左右。暴利驱使部分批发商、电动车行和维修店铺选择“铤而走险”。

二、一起柴油发电机组火灾事故的调查与分析

（一）事故概述

2021年3月，位于上海市徐汇区某办公大楼一层发电机房的烟感报警器报警，值班人员按照应急预案立即到机房现场查看，确认机房内一台柴油发电机组起火后，迅速报警并使用大量干粉灭火器进行初期处置，4分钟后将火扑灭，未造成人员伤亡。

（二）事故原因调查

1.现场勘验分析

起火的发电机房内共配置有2台柴油发电机组，品牌均为CATERPILLAR，出厂时间为2000年12月，发生故障的为3508型柴油发电机组，输出功率为870kW，两侧各配备1个预加热器。由于初期扑救处置及时，发电机组基本保留完好，被烧毁部分仅为其一侧的预加热器组件。将烧毁的预加热器与另一侧的预加热器进行对比，总结特征如下：烧毁的预加热器的顶盖已被顶出，连接部分的电气线路烧毁，同时与预加热器相连接的管路存在破损。对缺口的形状进行初步分析，该缺口疑似为受内部压力冲击形成的破损点。

2.监控视频分析

根据发电机发电机房内的视频监控分析，该起火灾事故的特征如下：机房内先是出现大量疑似水汽的气体，机房地面位置出现明显的液体且液体面积在不断扩大，随后出现明显的冒烟现象，约20分钟后出现明火，值班人员发现后及时扑灭了火苗。结合现场勘验情况分析得出结论：初期，气体和液体大概率从管路缺口处泄漏、流出。

3.火灾原因分析

通过事故现场监控，结合现场勘验情况和预加热器的原理，分析故障起火原因如下：预加热器启动工作后，温控元件发生故障，导致其在温度达到55℃时没有断开，持续处于加热状态。温度的升高致使液体沸腾膨胀产生气压，冲开了加热器室盖，同时造成管路破裂，大量气体喷出。随后，未气化的防冻冷却液顺管路破损处流出，渗漏至地板，致使预加热器处于干烧状态，温度急剧攀升，造成加热器的电线绝缘层等可燃物起火燃烧。

（三）调查思考

1.视频监控是快速认定事实的关键手段

本起事故调查中，视频监控起到了非常重要的作用。由于视频监控能够全面、有效地摄取火灾情景，从而动态性、连续地反映出事故的全部情况，在具备较强证明力的同时也能让调查人员能身临其境感受火灾在时间、空间上的发展情况，从而对火灾事故作出更准确的判断。

2.多方协作是提高调查质量的重要因素

火灾事故发生后，消防、派出所第一时间开展火灾调查工作，并邀请电力专家、电机技术人员，充分整合了各方资源，发挥各自业务优势，对现场物证、痕迹和询问发现的相关线索进行客观、准确的分析，在短时间内准确查清火灾原因。

三、一起生鲜库房火灾的调查与分析

（一）事故概述

2021年11月某日19时05分，上海市应急联动中心接警，徐汇区某生鲜超市的地下库房发生火灾，烧毁库房存放的冷冻机柜和杂物，无人员伤亡。现场建筑总面积约600m²，过火、充烟面积约200m²。

（二）原因分析

1.人员活动轨迹

现场调取生鲜超市外围、路面的监控，结合询问情况进行分析，当日夜间仅有两名员工在超市内维持运营，且火灾发生前2h内无人进入地下空间。员工证词与监控画面内的行为轨迹基本符合，不存在刻意隐瞒、行为异常等可疑情况。通过对起火建筑地下空间的排摸，未发现人员居住、生火烧饭的情形。基本排除人员进入地下空间故意放火、随意丢弃烟头、生火用火不慎引发火灾的可能。

2.确认起火部位

库房处于全面过火状态。库房内西北角、东北角、东侧中部等多处区域的烧毁、破坏程度较重，综合分析顶部、四周墙面的烧毁、剥落状态，库房内整体烧毁情况为东重西轻，火势整体由东向西蔓延。据店员供述，库房内东侧区域由北至南堆放的货物有酒类、食用油、牛肉食品等货物；放置的电器为冰柜，顶部有照明灯具（照明灯具已确认损坏，无法使用）。

根据扑救人员所述，扑救火灾时从建筑的南出入口进入铺设水带至库房灭火，明火主要集中在库房内东侧的冰柜区域，此时东北角的货物明火相对较小。由于北侧的货物中含有食用油等易燃、可燃物，给灭火扑救带来困难，致使库房内北侧燃烧时间更长。

根据火灾动力学原理，火的位移是以传导、对流、辐射方式遵循着一定的轨迹进行的，其间会受建筑结构、火灾荷载和扑救等因素的影响，致使火灾现场呈现出混乱状态。但火灾痕迹的演变过程在时间、空间和逻辑上存在一定的非可逆性。这起火灾中，现场痕迹的形成和空气对流、火灾扑救以及物品摆放有直接关联，结合扑救人员的表述，火势以库房内东侧中部为中心向四周蔓延、演变的逻辑成立，即起火部位为库房内东侧中部位置。

（三）调查体会

1.调查工作切忌惯性思维

火灾事故往往是在各种隐患因素的相互作用下，经某个偶然事件触发形成的结果。进行调查工作时切忌形成惯性思维，一概而论，不能将思维只局限于一种常见的可能性，从而造成认知偏差、钻牛角尖，要具体情况具体分析，不可顾此失彼，贻误时机。

以该起火灾事故为例，多数情况下起火部位、起火点由于燃烧时间长、温度高，往往使燃烧破坏程度更加严重。但这起火灾中，由于起火场所内货物堆放杂乱，存在大量食用油，以及灭火扑救顺序等多方面因素的叠加影响，出现了多个烧毁、破坏程度严重的部位。单靠火场痕迹难以确定起火部位、起火点，一味将目光局限于痕迹的轻重分析，虽然也能得出结论，但需要花费许多时间和代价，调查效率低。因此，对火灾现场进行分析时，不能依赖一种痕迹证明事实，必须利用尽量多的痕迹物证，结合当事人、扑救人员的证词等其他证据进行合理的证明、认定。

2.挖掘细节与火灾本质的联系

火灾现场中存在的情形千差万别、错综复杂，或许某些个别现象、细小细节就能反映火灾的本质问题。调查人员对火灾现场进行判断时要重视每一个异常现象和细小痕迹，将这些因素分析、串联起来，研究与火灾本质有关的问题。只有抓住本质，才能正确地分析、认定起火原因。

以电气火灾为例，电气设备、电气控制装置、电气线路、电气照明等被烧短路时，控制装置动作（跳闸、熔丝熔断）断电，使该回路中的所有电气设备停止运行，电灯熄灭、风扇停止旋转等。这些因停电而产生的现象，能传递故障信息，反映起火部位的范围。因此，通过电工、岗位工人及曾在现场内的有关人员，了解有关起火前，甚至是更久之前该场所存在过的反常现象，分析、判断异常事件与火灾的发生是否存在直接、间接联系，查清故障的顺序和构成因素，有助于确定起火部位和分析起火原因。

四、彩钢板建筑火灾的调查难点及其他思考

（一）事故概述

2020年6月19日12时05分，市应急联动中心接警，某处位于高架路面下方的停车场内的彩钢板建筑发生火灾，未造成人员伤亡。火势蔓延过程中引燃建筑立面、顶层内的聚苯乙烯泡沫塑料，致使彩钢板建筑冒出大量黑烟并形成大面积垮塌，周边停放的车辆受火灾高温影响呈现不同程度的烧损。

（二）调查认定

1.视频监控分析

起火建筑位于高架下方的停车场内，为单层彩钢板建筑（彩钢板芯材为聚苯乙烯泡沫塑料），整体长度约24.4米，宽度约9.5米，主要用作驾驶员休息室，已使用五年以上；建筑由南至北共分隔为5个房间，分别为1号休息室、2号休息室、3号休息室、会议室、4号休息室，总配电柜位于东墙立面处；建筑附近存在监控一处，位于建筑西南侧。

根据视频监控记录的火灾发展过程，12时00分，2号休息室西墙立面的上沿不断有烟气冒出。2分钟后，烟气转为黑烟并大量弥漫，此时在窗户、门口处未出现火光和光影变化。12时03分至12时04分，2号休息室的门口、窗户上沿出现明火，随后迅速蔓延进入猛烈燃烧状态，其间存在疑似电火花闪烁，并出现滴落物。12时05分，火势不断扩大，部分建筑结构开始垮塌。

2.起火原因分析

根据视频监控、证人证言及现场物证综合分析，该起火灾的起火点位于2号休息室。火灾从异常冒烟至出现明火过程较快，不超过3分钟，其间出现多次异响，符合电气火灾的相关特征。结合起火点勘验中发现的故障线路、一次短路熔痕，以及建筑曾出现过渗水、跳闸的客观情况，在排除放火、吸烟、用火不慎、物质自燃引发火灾的基础上，该起火灾起火原因为2号休息室位置的配电主线发生故障短路引燃绝缘层、聚苯乙烯泡沫塑料等可燃、易燃物并扩大成灾。

（三）调查体会

1.彩钢板建筑火灾的调查难点

由于彩钢板建筑的耐火等级较低，在火势蔓延、失控后强度会降低，在高温作用下发生扭曲、变形，失去支撑，从而导致大面积的垮塌；垮塌的彩钢板构件增加了灭火扑救的难度，致使扑救期间会考虑使用破拆、切割等方式辅助扑救；火势熄灭后会反复确认现场冒烟、明火情况防止复燃。以上这些因素都可能会导致火灾现场的构件、物品出现大范围的位移。如果调查人员纯粹根据燃烧过后的残骸、痕迹来判断起火点，可能会出现偏差。

以该起火灾事故为例，起火建筑为建筑面积不足300平方米的单层彩钢板建筑。火灾形成后，由于彩钢板芯材的特性，火势加速蔓延，造成建筑垮塌；灭火扑救期间，出于扑救需要，部分建筑构件被挪动、切割；火势熄灭后，建筑立面、顶棚仅剩金属残骸且在同一高度交错混杂、难以辨识。调查人员需要结合周边视频监控、扑救经过、当事人证词等多个方面对火灾现场进行综合判断，切忌一叶障目，“捡了芝麻丢了西瓜”。

2.视频监控对火灾事故调查的重要作用

视频监控是火灾发生、发展过程的真实还原记录，也是现场勘验的重要参考依据。由于视频监控内容难以被人为修饰、篡改，具有真实可靠、记录完整等优势，以至于它要比证人证言更有可信力，往往是火灾调查工作中最直接有力的证据。

该起火灾事故中，位于起火建筑西南侧的视频监控发挥了重要作用。由于起火建筑正好位于视频监控范围内，且监控设备的距离、角度都足以记录火灾的整个过程和信息，该处视频监控在快速确定正确的工作方向、锁定起火部位、缩小调查排摸范围、辅助判定起火原因等方面都起到了重要作用，成为最有力的证据。

3.灾害成因分析的意义

起火原因调查的结论，因为涉及火灾当事人的各种利益而备受关注。科学认真地分析火灾事故的成因，旨在揭示火灾的客观规律，总结经验教训，起到预防和减少火灾灾害的作用。与此同时，对火灾孕育、发生、发展、蔓延和扩大等成灾机理进行系统、综合性分析，也能起到检验起火原因认定结论的作用，使原因认定结论更为客观、准确，保护火灾当事人的合法权益。

第八章　火灾成因调查技术体系及方法

第一节　火灾成因调查内容

重特大火灾成因调查的目的是深入探究造成事故灾害形成的内在及外在原因，充分认识事故灾害形成的现象及本质，检讨在事故救援过程中的得与失，为相关火灾防治技术、防火标准规范制、修订以及防火安全管理等提供科学的依据，从而在技术层次避免类似事故的再次发生，减少相关事故过程中的人员与财产损失。根据重特大火灾事故成因技术调查的目的，其调查的内容主要涉及事故灾害的形成过程及现象，火灾事故中的起火原因与致灾原因，与事故相关的防火技术措施和消防设施情况，相关标准与规范的问题，灭火救援技术策略的得失，其他与灾害事故相关的技术或产品缺陷问题等。

一、起火原因调查内容

起火原因调查既是火灾调查工作的首要任务，也是消防工作的基础工作之一。基于火灾现场暴露性与破坏性的特点，火灾调查的前提首先是对火灾现场的保护，火灾现场的保护要从火灾的发生到整个火灾调查工作的结束，在这段时间内，各个阶段的保护方法和侧重点是不同的。对不同的火灾现场如室内火灾现场、爆炸物火灾现场、露天火灾现场要采取不同的、多层次的保护方法。

对于燃烧破坏严重的火灾，通过询问了解火灾的证人、当事人等进行正式或非正式的方式询问，收集与认定火灾有关的信息、资料。这样往往可以合理缩小火灾现场勘验范围，尽快锁定起火部位并且在调查中也要对证言进行相应的印证。火灾现场勘验也要注意现场保护。火灾现场勘验是指在火灾扑灭之后，火灾调查人员为了查明火灾原因（起火原因、灾害成因），对火灾现场进行勘查，就某些问题进行分析验证的法定行为。火灾现场勘查包括现场保护、实地扒掘、痕迹观察、现场检测、证据保全（物证提取、照相、录像）等内容，还要根据调查进展情况适时进行火灾现场分析。有的火灾现场需要多次勘验，特别是重特大火灾的调查，往往涉及的部门多、牵涉范围广。各部门调查取证的重点各有侧重。在动手清理堆积物品、移动物品或者取下物证之前，必须从不同方向拍照，以照片的形式保存和保护现场。对室外某些容易被破坏的痕迹、物证等应采取保护性的遮盖措施。

在进行火灾现场勘验前，勘验人员首先要及时了解现场保护和火灾的基本情况。根据调查目的了解火灾发生、发展的简要经过及扑救情况，了解火场内部情况，了解围观群众的反映，了解火灾现场或附近安装的监控设施并据此确定现场勘验程序。火灾现场勘验是发现、收集火灾证据的重要手段，是调查火灾成因的必经程序，不经过现场勘验则不能认定火灾原因。现场勘验就是要收集能证明火灾事实的一切证据，为了保证各种痕迹、物证原始性、完整性，确保它们的证明作用，现场勘验按照勘验中是否触动现场物品，分为静态勘验和动态勘验。对现场进行勘验，从整体来讲，是按照环境勘验、初步勘验、细项勘验、专项勘验的步骤进行。具体则可根据现场具体情况采用离心法、向心法、分片分段法、循线法进行勘验。

对于现场勘验所收集的证据，有时需要对火灾物证的物理特性和化学特性做出鉴定结论。火灾物证鉴定结论是火灾调查重要的证据之一，尤其是重特大火灾更需要鉴定结论来提供技术依据。经过科研人员十几年的潜心研究，我国火灾物证鉴定已形成了较完善的理论体系和方法体系，并制定了很多物证鉴定的方法和标准，主要包括电气线路设备及元件故障的鉴定方法，易燃液体放火的鉴定方法、热不稳定性物质自燃的鉴定方法、爆炸物的鉴定方法等几大类、十几种方法和标准。在火灾调查过程中对获取的各种证据材料、证据线索等进行分析、讨论和研究，以明确调查方向，纠正调查工作中的偏差，最终获取正确的调查结论，这就是现场火灾分析。

在现场勘验、询问和讯问、技术鉴定等工作的基础上，经过对获取的大量有关证据进行分析后，才能确定引起火灾的具体原因。认定起火原因需要了解掌握全部火灾情况，诸如起火方式、起火部位、起火点等，最终认定起火原因。

二、事故成因调查分析内容

火灾事故现场的勘验分析，准确确定火灾事故的起火点、起火原因、火灾蔓延痕迹特征等内容，可为事故成因技术调查奠定良好的基础。根据火灾技术调查的目的，火灾事故成因调查分析的主要内容包括以下5项：

（1）火灾事故演化发展、蔓延过程及其主要影响因素；

（2）火灾事故现场主要可燃物火灾特性及其对事故发展、事故后果的影响；

（3）火灾事故现场主要防火技术措施及其效用、事故后果分析；

（4）导致大量人员伤亡及财产损失的灾害过程、灾害成因分析与模拟；

（5）火灾事故演化假设过程以及事故防范措施有效性评价分析。

通过对上述火灾事故成因相关内容的技术调查与分析，可对事故演化发展过程导致人员伤亡的主要原因及其影响因素、火灾事故现场灾害防范的有效性及存在的问题等进行分析，从而明确所要吸取的教训以及防范此类事故的重点所在。针对火灾事故调查流程，在事故成因技术调查分析阶段，应主要遵循从痕迹特征到事故现场模拟重现以及关键技术与灾害因素分析的调查思路开展调查分析。

第二节　火灾成因调查技术与方法

一、火灾成因调查技术与方法概述

开展火灾成因调查与分析，需要根据火场灾害信息采取相应的火灾成因调查技术方法。目前，公安机关消防机构开展火灾成因调查采用的方法主要侧重于对致灾因素的分析，并在安全系统工程事故分析评价方法改进的基础上对火灾灾害成因进行认定。其主要分析认定方法包括：专家评议法；假设分析法；事故树分析法等。其中事故树分析法起源于故障树分析法，在目前火灾成因认定方面的应用最为广泛。该方法按照火灾事故致灾因素的因果逻辑关系进行分析，由火灾灾害后果反推其主要影响因素，直至找出所有影响因素的最基本事件，并按其逻辑关系画出事故树，然后综合运用获得的致灾因素解释造成火灾某种灾害结果的原因，对照消防法律法规、消防技术标准，认定违法事实，提出预防对策。该分析方法描述事故因果关系比较直观、逻辑严谨、思路清晰，操作相对简单，可通过定性或定量分析识别火灾灾害事故的主要致灾因素。然而由于该方法缺少对火灾发展演化过程以及致灾机理的深入分析，无法对火灾成因的大量技术细节以及其中火灾科学与消防技术问题进行认定，使得火灾成因分析仅局限于表面现象及其影响因素。此外，由于火灾事故调查技术人员的知识层次与认识能力存在差异，目前我国公安机关消防机构所开展的火灾成因分析与认定相对简单，并且往往局限于消防管理等因素的分析，使得火灾成因分析形式化、表面化现象严重。通过对国内火灾成因鉴定中心以及消防部门火灾成因认定情况的调研，目前我国火灾成因调查、认定主要存在以下问题。

（1）火灾成因认定技术方法单一，灾害成因认定调查分析过于简单，多侧重于灾害表面现象及其影响因素的分析，结论多流于形式化、表面化。

（2）火灾原因调查多倾向于起火原因的认定和火灾物证的鉴别，火灾成因的分析缺乏论证和依据，对灾害成因分析侧重于主观性的推理和判断，而缺乏科学的论证分析过程。

（3）火灾灾害成因认定侧重于消防设施配备、消防管理等致灾因素的分析，对火灾事故蔓延及造成重大人员伤亡、财产损失的灾害过程中的火灾科学与消防技术问题分析、认识不足，对于造成灾害蔓延扩大的重要责任认定不清。

（4）对火灾灾害演化过程以及火灾初期扑救、灭火救援行动等关键技术数据和资料统计缺失，对固定系统以及外界灭火救援力量介入对灾害演化产生的综合影响分析和评价不足。

建立完善的火灾成因技术调查机制与制度，按照上述火灾成因技术调查程序与方法，利用先进的试验测试技术、火灾数值与试验模拟技术方法，对重特大火灾事故成因开展技术调查活动，可进一步厘清火灾事故灾害发展规律及其影响因素，揭示出火灾事故所暴露出的有关技术问题，从而可为火灾防治与灭火救援技术发展提供技术与理论支撑。针对火灾事故规模以及灾害损害程度的不同，火灾成因认定可采取不同的调查分析方法。通常火灾成因认定应建立在火灾原因分析的基础上，对于事故成因简单、灾害损失较小的火灾事故，可采取致灾因素分析的方法对事故成因及其影响因素进行确认与分析；而对于事故成因复杂、造成严重损失的重特大火灾事故，则应采取严谨的火灾成因技术调查方法对事故背后深层次的技术问题进行详细剖析，即采用现场勘查、技术鉴定、理论分析模拟试验等科学技术手段和研究方法对重特大火灾事故成因中的技术问题以及致灾机理进行深入调查与分析，总结灾害事故教训和灭火救援经验。

二、火灾现场勘验

火灾现场勘验是公安消防部门依法对火灾现场中的痕迹、物品以及尸体等进行扒掘、提取、检验和分析的过程，是获取与火灾事故相关的各种证据的工作。因此，现场勘验是整个火灾调查工作过程中最重要、最负责也最辛苦的一个环节，是获取起火点认定和起火原因认定的关键证据的重要工作。火灾现场勘验的中心任务是收集证明火灾事实的证据，主要包括建筑和消防设计文件、记录、计划和说明书，录像和摄影资料，电话和广播，现场数据，访谈和其他口述及笔录的报告等。通过当地政府、承包商和供应商等来收集建筑和消防设计文件、记录、计划和说明书等资料；通过现场监控、新闻媒体等收集录像和摄影资料；采用直接访谈或问卷调查等形式访问亲历者、目击者、救援人员等获得第一手资料。

另外，通过现场勘验，还可以发现、固定造成火灾蔓延、扩大的证据，包括烟气流动的途径、消防设施的状态、建筑的抗火能力等。为保证准确、合理、高效地进行现场勘验，火灾事故调查人员应首先了解现场的建筑结构、物品情况、第一发现人发现的情况、查看视频监控情况，并根据现场的情况，准备好相应的个人防护装备和勘查装备。对于重特大火灾现场，应成立现场勘验小组，勘验小组内的人员应分工明确。另外，根据火灾现场的具体情况，勘验小组可以聘请相关专家协助调查，必要时还可邀请刑事技术、检察、安全生产监督管理等部门的相关人员参与现场勘验。现场勘验小组应在火灾调查组的统一领导下开展工作。

为了确保现场勘验的公正性和合法性，保证勘验笔录和提取的物证具有证据效力，在现场勘验过程中，勘验人员应不少于两人，并且要邀请一名至两名与火灾无利害关系的人员作现场勘验的见证人，必要时也可请火灾当事人作见证。见证人应见证整个勘验过程，并在勘验结束时在勘验笔录、物证提取清单上签字。现场勘验人员到达现场后应对现场进行整体观察，划定需要保护的范围，并采用警戒线、围挡等方式封闭现场，禁止无关人员进入，必要时可要求公安机关或有关部门进行现场管制。

一般情况下，火场范围较小、燃烧不严重，起火部位和原因也比较明显的火灾现场，勘验过程相对简单。而对于燃烧过火面积较大的火灾现场，为了保证勘验工作的有序进行，避免重要证据的遗漏或灭失，应该按照程序进行现场勘验。多年来，火灾事故调查人员一直遵循的现场勘验的程序为环境勘验、初步勘验、细项勘验、专项勘验。环境勘验是指现场勘验人员在火灾现场的外围对现场周边环境及现场外围整体进行观察和记录的工作过程。环境勘验过程中，现场勘验人员主要是观察和记录火灾现场的破坏程度、破坏规律、建筑物整体倒塌的形式和方向、火灾现场的燃烧范围和燃烧终止的部位，借以确定火灾的燃烧范围和火灾现场的面积。

初步勘验是在环境勘验查明现场外部基本情况的基础上，在不触动现场物体和不变动现场物体原来位置的情况下，对火灾现场内部各部位、各种物体的被火烧毁、烧损的情况进行初步、静态的勘验活动。初步勘验过程中，现场勘验人员主要是查清现场的建筑结构，内部平面布局，物品、设备摆放位置，线路、设备情况，火源、热源等潜在引火源位置和使用状态以及现场内物品被火烧毁、烧损的情况。通过初步勘验，能够判定火灾蔓延方向，从而推断出起火部位，同时也查明了火灾现场热源、电源的使用位置、使用情况以及现场存放的物品的种类、数量、特性等。

细项勘验是在初步勘验的基础上，对所获取的各种痕迹物证进行更加详细的观察、移动、扒掘清理，对其变形、变色、烟熏、脱落、熔融、炭化等痕迹特征进行深入分析和研究，判断这些痕迹形成的原因与火灾事实之间的联系，进而确定它们的证明作用及证明的内容。细项勘验过程中，可以通过可燃物烧损程度、烧损痕迹特征，进一步确定燃烧蔓延的方向，分析火势蔓延的过程，进一步缩小认定的起火部位。

专项勘验是对现场勘验过程中提取收集到的可能的引火物或能够产生热量的物体、设备等可疑物品所进行的专门的勘验。通过专项勘验，可以判断被勘验对象成为引火源的可能性以及引火源与起火点、起火物的关系，三者之间可否成为一个有逻辑关系的整体。现场勘验是发现、收集、分析痕迹物证的过程，在这个过程中，可以梳理出火势蔓延的路径和方向，溯源到起火部位和起火点。同时，勘验过程也是物证提取的过程，通过现场勘验可以提取到能够证明引发火灾的引火源和起火物，并为实验室检测鉴定做好充分的准备。物证提取是现场勘验工作的重要内容，是火灾事故调查人员在现场勘验过程中发现、固定、提取与火灾事实有关的物证的过程，也是物证鉴定的基础和前提。

火灾现场勘验实际上是对火灾痕迹（燃烧痕迹、炭化痕迹、过火痕迹、烟熏痕迹、剥落痕迹等）辨识的过程，包括对现场进行勘查和物证提取，如进行火灾痕迹识别，燃烧残留物提取，建筑结构设施调查，现场消防设置调查等。通过发现、固定以及分析和解释火灾痕迹，可以科学准确地确定火灾蔓延的趋势，溯源起火点。火灾痕迹是火灾发生时产生的火焰及热烟气在火灾现场的承载体上留下的受热痕迹，这些由于燃烧或烟尘沉积所形成的图痕客观记录了火灾过程中起火源、火灾蔓延过程等信息。通过火灾现场火灾痕迹识别与分析，可对火灾蔓延发展过程及灾害演化过程进行深入研究，有利于逆向推导出火灾的成因、火灾演化模式及蔓延发展走向，进而能更加客观和准确地判断火灾起火原因以及重大致灾成因等问题。通过对事故现场的火灾痕迹分析、物证提取分析、现场调查等分析手段，可明确事故的三个重要阶段：引燃过程，火灾发展及致灾损失。其中对引燃过程的分析可确定初始着火的位置和引起火灾蔓延的过程，引燃过程的鉴定包含三个要素：热源、引火物、引燃过程。火灾发展过程，一旦火灾开始后，它的扩大和发展是建立在可燃物燃烧特性、可燃物分布与构成、环境条件等因素基础上的，对这些因素的分析对于了解火灾规模、火灾蔓延发展过程是很重要的。对火灾蔓延发展过程的分析，重构火灾事故场景、厘清事故发展过程、分析事故致灾成因，对研究防火工作存在的问题及应采取的技术方针具有十分重要的意义和作用。通过分析得到的火灾事故时间进程表可以对事故发展概况以及事故现象等火灾现场情况进行描述，一般包含：最早发现火情的时间和地点、火灾发展蔓延情况、事故现象、接警时间、消防救援到达现场时间及具体救援情况、最终灭火时间等信息。现场勘验、物证提取和物证鉴定技术，可对初步推断的火灾事故起因进行佐证。

三、火灾物证鉴定与分析技术

火灾物证鉴定就是物证鉴定机构对公安消防部门提取的火灾现场物证，按照相关的鉴定标准和技术规程，利用专门的仪器设备、技术手段并依靠鉴定人的经验和知识，对火灾物证的物理特性和化学特性所出具的鉴定意见。火灾物证鉴定是火灾原因调查工作中的重要环节，也是整个火灾调查和处理过程中所收集到的证据体系中的重要证据之一。一个完整、科学、准确的火灾原因认定常常需要物证鉴定结论的支持，尤其是重特大或疑难火灾，更需要鉴定结论来提供技术依据。

由于火灾物证鉴定是具有专业特长的鉴定人，依据鉴定标准或鉴定规则，利用各种相关分析仪器得出技术性结论，因此，火灾物证鉴定结论更加具有科学性和可信性，对火灾事实更加具有证明作用。经过多年的研究和应用，目前我国火灾物证鉴定已经形成了较完整的理论体系和方法体系，并制定了很多火灾物证鉴定的方法和标准，主要包括电气火灾物证鉴定方法、易燃液体物证鉴定方法、热不稳定性物质自燃的鉴定方法、可燃易燃气体爆炸物证鉴定方法等几大类，数十种方法和标准。这些方法和标准的建立，使得火灾物证鉴定更加科学和准确。通过对大量火灾现场的调查与分析，可对火灾事故事实过程具有比较清晰的认识，至于事故过程中的现象和演化过程则还需通过深入的理论分析对其内在科学问题和机理进行探究。在理论分析方面，主要是进行火灾动力学的理论分析，包括火灾蔓延机理分析，烟气浓度分布及流动特性分析，建筑构件耐火性能分析，建筑结构高温力学响应特性分析，消防设施灭火效能及对火灾蔓延影响分析等。同时，对于人员伤亡较严重的火灾事故，还进行建筑内安全出口、室外疏散楼梯、疏散门、疏散指示标志、应急照明、灭火器、火灾报警装置等设置情况的分析，以及火灾发生时建筑内的人员荷载估算。此外，还可能对建筑设计施工和维护管理中涉及的规范情况进行回顾和分析，结合对于事故的技术调查情况，为完善标准规范提出建议。对于一些设有消防安全组织机构的场所，还会对这些场所的管理规程等进行分析。

四、火灾致因分析方法

以事故致因理论为指导，依托安全系统工程事故分析评价方法对火灾灾害致因进行认定。根据分析结果可将常用的认定方法分为三类。火灾致因辨识方法：采用事故树、鱼骨图等定性方法，从事故结果反推其主要影响因素，能直观、系统、全面地识别火灾事故中的主要致因因素。火灾致因评判方法：采用层次分析法、解释结构模型等进行因素影响度的判定，发掘引发火灾事故的关键致因因素。火灾致因概率推算方法：采用贝叶斯网络等深度挖掘火灾事故调查中的不确定因素以及信息不完全因素，以提取确定的因素及信息，下面对致因方法进行分析。

（一）事故树分析法

事故树分析法目前在火灾成因认定方面的应用最为广泛。该方法按照火灾事故致灾因素的因果逻辑关系进行分析，由火灾灾害后果反推其主要影响因素，直至找出所有影响因素的最基本事件，并按其逻辑关系画出事故树。综合运用获得的致灾因素解释造成火灾某种灾害结果的原因，对照消防法律法规、消防技术标准，认定违法事实，提出预防对策。

该分析方法描述事故因果关系比较直观、逻辑严谨、思路清晰，操作相对简单，可通过定性或定量分析识别火灾灾害事故的主要致灾因素。

（二）鱼骨图分析法

鱼骨图又称树枝图或特性因素图，该方法将火灾事故细化成若干个子问题分别进行讨论，从不同角度分析引发火灾事故的原因。分析步骤为：研究人员首先针对所分析的火灾事故有一个初步的认识和调查；将分析对象画在白纸右边，引出一条水平直线并称之为鱼脊；在鱼脊上画出成45°角的直线，并在其上标出导致问题出现的主要原因，称为大骨；细化原因依次画出中骨、小骨等，尽可能列全所有的原因；结合对象对鱼骨进行优化处理。运用鱼骨法能够清晰表明火灾事故各种类型原因，指出影响火灾事故发展态势的因素、明确预防对策，把复杂的原因系统化、条理化，给火灾事故调查人员和安全管理者提供整体把控的策略。

（三）层次分析法

层次分析法能够对一些较为复杂、较为模糊、难以完全定量判断的火灾事故进行因素重要度分析，通过权重求解判断关键火灾致因因素。通过因素辨识分层分组地建立火灾事故因素递阶层次矩阵，将同一层次的影响因素按照1.9标度评分进行重要度两两比较形成判断矩阵并进行一致性检验，通过矩阵求解和归一化处理得到不同火灾致因因素的影响权重值，权重值较大的数值即为火灾事故的关键致因因素。运用层次分析法进行火灾致因分析，能够把复杂的火灾事故层次化，将定性和定量的因素联系起来，通过判断矩阵的建立计算排序和一致性检验使得结果更有说服力，能够避免人的主观因素与实际情况发生矛盾。

（四）解释结构模型

火灾事故是一个复杂的结构体系，由多个方面因素共同作用而成。解释结构模型是一种用以探讨层次间因素关系的层次结构模型，能够分析复杂系统中各因素对火灾事故发生的关系，便于确定哪个是基础的、关键的火灾致因，目前已广泛应用于多行业事故调查分析中。其具体操作是用图形和矩阵描述出各种因素之间的关系，通过矩阵做进一步运算，推导出结论生成层次结构图，最终将系统构造成一个多层递阶解释结构模型。相关学者基于解释结构模型分析公路隧道火灾事故致因研究，从车辆因素、人员因素和隧道自身原因三个方面，构建公路隧道火灾事故致因的指标体系，形成包含表层原因、中层原因、深层原因、最深层致因的事故致因模型。

（五）贝叶斯网络

贝叶斯网络是一种可进行不确定性推理和数据分析的算法，能基于数学概率算法从不确定因素以及信息不完全因素提取确定的因素及信息。苏州市科学技术协会2009年开展软科学研究课题项目——基于贝叶斯网络的火灾原因调查方法研究，探讨了应用贝叶斯网络协助火灾调查人员在众多不确定因素中确定关键因素。

第三节　火灾调查中的关键要素演变及推演

现场是火灾调查的起点，现场勘查是火灾调查的核心环节，现场勘查结果是科学分析火灾原因的基础和依据。但现有研究侧重火灾现场勘查程序及相关技术的应用，火场要素相关研究较少，未对火场关键要素进行全面梳理，也缺乏要素演变及逆向推演的系统研究。国内外现有研究表明，起火部位、起火点、起火时间和起火原因是火灾现场勘查需要解决的关键问题，火灾现场勘查主要对象是火灾痕迹、人体烧伤痕迹、助燃剂及其燃烧残留物、引火源、引火物，以及现场媒介中的电子物证、监控视频，归纳起来即火灾痕迹、物证、人员、电子证据四个关键要素。对火场关键要素的演变及逆向推演开展系统研究，对于科学准确地开展现场勘查并逆溯分析火灾原因具有重要的理论价值。

一、火场关键要素组成

根据公共安全体系三角形模型，火灾可以看成是灾害或突发事件的一种类型，现场勘查需研究火灾发生、发展的演变规律，即火与物、火与人之间的相互作用及其如何随时间和空间变化而发生变化。承灾载体为人、物、环境媒介等火灾直接作用的对象，其中物是构成现场的基础，包括建筑物及火场中物品在火灾中可能发生的本体破坏或功能性破坏，如建筑物倒塌属于功能性破坏，玻璃破碎或塑料熔化属于本体破坏。火灾痕迹是火灾作用要素最直接的体现，人员、同火灾发生直接相关的物证、电子证据等要素与火灾性质或原因密切关联，但在火灾现场未必能全部呈现。同时，现场勘查还要考虑火灾的本质，发生火灾必须具备四个条件：

（1）燃料或可燃物；

（2）氧化剂必须充足；

（3）引火源；

（4）燃料或可燃物必须在一个可持续的连锁体系中反应。

根据现场勘查的内容，结合火灾现场的特点，火灾现场由火灾作用痕迹（简称火灾痕迹）、物证（可燃物、引火源、引火物等）、人员（嫌疑人和受害人）和电子证据四个关键要素组成。

二、火场关键要素的演变规律

（一）火灾痕迹

火灾痕迹是认定起火部位、起火点、起火原因的重要依据。根据火灾作用形式的不同，以及形成痕迹物体理化性质的不同，可将火灾痕迹分为燃烧痕迹、烟熏痕迹、倒塌痕迹、电气线路故障痕迹等四大类，结合痕迹物体燃烧性能、结构的差异，或者作用机理的不同，分类可进一步细化。

1.燃烧痕迹

燃烧痕迹是火灾现场中反映起火特征的燃烧图形，“V”形痕是最有代表性的燃烧痕迹，其形成机理是在没有障碍物或异常燃烧状态的情况下，火焰向上、向外蔓延，且垂直向上蔓延的速度远大于水平蔓延速度，从而在垂直于地面的平面（如墙面）上留下“V”形或圆锥形的燃烧痕迹。根据物质燃烧性能的不同，可将物质分为可燃物、不燃物和助燃物，由于物质种类不同，形成的燃烧痕迹也不同。火场中常见可燃物包括木材、纸张、高分子材料（纤维、塑料、橡胶）等，如木材主要形成炭化痕迹，纸张燃烧后通常形成灰化痕迹，高分子材料主要形成变形、熔化、变色痕迹。不燃物主要形成变色、变形痕迹，混凝土还可能发生剥落、开裂痕迹；金属在足够高的温度下发生熔化；玻璃在火场高温作用下主要形成碎裂痕迹。助燃物主要指放火案件中使用的助燃剂，在火场中燃烧后易形成低位液体流淌痕迹，形成不规则图形。对于水泥、瓷砖、大理石等不燃物地面上，在火灾高温作用下，通常以颜色变化和炸裂、鼓起、变形的形式呈现；在地毯、木质地板等可燃物地面上，通常以局部炭化的形式呈现。

2.烟熏痕迹

烟熏痕迹是火灾间接作用形式的直观展示。在火场中，烟气受热作用产生热膨胀和浮力作用，在外部风力、热压作用下形成流动，烟气中的微小颗粒附着在物体表面或进入物体孔隙内部形成烟熏痕迹。烟气的流动规律使烟熏痕迹的形成具有方向性。烟熏程度主要由烟浓度、烟熏时间决定。通常来说，烟浓度越大，烟熏痕迹越重；烟熏时间越长，烟熏痕迹越重。

3.倒塌痕迹

倒塌痕迹包括建筑构件倒塌、物品倒塌、塌落堆积等。由于火场高温作用破坏了建筑物、桌椅、货架的平衡条件，使其由原始位置向失重的方向发生移动、转动，并发生变形、破坏，形成倒塌痕迹。根据物体距离起火点的远近不同，燃烧的顺序也存在差异，首先发生燃烧的物体或部位先失去强度，由于重力作用发生变形弯折，失去平衡后，建筑或物体向失去承重的一侧倒塌掉落。

4.电气线路故障痕迹

电气线路故障是引发火灾的原因之一，常见电气线路故障包括短路、过负荷、接触不良等问题。导体在短路电流、电弧高温作用下，接触点熔化、冷却后形成不同特征的熔化痕迹，称为短路痕迹；导线由于过负荷引起热量发生变化并导致温度升高形成的痕迹为过负荷痕迹；当电气系统中连接处不紧密，导致接触电阻过大，在接头部位局部范围会产生过热现象，产生接触不良故障，并形成相应痕迹特征。电气线路故障通常会引起电气线路自身或周围物体热量升高，若可燃物靠近热点，就可能被引燃，从而引发火灾。

（二）物证

由于火场的高温作用，火灾现场很难找到直接证实起火原因的物证，但在放火案件中，为了尽可能多地造成人员伤亡，嫌疑人通常使用助燃剂实施放火，助燃剂及其燃烧残留物、盛装助燃剂的容器、引火源、引火物、包装物等往往成为证实起火原因的关键物证，也是火灾现场的关键要素。

1.助燃剂及其燃烧残留物

现场有助燃液体存在时，表明有人为纵火嫌疑。助燃剂及其燃烧残留物分析是确定火灾性质的重要技术手段。放火案件不同于其他刑事案件，由于火场高温作用和消防灭火、医护人员救援对现场造成的二次破坏，指纹、足迹等传统物证很难在现场提取到。因此对犯罪嫌疑人实施放火所用助燃剂残留物的提取和准确鉴别，成为确定火灾是否为人为放火的关键。常见助燃剂包括汽油、煤油、柴油、油漆稀释剂等，助燃剂种类不同，成分有较大差异。汽油的主要成分为苯、甲苯、二甲苯、三甲苯、四甲苯、萘、甲基萘等芳香烃化合物，直链烷烃以及环烷烃化合物；煤油的主要成分为$C_7 \sim C_{19}$的直链烷烃以及少量环烷烃化合物；柴油的主要成分包括$C_9 \sim C_{26}$的直链烷烃、环烷烃、蒽类化合物以及姥鲛烷、植烷等成分。燃烧过程中，助燃剂残留物符合轻组分相对含量减少、重组分相对含量增加的变化规律。

2.盛装容器

放火案件中，将助燃剂带到现场需要合适的盛装容器，此类容器以金属和塑料材质为主，其中塑料材质居多，这已在多起放火案中得到证实。盛装容器是现场勘查人员在火灾现场需要重点关注的目标物证。随着火场温度的不同，金属容器主要形成变色、变形、熔化等痕迹特征；塑料容器主要发生软化变形、熔融滴落以及变色焦化现象，在火灾现场勘查过程中，应注意提取高温作用后的盛装容器残留物。

3.其他

火灾现场需要关注的其他物证包括引火源（打火机、定时装置、遥控装置）、引火物、包装物等，其中引火源以打火机最为常见，另外，引火物、包装物的发现和提取也有助于构建完整的证据链条。

（三）人员

由火焰或高温物体作用引起的肌体损伤称为烧伤，人体烧伤痕迹是指人员在火场中受到火灾伤害后在体表和内部留下的痕迹，包括体表烧伤痕迹和内部烧伤痕迹。

1.体表烧伤痕迹

身处火场中的人员，由于距离火源远近不同，通常在体表形成不同的痕迹特征。短时间暴露于火场高温下可导致身体裸露部分的皮肤表面膨胀松弛，均匀脱落，形成“人皮手套”。因火烧致死的尸体会出现眼睛紧闭、外眼角皱褶、皮肤皲裂等现象；死后被焚的皮肤受热会产生皱纹、干燥，皮肤表面呈黄褐色。此外，火场高温使皮肤凝固收缩导致尸体呈拳击样姿势，但不能作为生前烧死或死后焚尸的判别依据。

2.体内烧伤痕迹

人在火场中呼吸挣扎，空气中的烟灰和炭末会被吸入呼吸道中，咽喉、气管、支气管也会被火焰和高温作用灼伤，呼吸道的损伤特征是认定生前烧死的重要参考依据。由于火灾现场可燃物不完全燃烧产生大量一氧化碳，吸入后导致血液中可检出高浓度的碳氧血红蛋白；烟灰、炭末还有可能进入食道、胃、十二指肠；另外，生前烧死的尸体还可能出现硬脑膜外血肿或颅骨骨折。上述体内烧伤痕迹特征均在实际案例中得到了验证。例如，有研究发现，绝大多数生前烧死的尸体呼吸道内存在炭末沉着，32%的尸体的局部烧伤皮肤边缘组织出现红肿现象。

（四）电子证据

火灾现场和周围的监控视频，火灾发生和发展过程中围观人员用手机拍摄的视频和照片，火灾报警系统中的相关电子记录，火场中的手机、无线路由器等都可作为有效的电子证据，为火灾调查提供支撑。

1.视频图像

视频图像分析是火灾调查的关键技术手段，有助于拓宽火灾现场勘查和调查思路，也是最直接确定起火原因的证据支撑。在火灾现场和周围调取的视频监控录像通常会客观记录起火时间，若时间出现偏差，可通过时间校对推断准确的起火时间。另外，视频监控可直观记录火灾发生、发展的过程，特别是在使用助燃剂实施放火的案件中，汽油等燃烧产生的爆燃现象可通过视频监控记录，成为确定火灾性质的重要依据。

2.火灾报警系统

火灾报警系统可将燃烧产生的烟雾、热量、火焰等通过火灾探测器转化成电信号，从而触发火灾报警控制器，以声音或光的形式通知人群疏散，控制器记录火灾发生的部位和时间等。通常情况下，起火部位安装的火灾报警系统最先发出报警，随着火势的蔓延，周围的火灾报警系统依次发出报警。通过查看相关电子记录，可确定报警时间及报警次序，重现火灾蔓延的顺序，据此确定起火部位和起火时间。

3.手机、路由器

随着科技的发展，手机和路由器在日常生活和办公场所随处可见。在火灾现场，随着火势的蔓延，这些电子产品会由于不同原因出现断电、关机等情况，如由于断电导致的路由器信号消失、手机受火场高温作用关机等，由此可记录火灾发生的时间。

（五）火灾现场关键要素的相互关系

伴随着火灾的发生、发展，火场四个关键要素在演变过程中相互作用、相互影响。火灾痕迹是火灾发生发展过程、火势蔓延方向的真实记录，不仅体现在建筑物、火场物品上，也体现在现场物证的形态和化学变化、人员的烧伤、电子证据的记录和信号中断等方面；可燃物、引火源、助燃剂盛装容器等物证是形成火灾痕迹的物质基础，也是记录痕迹物证的载体；在放火案件中，嫌疑人是形成火灾痕迹、遗留物证的源头，嫌疑人和受害人也有可能成为记录火场痕迹的载体；电子证据可以直接或间接记录火灾痕迹形成的过程，以及人员进入或逃离火场的活动过程。

三、火场关键要素逆向推演及应用

火灾现场关键要素逆向推演即火灾调查人员以火灾现场关键要素为依据，沿火灾蔓延方向逆向追踪，分析起火部位、起火点，从而确定起火时间、查明起火原因的过程。

（一）火场关键要素逆向推演机理

火场关键要素逆向推演遵从火焰和热量传播的方向性、火场空间的连续性、不以人的意志为转移的客观性等原则。

1.火焰和热量传播的方向性

火是一种产生物理效应的化学反应，火焰本质上是气体燃烧，并发出光和热。火焰传播实质上是热传播。无论是热辐射、热对流还是热传导，均呈现出较强的方向性，例如，由于热烟气比周围空气轻，趋向垂直向上流动，当气流将火焰吹偏，或火焰通过热辐射将附近的可燃物引燃时，向上蔓延的火焰将会发生变化。火焰和热量传播的方向性是火灾现场关键要素逆向推演的理论基础，直接体现在火灾痕迹上，据此可实现起火部位、起火点、火势蔓延方向的逆向推演。

2.火场空间的连续性

无论是建筑火灾、森林火灾还是交通工具火灾，烟气扩散和火势蔓延在火场空间内均呈现连续性特点，导致火灾痕迹也呈连续性、不间断分布，不管火场破坏程度如何，通过对不同火灾痕迹的分析都能追溯到起火部位或起火点，因此，充分利用火场空间的连续性，是火场关键要素逆向推演的重要途径。

3.不以人的意志为转移的客观性

虽然火灾产生的随机性较强，不同火场破坏情况千差万别，但火灾发生、发展和火势蔓延遵循特定的规律，使火场关键要素的演变具有不以人的意志为转移的客观性，形成的火灾痕迹特征、物证属性变化、人员烧伤情况、电子证据记录成为火场关键要素逆向推演的客观依据。

（二）火场关键要素逆向推演的应用

火灾本身的高温作用以及灭火救援行为对火灾现场造成的破坏，给火灾调查和现场勘查带来巨大挑战。火灾痕迹、物证、人员和电子证据四个关键要素是火灾现场勘查的核心，也是逆向推演起火部位、起火点、起火时间和起火原因的基础和依据。起火部位和起火点是认定起火原因的出发点和立足点。

1.起火部位和起火点的确定

火灾痕迹是证明起火部位、起火点的重要依据。“V”形痕顶点的下部通常正对起火部位、起火点；斜面形痕的最低点、扇形痕的中心通常为起火部位或起火点。对于一面倒或斜面形建筑构件倒塌痕迹，表明建筑构件的某一面先失去平衡，该面受热最严重，倒塌方向通常指向起火部位或起火点；交叉倒塌痕迹中间交叉的部位通常对应起火部位或起火点；火场中若发现可燃物存在从中心向外蔓延的局部炭化区域，该炭化区域通常是起火点；火场中出现的低位燃烧痕迹，或可燃物上局部烧出的坑、洞，一般为起火点；高分子材料制品的软化变形、熔化、焦化变色痕迹是证明火势蔓延方向的重要依据，面向火源方向的一面先受热熔化，被烧程度重，形成明显的受热面特征，受热面所指的方向通常指向起火部位或火焰蔓延的相反方向；火场中尸体仅在某一侧或一面出现烧伤痕迹，其他部位未发现明显的烧伤痕迹，则形成烧伤痕迹的一侧或一面正对火灾蔓延方向或指向起火部位。

2.起火时间推断

起火时间很难通过火灾痕迹进行精确推断，通常需要借助电子证据信息，其中视频监控是最直观确定起火时间的重要依据，无论是火灾现场、周围的监控视频，还是火灾初期或火势蔓延过程中围观人拍摄的视频、照片，都可以为准确推断起火时间提供直接依据，有时即使通过视频无法直接看到起火部位，也可以通过烟气的流动和火焰的反光进行判断。

3.起火原因分析

烟熏痕迹是判断起火原因的重要依据，一般来说，若现场烟痕较轻，可排除阴燃起火的可能性，因为较长时间的阴燃过程会产生大量的烟，可燃物被明火点燃或使用助燃剂实施放火的可能性大；若现场物体表面有均匀、浓密的烟熏痕迹，则阴燃起火可能性较大。因此，通过烟熏痕迹的轻重可分析起火原因为阴燃起火还是明火点燃。电气线路故障痕迹尤其是短路痕迹也是证明起火原因的重要依据。如果在火灾发生前的有效时间内处于通电状态的导线上发现一次短路痕迹，短路点位于起火点附近，起火点附近有足够多的可燃物且可被引燃，在排除其他起火原因的情况下，则可认定火灾由短路故障引发。此外，助燃剂及其燃烧残留物成分的检出，也是认定人为放火的重要依据。

4.建立嫌疑人与现场的关联

使用助燃剂实施放火的案件中，由于汽油等助燃剂闪点低、燃烧速度快，如果嫌疑人将汽油泼洒到衣服和手上，往往将衣服烧毁或头面部烧伤，“人皮手套”遗留者往往指向放火者，据此可建立嫌疑人与火灾现场的关联。此类放火案件中，若嫌疑人点火时距离助燃剂太近或将助燃剂泼洒在身上，点火时由于助燃剂的爆燃作用，还可能导致头发、眉毛被烧焦，或衣物表面形成熔融纤维。

第九章 低压配电防火

第一节 电线电缆选择

一、电线电缆的类型选择

（一）电线的选择

常用电线有裸导线和绝缘导线。裸导线没有任何绝缘和保护层，常用的裸导线有钢芯铝绞线（LGJ）、铜绞线（TJ）、铝绞线（LJ）等，主要用于室外架空线。绝缘导线是由内部的线芯和外部的绝缘材料、保护层组成，主要用于室内、外线路的敷设。按线芯材料不同，绝缘导线可分为铜芯和铝芯两种，相同截面下铜芯导线比铝芯导线载流量大，强度大，不易被腐蚀。因此，爆炸危险场所，腐蚀性严重的地方，移动设备处和控制回路，宜用铜芯线。在高层建筑中，由于负荷比较集中，为提高导线的载流能力，便于敷设，也多采用铜芯线。

按绝缘和保护层的不同，绝缘导线又分为橡皮绝缘导线和塑料绝缘导线。橡皮绝缘线用玻璃丝或棉纱作保护层，主要有铜芯橡皮绝缘棉纱或铜芯橡皮绝缘纤维编织导线（BX）、铝芯橡皮绝缘棉纱或铝芯橡皮绝缘纤维编织导线（BLX），其特点是柔软性好，但耐热性差，易受油类腐蚀，且易延燃，可用于室内外明敷、暗敷。塑料绝缘导线用塑料作为导线和保护层，如铜芯聚氯乙烯绝缘导线（BV）、铝芯聚氯乙烯绝缘导线（BLV）等。塑料绝缘导线绝缘性能良好，但低温下会变硬发脆，高温下绝缘容易老化，主要用于室内明敷、穿管等场合；铜芯聚氯乙烯绝缘聚氯乙烯护套导线（BVV）、铝芯聚氯乙烯绝缘聚氯乙烯护套导线（BLVV）主要用于要求机械防护较高及潮湿场合固定敷设用，可明敷、暗敷和直接埋地敷设。

（二）电缆的选择

电缆的基本结构主要包括导体线芯、绝缘层和保护层三部分。导体线芯一般采用导电性能良好的铜、铝材质，有单芯、双芯和多芯电缆；绝缘层一般采用绝缘性能良好、经久耐用、有一定的耐热性能的材料（如油浸纸、塑料和橡胶），将导体和相邻的导体以及保护层隔离；保护层又可分为内保护层和外保护层两部分，它用来保护绝缘层使电缆在运输、敷设和运行中，不受外力的损伤并防止水分浸入，并且具有一定的机械强度。电力电缆采用的护套有聚氯乙烯护套、氯丁橡胶护套和铝护套。电缆按缆芯、绝缘层和保护层的不同可分为多种型号。常见的类型有：

1.油浸纸绝缘电缆

油浸纸绝缘电缆主要有黏性油浸纸绝缘电缆和不滴流油浸纸绝缘电缆，主要用于35kV及以下的电力线路。黏性油浸纸绝缘电缆采用电缆纸绕包和黏性浸渍剂（电缆油和松香混合而成）形成组合绝缘。其优点是耐压强度高，介电性能可靠稳定，热稳定性能好，不易受电晕影响而氧化，工作寿命长，结构简单；其缺点在于绝缘易老化变脆，可弯曲性差，绝缘油易在绝缘层内流动，不宜倾斜和垂直安装，带负荷运行后，绝缘油会受热膨胀，从电缆头或中间接头处渗漏出，久而久之，便可能导致电缆头绝缘性能降低，发生相间短路，酿成火灾事故。不滴流油浸纸绝缘电缆与黏性油浸纸绝缘电缆结构完全相同，只是其浸渍剂采用电缆油和某些混合物（如聚乙烯粉料、聚异丁胶料及合成的蜡）混合而成。这种浸渍剂在浸渍温度下黏度相当低，能保证充分浸渍，但在电缆的工作温度下，呈塑料蜡体状不易流动，特别适用于高落差敷设或垂直敷设，且工作寿命比黏性油浸纸电缆更长，适用于热带地区。

2.聚氯乙烯绝缘电缆

聚氯乙烯绝缘电缆通常采用聚氯乙烯护套或聚乙烯护套。当电缆的机械性能需要加强时，则采用内铠装护层，亦即护套分内外两层，并在两层之间用钢带或钢丝铠装。

3.交联聚乙烯绝缘电缆

交联聚乙烯绝缘电缆导电线芯的屏蔽（内屏蔽层）是通过半导电交联聚乙烯挤包的方式形成热固性的交联聚乙烯绝缘线芯。交联聚乙烯绝缘电缆的外护层一般采用聚乙烯护套或聚氯乙烯护套，而不采用金属护套。当电缆的机械性能需要加强时，可在外护层内用钢带或钢丝铠装，并在铠装层内加装内衬层。交联聚乙烯绝缘电缆具有较好的电绝缘性能，耐击穿强度高，绝缘电阻大，介电常数小，特别是具有较高的热稳定性，允许工作温度较高，长期允许的工作温度可达90℃。由于交联聚乙烯绝缘电缆载流量大，对于电压等级高的电缆，经济效果更为显著；质量轻，宜用于高落差敷设和垂直敷设；耐化学性能好，不延燃。在中、低压系统中，交联聚乙烯绝缘电缆完全可以取代油浸纸绝缘电缆。

4.橡皮绝缘电缆

橡皮绝缘电缆绝缘层的常用材料为天然丁苯橡皮、丁基橡皮和乙丙橡皮等。护套主要是聚氯乙烯护套、氯丁橡皮护套和铝护套三种。橡皮绝缘电缆适用于固定敷设在额定电压6kV及以下的输配电线路中。橡皮绝缘电缆柔软性好，可弯曲度大，在很大温度范围内具有弹性，适用于多次拆装的线路，也适用于高落差或弯曲半径小的场合；其敷设安装简单，特别适合于移动性的用电和供电装置；有较好的耐寒性和电气性能，但耐电晕、耐臭氧、耐热和耐油性较差。

（三）母线的选择

传输大电流的场合可采用母线。母线分为裸母线和母线槽两大类。前者敷设在绝缘子上，可以达到任何电压等级。母线截面形状有矩形、圆形、管形等。矩形裸母线还常常用于低电压、大电流的场合，如电镀槽、电解槽的供电线路。母线导电材料有铜、铝、铝合金或复合导体，如铜包铝或钢铝复合材料等。铜包铝母线常被用于配电屏中；钢铝复合材料则常常用于滑接式母线槽。由于母线槽传输电流大、安全性能好、结构紧凑、占空间小，适用于多层厂房、标准厂房或设备较密集的车间，对工艺变化周期短的车间尤为适宜。母线槽还大量用于高层民用建筑中。

二、电线电缆的截面选择

选择电线电缆的截面时，一般应考虑满足三个方面要求：一是按发热条件选择电线电缆截面，电线电缆在通过正常最大负荷电流时产生的发热温度不应超过其正常运行时的最大允许温升，按敷设方式、环境条件确定的允许载流量，不应小于其线路的最大计算电流；二是按电压损失条件选择电线电缆截面，是要保证用电设备处的电压偏差不超过允许值，保证负荷电流在线路上产生的电压损失不超过允许值；三是按机械强度选择电线电缆截面，电线电缆应满足机械强度要求。此外，当短路电流流过导体时，会产生很高的温度，即产生热效应，使温度骤升，加速导体绝缘材料老化或损坏绝缘，因此，对电线电缆需要按照短路故障时的热稳定性条件校验截面。对于架空线路和绝缘电线要按照机械强度进行校验，对于母线应按照发热条件选择截面，按短路动稳定性和热稳定性校验截面。对较大负荷电流线路，宜先按照允许温升（发热条件）选择截面，然后校验其他条件；对靠近变电所的小负荷电流线路，宜先按短路热稳定条件选择截面，然后校验其他条件；为满足机械强度的要求，架空线路和绝缘电线需要满足最小允许截面要求。按照以上条件选择电线电缆的截面，若利用三种方法选择得出不同截面数据时，应选择其中最大的截面作为选择截面。

第二节　保护装置选择

一、保护装置的选择原则

低压配电线路应根据不同故障类别和具体工程要求装设短路保护、过负荷保护、接地故障保护、过电压保护及欠电压保护，用于切断供电电源或发出报警信号。配电线路采用的上下级保护电器，其动作应具有选择性，各级之间应能协调配合；对于非重要负荷的保护电器，可采用无选择性切断。短路保护电器一般选用断路器或熔断器，过负荷保护一般由热继电器实现，接地故障保护由漏电保护装置完成，过电压保护由避雷器等实现，欠电压保护由欠电压保护器实现。尽管电气装置在供电系统中的装设地点、工作环境及运行要求各不相同，但在设计和选择这些电气装置时都应遵守以下3种共同原则：

（一）按环境条件选择

在确定电气装置的规格型号时，必须考虑环境特征，如户外、户内、潮湿、高温、高寒、高海拔、易燃易爆危险环境等，有时还应考虑防火要求以及安装运行、维修、操作方便。

（二）按正常工作条件选择

为了保证电气装置的可靠运行，必须按正常工作条件选择。所谓正常工作条件，指的是正常工作电压和工作电流。

（三）按短路工作条件选择

对于可能通过短路电流的电器（如隔离开关、开关、断路器开关、接触器等）应满足在短路条件下的短时和峰值耐受电流的要求；对于断开短路电流的保护电器（如低压熔断器）应满足在短路条件下的分断能力要求；一个采用接通和分断安装处的预期短路电流验算电器在短路条件下的接通能力和分断能力，当短路点附近所接电动机额定电流之和超过短路电流1%时，应计入电动机反馈电流的影响。

二、低压熔断器的选择

熔断器是电气设备长期过负荷或短路的一种保护装置，一般由熔体及熔管或熔体座组成。熔断器一般安装在被保护设备或供电网络的电源端，当被保护的线路或设备发生短路故障时，熔断器的熔体立即熔断，实现短路保护。只有在下列情况下才考虑对线路或设备装设过负荷保护：一是居住建筑、重要的仓库以及公共建筑中的照明线路；二是有可能引起绝缘导线或电缆长期过负荷的电力线路；三是当有延燃性外层的绝缘导线明敷在易燃体或难燃体的建筑物结构上时。

第三节　电气线路防火要求

一、电气线路敷设的安全要求

（一）架空线路

1.对路径的防火要求

架空线路不得跨越屋顶为燃烧材料的建（构）筑物，线路下面或附近不得堆放柴草等可燃物品。架空线路与建（构）筑物、储罐和物资堆垛等的防火间距按规定应不小于电杆高度的1.5倍，以防倒杆、发生断线事故时，导线短路产生火花电弧，引起爆炸和燃烧。架空线路与散发可燃、易燃气体的甲类生产厂房的防火间距不应小于30m；受条件限制时，则应采取其他有效措施。

2.安全距离

为确保其安全运行，架空线路应与地面、建筑物、树木等保持一定的水平和垂直距离。

（1）垂直距离。不同额定电压等级的架空线路对地面、水面和跨越物的最小允许间隔距离应满足相关规范规定。为防止架空线与树木之间相碰放电引起火灾和危及人身安全，1kV以下的架空线路至树木顶部的垂直距离一般不应小于1m。

（2）水平距离。在最大风偏情况下，架空线路的边导线与城市中多层建筑物或新建、扩建的建筑物的规划线之间的水平距离不应小于1m，在无风的情况下，边导线与城市中现有建筑物之间的净距离不应小于0.5m。

（3）线间距离。1kV以下架空线路的导线与导线之间的距离一般为0.3～0.5m。

（4）交叉距离。电力线路互相跨越时，一般较高电压线路在上，且不应有导线接头；较低电压在下，且应保持一定允许距离。

（二）接户线与进户线

从架空线路的电杆到用户线第一个支持点之间的引线叫接户线。从用户屋外第一个支持点到屋内第一个支持点之间的引线叫进户线。为防止接户线和进户线引起火灾，接户线和进户线均应采用绝缘导线，各支持点的支架和绝缘子应完好无损。接户线一般不宜超过25m（超过时应在中间加装辅助电杆），对地距离不小于2.5m，导线之间的距离不小于150mm，导线截面积视具体情况按要求选择。进户线长度一般不宜超过1m，进户点距地面不应低于2.5m，进户时要用塑料管、防水弯头或瓷管套好，以防电线磨损，雨水倒流，造成短路或产生漏电引起火灾。进户线不得使用软线，中间不宜有接头，严禁将电线从腰窗、天窗、老虎窗或从草、木屋顶直接引入建筑内。爆炸物品库的进户线，宜用铠装电缆埋地引入；进户处宜穿管，并将电缆外皮接地，从电杆引入电缆的长度不小于50m。电杆上应设置低压避雷器，以防感应雷电波沿进户线侵入爆炸物品库内，引起爆炸事故。

（三）室内、外线路

室内线路指安装在房屋内的线路。室外线路是指安装在遮檐下，或沿建筑物外墙，或外墙之间的配线。穿过广场、道路、空地等处，电压在1kV以下，档距不超过25m的用绝缘导线架设的线路也属于室外布线。室内、外线路应采用绝缘线。敷设时要注意导线间、导线固定点间以及线路与建筑物、地面之间必须保持一定距离。导线固定点间最大允许距离，随着敷设方式、敷设场所和导线截面的不同而不同。要防止导线机械受损，以避免绝缘性能下降。导线连接也要避免接触电阻过大造成局部过热。

二、电缆敷设及其防火要求

（一）电缆敷设一般要求

（1）电缆线路路径要短，且尽量避免与其他管线（管道、铁路、公路和弱电电缆等）交叉。敷设时要顾及已有的或拟建房屋的位置，不使电缆接近易燃易爆物及其他热源，尽可能不使电缆受到各种损坏（机械损伤、化学腐蚀、地下流散电流腐蚀、水土锈蚀、蚁鼠害）等。

（2）不同用途的电缆，如工作电缆与备用电缆、动力电缆与控制电缆等宜分开敷设，并对其进行防火分隔。

（3）电缆支持点之间的距离、电缆弯曲半径、电缆最高点与最低点间的高差等不得超过规定数值，以防机械损伤。

（4）电缆明敷或在电缆沟内、隧道内敷设时，应将麻包外皮剥去，并应采取防火措施。

（5）交流回路中的单芯电缆应采用无钢铠的或非磁性材料护套的电缆。使用单芯电缆时应防止引起附近金属部件发热。

（二）电缆敷设方式

常用的敷设方式有：电缆隧道、沟、排管、壕沟（直埋）、竖井、桥架、穿管等，各种敷设方式敷设要求如下：

（1）电缆隧道和电缆沟。电缆隧道适用于有大量电缆的配置处，电缆沟适用于敷设电缆数量较多的地方。电缆隧道（沟）在进入建筑物（如变配电所）处，或电缆隧道每隔100m处，应设带门的防火隔墙；对电缆沟只设隔墙，以防止电缆发生火灾时烟火向室内蔓延扩大，且可防止小动物进入室内。电缆隧道应尽量采用自然通风，当电缆热损失超过150～200W/m时，需考虑机械通风。

（2）电缆排管。电缆敷设在排管中，可以免受机械损伤，并能有效防火，但由于散热条件差，需要降低电缆载流量。电力电缆排管孔眼直径应大于100mm，控制电缆排管孔眼直径应大于75mm，孔眼电缆占积率为66%。高于地下水位1m以上的可用石棉水泥管或混凝土管；对于潮湿地区，为防电缆铅层受到化学腐蚀，可用PVC塑料管。

（3）电缆壕沟（直埋）。将电缆直接埋于地下，既经济、方便，又可防火，但易受机械损伤、化学腐蚀、电腐蚀，故可靠性差，且检修不便，多用于工业企业中电缆根数不多的地方。电缆埋地深度不得小于0.7m，壕沟与建筑物基础间距要大于0.6m。为防止机械损伤，电缆引出地面2m范围内应用金属管或保护罩加以保护，电缆不得平行敷设于管道的上方或下面。

（4）电缆竖井。电缆竖井是电缆敷设的垂直通道。竖井多是用砖和混凝土砌成的，在有大量电缆垂直通过处采用，如发电厂的主控室，高层建筑的层间。竖井在地面或每层楼板处设有防火门，通常做成封闭式，底部与隧道或沟相连。高层建筑竖井一般位于电梯井道两侧和楼梯走道附近。竖井易产生烟囱效应，容易使火势扩大，蔓延成灾，因此每层楼板都应隔开；穿行管线或电缆孔洞，必须用防火材料封堵。

（5）电缆桥架。电缆架空敷设在桥架上，其优点是无积水问题，避免了与地下管沟交叉相碰，成套产品整齐美观，节约空间，封闭桥架有利于防火、防爆、抗干扰。其缺点是耗材多，施工、检修和维护困难，受外界引火源（油、煤粉起火）影响的概率较大。

（6）电缆穿管。电缆一般在出入建筑物、穿过楼板和墙壁、从电缆沟引出地面2m，埋地深度在0.25m内，以及铁路、公路交叉时，均要穿管给予保护。保护管可选用水煤气管，腐蚀性场所可选用PVC塑料管。管径要大于电缆外径的1.5倍。保护管的弯曲半径不应小于所穿电缆的最小允许弯曲半径。

（三）对电缆头的要求

电缆头是影响电缆绝缘性能的关键部位，最容易成为引火源。因此，确保电缆头的施工质量是极为重要的。油浸绝缘电缆两端位差太大时，由于油压的作用，低端将会漏油，电缆铅包甚至会胀裂。为避免此类故障的发生，往往采用电缆中间堵油接头和干包头将电缆油路分隔成几段；电缆头在投入运行前要做耐压试验，测量出的绝缘电阻应与电缆头制作前没有大的差别，其绝缘电阻一般在50～100MΩ以上。运行时要检查电缆头有无漏油、渗油现象，有无积聚灰尘、放电痕迹等。

三、电线电缆防火阻燃措施

（一）电线电缆防火措施

常见的电线电缆火灾一是由于本身故障引起的；二是由于外界原因引起的。具体原因归纳如下：电线电缆绝缘损坏；导线接头、电缆头故障使绝缘物自燃；堆积在电缆上的粉尘自燃起火；电焊火花引燃易燃品；充油电气设备故障时喷油起火；电线电缆遇高温起火并蔓延。电线电缆着火延燃的同时，往往随之产生大量有毒烟雾，因此使扑救困难，导致事故扩大，损失严重。

（二）导线电缆阻燃措施

应用防火材料组成各种防火阻燃措施，是国内外防止电缆着火延燃的主要方法。它可提高电缆绝缘的引燃温度，降低引燃敏感性，降低火焰沿表面燃烧的速率，提高阻止火焰传播的能力。

第四节　常规用电设备防火

一、电动机防火

电动机是重要的动力拖动设备。无论何种电动机，都由两个基本部分组成，即定子和转子。定子由硅钢片铁芯、绕组、机座外壳、散热风槽组成，转子由硅钢片转子铁芯、转子绕组、风扇组成。

（一）引发火灾原因

1.绕组短路

由于平时保养不善，线圈受潮，绝缘能力下降；螺帽、垫圈、小石子等硬物不慎落人机体，损坏了绝缘；检修、安装时操作不慎，碰坏绝缘层，这些都会形成匝间短路，使其迅速发热。

2.超负荷

一定功率的电动机能带动的设备也是有限度的，如果带动超过允许负荷的范围，也会引起发热。

3.三相电动机两相运行，俗称“缺相”

有时，三相线路中有一相熔丝熔断，或者是绕组断路，只剩下两相通电，这时电路上的电流将增至1.73倍，导致发热量增加。此时，如果有大电流通过，电动机会迅速发热。

4.转动不灵

由于轴承磨损、润滑油缺少，使机轴转动不灵，甚至被卡住，也会使电动机发热起火。此外，纤维、粉尘吸入电动机，通风槽被堵，定子与转子摩擦打出火花等，都可能引起燃烧。一般来说，电动机起火只是将绕组烧毁。但是，如果使用可燃物作底座，或者附近有可燃物，就可能引起火灾。

（二）预防措施

（1）根据电动机使用环境的特征，同时考虑防潮、防腐蚀、防尘等情况，选择相应的电动机。

（2）对电动机要经常做好保养工作。暂时不用的，要放在干燥、清洁的场所。重新使用前，要测量绝缘电阻，如低于标准阻值，不能投入使用。

（3）对转轴等要勤加润滑油，轴承磨损要及时更换，保持运转灵活。

（4）电动机的功率应略大于被拖动的机械设备，使其匹配相当，防止超负荷。

（5）三相线路上的用电量要保持均衡，电源线上的三只熔断器必须采用相同规格的熔丝。大功率电动机应在电源线上分别安装指示灯，以便及时发现缺相。

（6）安装合适的保护装置。电动机启动电流比额定电流大5～7倍。因此，安装保护装置要考虑到这种情况，有些电动机还可采用双保险接线。运行开关的熔丝要按额定电流来选定，启动开关的熔丝要大于额定电流。

（7）对运行中的电动机要加强监视，注意声音、温升、电流和电压的变化情况。如温度过高，应采取降温措施或暂停使用；如温度急剧上升，应断电检查。

（8）电动机启动时电流大，短时间启动次数过多，会使绕组发热，甚至烧毁。因此，连续启动次数一般不得超过5次，发热状态下不得超过2次，特种电动机除外。

（9）电动机周围要保持清洁，远离可燃物，防止将纤维、粉尘吸入电动机。电动机的底座必须用不燃材料制作，也不可靠近木板墙壁，四周要保持清洁，不可堆放可燃物。尤其是在棉、麻、毛、麦秸、稻草等易燃材料的加工车间、堆场等，电动机一定要和这些材料保持一定的防火间距或采取屏蔽措施。对落在电动机上的棉绒、飞絮和可燃粉尘必须及时清扫，以防积聚。

二、照明装置防火

照明装置常用于生产和生活的各个领域。一般最常用的照明灯具有：白炽灯、荧光灯、高压钠灯、高压汞灯、卤钨灯、霓虹灯、舞厅灯及吸顶灯等，这些灯具具有不同程度的火灾危险性。

（一）引发火灾原因

照明或装饰灯具在工作时，其玻璃灯泡、灯管等表面温度很高。若灯具选用不当，发生故障产生电火花、电弧或局部高温，都极可能引起灯具附近的可燃物燃烧酿成火灾。

1.白炽灯

在散热良好的条件下工作时，灯泡的表面温度往往与功率大小直接相关，并且功率越大，升温的速度也越快。点亮的灯泡距可燃物越近，引燃可燃物的时间越短。白炽灯耐震性较差，灯泡易破碎。碎后，高温玻璃碎片和高温的灯丝溅落于可燃物上，也会引起火灾。

2.荧光灯

荧光灯的火灾危险性主要是镇流器发热烤燃可燃物。镇流器是由铁芯和线圈再加上外壳组成，正常工作时，由于铜损和铁损使其有一定的温度。制造粗劣、散热不良或与灯管选配不合理，以及其他附件发生故障，都会使镇流器温度进一步升高，超过允许值。这样就会破坏线圈的绝缘，甚至形成匝间短路，产生高温、电弧或火花，进而会使周围可燃物发生燃烧，形成火灾。

3.高压汞灯

正常工作时，同样功率的高压汞灯，其灯泡表面温度比白炽灯低。但通常情况下高压汞灯功率都比较大，因此发出的热量较大，温升速度快，表面温度高，如400W的高压汞灯，其表面温度为180～250℃。另外，高压汞灯的电子镇流器故障或电子触发器内部电容漏电会产生热量，且封装电子触发器用的环氧树脂不易散热，容易引起燃烧。

4.卤钨灯

卤钨灯一般功率较大，温度较高。1000W卤钨灯的石英玻璃外表面温度可达500~800℃，其内壁温度则更高，约为1600℃。因此，卤钨灯不仅能在短时间内烤着接触灯管外壁的可燃物，而且在其长时间高温热辐射下，还能将距灯管一定距离的可燃物烤着。卤钨灯多应用在公共场所和建筑工地，其火灾危险性比其他照明灯具更大，引起的火灾较多，必须予以足够的重视。

5.霓虹灯

霓虹灯所用变压器的高压端，其绝缘接线柱有油污等，在潮湿天气发生漏电，常出现电弧性短路，也可以烧毁变压器，引发火灾。同时，长时间通电亦会因温升过高从而融化变压器上封灌的沥青引发意外。

6.特效用灯

如蜂巢灯、双向飞碟灯以及本身不发光的雪球灯，其驱动电机在阻力增大或卡住时会增加发热，甚至引起火灾；吸顶灯由于通风、散热条件差，也很容易引起火灾。

7.灯的附属设备

如开关、灯座、挂线盒等发生故障、接触不良、接头松动、短路等均可产生电火花，引起火灾或爆炸事故。

（二）预防措施

（1）照明装置应与可燃物、可燃结构之间保持一定的安全距离，严禁用纸、布或其他可燃物遮挡灯具。灯泡的正下方，不宜堆放可燃物品。灯泡距地面高度一般不应低于2m。如必须低于此高度时，应采取必要的防护措施。可能会遇到碰撞的场所，灯泡应有金属或其他网罩防护。

（2）卤钨灯灯管附近的导线应采用耐热绝缘导线（如玻璃丝、石棉、瓷珠等护套的导线）和耐热绝缘护套，而不应采用具有延燃性绝缘导线，以免灯管高温破坏绝缘引起短路。

（3）室外或某些特殊场所的照明灯具应有防滴溅设施，防止水滴溅到高温的灯泡表面，使灯泡炸裂。灯泡破碎后，应及时更换。

（4）镇流器应与灯管的电压和容量相符合。镇流器安装时应注意通风散热，不准将镇流器直接固定在可燃物上，应用不燃的隔热材料进行隔离。

（5）可燃吊顶内暗装的灯具功率不宜过大，并应以白炽灯或荧光灯为主，而且灯具上方应保持一定的空间，以利于散热。另外，暗装灯具及其发热附件周围应用不燃材料（石棉板或石棉布）做好防火隔热处理，否则，应在可燃材料上刷防火涂料。

（6）在可燃材料装修的场所敷线时，应穿金属套管、阻燃硬塑套管，转弯处应装接线盒，套管超过30m长时中间应加接拉线盒做好保护。吊装彩灯的导线穿过龙骨处应有胶圈保护。舞台暗装彩灯、舞池脚灯、可燃吊顶内灯具的导线均应穿钢管或阻燃硬塑套管敷设。在重要场所安装暗装灯具和安装特制大型吊装灯具时，应在全面安装前做出同类型“试装样板”，经核定无误后再组织专业人员全面安装。

（7）严格照明电压等级和负载量。照明电压一般采用220V，携带式照明灯具的供电电压不应超过36V，在潮湿地区作业则不应超过12V，且禁止使用自耦变压器。36V以下的和220V以上的电源插座应有明显的差别和标记。

（8）合理控制电气照明。照明电流应分别有各自的分支回路，而不应接在动力总开关之后。各分支回路都要设置短路保护设施。为避免过载发热引起事故，一些重要场所及易燃易爆物品集中地还必须加装过载保护装置。非防爆型的照明配电箱及控制开关严禁在爆炸危险场所使用。配电盘后尽量减少接头，盘面应有良好的接地。

（9）照明装置其他部分也存在一定的火灾危险性，故要做好照明线路、灯座、灯具开关、挂线盒等设备的防火措施。

第五节　接地与接零安全

一、低压配电系统接地型式

在电力系统中，为保证电气设备运行的可靠性，将电路中的某一点接地，称为工作接地。例如，变压器中性点接地。在电源中性点不接地的系统中，为了防止电气设备的金属外壳意外带电而造成触电事故，将与电气设备带电部分相绝缘的金属外壳或架构同接地体之间做良好的连接，称为保护接地。与变压器直接接地的中性点相连接并作为电流回路的中性线，或直流回路中作为电流回路的接地中性线，称为中性导体（或工作零线），用N表示。专门为保护人身和设备安全而设置的、与变压器直接接地的中性点相连接的导线，或直流回路中的接地导线，称为保护导体（或保护接地线、保护零线），用PE表示。在中性点直接接地的低压电网中，通过保护零线将电力设备的金属外壳与电源端的接地中性点连接，称为保护接零。

（一）TT系统

TT系统的电源中性点直接接地，用电设备的金属外壳直接接地，且与电源中性点的接地无关。第一个大写英文字母“T”表示配电网接地，第二个大写英文字母“T”表示电气设备金属外壳接地。TT系统是供电部门规定为给城市公用低压电网向用户供电的接地系统，广泛应用于城镇、农村居民区、工业企业和由公用变压器供电的民用建筑中。由于其和电源的接地在电气上无联系，也适用于对接地要求较高的数据处理和电子设备的供电。

采用TT系统的电气设备发生单相碰壳故障时，接地电流并不是很大，往往不能使保护装置动作，这将导致线路长期带故障运行。当T系统中的用电设备只是由于绝缘不良引起漏电时，因漏电电流往往不大（仅为毫安级），不可能使线路的保护装置动作，这也导致漏电设备的外壳长期带电，增加了人身触电的危险。因此，在TT系统中必须加装漏电保护开关，才能使其成为较完善的保护系统。

（二）IT系统

IT系统是中性点不接地，系统中所有设备的外露可导电部分经各自的PE线分别接地，第一个大写英文字母“I”表示配电网不接地或经高阻抗接地，第二个大写英文字母“T”表示电气设备金属外壳接地。由于IT系统中设备外露可导电部分的接地PE线也是分开的，互无电气联系，因此相互之间也不会发生电磁干扰的问题。IT系统适用于环境条件不良、易发生单相接地故障的场所，以及易燃、易爆的场所，如煤矿、化工厂、纺织厂等，多用于井下和对不间断供电要求较高的场所。近年来逐步应用于重要建筑物内的应急电源系统，以及医院手术室等重要场所的动力和照明系统。

由于IT系统中性点不接地或经高阻抗接地，因此当系统发生单相接地故障时，三相用电设备及接线电压的单相用电设备仍能继续运行。发生单相接地故障时，接地电流将同时沿着人体和接地装置流过，流经人体和接地装置的电流大小，与电阻成反比。由于人体电阻远大于接地装置的接地电阻，则在发生单相碰壳时，大部分的接地电流被接地装置分流，流经人体的电流很小，从而对人身安全起了保护作用。但是发生单相接地故障时，应发出报警信号，以便及时处理。

（三）TN系统

TN 系统是三相四线制配电网低压中性点直接接地，电气设备金属外壳采取接零措施的系统。字母“T”表示配电网中性点直接接地；字母“N”表示电气设备在正常情况下不带电的金属部分与配电网中性点之间有金属性的连接，亦即与配电网保护零线（保护导体）紧密连接。TN 系统按照中性点（N）与保护线（PE）组合的情况，又分为三种形式：

1.TN –C系统

该系统中，中性点（N）与保护线（PE）合用一根导线。合用导线称为PEN线。TN–C系统的保护线与中性线是合二为一的，因此具有更简单、经济的优点，该线称为PEN线（该系统在过去称为三相四线制）。TN–C的优点是节省了一条导线，但在三相负载不平衡或保护中性线断开时会使所有接PEN线的外露可导电部分都带上危险电压。在一般情况下，如果扩充装置和导线截面选择适当，TN–C系统是能够满足要求的。TN–C系统适用于三相负荷基本平衡的一般工业企业建筑；不适用于具有爆炸与火灾危险的工业企业的建筑、矿井、医疗建筑、无专职电工维护的住宅和一般民用建筑。由于PEN线带有电位，数据处理设备和精密电子仪器设备的供电配电系统不宜采用此系统。

2.TN–S系统

该系统中，中性点（N）与保护线（PE）是分开的。TN–S系统中PE线与N线是分开的，过去称为三相五线制。PE线不通过正常电流，不会因对接在PE线上的其他设备而产生电磁干扰。由于N线与PE线分开，N线断线也不会影响PE线的保护作用，所以该系统多用于对安全可靠性要求较高（如潮湿易触电的浴室和居民住宅等）、设备对抗电磁干扰要求较严或环境条件较差的场所，也适用于为数据处理设备和精密电子仪器设备供电的配电系统，如计算机房等，对新建的大型民用建筑、住宅小区，特别推荐使用TN-S系统。

3.TN-C-S系统

该系统靠电源侧的前一部分中性点与保护线是合一的，而后一部分则是分开的。该系统也即三相四线与三相五线混合系统，是民用建筑中最常见的接地系统，通常电源线路中用PEN线，进入建筑物后分为PE线和N线，此结构简单，又保证一定的安全水平，耗材也不是很多，最适用于分散的民用建筑（小区建筑）。由于建筑物内设有专门的PE线，因而消除了TN-C的一些不安全因素。有一点应注意，在PEN线分为PE和N线后，应使N线对地绝对绝缘，且再也不能与PE线合并或互换，否则它仍然属于TN-C系统。该系统适用于小区民用建筑，也常用于配电系统末端环境较差或对电磁抗干扰要求较严的场所。

二、电气设备接地的一般要求

（1）电气设备一般应接地或接零，以保护人身和设备的安全。一般三相四线制供电的系统应采用保护接零，重复接地。但是由于三相负载不易平衡，中性线会有电流导致触电。因此推荐使用三相五线制，中性线和保护中性线（有时人们往往称其为地线）都应重复接地。三相三线供电系统的电气设备应采用保护接地。三线制直流回路的中性线宜直接接地。

（2）不同用途、不同电压的电气设备，除另有规定者外，应使用一个总的接地体，接地电阻应符合其中最小值的要求。

（3）如因条件限制，接地有困难时，允许设置操作和维护电气设备用的绝缘台，其周围应尽量使操作人员没有偶然触及外物的可能。

（4）低压电网的中性点可直接接地或不接地。220/380V低压电网的中性点应直接接地。中性点直接接地的低压电网，应装设能迅速自动切除接地短路故障的保护装置。

（5）中性点直接接地的低压电网中，电气设备的外壳应采用接零保护；中性点不接地的电网，电气设备的外壳应采用保护接地。由同一发电机、同一变压器或同一段母线供电的低压线路，不应同时采用接零和接地两种保护。在低压电网中，全部采用接零保护确有困难时，也可同时采用接零和接地两种保护方式，但不接零的电气设备或线段，应装设能自动切除接地故障的装置，一般为漏电保护装置。在城防、人防等潮湿场所或条件特别恶劣场所的电网，电气设备的外壳应采用保护接零。

（6）在中性点直接接地的低压电网中，除另有规定和移动式电气设备外，零线应在电源进户处重复接地在架空线路的干线和分支线的终端及沿线每1km处，零线应重复接地。电缆和架空线在引入车间或大型建筑物入口处，零线应重复接地，或在屋内将零线与配电屏、控制屏的接地装置相连。高低压线路同杆架设时，在终端杆上，低压线路的零线应重复接地。中性点直接接地的低压电网中以及高低压同杆的电网中，钢筋混凝土杆的铁横担和金属杆应与零线连接，钢筋混凝土杆的钢筋应与零线连接。

三、接地故障火灾及预防

接地故障是指相线和电气装置的外露导电部分（包括电气设备金属外壳、敷线管槽和电气装置的构架等）、装置的外导电部分（包括水、暖、煤气、空调的金属管道和建筑的金属结构等）以及大地之间的短路，它属于单相短路。这种短路故障与相线和中性线间的单相短路故障，与相线之间产生的相间短路故障相比，无论在危害后果，还是在保护措施上都不相同。按IEC（国际电工委员会）术语，将这种短路故障称为接地故障。与一般短路相比，接地故障引起的电气火灾具有更大的复杂性和危险性。

（一）接地故障电流

接地故障回路中大地的接地电阻大，PE线、PEN线（接地线）连接端子的电阻由于疏于检验，其阻值也较大，因此接地故障电流比一般短路电流小得多，常常不能使过电流保护电器及时切断故障，且故障点多不熔焊而出现电弧、电火花。另外，由于不重视TN系统中PE线、PEN线在故障条件下的热稳定，若设计安装时PE线、PEN线错误地选用过小的截面，一旦发生接地故障，系统中有较大的接地故障电流通过，易导致线路高温起火。

（二）PE（PEN）线接线端子连接接触不良起火

设备接地的PE线、PEN线平时不通过负荷电流或通过较小电流，只有在发生接地故障时才通过故障电流。因受震动、腐蚀等原因，导致连接松动、接触电阻增大，但设备仍照常运转而问题不易被觉察。一旦发生接地故障，接地故障电流需通过PE线返回电源时，大接触电阻限制了故障电流，使保护电器不能及时动作切断电源，连接端子处因接触电阻大而产生的高温或电弧、电火花却能导致火灾的发生。

（三）故障电压起火

接地故障除产生故障电流外，还能使电气装置的外露导电部分带对地故障电压。此电压沿PE线、PEN线传导，使电气装置的所有外露导电部分带对地电压。发生接地故障后四处传导的故障电压是危险的起火源，如果不及时切断，除发生常见的电击事故外，还会造成与带地电位的各种金属管道、金属构件之间的打火、拉弧而成为火源或引爆源。

第六节　变配电所土建防火要求

一、变配电所的位置（10kV变配电所）

为防止火灾蔓延或易燃易爆物侵入变配电所，生产或储存易燃易爆物的建筑宜布置在变配电所常年盛行风向的下风侧或最小风频的上风侧。

变配电所不应设置在甲、乙类厂房内或贴邻建造，且不应设置在爆炸性气体、粉尘环境的危险区域内。供甲、乙类厂房专用的10kV及以下的变配电所，当采用无门窗洞口的防火墙隔开时，可一面贴邻建造，并应符合现行有关规定。并且变压器室的进风口，尽可能通向屋外，若设在屋内时，不允许与尘埃多、温度高或其他有可能引起火灾、爆炸的车间连通。

此外，变配电所的位置还应接近负荷中心，靠近电源侧，进出线方便，设备的吊装运输方便；并且不应设在有剧烈振动的场所；不应设在多尘、多雾或有腐蚀性气体的场所，如无法远离时，不应设在污染源的下风侧；变配电所为独立建筑时，不宜设在地势低洼和可能积水的场所；不应设在厕所、浴室或其他经常积水场所的正下方或贴邻。

二、变配电所建筑防火

（一）高、低压配电室

高压配电室应采用一、二级耐火等级建筑，低压配电室的耐火等级不应低于三级，并采用混凝土地面。长度大于7m的高压配电室和长度大于10m的低压配电室至少应有两个门，并应向外开启。相邻配电室之间一般不宜设门，如必须设门时，则应能向两个方向开启。配电室可以开窗，但必须设网格不大于20mm×20mm的铁丝网和遮雨棚，以防雨、雪侵入和小动物进入。

高、低压配电装置在同一室内时，装置间的距离应不小于1m。室内单台断路器、电流互感器和电压互感器的总油量为60kg以下时，一般要安装在两侧都有隔板的隔间内；总油量为60～600kg时，应安装在有防爆隔墙的隔间内；总油量超过600kg时，应安装在单独的防爆间内。室内单台断路器、电流互感器总油量在600kg以上时，还应设置储油或挡油设施，以防爆裂时燃烧着的油流散而扩大火灾损失。若门开向建筑物内时，应设置能容纳100%油量的储油设施或容纳20%油量的挡油设施，但后者应有将油排至安全处的设施。当门开向建筑物外时，则应设置能容纳100%油量的挡油设施。高压电缆沟内无小动物尸体和异物，孔洞封堵良好。低压电缆沟电缆排列整齐，无积水和杂物，盖板不得为可燃材料，电缆沟孔洞封堵。

（二）变压器室

油浸电力变压器室应采用一级耐火等级的建筑。对不易取得钢材和水泥的地区，可以采用独立的三级耐火等级的建筑。

容量在1000kVA以上的油浸电力变压器应安装在单独的变压器室内。室内应有良好的自然通风，室内温度不得超过45℃。如室温过高时，可使用机械通风。通风装置应设网格不大于10mm×10mm的铁丝网和防雨、雪侵入的措施。

油浸电力变压器、多油开关室、高压电容器室，应设置防止油品流散的设施。油浸电力变压器下面应设置储存变压器全部油量的事故储油设施。油浸电力变压器的总容量不应大于1260kVA，单台容量不应大于630kVA。应设置火灾自动报警装置。应设置与油浸变压器容量和建筑规模相适应的灭火设施。有下列情况之一时，变压器室的门应为防火门：①变压器室位于车间内；②变压器位于容易沉积可燃粉尘、可燃纤维的场所；③变压器附近有粮、棉及其他易燃物大量集中的露天场所；④变压器室位于建筑物的二层或更高层；⑤变压器室下面有地下室。

（三）蓄电池室

变配电所蓄电池组作用是为操作回路、信号回路和保护回路提供直流电源，也可用在其他地方作直流电源。蓄电池在充电过程中，尤其是在接近充电末期时，由于电流对水的分解作用，放出大量氢、氧气体，同时也逸出许多硫酸雾气。当室内含有的氢气浓度达到2%时，遇到火花极易引起爆炸。由于硫酸蒸气比空气重，大部分集聚在室内靠近地面处，氢气比空气轻，大多集聚在室内天花板下面。

（四）电容器室

电容器在变配电所是做功率因数补偿用的，1kV以上的电容器常安装在专用的电容器室，1kV以下的电容器或数量较少时，可安装在低压配电室或高压配电室。电容器是由1～3mm厚的薄板作外壳和芯子组成的。芯子常用铝箔作极板，两极板之间用电容纸作介质，也有用聚丙烯、聚苯乙烯等塑料薄膜作介质的。芯子装入油箱内，并充以电容器油，起绝缘和散热作用。电容器油的闪点在130～140℃。电容器运行中常见的故障是渗漏油、鼓肚和喷油等现象，如不及时处理会引起火灾。

电容器组应有单独的总开关控制，并有可靠的接地装置。高压电容器组应采用自动空气开关或熔断器保护，每一个电容器都应由单独的熔断器加以保护，熔体应根据电容器的额定电流选配。对于供高压开关试验用的电容器堆，还应设置适于扑灭电气火灾的固定灭火装置。

（五）柴油发电机房

柴油发电作为应急电源的一种，在供配电系统中起着提供备用电源的作用。由于柴油发电机中的燃料为柴油，是可燃液体，具有较高的火灾危险性。柴油发电机房布置在高层建筑和裙房内时，柴油的闪点应不低于55℃，机房可布置在建筑物的首层或地下一、二层，不应布置在地下三层及以下，并应采用耐火极限不低于2.00h的隔墙和1.50h的楼板与其他部位隔开，门应采用甲级防火门。此外，机房内应设置储油间，其总储存量不应超过8.00h的需要量，且储油间应采用防火墙与发电机间隔开；当必须在防火墙上开门时，应设置能自动关闭的甲级防火门。设置在建筑物内的柴油发电机，其进入建筑物内的燃料供给管道应在进入建筑物前和设备间内设置自动和手动切断阀。储油间的油箱应密闭且应设置通向室外的通气管，通气管应设置带阻火器的呼吸阀。油箱的下部应设置防止油品流散的设施。

三、消防设施设置

（一）火灾自动报警系统

火力发电厂及变配电所中的下列场所和设备应采用火灾自动报警系统，并且火灾自动报警系统的设计应符合现行《火灾自动报警系统设计规范》（GB 50116-2013）的有关规定。户内、外变电站的消防控制室应与主控制室合并设置，地下变电站的消防控制室宜与主控制室合并设置。

（二）灭火设施

高层建筑内的柴油发电机房宜设自动喷水灭火系统；单台容量为125MVA及以上的主变压器应设置水喷雾灭火系统、合成型泡沫喷雾系统或其他固定灭火系统；可燃油浸式电力变压器、充可燃油的高压电容器应设置水喷雾或排油注氮灭火系统；多油开关室宜设水喷雾或气体灭火系统，其他带油电气设备，宜采用干粉灭火器。地下变电站的油浸式变压器，宜采用固定式灭火系统。

第十章　消防监督检查

第一节　公安派出所消防监督检查形式、频次和范围

一、消防监督检查形式

（1）对单位（场所）履行法定消防安全职责情况的监督检查。主要对单位（场所）的消防合法性、消防安全管理、建筑防火、消防设施等情况进行监督检查。

（2）对举报投诉的消防安全违法行为的核查。接到举报投诉占用、堵塞、封闭疏散通道、安全出口或者其他妨碍安全疏散行为，以及擅自停用消防设施的，应当在接到举报投诉后二十四小时内进行核查；对其他消防安全违法行为的举报、投诉，应当在接到举报投诉之日起三个工作日内进行核查。对不属于公安派出所管辖的，应当依照《公安机关办理行政案件程序规定》在受理后及时移送公安机关消防机构处理。

（3）对村民委员会、居民委员会履行消防安全职责情况的监督检查。村（居）民委员会是村民、居民自我管理、自我教育、自我服务的基层群众性组织，与群众的日常生活最为接近，是我国消防工作的最基层组织。加强对村（居）民委员会履行消防安全职责情况的检查，有助于积极发挥基层群众性自治组织的作用，宣传、教育、动员、组织广大村民、居民开展群众性消防安全工作，是提高群众自防自救能力、增强全民消防安全素质的有效途径。

（4）根据需要进行的其他消防监督检查。其中比较常见的是各种专项消防安全检查，是政府、公安机关、公安机关消防机构根据火灾防控需要进行的一种检查，具有较强的突击性和针对性，检查对象、范围、目标相对明确，时间、步骤、方法、标准相对统一，通常应用于对某一行业、某一方面的消防安全专项治理或者突击开展的集中检查行动。

二、消防监督检查频次

公安派出所日常消防监督检查应当根据列管范围的消防工作特点，制定监督抽查工作计划，有针对性地开展消防安全检查。日常消防监督检查，可以结合其他警务工作同步实施。公安派出所对其日常监督检查范围的单位，应当每年至少进行一次日常消防监督检查，并应建立消防监督检查范围的单位台账，记载日常消防监督检查工作的情况。

三、消防监督检查范围

以下使用的“单位”一词涵盖“场所”和“个体工商户”的含义。

按照现行规定，公安派出所应当对除公安机关消防机构监管的消防安全重点单位外的非消防安全重点单位（统称为社区单位）实施日常监督检查。

派出所对负责监管的社区单位，应明确划分出消防监管重点单位和消防监管一般单位两类，其中安装有火灾自动报警或自动灭火系统设施的为公安派出所监管的重要单位（派出所可以根据自身情况将其他单位列为重要单位监管），其他为公安派出所监管的一般单位。对个体工商户、场所按照“自然人”进行监管，侧重于消防安全宣传教育。属地公安机关消防机构应协同公安派出所对重要单位开展消防监督抽查。旅馆住宿、文化娱乐场所等特殊行业的消防监督检查工作，除公安消防机构负责管辖外的单位，由所在地派出所参照治安管理模式进行监督检查。

第二节　社会单位、公民消防安全职责

一、机关、团体、企业、事业单位的消防安全职责

（1）落实消防安全责任制，制定本单位的消防安全制度、消防安全操作规程，制定灭火和应急疏散预案。

（2）按照国家标准、行业标准配置消防设施、器材，设置消防安全标志，并定期组织检验、维修，确保完好、有效。

（3）对建筑消防设施每年至少进行一次全面检测，确保完好、有效，检测记录应当完整准确，存档备查。

（4）保障疏散通道、安全出口、消防车通道畅通，保证防火防烟分区、防火间距符合消防技术标准。

（5）组织防火检查，及时消除火灾隐患。

（6）组织进行有针对性的消防演练。

（7）法律、法规规定的其他消防安全职责。

消防安全重点单位，除应当履行上述职责外，还应当履行下列消防安全职责：确定消防安全管理人，组织实施本单位的消防安全管理工作。建立消防档案，确定消防安全重点部位，设置防火标志，实行严格管理。实行每日防火巡查，并做好巡查记录。对职工进行岗前消防安全培训，定期组织消防安全培训和消防演练。

二、居民住宅区物业服务企业的消防安全职责

居民住宅区物业服务企业应当对管理区域内共用消防设施进行维护管理，提供消防安全防范服务。

（1）制定消防安全制度，落实消防安全责任，开展消防安全宣传教育。

（2）开展防火检查，消除火灾隐患。

（3）保障疏散通道、安全出口、消防车通道畅通。

（4）保障公共消防设施、器材以及消防安全标志完好、有效。

三、村民委员会、居民委员会的消防工作职责

（1）确定消防安全管理人，制定消防安全工作制度。

（2）组织制定防火安全公约，开展消防宣传教育。

（3）进行防火安全检查，对辖区消防水源、消防车通道、消防器材进行维护管理。

（4）结合实际建立志愿消防队等多种形式消防组织。

四、公民个人的消防安全权利和义务

任何个人都有维护消防安全、保护消防设施、预防火灾、报告火警的义务。成年人有参加有组织的灭火工作的义务。

（1）不得损坏、挪用或者擅自拆除、停用消防设施、器材，不得埋压、圈占、遮挡消火栓或者占用防火间距，不得占用、堵塞、封闭疏散通道、安全出口、消防车通道。

（2）发现火灾应当立即报警，无偿为报警提供便利，不得阻拦报警，严禁谎报火警。

（3）人员密集场所发生火灾，现场工作人员应当立即组织、引导在场人员疏散。

（4）按照公安机关消防机构或者公安派出所的要求保护火灾现场，接受事故调查，

如实提供与火灾有关的情况。

（5）任何人都有权对公安机关消防机构、公安派出所及其工作人员在执法中的违法行为进行检举、控告。

第三节　消防监督检查内容和方法

一、消防监督检查内容

（一）单位（场所）检查内容

（1）建筑物或者场所是否依法通过消防验收或者进行竣工验收消防备案，公众聚集场所是否依法通过投入使用、营业前的消防安全检查。

（2）是否制定消防安全制度。

（3）是否组织防火检查、消防安全宣传教育培训、灭火和应急疏散演练。

（4）消防车通道、疏散通道、安全出口是否畅通，室内消火栓、疏散指示标志、应急照明、灭火器是否完好、有效。

（5）生产、储存、经营易燃易爆危险品的场所是否与居住场所设置在同一建筑物内。

（6）设有消防设施的单位，是否对建筑消防设施定期组织维护保养。

（7）居民住宅区的物业服务企业是否对管理区域内共用消防设施进行维护管理。

（二）村（居）民委员会检查内容

（1）是否确定消防安全管理人。

（2）是否制定消防安全工作制度、村（居）民防火安全公约。

（3）是否开展消防宣传教育、防火安全检查。

（4）是否对社区、村庄消防水源（消火栓）、消防车通道、消防器材进行维护管理。

（5）是否建立志愿消防队等多种形式的消防组织。

（三）社区和村的检查内容

（1）居（村）民委员会是否设置消防工作室，是否明确消防安全管理人，是否组建多种形式消防队伍，是否组织开展消防安全管理工作，是否完善消防安全管理制度，是否建立消防安全档案；

（2）社区和村是否制定了防火安全公约；

（3）社区和村消防基础设施建设情况、消防设施器材的配备及维护保养情况；

（4）社区和村消防标识的设置情况；

（5）社区和村消防车通道、消防安全布局、防火间距、建筑防火等级情况；

（6）消防水源是否被埋压圈占、是否设有明显标志、消防水泵接合器是否好使好用；

（7）社区和村是否设置固定的消防宣传栏；

（8）社区和村的用火、用电、用气情况；

（9）社区和村电气设备的安装及线路、管路敷设情况；

（10）社区和村可燃物清理情况；

（11）居（村）民对火场疏散逃生、灭火器材的使用等相关消防知识的掌握情况；

（12）其他需要检查的内容。

二、消防监督检查方法

（一）单位（场所）检查方法

1.建筑物（场所）消防合法性检查

查阅被检查单位提供的相关法律文书，查询公安机关消防机构有关消防行政许可档案，或者登录当地互联网“消防办事大厅”系统，检查是否依法取得合格的《建设工程消防验收意见书》或者进行消防竣工验收备案；公众聚集场所是否依法通过投入使用、营业前消防安全检查，取得《公众聚集场所投入使用、营业前消防安全检查合格证》。

2.消防安全管理情况检查

查阅被检查单位提供的相关制度文本及落实情况记录，抽查员工掌握消防安全知识的情况。

（1）检查消防安全制度制定落实情况：检查是否确定消防安全管理人员，是否建立和落实逐级消防安全责任制和岗位消防安全责任制。根据场所大小检查是否制定消防安全教育培训、防火检查巡查、安全疏散设施管理、消防（控制室）值班、消防设施器材维护管理、火灾隐患整改、用火用电安全管理、易燃易爆危险品和场所防火防爆、专职和义务消防队的组织管理、灭火和应急疏散预案演练、燃气和电气设备的检查和管理、消防安全工作考评和奖惩等消防安全管理制度。

（2）检查员工消防安全教育培训情况：检查是否组织新上岗和进入新岗位的员工进行上岗前的消防安全培训；公众聚集场所是否至少每半年对员工进行一次消防安全培训。检查消防控制设备操作人员是否经过消防专门培训，持证上岗。抽查员工对消防安全知识的掌握情况，检查其是否了解本单位（场所）火灾危险性、能否报火警、能否扑救初期火灾、能否火场逃生自救。

（3）检查开展防火检查情况：检查机关、团体、事业单位是否至少每季度进行一次防火检查，其他单位是否至少每月进行一次防火检查。公众聚集场所是否组织防火巡查，营业期间的防火巡查是否至少每两小时进行一次；营业结束时是否对营业现场进行检查，消除遗留火种。

（4）检查灭火和应急疏散预案、制定演练情况：检查是否结合本单位实际制定灭火和应急疏散预案，是否至少每年组织一次演练。抽查员工是否掌握灭火和引导人员疏散逃生的技能。

（5）检查“合用场所”设置情况：对照建筑物有关档案资料，实地查看是否有改变建筑用途，是否违反规定将生产、储存、经营易燃易爆危险品的场所与居住场所设置在同一建筑物内。

3.建筑防火检查

（1）检查消防车通道：实地查看建筑周边是否设置消防车通道；消防车通道上是否停放车辆、摆放物品，占用、堵塞消防车通道；消防车通道上部4米范围内是否设置影响通行或操作的障碍物。

（2）检查疏散通道、安全出口：检查座椅、柜台设置和物品摆放是否影响安全出口和疏散通道的使用；检查场所使用、营业期间安全出口是否锁闭、堵塞；查看安全出口标志是否醒目、有无遮挡。

（3）检查常闭式防火门是否张贴“常闭”提示性标语，是否处于关闭状态，是否关闭密实；查看防火门外观及闭门器、顺序器、密封条、门扇等零部件是否完整好用，防火门是否向疏散方向开启。

（4）检查疏散指示标志：检查灯光疏散指示标志是否设置在疏散通道1米以下墙面或地面，是否醒目，有无遮挡，若有，是否完好、有效；检查疏散通道转角区和疏散门正上方是否设置灯光疏散指示标志，安全出口处是否设置安全出口标志；按下测试按钮或切断正常供电电源，检查灯光疏散指示标志是否启动，是否指向疏散方向。

（5）检查应急照明：检查消防控制室（值班室）、设备机房、疏散通道、人员聚集场所等部位是否设置应急照明灯具，若有，是否完好、有效；按下测试按钮或切断正常供电电源，检查应急照明灯具是否启动，目测亮度是否足够。

4.消防设施检查

（1）检查室内消火栓：检查是否设置室内消火栓，水枪、水带是否齐全、完好；检查消火栓是否有明显标识，是否被圈占或遮挡；测试消火栓是否有水，压力是否充足。

（2）检查灭火器：检查是否配置灭火器，灭火器选型是否正确，是否摆放在明显、便于取用的位置；检查灭火器是否超过使用期限，压力指针是否位于绿区。

（3）检查建筑消防设施：查阅被检查单位提供的建筑消防设施检测、维护报告或记录，检查是否定期组织维护保养。维护保养可以由单位自行进行，也可以委托具有资质的消防技术服务机构进行。

（4）检查共用消防设施维护管理：查阅物业服务企业对管理区域内共用消防设施的维护管理记录，对检查发现的问题是否采取整改措施；现场抽查、测试共用消防设施是否完好、有效。

（二）村（居）民委员会检查方法

1.检查消防安全管理人确定情况

查阅相关文件资料，检查是否建立消防安全管理组织，是否确定消防安全管理人。

2.检查消防安全工作制度制定落实情况

查阅相关文件资料，检查是否制定消防宣传教育、防火安全检查、消防器材配置及维护管理、火灾隐患整改、灭火和应急疏散预案、消防安全多户联防、多种形式消防队伍建设管理等消防安全工作制度。

3.检查防火安全公约制定情况

检查是否制定《村民防火安全公约》《居民防火安全公约》，是否在农村、社区的人员聚集场所张贴悬挂，并发放到户。检查《村民防火安全公约》《居民防火安全公约》是否包括应遵守消防法律法规、掌握防火灭火基本知识、管好生活用火、安全使用电器、教育儿童不要玩火等内容。

4.检查消防宣传教育情况

检查农村、社区是否设置消防宣传栏，是否定期组织消防宣传活动。抽查村民、居民对消防安全知识的掌握情况，检查其是否了解消防常识、是否会扑救初期火灾、是否会逃生自救。

5.检查开展防火安全检查情况

查阅有关档案资料，检查村（居）民委员会是否定期组织开展防火检查。

6.检查对消防水源、消防车通道、消防器材维护管理情况

查阅有关记录，查看、测试消防水源、消防车通道、消防器材运行情况，检查村

（居）民委员会是否落实消防设施器材维护管理职责。

7.检查多种形式消防队伍建立情况

查阅有关文件资料，抽查相关人员，检查是否建立志愿消防队、保安消防队、巡防队等多种形式的消防组织并开展训练、演练。抽查志愿消防队、保安消防队、巡防队队员对岗位职责和消防常识的掌握情况。

三、消防监督检查的特点

消防监督检查是公安消防机构依法行使的消防监督管理职责，具有以下3个特点：

（1）具有权威性。由于消防监督检查是法律赋予的职责，并且依据的是国家和地方消防（或与之有关的）法律法规，因此具有权威性。

（2）具有强制性。消防法律、法规对公民、法人和其他组织具有普遍约束力。公安消防机构对机关、团体、企业、事业单位的消防监督检查不受时间和场所的限制，不管被监督者是否愿意接受，监督检查具有强制作用。这种监督检查不同于企业、事业单位内部的防火检查，单位内部的防火检查是企业、事业单位自身的管理行为，不是执法行为。

（3）具有客观公正性。消防监督检查是一种抽查性检查，通过监督检查，督促企业、事业单位履行消防安全职责。公安消防机构在检查中发现并纠正违反消防法律法规行为，提出整改意见，消除火灾隐患，逾期不改的，依法实施处罚。监督检查的目的是纠正，辅之以处罚，具有客观公正性。

四、消防监督检查的作用

（1）督促企业事业单位切实贯彻预防为主，防消结合的消防工作方针，落实消防安全责任制。预防为主，防消结合这一方针是我国人民同火灾作斗争的科学总结，它正确反映了消防工作的客观规律。企业、事业单位应当认真贯彻落实各项消防法律、法规，制定消防安全管理制度和技术措施，切实落实消防安全责任制和逐级防火责任制。公安消防机构依法进行检查、监督，促进消防工作经常化、制度化。

（2）及时发现和纠正违反消防法律、法规的行为，消除火灾隐患。当前，由于人们的消防法制意识和安全意识不强，忽视消防安全，违法违章行为时有发生，据统计，每年由于违法违章造成的火灾占火灾总数的近一半，给社会造成很大危害。消防监督检查通过正确地行使法律手段，可以纠正违法违章行为，消除火灾隐患，保障消防安全。

五、消防监督检查的分工

公安部《消防监督检查规定》明确规定，消防监督检查由各级公安消防机构组织实施。上级公安消防机构对下级公安消防机构的消防监督检查工作负有监督和指导职责；直辖市、市（地区、州、盟）、县（市辖区、县级市）公安消防机构具体实施消防监督检查。公安派出所可以对居民住宅区的物业服务企业、居民委员会、村民委员会履行消防安全职责的情况和上级公安机关确定的单位实施日常消防监督检查。消防监督检查的分工，是依据行政区划和各级公安消防机构的职能划分的，并以城市为重点。

（一）消防监督检查分工的意义

1.有利于落实逐级责任制

实行监督检查的分工，使各级公安消防机构分工明确，责任清楚，能增强消防监督人员的责任感和自觉性，使之能经常地对管辖的单位实施监督检查，熟悉和掌握单位生产工艺及火灾危险性，并督促单位落实各项消防安全措施和防火责任制，有效地保障消防安全。

2.有利于突出对重点单位的管理

实行分级监督以后，将消防安全重点单位的监督检查交给所在市、区、县公安消防机构，有利于促进消防监督检查的制度化、经常化。同时，各级公安消防机构可根据辖区情况进行调查研究，突出重点，配备力量，做到抓住重点，兼顾一般，确保安全。

3.有利于加强宏观监督指导

由于实行分级监督检查，消防安全重点单位的日常性监督管理由当地公安消防机构负责，上级公安消防机构对下级公安消防机构经常进行监督检查指导，能够及时发现问题，纠正偏差，总结经验教训，有利于提高消防监督工作的整体水平。

（二）消防监督检查分工的原则

按照我国的行政区划和各级公安消防机构的职能，各级消防监督检查的职责是：

（1）省、自治区、直辖市公安消防机构主要负责：

①制定有关监督检查的法规政策，并组织实施；

②监督、检查、指导下级公安消防机构的消防监督检查工作。

（2）城市（包括直辖市、副省级市、地级市）公安消防机构具体实施消防监督检查，其职责是：直辖市公安消防机构除担负上述职责外，还担负着组织实施全市消防监督检查和市级消防安全重点单位的定期检查。副省级、地级市公安消防机构担负着全市消防监督检查的组织实施、市级消防安全重点单位的定期检查和对所属区、县公安消防机构的监督、检查、指导。

（3）地区（州、盟）公安消防机构主要担负对下级公安消防机构进行监督、检查、指导职责，也可以根据需要具体对重点单位实施监督检查。

（4）城市的区、县级市、县（旗）公安消防机构是具体担负消防监督检查的基层单位，负责区、县、旗消防安全重点单位的定期检查和非重点单位的抽查，并指导辖区公安派出所的消防监督检查工作。

（5）公安派出所负责对物业服务企业、居民委员会、村民委员会履行消防安全职责的情况和上级公安机关确定的单位实施日常消防监督检查。

六、歌舞娱乐放映游艺场所消防监督检查要点

（一）合法性

（1）是否通过投入使用、营业前的消防安全检查；

（2）《公众聚集场所投入使用、营业前消防安全检查合格证》是否上墙。

（二）消防安全管理

1.防火巡查、检查

（1）查档案资料，看是否按要求在营业时开展两小时防火巡查、每日防火巡查以及建筑消防设施每日巡查，并填写《两小时防火巡查记录本》《每日防火巡查记录本》《建筑消防设施巡查记录表》；查在营业时间和营业结束后，是否指定专人进行消防安全检查，清除烟蒂等火种，并记录。

（2）巡查中发现的问题，是否做出处理并记录处理结果。

2.其他消防安全管理

（1）歌舞娱乐放映游艺场所是否在明显位置和包间内设置安全疏散指示图；是否公示其最大容纳人数。

（2）休息厅、录像放映室、卡拉OK室、网吧内是否设置声音或视像警报，保证在火灾发生初期，将其画面、音响切换到应急广播和应急疏散指示状态。卡拉OK厅包房点歌系统是否在开机时播放音视频，提示逃生常识及路线、消防设施、器材位置及使用方法等。

（3）歌舞娱乐放映游艺场所营业期间是否有电气焊动火、设备维修、油漆粉刷等施工、维修作业；是否存放易燃易爆危险品，使用液化石油气。

（4）是否在每层明显位置设置安全疏散指示图，是否按规定配备疏散器材箱。

（5）主出入口处是否设置“消防安全告知书”。

（三）建筑防火

1.平面布局

（1）看是否设置在下列禁止设置的建筑内或部位：

①文物古建筑、博物馆、图书馆内；

②居民住宅内改建；

③厂房和仓库内、与重要仓库或危险物品仓库邻近的建筑内；

④有甲、乙类火灾危险性的生产、储存、经营的建筑及周边50m范围内；

⑤建筑耐火等级为三级及三级以下的建筑；

⑥地下二层及二层以下；

⑦坡地建筑的平顶层以下二层及二层以下；

⑧燃油、燃气锅炉房、油浸式电力变压器室的上一层、下一层或贴邻部位。

（2）歌舞娱乐放映游艺场所布置在建筑物内首层、二层或三层外的其他楼层时，是否符合下列规定：

①设置在地下一层时，地下一层地面与室外出入口地坪的高差不应大于10m；

②一个厅、室的建筑面积不应超过200m²；

③一个厅、室的出口不应少于两个，当一个厅、室的建筑面积小于等于50m²，可设置一个出口。

2.消防车通道

看是否设置影响消防扑救或遮挡排烟窗（口）的架空管线、广告牌等障碍物。

3.防火分隔

看分隔设施用材燃烧性能是否符合要求：

（1）歌舞娱乐放映游艺场所位于多用途、高层、地下、半地下建筑内或建筑的地上四层及四层以上时，应采用耐火极限不低于2.00h的不燃烧体隔墙和1.00h的不燃烧体楼板与其他部位隔开，并应满足各自不同工作或使用时间对安全疏散的要求，隔墙上开设的门为乙级防火门。

（2）位于地下、半地下或建筑的地上四层及四层以上的歌舞娱乐放映游艺场所的厅室应采用耐火极限不低于2.00h的不燃烧体隔墙和1.00h的不燃烧体楼板与其他部位隔开，厅、室的疏散门应设置乙级防火门。

4.装修材料

看是否有采用聚氨酯等易燃可燃材料装修。

（四）安全疏散

1.多层

歌舞娱乐放映游艺场所必须布置在袋形走道的两侧或尽端时，最远房间的疏散门至最近安全出口的距离不应大于9m。歌舞娱乐放映游艺场所的疏散走道、安全出口、疏散楼梯以及房间疏散门的各自总宽度，应按下列规定经计算确定：

（1）每层疏散走道、安全出口、疏散楼梯以及房间疏散门的每100人净宽度不应小于相关的规定；当每层人数不等时，疏散楼梯的总宽度可分层计算，地上建筑中下层楼梯的总宽度应按其上层人数最多一层的人数计算；地下建筑中，上层楼梯的总宽度应按其下层人数最多一层的人数计算；

（2）当歌舞娱乐放映游艺场所设置在地下或半地下时，其疏散走道、安全出口、疏散楼梯以及房间疏散门的各自总宽度，应按其通过人数每100人不小于1.0m计算确定；

（3）首层外门的总宽度应按该层或该层以上人数最多的一层人数计算确定，不供楼上人员疏散的外门，可按本层人数计算确定；

（4）录像厅、放映厅的疏散人数应按该场所的建筑面积1.0人/m²计算确定；其他歌舞娱乐放映游艺场所的疏散人数应按该场所的建筑面积0.5人/m²计算确定。

2.高层

歌舞娱乐放映游艺场所宜靠外墙设置，不应布置在袋形走道的两侧和尽端，其最大容纳人数按录像厅、放映厅为1.0人/m²其他场所为0.5人/m²计算，面积按厅室建筑面积计算。

看疏散通道、安全出口是否畅通，外窗及安全出口、疏散通道处是否设置影响逃生和灭火救援的栅栏，当必须设置时，应有从内部易于开启的装置。窗口、阳台等部位宜设置辅助疏散逃生设施。

七、宾馆消防监督检查要点

（一）建筑防火

1.平面布局

看宾馆建筑是否与甲、乙类厂房、仓库组合布置及贴邻布置；与丙、丁、戊类厂房、仓库组合布置。

2.消防车通道

看在穿过宾馆或进入宾馆内院的消防车道两侧，是否设置了影响消防车通行或人员安全疏散的设施。

（二）安全疏散

1.看安全疏散设施管理是否符合要求

（1）需要经常保持开启状态的防火门，应保证其在发生火灾时能自动关闭；自动和手动关闭的装置应完好有效；

（2）平时需要控制人员出入或设有门禁系统的疏散门，应有保证发生火灾时人员疏散畅通的可靠措施；

（3）安全出口、疏散门不得设置门槛和其他影响疏散的障碍物，且在其1.4m范围内不应设置台阶；

（4）安全出口、公共疏散走道上不应安装栅栏、卷帘门；

（5）窗口、阳台等部位不应设置影响逃生和灭火救援的栅栏；

（6）各楼层的明显位置应设置安全疏散指示图，指示图上应标明疏散路线、安全出口、人员所在位置和必要的文字说明；

（7）是否按规定配备疏散引导器材箱。

2.看避难层是否符合要求

宾馆所在建筑高度超过100m的，应设置避难层（间），并应符合下列规定：

（1）避难层的设置，自高层建筑首层至第一个避难层或两个避难层之间，不宜超过15层；

（2）通向避难层的防烟楼梯应在避难层分隔、同层错位或上下层断开，但人员均必须经避难层方能上下；

（3）避难层的净面积应能满足设计避难人员避难的要求，并宜按5人/m²计算；

（4）避难层可兼作设备层，但设备管道宜集中布置；

（5）避难层应设消防电梯出口；

（6）避难层应设消防专线电话，并应设有消火栓和消防卷盘；

（7）封闭式避难层应设独立的防烟设施；

（8）避难层应设有应急广播和应急照明，其供电时间不应小于1.00h，照度不应低于1.00Lx。

八、餐饮场所消防监督检查要点

（一）平面布局

贴邻建造、设置部位是否符合要求。

（1）餐饮场所不应设在燃油、燃气锅炉房，油浸式电力变压器室的上一层、下一层或贴邻部位；

（2）餐饮场所不应设在地下三层及三层以下；

（3）当餐饮场所设置于三级耐火等级建筑内部时不应超过两层或设置在三层及三层以上楼层，当餐饮场所设置于四级耐火等级建筑内部时不应设置在二层；

（4）当设在高层建筑内的餐饮场所使用可燃气体作为燃料时，厨房宜靠外墙设置；

（二）防火分隔

（1）当设在高层建筑内的餐饮场所使用丙类液体作为燃料时，液体储罐总储量不应超过15m³，当直埋于高层建筑或裙房附近，面向油罐一面4.00m范围内的建筑物外墙为防火墙时，其防火间距可不限。中间罐的容积不应大于1.00m³，并应设在耐火等级不低于二级的单独房间内，该房间的门应采用甲级防火门。

（2）当设在高层建筑内的餐饮场所采用瓶装液化石油气作燃料时，应设集中瓶装液化石油气间，液化石油气总储量不超过1.00m³的瓶装液化石油气间，可与裙房贴邻建造。总储量超过1.00m³而不超过3.00m³的瓶装液化石油气间，应独立建造，且与高层建筑和裙房的防火间距不应小于10m；

（3）高层建筑内餐饮场所的厨房烟道、燃气管道等设施与可燃物之间应采取防火隔热措施；

（4）设置在高层建筑内的餐饮场所的可燃气体或丙类液体的管道，严禁穿过防火墙。其他管道不宜穿过防火墙，当必须穿过时，应采用不燃烧材料将其周围的空隙填塞密实。

九、会展场馆消防监督检查要点

（一）平面布局

（1）看配套用房内设置的小卖部、餐饮、电子阅览室、会客厅、会议室等总平面布局、疏散是否与原设计相符。

（2）展厅内布展不应擅自改动、拆除、遮挡消防设施，且不应妨碍消防设施的正常使用。

（3）展厅内搭建的展示区域不应超过两层，布展构件与建筑原有结构、设备、设施之间的垂直距离不应小于2m。

（4）展位或搭建物与展厅墙体之间宜留出通道，其宽度不宜小于0.6m。

（5）展厅内布展严禁阻挡、圈占、损坏和挪用消火栓。严禁在防火卷帘正下方布置任何展品、展项。

（6）展厅内不应设置甲、乙类危险物品仓库或储藏间。展厅内设置的丙类物品储藏间，其建筑面积不应大于20m²，且应采用耐火极限不低于1.50h的隔墙、1.00h的楼板和乙级防火门进行分隔。

（7）使用燃油、燃气的厨房宜靠展厅的外墙布置，并应采用耐火极限不低于1.50h的隔墙、1.00h的楼板和乙级防火门窗与其他部位分隔。展厅内临时设置的敞开式食品加工区严禁使用明火，不应使用液化石油气。

（8）特殊展示区域：搭建双层展示区域后，展厅内允许容纳的最多人数不应超过原建筑设计的安全出口和疏散走道净宽度所允许容纳的最多人数；双层展示区域的疏散楼梯宜直通展厅的疏散通道或安全出口，疏散楼梯口1.4m范围内不应布置展品、展项；架空、封闭式参观步道楼（地）面不应布置展品、展项；架空、封闭式参观步道的疏散楼梯或疏散出口宜直通展厅的疏散通道或安全出口。

（二）装修材料

（1）展示区域的顶棚宜采用A级装修材料，墙面、地面应采用不低于B1级的装修材料。

（2）展场中搭建临时展棚的顶棚、墙面、地面、隔断均应采用不低于B1级的装修材料。

（3）展示区域内部通风管道及其保温材料应采用A级材料。

（4）布展构件应采用不燃或难燃材料。

（5）布展中搭建架空参观步道、封闭式参观步道使用的构件应采用不燃材料。

（6）布展中用于承载大型展品展物和布景、投影等设备的构件，其耐火极限不应低于1.00h。

（7）除展示品外，布展的固定家具、展台使用的材料不应低于B1级，悬挂装饰材料不应低于B2级；在展厅设置电加热设备的餐饮操作区内，与电加热设备贴邻的墙面、操作台均应采用A级材料；展厅内设置的与卤钨灯等高温照明灯具贴邻的布展材料不应低于B1级。

（三）安全疏散

（1）疏散通道宽度是否符合要求，展厅内应设置疏散通道，疏散通道的最小净宽度应符合：甲等展厅疏散主通道宽度不应小于6m，疏散次通道宽度不应小于3m；乙等展厅疏散主通道宽度不应小于5m，疏散次通道宽度不应小于2.5m；丙等展厅疏散主通道宽度不应小于3m，疏散次通道宽度不应小于1.5m。

（2）安全出口和疏散出口前1.4m范围内不应布置任何展品、展项。

（3）疏散通道、安全出口是否畅通，外窗及安全出口、疏散通道处是否设置影响逃生和灭火救援的栅栏，当必须设置时，应有从内部易于开启的装置。窗口、阳台等部位宜设置辅助疏散逃生设施。

（4）展厅内安全疏散路线应清晰、便捷、通畅，且宜与参观流线相结合。

（5）展厅内任何一点至最近的安全出口的行走距离不宜超过45m，当展位内可直接疏散至宽度不小于6m的疏散主通道时，最远点至安全出口的行走距离不应大于60m。

（6）展厅参观入口设置闸机时，不得影响安全出口的正常使用。闸机宜采用门扉式，且发生火灾时应全部自动开放。当采用其他类型的闸机时，应在闸机旁设置同等有效宽度的疏散出口或安全出口。

（7）展厅内的疏散通道不应设置踏步。安全出口和疏散出口1.4m范围内不应设置踏步。

（8）展厅的疏散走道、疏散楼梯、疏散出口的各自总宽度，应根据其通过人数和疏散净宽度指标计算确定。

十、医院、疗养院、养老院、福利院、消防监督检查要点

（一）消防安全管理

1.防火巡查、检查

查阅档案资料，属于消防安全重点单位的，是否按要求开展每日防火巡查，是否每日开展2次以上的夜间防火巡查，并填写《每日防火巡查记录本》和《建筑消防设施巡查记录表》。

2.消防安全重点部位

查阅档案资料，确认是否将放射科、手术室、高压氧舱、药（库）房等确定为消防安全重点部位，并张贴消防安全重点部位标识。

3.其他消防安全管理

（1）检查放射科

①X光机室是否符合要求：X光机室的耐火等级不宜低于二级；中型以上X光机，应设置专用的电源变压器；X光机的电缆应敷设在封闭的电缆沟内；X光机及设备部件应有良好的接地装置；X光机室必须有完善的安全规章制度。

②胶片室是否符合要求：胶片室应独立设置，并保持阴凉、干燥、通风；除存放胶片外，不得存放其他可燃、易燃物品和任何化学物质；陈旧的硝酸纤维胶片应及时清除处理，必须存放时，应擦拭干净存放在铁箱内，同醋酸纤维片分开存放；除照明用电外，室内不得安装、使用其他电气设备；胶片室内严禁吸烟，下班时应切断电源。

③CT/MR室是否符合要求：CT/MR室应定期测试各回路的电流值是否超标、温升是否正常；机房温度应控制在20±2℃以内，相对湿度应控制在（50±10）%以内；严禁放置其他易燃、可燃物品。

（2）检查手术室

①手术室应有良好的通风。

②杜绝高压漏气现象。

③各种医用电气设备必须使用原设备配置的电源插头，严禁随意更换插头。

④手术室配置的吸引器、电灼器等医疗设备应经常检修，防止产生漏电等故障。

⑤防静电。

⑥在有高压氧或使用可燃性麻醉剂时，严禁使用电炉或火炉，严禁使用酒精灯消毒器械。

（3）检查高压氧舱

①严禁在舱内使用强电。

②应采用舱外照明方式照明。

③严禁在舱内安装普通家用空调，舱内空调装置的电机及控制装置必须设置在舱外。

④摄像头应安装在舱外观察舱口处。

⑤氧舱安全阀应选用大排量安全阀。

⑥控制舱内氧浓度不应超过23%，严禁超过25%。

⑦舱内应尽量减少可燃物。

⑧医用氧舱供氧系统地管路及管路上的阀件，应采用难燃材料。

⑨病员应着统一的全棉制品病员服和拖鞋入舱。

⑩空气舱内应设置低毒高效能灭火器等消防设施，大型医用氧舱宜安装自动喷水灭火系统和应急呼叫装置。

⑪医用氧舱使用单位应制定医用氧舱安全管理、安全操作和岗位职责制度并严格执行。

（4）检查药（库）房

①药库应独立设置，不得与门诊部、病房等人员密集场所毗连。

②中草药库的药材应定期摊晾、注意防潮、预防发热自燃。

③药库内电气设备的安装、使用应符合防火要求。

④药库内禁止烟火。

⑤药房宜设在门诊部或住院部的底层，对易燃危险药品应限量存放，一般不得超过一天用量。

⑥药房内的废弃纸盒、纸屑不应随地乱丢，应集中在专用篓内，集中按时清除。

⑦药房内严禁烟火。照明灯具、开关、线路敷设、安装和使用应符合相关防火规定。

（5）检查病房楼

①是否在每层明显位置设置安全疏散指示图，是否按规定配备疏散器材箱。

②应急疏散预案中是否根据人员行动能力、病情轻重等情况分类进行疏散，并明确每类人员的专门疏散引导人员。

③病房内是否使用非医疗电热器具，是否使用液化石油气瓶。

④是否在病房和走道存放氧气瓶。

⑤是否在病房楼醒目位置设置消防安全知识资料取阅点供住院患者及其家属取阅。

⑥主要出入口处是否设置“消防安全告知书”。

（二）建筑防火

1.平面布局

（1）看楼层设置情况：

①疗养院、养老院、福利院等老年人建筑宜为三层及三层以下，设在四层及四层以上时应设电梯。

②老年人建筑和医院、疗养院的住院部分不应设置在三级耐火等级建筑的三层及三层以上楼层或地下、半地下建筑室内。

③老年人建筑和医院不应设置在耐火等级四级建筑的二层。

（2）看楼层高度

建筑高度超过24米的建筑为高层建筑。

2.防火分区

（1）多层建筑防火分区应符合下列要求：设置在三级耐火等级的建筑，防火分区最大面积1200m^2；设置在耐火等级四级的建筑，防火分区最大面积600m^2；当建筑设置自动灭火系统时，防火分区最大面积可增加1倍。

（2）高层建筑防火分区应符合下列要求：

①医院防火分区面积应为1000m^2。

②疗养院设在一类建筑时，防火分区面积应为1000m^2，设在二类建筑时防火分区面积应为1500m^2。

③当高层建筑与其裙房之间设有防火墙等防火分隔设施时，其裙房的防火分区面积应不大于2500m^2。

④以上情况当设有自动灭火系统时，防火分区面积可增加一倍，当局部设有自动灭火系统时，增加面积可按该局部面积的一倍计算。

3.装修材料

（1）医院病房楼设置在一类高层时，顶棚是否采用A级材料，固定家具和家具包布可为B2级、其他可为B1级。

（2）医院的病房、医疗用房设置在地下民用建筑时，顶棚、墙面是否采用A级材料，地面、隔断、固定家具及装饰织物为B1级，其他装饰材料为B2级。

（三）安全疏散

1.疏散通道

疏散通道宽度是否符合要求。多层：除有特殊规定外，疏散走道、安全出口的宽度应经计算确定，安全出口、房间疏散门的净宽度不应小于0.9m，疏散走道和疏散楼梯的净宽度不应小于1.1m。疏散门不应设置门槛，其净宽不应小于1.4m，且紧靠门口内外各1.4m范围内不应设置踏步。室外疏散小巷的净宽度不应小于3m，并应直接通向宽敞地带。

高层建筑内走道的净宽，应按通过人数每100人不小于1m计算；高层建筑首层疏散外门的总宽度，应按人数最多的一层每100人不小于1m计算。疏散楼梯间及其前室的门的净宽应按通过人数每100人不小于lm计算，但最小净宽不应小于0.9m。单面布置房间的住宅，其走道出垛处的最小净宽不应小于0.9m。

2.安全出口

疏散通道、安全出口是否畅通，是否在疏散通道设置影响疏散的床位，外窗及安全出口、疏散通道处是否设置影响逃生和灭火救援的栅栏，当必须设置时，应有从内部易于开启的装置。窗口、阳台等部位宜设置辅助疏散逃生设施。

十一、影剧院消防监督检查要点

（一）建筑防火

1.平面布局

看贴邻建造、设置部位是否符合要求：

（1）不应设在文物古建筑、博物馆、图书馆内。

（2）不应设在居民住宅内改建。

（3）不应设在厂房和仓库内、与重要仓库或危险物品仓库邻近的建筑内。

（4）不应设在有甲、乙类火灾危险性的生产、储存、经营的建筑及周边50m范围内。

（5）不应设在燃油、燃气锅炉房，油浸式电力变压器室的上一层、下一层或贴邻部位。

（6）不应设在地下二层及二层以下。

（7）影剧院宜设置在耐火等级不低于二级的建筑物内；已经核准设置在三级耐火等级建筑内的影剧院场所，应当符合特定的防火安全要求。

（8）影剧院建筑设在三级耐火等级建筑内时，不应超过二层或设置在三层及三层以上楼层。

（9）影剧院设置在建筑物内首层、二层或三层外的其他楼层时，应符合下列规定：

①不应布置在地下二层及二层以下。设置在地下一层时，地下一层地面与室外出入口地坪的高差不应大于10m。

②影剧院的观众厅、多功能厅，一个厅、室的建筑面积不应超过400m²。

③一个厅、室的出口不应少于两个，当一个厅、室的建筑面积小于等于50m²，可设置一个出口。

2.防火分隔

看分隔设施用材燃烧性能是否符合要求

（1）剧院等建筑的舞台与观众厅之间的隔墙应采用耐火极限不低于3.00h的不燃烧体。舞台上部与观众厅闷顶之间的隔墙可采用耐火极限不低于1.50h的不燃烧体，隔墙上的门应采用乙级防火门。舞台下面的灯光操作室和可燃物储藏室应采用耐火极限不低于2.00h的不燃烧体墙与其他部位隔开。剧院后台的辅助用房的隔墙应采用耐火极限不低于2.00h的不燃烧体，隔墙上应采用乙级防火门窗。

（2）影剧院位于多用途、高层、地下、半地下建筑内或建筑的地上四层及四层以上时，应采用耐火极限不低于2.00h的不燃烧体隔墙和1.00h的不燃烧体楼板与其他部位隔开，必须开门时，应满足各自不同工作或使用时间对安全疏散的要求，影视的隔墙、楼板也应符合上述要求，影剧院观众厅的疏散门应为甲级防火门。

（3）影剧院通风和空调系统的送回风总管及穿越防火分区的送回风管道应在防火墙两侧设置防火阀；影剧院放映机房的空调系统不应回风。

（4）电影放映室、卷片室应采用耐火极限不低于1.50h的不燃烧体隔墙与其他部分隔开。观察孔和放映孔应采取防火分隔措施。

3.装修材料

（1）观众厅内座席台阶结构应采用不燃材料。

（2）观众厅吊顶内吸声、隔热、保温材料应采用A级材料；银幕架、扬声器支架应采用不燃材料制作，银幕和所有幕帘材料不应低于B1级。

（3）顶棚、墙面装饰采用的龙骨材料均应为A级材料；顶棚应采用A级装修材料，其他部位应采用不低于B1级的装修材料；风管、消声设备及保温材料应采用不燃材料。

（4）不应有使用聚氨酯等易燃可燃材料装修的现象。

（二）安全疏散

1.影剧院疏散通道、安全出口的设置是否符合要求

（1）综合建筑内设置的电影院应设置在独立的竖向交通附近，并应有人员集散空

间；应有单独的出入口通向室外，并应设明显标识；安全出口、疏散通道是否畅通；外窗及安全出口、疏散通道处不应设置影响逃生和灭火救援的栅栏；影剧院应在明显位置和观众厅内应设置安全疏散指示图，按规定配备疏散器材箱。

（2）影剧院不应设置在袋形走道的两侧和尽端，当设在多层建筑内且必须布置在袋形走道的两侧或尽端时，其安全疏散距离不应大于9m。

（3）观众厅疏散门不应设置门槛，在紧靠门口1.40m范围内不应设置踏步，且向疏散方向开启，应采用自动推门式门锁，严禁采用推拉门、卷帘门、折叠门、转门等，有等场需要的入场门不应作为观众厅的疏散门。

（4）观众厅每个疏散门的平均疏散人数不应超过250人，当容纳人数超过2000人时，其超过2000人的部分每个疏散门的平均疏散人数不应超过400人。

（5）观众厅在布置疏散走道时，横走道之间的座位排数不宜超过20排；纵走道之间的座位数每排不宜超过22个。

（6）放映机房应有一处外开门通至疏散通道，其楼梯和出入口不得与观众厅的楼梯和出入口合用。

2.疏散通道宽度是否符合要求

多层建筑内的影剧院除有特殊规定外，疏散走道、安全出口的宽度应经计算确定，安全出口、房间疏散门的净宽度不应小于0.9m，疏散走道和疏散楼梯的净宽度不应小于1.1m。人员密集的公共场所、观众厅的疏散门不应设置门槛，其净宽不应小于1.4m，且紧靠门口内外各1.4m范围内不应设置踏步。人员密集的公共场所的室外疏散小巷的净宽度不应小于3m，并应直接通向宽敞地带。观众厅内疏散走道的净宽度每100人不应小于0.6m，且最小不应小于1.0m；边走道的净宽度不小于0.8m。

十二、易燃易爆危险物品储存、经营场所消防监督检查要点

（一）消防安全管理

1.仓库储存管理

（1）露天存放物品应当分类、分堆、分组和分垛，并留出必要的防火间距。堆场的总储量以及与建筑物等之间的防火距离，必须符合建筑设计防火规范的规定。

（2）甲、乙类桶装液体，不宜露天存放。必须露天存放时，在炎热季节必须采取降温措施。

（3）库存物品应当分类、分垛储存，每垛占地面积不宜大于100m²，垛与垛间距不小于1m，垛与墙间距不小于0.5m，垛与梁、柱间距不小于0.3m，主要通道的宽度不小于2m。

（4）甲、乙类物品和一般物品以及容易相互发生化学反应或者灭火方法不同的物品，必须分间、分库储存，并在醒目处标明储存物品的名称、性质和灭火方法。

（5）易自燃或者遇水分解的物品，必须在温度较低、通风良好和空气干燥的场所储存，并安装专用仪器定时检测，严格控制湿度与温度。

（6）物品入库前应当有专人负责检查，确定无灭种等隐患后，方准入库。

（7）甲、乙类物品的包装容器应当牢固、密封，发现破损、残缺、变形和物品变质、分解等情况时，应当及时进行安全处理，严防跑、冒、滴、漏。

（8）使用过的油棉纱、油手套等沾油纤维物品以及可燃包装，应当存放在安全地点，定期处理。

（9）库房内因物品防冻必须采暖时，应当采用水暖，其散热器、供暖管道与储存物品的距离不小于0.3m。

（10）甲、乙类物品库房内不准设办公室、休息室。其他库房必须设办公室时，可以贴邻库房一角设置无孔洞的一、二级耐火等级的建筑，其门窗直通库外，具体实施应征得当地公安消防监督机构的同意。

（11）储存甲、乙、丙类物品的库房布局、储存类别不得擅自改变。如确需改变的，应当报经当地公安消防监督机构同意。

2.仓库装卸管理

（1）进入库区的所有机动车辆，必须安装防火罩。

（2）蒸汽机车驶入库区时，应当关闭灰箱和送风器，并不得在库区清炉。仓库应当派专人负责监护。

（3）汽车、拖拉机不准进入甲、乙、丙类物品库房。

（4）进入甲、乙类物品库房的电瓶车、铲车必须是防爆型的；进入丙类物品库房的电瓶车、铲车，必须装有防止火花溅出的安全装置。

（5）各种机动车辆装卸物品后，不准在库区、库房、货场内停放和修理。

（6）库区内不得搭建临时建筑和构筑物。因装卸作业确需搭建时，必须经单位防火负责人批准，装卸作业结束后立即拆除。

（7）装卸甲、乙类物品时，操作人员不得穿戴易产生静电的工作服、帽和使用易产生火花的工具，严防震动、撞击、重压、摩擦和倒置。对易产生静电的装卸设备要采取消除静电的措施。

（8）库房内固定的吊装设备需要维修时，应当采取防火安全措施，经防火负责人批准后，方可进行。

（9）装卸作业结束后，应当对库区、库房进行检查，确认安全后，方可离人。

3.仓库电气装置和电器设备管理

（1）仓库的电气装置必须符合国家现行的有关电气设计和施工安装验收标准规范的规定。

（2）甲、乙类物品库房和丙类液体库房的电气装置，必须符合国家现行的有关爆炸危险场所的电气安全规定。

（3）储存丙类固体物品的库房，不准使用碘钨灯和超过六十瓦以上的白炽灯等高温照明灯具。当使用日光灯等低温照明灯具和其他防燃型照明灯具时，应当对镇流器采取隔热、散热等防火保护措施，以确保安全。

（4）库房内不准设置移动式照明灯具。照明灯具下方不准堆放物品，其垂直下方与储存物品水平间距离不得小于0.5m。

（5）库房内敷设的配电线路，需穿金属管或用非燃硬塑料管保护。

（6）库区的每个库房应当在库房外单独安装开关箱，保管人员离库时，必须拉闸断电。禁止使用不合规格的保险装置。

（7）库房内不准使用电炉、电烙铁、电熨斗等电热器具和电视机、电冰箱等家用电器。

（8）仓库电器设备的周围和架空线路的下方严禁堆放物品。对提升、码垛等机械设备易产生火花的部位，要设置防护罩。

（9）仓库必须按照国家有关防雷设计安装规范的规定，设置防雷装置，并定期检测，保证有效。

（10）仓库的电器设备，必须由持合格证的电工进行安装、检查和维修保养。电工应当严格遵守各项电器操作规程。

4.仓库火源管理

（1）仓库应当设置醒目的防火标志。进入甲、乙类物品库区的人员，必须登记，并交出携带的火种。

（2）库房内严禁使用明火。库房外动用明火作业时，必须办理动火证，经仓库或单位防火负责人批准，并采取严格的安全措施。动火证应当注明动火地点、时间、动火人、现场监护人、批准人和防火措施等内容。

（3）库房内不准使用火炉取暖。在库区使用时，应当经防火负责人批准。

（4）防火负责人在审批火炉的使用地点时，必须根据储存物品的分类，按照有关防火间距的规定审批，并制定防火安全管理制度，落实到人。

（5）库区以及周围50m内，严禁燃放烟花爆竹。

5.仓库器材管理

（1）仓库内应当按照国家有关消防技术规范，设置、配备消防设施和器材。

（2）消防器材应当设置在明显和便于取用的地点，周围不准堆放物品和杂物。

（3）仓库的消防设施、器材，应当由专人管理，负责检查、维修、保养、更换和添置，保证完好有效，严禁圈占、埋压和挪用。

（4）甲、乙、丙类物品国家储备库、专业性仓库以及其他大型物资仓库，应当按照国家有关技术规范的规定安装相应的报警装置，附近有公安消防队的宜设置与其直通的报警电话。

（5）对消防水池、消火栓、灭火器等消防设施、器材，应当经常进行检查，保持完整好用。地处寒区的仓库，寒冷季节要采取防冻措施。

（6）库区的消防车道和仓库的安全出口、疏散楼梯等消防通道，严禁堆放物品。

（二）建筑防火

1.平面布局

（1）看是否有生产、储存、经营易燃易爆危险品或其他物品的场所与居住场所设置在同一建筑内的情况；

（2）易燃易爆危险物品储存、经营场所设置部位是否符合下列要求：

①甲、乙类仓库不应设置在地下和半地下。

②桶装、瓶装甲类液体不应露天存放。

③甲、乙类仓库的耐火等级不能低于一、二级。

④甲、乙类液体储罐区，液化石油气储罐区，应设置在城市（区域）的边缘或相对独立的安全地带，并宜设置在城市（区域）全年最小频率风向的上风侧。

⑤甲、乙类液体储罐（区）宜布置在地势较低的地带。当布置在地势较高的地带时，应采取安全防护设施。液化石油气储罐（区）宜布置在地势平坦、开阔等不易积存液化石油气的地带。

（3）易燃易爆危险物品储存、经营场所平面布置是否符合下列要求：

①仓库内严禁设置员工宿舍。甲、乙类仓库严禁设置办公室、休息室等，并不应贴邻建造。在丙、丁类仓库设置的办公室、休息室，应采用耐火极限不低于2.50h的不燃烧体隔墙和不低于1.00h的楼板与库房隔开，并应设置独立的安全出口。如隔墙上需开设相互连通的门时，应采用乙级防火门。

②甲、乙仓库内不应设置铁路线。

③桶装、瓶装甲类液体不应露天存放。液化石油气储罐组或储罐区四周应设置高度不小于1.0m的不燃烧实体防护墙。甲、乙、丙类液体储罐区，液化石油气储罐区，可燃、助燃气体储罐区，可燃材料堆场，应与装卸区及办公区分开布置。

④甲、乙类仓库，甲、乙类液体储罐（区）及乙类液体桶装堆场与建筑物，甲、乙类

液体储罐之间的防火间距是否符合要求。

⑤甲、乙类液体储罐成组布置时，组内储罐的单罐储量和总储量是否符合规范要求。组内储罐的布置不应超过两排。甲、乙类液体立式储罐之间的防火间距不应小于 2m，卧式储罐之间的防火间距不应小于 0.8m。

2.消防车通道

看消防车道、消防车登高面用途是否改变，是否被占用。

（1）仓库区内应设置消防车道。甲类仓库、占地面积大于1500m^{2}的乙类仓库，应设置环形消防车道。

（2）液化石油气储罐区，甲、乙类液体储罐区和可燃气体储罐区，应设置消防车道。区内环形消防车道之间宜设置连通的消防车道。区中间消防车道与环形消防车道连接处应满足消防车转变半径的要求。

（3）消防车道不应设置影响消防车作业的障碍物。

（4）消防车路面、扑救作业场地及其下面的管道和暗沟等应能承受大型消防车的压力。

3.防火分隔

看分隔设施用材燃烧性能是否符合要求。

（1）甲、乙类液体的地上式、半地下式储罐或储罐组，其四周应设置不燃烧体防火堤。防火堤的设置应符合下列规定：

①防火堤内的储罐布置不宜超过两排。

②防火堤的有效容量不应小于其中最大储罐的容量。对于浮顶罐、防火堤的有效容量可为其中最大储罐容量的一半。

③防火堤内侧基脚线至立式储罐外壁的水平距离不应小于管壁高度的一半。防火堤内侧基脚线至卧式储罐的水平距离不应小于3m。

④防火堤的设计高度应比计算高度高出0.2m，且其高度应为1.0 ~ 2.2m，并应在防火堤的适当位置设置灭火时便于消防队员进出防火堤的踏步。

⑤沸溢性液体地上式、半地下式储罐，每个储罐应设置一个防火堤或防火隔堤。

⑥含油污水排水管应在防火堤的出口处设置水封设施，雨水排水管应设置阀门等封闭、隔离装置。

（2）甲、乙、丙类仓库内布置有不同类别火灾危险性的房间，其隔墙应采用耐火极限不低于2h的不燃烧体，隔墙上的门窗应为乙级防火门窗。

（3）高层仓库屋面板的耐火极限低于1h时，防火墙应高出不燃烧体屋面0.4m以上，高出燃烧体或难燃烧体屋面0.5m以上。其他情况时，防火墙可不高出屋面，但应砌至屋面结构层的底面。

（4）防火墙上不应开设门窗洞口，当必须开设时，应设置固定的或火灾时能自动关闭的甲级防火门窗。

（三）安全疏散

易燃易爆经营及储存场所应急灯具的设置要点。

在正常运行时可能出现爆炸性气体混合物的环境（1区）适用：隔爆型固定式灯、隔爆型携带式电池灯、隔爆型指示灯类、隔爆型镇流器；慎用：隔爆型移动式灯、增安型镇流器；不适用：增安型固定式灯、增安型指示灯。

在正常运行时不可能出现爆炸性气体混合物的环境（2区）适用：隔爆型固定式灯、隔爆型携带式电池灯、隔爆型指示灯类、隔爆型镇流器、隔爆型移动式灯、增安型镇流器、增安型固定式灯、增安型指示灯。

（四）消防设施

1.火灾自动报警系统

下列场所应设火灾自动报警系统：

（1）每座占地面积大于1000m^{2}的棉、毛、丝、麻、化纤及其织物的库房，占地面积超过500m^{2}或总建筑面积超过1000m^{2}的卷烟库房。

（2）建筑内可能散发可燃气体、可燃蒸气的场所应设可燃气体报警装置。

（3）按二级负荷供电且室外消防用水量大于30L/s的仓库宜设置漏电火灾报警系统。

（4）大于或等于50000m^{3}的浮顶罐应采用火灾自动报警系统，泡沫灭火系统可采用手动或遥控控制。大于或等于10000m^{3}的浮顶罐，泡沫灭火系统应采用程序控制。

2.室内消火栓

建筑占地面积大于300m^{2}的仓库应设室内消火栓。

3.自动灭火系统

（1）自动喷水灭火系统：下列场所应设置自动喷水灭火系统。

每座占地面积大于1000m^{2}的棉、毛、丝、麻、化纤、毛皮及其制品的仓库；每座占地面积大于600m^{2}的火柴仓库；邮政楼中建筑面积大于500m^{2}的空邮袋库；建筑面积大于500m^{2}的可燃物品地下仓库；可燃、难燃物品的高架仓库和高层仓库（冷库除外）。

（2）雨淋喷水灭火系统：下列场所宜设置雨淋喷水灭火系统。

①建筑面积超过60m^{2}或储存量超过2t的硝化棉、喷漆棉、火胶棉、赛璐珞胶片、硝化纤维的仓库。

②日装瓶数量超过3000瓶的液化石油气储配站的罐瓶间、实瓶库。

（3）泡沫灭火系统：下列场所宜设置泡沫灭火系统。

①石油库的油罐应设置泡沫灭火设施；缺水少电及偏远地区的四、五级石油库中，当设置泡沫灭火设施较困难时，亦可采用烟雾灭火设施。覆土油罐灭火药剂宜采用合成型高倍数泡沫液，地上式油罐的中倍数泡沫灭火药剂宜采用蛋白质中倍数泡沫液。

②可燃液体火灾宜采用低倍数泡沫灭火系统。

③液化石油气油罐区应设置灭火系统和消防冷却系统，且灭火系统宜为低倍数泡沫灭火系统。

④下列场所应采用固定式泡沫灭火系统：单罐容积大于或等于1000m^{3}的非水溶性和单罐容积大于或等于500m^{3}水溶性甲、乙类可燃液体的固定顶罐及浮盖为易熔材料的内浮顶罐；单罐容积大于或等于50000m^{3}的可燃液体浮顶罐；机动消防设施不能进行有效保护的可燃液体罐区；地形复杂消防车扑救困难的可燃液体罐区。

⑤下列场所可采用移动式泡沫灭火系统：罐壁高度小于7m或容积等于或小于200m^{3}的非水溶性可燃液体储罐；润滑油储罐；可燃液体地面流淌火灾、油池火灾。

⑥下列场所宜采用半固定式泡沫灭火系统：除安装固定式和移动式泡沫灭火系统以外的可燃液体罐区；工艺装置及单元内的火灾危险性大的局部场所。

（4）气体灭火系统：

①国家、省级或人口超过100万的城市广播电视发射塔内的微波机房、分米波机房、米波机房、变配电室和不间断电源（UPS）室；②国际电信局、大区中心、省中心和一万路以上的地区中心内的长途程控交换机房、控制室和信令转接点室；③两万线以上的市话汇接局和六万门以上的市话端局内的程控交换机房、控制室和信令转接点室；④中央及省级公安、防灾和网局级及以上的电力等调度指挥中心内的通信机房和控制室；⑤A、B级电子信息系统机房内的主机房和基本工作间的已记录磁（纸）介质库；⑥中央和省级广播电视中心内建筑面积不小于120m^{2}的音像制品库房；⑦国家、省级或藏书量超过100万册的图书馆内的特藏库；中央和省级档案馆内的珍藏库和非纸质档案库；大、中型博物馆内的珍品库房；一级纸绢质文物的陈列室；⑧其他特殊重要设备室。

第四节　消防监督检查程序和要求

公安派出所民警按照规定程序进行消防监督检查时，应当双人执法，着制式警服，并出示执法身份证件。

一、单位（场所）消防监督检查

（一）工作流程

（1）派出所检查人员实施消防监督检查，不应少于2人。

（2）检查时，当场逐项填写《公安派出所日常消防监督检查记录》，一式两份，一份交被检查单位或村（居）民委员会，一份存档。

（3）未发现消防安全违法行为或火灾隐患的，按要求填写《公安派出所日常消防监督检查记录》后直接存档。

（4）对发现被检查单位的建筑物未依法通过消防验收，或者未进行竣工消防验收备案，擅自投入使用的；公众聚集场所未依法通过使用、营业前的消防安全检查，擅自使用、营业的，应在检查之日起五个工作日内，附《公安派出所日常消防监督检查记录》《案件移送通知书》，移交当地公安消防机构处理。

（5）对违法行为轻微并当场改正完毕，依法可以不予行政处罚的，口头责令改正，并在《公安派出所日常消防监督检查记录》上注明。

（6）对发现严重威胁公共安全的火灾隐患，应当在责令改正的同时书面报告本级人民政府或街道办事处和公安消防机构。

（二）工作要求

1.检查准备

（1）了解单位基本情况。查阅被检查单位基础台账或档案资料，了解单位的地址、单位主管人员或经营人员、单位性质、建筑概况及历次消防监督检查等情况。

（2）准备检查文书和器材。准备《公安派出所日常消防监督检查记录》《责令改正通知书》，以及照相机、摄像机等必要的消防监督检查器材。

2.现场检查

实施检查时，应当根据不同的检查内容，分别采取查阅、查看、功能测试、询问等方式方法，了解被检查单位的消防安全状况。在检查中对涉及的消防设施和器材，应当检查其配备种类和数量是否符合要求、设施器材是否完好有效等情况。

3.填写检查记录

公安派出所对单位（场所）、居民住宅区物业服务企业进行消防监督检查，应当填写《公安派出所日常消防监督检查记录》，记录表中所列单位基本情况、单位履行消防安全职责情况、责令改正情况、移送公安机关消防机构处理等内容应如实填写。

4.检查后的处理

（1）未发现消防违法行为或火灾隐患。检查中未发现单位（场所）、居民住宅区物业服务企业存在消防违法行为或火灾隐患的，填写《公安派出所日常消防监督检查记录》，一式两份，一份交被检查单位，一份存档。

（2）属于轻微违法行为。检查中发现消防违法行为轻微并当场整改完毕，依法可以不予行政处罚的，应当口头责令改正，并在《公安派出所日常消防监督检查记录》“备注”栏内注明，一式两份，一份交被检查单位，一份存档。

（3）应当依法责令改正的。检查中发现单位（场所）存在下列情形的，应当在《公安派出所日常消防监督检查记录》中注明，填写《责令改正通知书》，交被检查单位。

①未制定消防安全制度、未组织进行防火检查和消防安全教育培训、消防演练的；

②占用、堵塞、封闭疏散通道、安全出口的；

③占用、堵塞、封闭消防车通道，妨碍消防车通行的；

④埋压、圈占、遮挡消火栓或者占用防火间距的；

⑤室内消火栓、灭火器、疏散指示标志和应急照明未保持完好有效的；

⑥人员密集场所在外墙门窗上设置影响逃生和灭火救援的障碍物的；

⑦违反消防安全规定进入生产、储存易燃易爆危险品场所的；

⑧违反规定使用明火作业或者在具有火灾、爆炸危险的场所吸烟、使用明火的；

⑨生产、储存和经营易燃易爆危险品的场所与居住场所设置在同一建筑物内的；

⑩未对建筑消防设施定期组织维护保养的。

以上第①、⑩项行为，以及发现居民住宅区物业服务企业未对管理区域内共用消防设施进行维护管理的，应当责令限期改正。对依法责令限期改正的，应当根据改正违法行为的难易程度合理确定改正期限，并在《公安派出所日常消防监督检查记录》“责令改正情况”栏中注明，责令改正期限届满或者收到当事人复查申请之日起三个工作日内进行复查。对逾期不改正的，依法予以处理。

（4）应当依法移交的。公安派出所在日常消防监督检查中，发现被检查单位存在下列情形的，应当在检查之日起五个工作日内填写《案件移送通知书》，书面移交公安机关消防机构处理。

①建筑物未依法通过消防验收，或者未进行竣工验收消防备案，擅自投入使用的；

②公众聚集场所未依法通过使用、营业前的消防安全检查，擅自投入使用、营业的；

③其他需要移交的消防违法行为或火灾隐患。

（5）严重威胁公共安全的。公安派出所在消防监督检查中，发现存在下列火灾隐患，严重威胁公共安全的，应当责令改正，并在《公安派出所日常消防监督检查记录》“责令改正情况”栏中注明，同时书面报告乡镇政府或者街道办事处和公安机关消防机构。

①违法设置烟花爆竹、瓶装液化气等易燃易爆危险品销售、储存点的；

②废品收购站、柴草堆场等大型可燃物品堆放场所与周边建筑防火间距不足的；

③生产、经营、储存、住宿在同一个空间或建筑的“三合场所”；

④其他一旦发生火灾可能造成重大人员伤亡和财产损失的。

二、村（居）民委员会消防监督检查

（一）工作流程

（1）检查准备。

（2）现场检查。

（3）填写《公安派出所日常消防监督检查记录》。

（4）存档。

（二）工作要求

1.检查准备

（1）了解村（居）民委员会基本情况。查阅村（居）民委员会基础台账或档案资料，了解其地址、主要负责人、辖区消防安全状况及历次消防监督检查等情况。

（2）准备检查文书和器材。准备《公安派出所日常消防监督检查记录》，以及照相机、摄像机等必要的消防监督检查器材。

2.现场检查

实施检查时，应当根据不同的检查内容，分别采取查阅、查看、功能测试、询问走访等方法，了 解被检查村（居）民委员会的消防工作开展情况。

3.填写检查记录

公安派出所对村（居）民委员会进行日常消防监督检查，应当填写《公安派出所日常消防监督检查记录》，记录表中所列单位名称、主要负责人、地址、检查日期、村（居）民委员会履行消防安全职责情况等内容必须如实填写。

4.检查后的处理

针对检查中发现的问题，公安派出所应当现场予以指出，帮助、指导村（居）民委员会改正；对拒不改正的，应当在《公安派出所日常消防监督检查记录》“备注”栏内注明，并书面报告乡镇政府或者街道办事处和公安机关消防机构。

三、重大火灾隐患监督整改工作要求

（一）判定

1.重大火灾隐患发现

消防监督人员在进行消防监督检查或者核查群众举报投诉时，发现被检查单位存在可能构成重大火灾隐患的情形，应当在《公安派出所日常消防监督检查记录》中详细记明，收集建筑情况、使用情况等能够证明火灾危险性、危害性的相关影像、文字资料，并在2日内书面报告本级公安机关消防机构行政负责人。

2.重大火灾隐患判定程序及要求

（1）根据消防监督人员的书面报告，公安机关消防机构行政负责人应当组织集体研究判定是否存在重大火灾隐患，且参与人数不应少于3人。

（2）对于涉及复杂或者疑难技术问题的，应由公安消防机构组织专家成立专家组进行技术论证。专家组应由当地政府有关行业主管、监管部门和相关消防技术专家组成，人数不应少于7人。

（3）集体研究或专家论证时，建筑业主和管理、使用单位等涉及利害关系的人员可以参加讨论，但不应进入专家组。

（4）集体讨论或专家论证应形成会议纪要，并做出结论性意见，作为判定是否存在重大火灾隐患的依据。判定为存在重大火灾隐患的结论性意见应有2/3以上参加集体讨论或专家论证的人员同意。会议纪要应当包含以下主要内容：

①会议主持人及参加会议人员的姓名、单位、职务、技术职称；

②拟判定为存在重大火灾隐患的事实和依据；

③讨论或论证的具体事项、参会人员意见；

④具体判定意见、整改措施和整改期限；

⑤组织集体讨论的主持人签名，参加专家论证的人员签名。

3.重大火灾隐患判定步骤

判定是否存在重大火灾隐患，应当按照下列步骤进行：

（1）确定建筑或场所类别；

（2）确定建筑物或场所是否可以直接判定为存在重大火灾隐患；

（3）对不存在直接判定情形的，根据建筑物或场所类别，确定是否可以综合判定为存在重大火灾隐患；

（4）核定是否存在下列可以不判定为重大火灾隐患的情形：

①可以立即整改的；

②因国家标准修订引起的，法律法规有明确规定的除外；

③对重大火灾隐患依法进行了消防技术论证，并已采取相应技术措施的；

④发生火灾不足以导致重大火灾事故后果或严重社会影响的。

4.重大火灾隐患判定规则

存在下列情形之一且不存在可以不判定为重大火灾隐患情形的建筑或场所，可直接判定为存在重大火灾隐患：

（1）生产、储存和装卸易燃易爆化学物品的工厂、仓库和专用车站、码头、储罐区，未设置在城市的边缘或相对独立的安全地带；

（2）甲、乙类厂房设置在建筑的地下、半地下室；

（3）甲、乙类厂房、库房或丙类厂房与人员密集场所、住宅或宿舍混合设置在同一建筑内；

（4）公共娱乐场所、商店、地下人员密集场所的安全出口、楼梯间的设置形式及数量不符合规定；

（5）旅馆、公共娱乐场所、商店、地下人员密集场所未按规定设置自动喷水灭火系统或火灾自动报警系统；

（6）易燃可燃液体、可燃气体储罐（区）未按规定设置固定灭火、冷却设施。

（二）重大火灾隐患的处理

1.报告及通知整改

在消防监督检查中，发现本地区存在影响公共安全的重大火灾隐患的，公安机关消防机构应当组织集体研究确定，自检查之日起7个工作日内提出处理意见，由所属公安机关书面报告本级人民政府解决；在确定之日起3个工作日内制作、送达重大火灾隐患整改通知书。重大火灾隐患判定组织专家论证的，前述规定的期限可以延长10个工作日。

2.销案

重大火灾隐患整改期限届满，或者单位提前整改完毕并向公安机关消防机构申请复查的，公安机关消防机构应当自整改期限届满或收到复查申请之日起3个工作日内进行复查，填写《消防监督检查记录（其他形式消防监督检查适用）》。对经复查确认重大火灾隐患已经消除的，应当向单位送达《重大火灾隐患销案通知书》。

四、重点单位及其他场所消防监督检查要求

（一）消防监督检查要点（公共部分）

1.看什么

（1）看平面布局是否符合规范要求。

①看生产、储存、经营易燃易爆危险品或其他物品的场所是否与居住场所设置在同一建筑内。

②看生产、储存、经营其他物品的场所与居住场所设置在同一建筑物内的，是否符合规范要求。

③看设置楼层和部位是否符合规范要求，是否设置在禁止的建筑内或部位。

（2）看消防车道、消防车登高面用途是否改变，是否被占用，是否设置影响消防扑救或遮挡排烟窗（口）的架空管线、广告牌等障碍物。

（3）看防火间距、用途是否改变，是否被占用。

（4）看防火分区是否被擅自改变。

（5）看防火分隔是否符合规范要求和日常管理要求，包含下列几种情况。

①看防火卷帘下方是否堆放杂物。

②看其他防火分隔是否彻底、严密。

③看分隔设施用材燃烧性能是否符合规范要求。

（6）看室内装修、装饰材料的防火性能是否符合规范要求。人员密集场所室内装修、装饰是否使用不燃、难燃材料。

（7）看疏散通道是否畅通，人员密集场所外窗及安全出口、疏散通道处是否设置影响逃生和灭火救援的栅栏，当必须设置时，内部是否设置了易于开启的装置。窗口、阳台等部位是否设置了辅助疏散逃生设施。

（8）看公共疏散门是否向疏散方向开启，是否采用侧拉门、卷帘门、吊门和转门。人员密集场所防止外部人员随意进入的疏散用门，是否设置了火灾发生时不需使用钥匙等任何器具即能迅速开启的装置，并是否在明显位置设置使用提示。

（9）看常闭式防火门是否处于常闭状态。

（10）看应急照明及疏散指示标志的设置是否符合规范要求。

（11）看消防设施的设置是否符合设计规范、标准要求，应该设置消防设施的场所、部位是否漏设。看消防设施设备是否有明显标识和使用提示。看消防设施的外观，是否有明显损坏的情况。看消防水泵房阀门是否处于正常工作状态（常闭或常开状态），主要阀

门是否设置铅封等限位措施。

（12）看消防控制室是否有人值班，值班人数是否为2人。

（13）看防排烟设施进出风口是否被遮挡。

（14）看灭火器是否摆放在显眼、方便取用的位置，压力是否充足。

（15）看是否违反规定使用明火作业或在具有火灾、爆炸危险的场所吸烟、使用明火的情况。

（16）看是否违反消防安全规定进入生产、储存易燃易爆危险品场所的情况。

（17）看是否违反有关消防技术标准和管理规定生产、储存、运输、销售、使用、销毁易燃易爆危险品的情况。

2.问什么

（1）问消防安全责任人、消防安全管理人和专兼职消防安全管理人员，是否清楚单位消防安全制度建立情况和自身职责；是否清楚灭火和应急疏散预案内容；是否熟悉本单位建筑内部消防设施的设置情况、消防重点部位基本情况；是否懂得如何组织开展防火检查、检查的内容和频次以及发现消防隐患如何处理。

（2）问防火巡查人员和消防设施维保人员，是否熟悉消防设施维护保养的内容、频次和防火巡查的内容、频次；是否知道巡查中发现问题如何处理。

（3）问疏散引导员，是否熟悉具体职责；是否清楚疏散器材的数量及位置；是否熟练使用疏散器材；是否熟悉消防疏散通道、安全出口的数量及具体位置；是否知道发生火灾时如何组织顾客疏散。

（4）问消防水泵房、发电机房、配电房等特殊岗位的员工是否清楚制度内容及操作规程。

（5）问电气焊工、电工、易燃易爆化学物品操作人员是否熟悉本工种操作过程中的火灾危险性，掌握消防基本知识和防火、灭火基本技能。

（6）问一般员工是否懂本单位（场所）火灾危险性，懂火灾扑救方法，懂火灾预防措施；是否会报警、会使用灭火器材、会逃生自救。

（7）问消防控制室值班人员，是否熟悉火灾应急处置流程，是否熟悉消防设施的操作。

3.查什么

（1）查合法性，建筑物或者场所是否依法通过消防验收合格或者进行竣工验收消防备案抽查合格。依法进行竣工验收消防备案但没有进行备案抽查的建筑物或者场所是否符合消防技术标准。公众聚集场所是否通过投入使用、营业前的消防安全检查，《公众聚集场所投入使用营业的消防安全合格证》是否上墙。

（2）查一致性，建筑物或者场所使用情况与消防验收或者竣工验收消防备案时的使用性质是否相符，消防设施的设置是否与原设计一致。

（3）查资料档案。

①查消防安全制度建立情况是否完备，主要包含：消防安全教育、培训；防火巡查、检查；安全疏散设施管理；消防（控制室）值班；消防设施、器材维护管理；火灾隐患整改；用火、用电安全管理；易燃易爆危险物品和场所防火防爆；专职和义务消防队的组织管理；灭火和应急疏散预案演练；燃气和电气设备的检查和管理（包括防雷、防静电）；消防安全工作考评和奖惩；其他必要的消防安全制度。

②查灭火和应急疏散预案，看灭火和应急预案的制定是否与单位实际情况相符；属于消防安全重点单位的，是否每半年组织一次演练；其他单位是否每年组织一次演练；灭火和疏散预案，承担灭火和组织疏散任务的人员是否确定。

③查员工消防安全培训，属于消防安全重点单位的，是否对每名员工每年进行一次消防安全培训；属于公众聚集场所的，是否每半年进行一次消防安全培训；单位是否组织新上岗和进入新岗位的员工进行上岗前的消防安全培训。

④查消防安全管理人员的确立，是否明确单位的消防安全责任人、消防安全管理人、消防安全专兼职人员。

⑤查防火巡查、检查记录，是否按要求开展防火巡查以及建筑消防设施巡查，并填写记录。巡查中发现的问题，是否做出处理并记录处理结果。其中，消防安全重点单位是否每日进行防火巡查；公众聚集场所在营业期间的防火巡查是否至少每两小时一次，营业结束时是否对营业现场进行检查，消除遗留火种。医院、养老院、寄宿制学校、托儿所、幼儿园是否加强夜间防火巡查，其他消防安全重点单位是否结合实际组织夜间防火巡查。机关、团体、事业单位是否至少每季度进行一次防火检查，其他单位是否至少每月进行一次防火检查。

⑥查设施维保检测记录，消防设施、器材和消防安全标志是否每月组织维修保养；是否每季度对自动消防设施进行检测，并填写《建筑消防设施检测记录表》。对建筑消防设施存在的问题和故障，是否及时通知维修人员进行维修，并填写《建筑消防设施故障维修记录表》。签约的消防设施维护保养和检测技术服务机构，是否具有相应等级资质。

⑦查户籍化系统，是否按照户籍化系统要求建立消防安全户籍化管理档案，实施日常消防安全管理，并通过户籍化系统向当地公安机关消防机构进行“三项报告”备案。

4.测什么

（1）安全疏散：

①测安全出口以及主要疏散通道最小净宽是否符合要求。

②测安全疏散距离是否符合要求。

（2）火灾自动报警系统：

①火灾报警控制器接收火灾触发器件的火灾报警信号、光信号、报警声和指示火灾的发生部位与抽查部位对应是否准确。

②火灾报警信号是否优先于故障信号。

③联动测试消防水泵、防排烟系统、应急广播、消防电梯、防火卷帘等各类消防设施动作是否正常。

④报警控制器的测试参照《消防控制室检查要点》。

（3）室内消火栓系统：

①测屋顶试验消火栓的水压及流量是否符合要求。

②抽查室内消火栓箱内的水枪、水带等配件是否齐全，水带与接口绑扎是否牢固。

③任选一个室内消火栓，接好水带、水枪，测水枪出水是否正常。

④联动测试，将消防控制室联动控制设备设置在自动位置，按下消火栓箱内的启泵按钮后，消火栓泵是否启动，控制设备能否正确显示启泵信号，水枪出水是否正常。

⑤手动测试，通过消防水泵控制柜能否直接启停室内消火栓泵。

⑥远程测试，通过火灾报警控制器能否直接启停室内消火栓泵。

（4）室外消火栓系统：测水压和流量是否符合要求。

（5）自动喷水灭火系统：

①通过末端试水装置测试水压是否达到0.05MPa。

②联动测试，在末端试水装置进行放水试验，测水流指示器、报警阀、压力开关、喷淋泵动作是否正常，反馈信号是否正常。

③手动测试，通过消防水泵控制柜能否直接启停喷淋泵。

④远程测试，通过火灾报警控制器能否直接启停喷淋泵。

⑤通过湿式报警阀测试水力警铃报警声强度是否达到70dB。

（6）防烟排烟系统：

①手动测试，通过末端控制柜，启动防、排烟风机，测风机是否正常工作。

②远程测试，通过消防控制室远程启动风机和排烟口、排烟防火阀，测风机工作是否正常。

③联动测试，楼层内任一火灾探测器或手动火灾报警按钮报警，本层的常闭正压送风口开启，正压送风机是否启动运转；火灾探测器（或手动火灾报警按钮）所在的防烟分区内活动挡烟垂壁下降，常闭排烟口开启，排烟风机是否启动运转；同时停止有关部位的空调送风，关闭电动防火阀，是否向火灾报警控制器反馈信号；当通风与排烟合用风机时，防烟分区内火灾探测器（或手动火灾报警按钮）报警，风机是否自动切换到排烟运行状态；当空调系统与排烟合用管道时，防烟分区内火灾探测器（或手动火灾报警按钮）报

警，能否开启排烟区域的排烟口和排烟风机，并自动关闭与排烟无关的通风、空调系统。

④使用风速计测排烟口风量，计算排烟量是否符合要求；

⑤使用微压计测封闭楼梯间或防烟楼梯间及其前室压力是否符合要求。

（7）防火卷帘：

①手动测试，使用防火卷帘按钮，手动测试防火卷帘升降是否正常。

②联动测试，通过手动报警按钮、火灾探测器等模拟火灾报警信号，测试防火卷帘动作是否正常。

③远程测试，通过火灾报警控制器测试防火卷帘升降是否正常。

④安装在疏散通道上的防火卷帘，是否在一个相关探测器报警后下降至距地面1.8m处停止，另一个相关探测器报警后，是否继续下降至地面。

（8）应急广播：

①手动测试，在消防控制室选层用话筒播音，检查播音区域是否正确、音质是否清晰。

②联动测试，自动控制室方式下，模拟火灾报警，核对是否按设定的控制程序自动启动火灾应急广播的区域，并检查播音区域是否正确、音质是否清晰。

③强制切换测试，火灾应急广播与公共广播合用时，公共广播扩音机处于关闭和播放状态下，能否在消防控制室自动和手动将火灾疏散层的扬声器和公共广播扩音机强制切换到火灾应急广播。

④声级测试，用声级计测试启动火灾应急广播前的环境噪声，当大于60dB时，重复测试启动火灾应急广播后扬声器播音范围内最远点的声压级，并与环境噪声对比。火灾应急广播是否高于背景噪声15dB。

（9）消防电梯：

①手动测试，触发首层的消防电梯迫降按钮，测试消防电梯能否下降至首层，此时其他楼层按钮不能呼叫消防电梯，只能在轿厢内控制。

②联动测试，模拟火灾报警，测试消防电梯能否下降至首层。

③轿厢内的专用电话能否与消防控制室或电梯机房通话。

④观测从首层至顶层的运行时间是否超过60s。

（二）消防控制室消防监督检查要点

1.看什么

（1）消防控制室是否设置在耐火等级不低于二级的独立建筑内；当附设在其他建筑物内时，是否设置在建筑物的首层或地下一层，并设置直通室外的安全出口，是否采用耐火极限不小于2h的隔墙和耐火极限不小于1.5h的楼板与其他部位隔开；门是否向疏散方向开启，并在入口处设有明显标志。

（2）室内是否有无关的电气线路和管路穿过；空气调节系统的送、回风管在穿越消防控制室墙体处是否设置防火阀；周围是否布置电磁场干扰较强及其他影响消防控制设备工作的设备用房。

（3）消防控制室是否设置可直接报警的外线电话，是否设置应急照明。

（4）消防控制室内设备的布置是否符合下列要求：设备面板前的操作距离，单列布置时不应小于1.5m，双列布置时不应小于2m。在值班人员经常工作的一面，设备面盘至墙的距离不应小于3m。设备面盘后的维修距离不宜小于1m。设备面盘的排列长度大于4m时，其两端应设置宽度不小于1m的通道。集中火灾报警控制器或火灾报警控制器安装在墙上时，其底边距地面高度宜为1.3～1.5m，其靠近门轴的侧面距墙不应小于0.5m，正面操作距离不应小于1.2m。

（5）消防控制室值班人员是否有2人值班，胸前是否悬挂“消防控制室值班人员工作证”，值班过程中是否有脱岗、瞌睡、打游戏等情况；是否有无关人员进入消防控制室。

（6）消防控制室内是否存放易燃易爆危险物品和与设备运行无关的物品或杂物。

（7）消防控制室是否具备CRT图形显示功能；墙上是否悬挂《消防控制室日常管理制度》《消防控制室火灾事故应急处置程序》《消防控制室火灾事故应急处置程序图示》。

（8）是否设有消防档案资料柜，内容是否齐全并包含下列内容。

①建（构）筑物竣工后的建筑消防总平面布局图、建筑平面布置图、建筑消防设施平面布置图和系统图、消防安全组织机构图、消防安全重点部位示意图。

②消防安全管理规章制度，应急灭火、应急疏散预案等。

③消防安全组织结构图，包括消防安全责任人、管理人，专职、义务消防人员等内容。

④消防安全培训记录、应急灭火和疏散预案演练记录。

⑤值班情况、消防安全检查情况及巡查情况的记录。

⑥消防系统控制逻辑关系说明、设备使用说明书、系统操作规程、系统和设备维护保养制度等。

⑦设备运行状况记录、接报警记录、火灾处理情况记录、设备检测检修报告等资料。其中，建筑消防设施的原始技术资料应当长期保存；《消防控制室值班记录表》《建筑消防设施巡查记录表》的存档时间不应少于一年；《建筑消防设施检测记录表》《建筑消防设施维护保养记录表》的存档时间不应少于五年。

（9）是否设有消防应急装备柜，并包含以下器材：灭火器；战斗服；战斗靴；头盔；消防斧；防毒面具；通信联络工具；应急手电筒或灯具。

2.问什么

（1）消防控制室值班操作人员对火灾事故的应急处置程序是否熟悉，对本单位建筑内部消防设施的设置情况、消防重点部位基本情况是否熟悉。

（2）消防控制室值班人员接到火灾报警信息后是否按以下方式处理：

①接到火灾报警信息后，应以最快方式确认。

②确认为误报的，及时复位并在《消防控制室值班记录表》中进行记录；确认为故障的，查找故障原因并填写《建筑消防设施故障维修记录表》。

③火灾确认后，消防控制室值班人员应立即确认火灾报警联动控制开关是否处于自动状态，同时拨打火警电话报警。

④立即启动单位内部灭火和应急疏散预案，同时报告单位消防安全责任人。

（3）发生火灾时，消防控制室值班操作人员如何报警，报警时应当说明哪些内容，是否清楚通知楼层人员疏散的顺序，是否清楚应当启动相关部位的哪些消防设施，当不能自动控制的情况下，如何手动启动相应消防设施。

（4）定期开展消防设施巡查，应当检查哪些内容；检查中发现设施故障应当如何处理。

（5）交接班的程序，以及交什么、接什么。

3.查什么

（1）《消防控制室值班记录表》与火灾自动报警系统历史记录进行对比，内容是否真实；是否每两小时对消防设备的运行情况进行一次记录，记录内容中所反映的故障、火警、误报等情况，是否及时做出处理并记录处理结果。

（2）是否按要求开展消防设施巡查，并填写《建筑消防设施巡查记录表》；巡查中发现的问题，是否做出处理并记录处理结果。各类单位开展消防设施巡查频次如下：

①公共娱乐场所营业时，应结合公共娱乐场所每两小时巡查一次的要求，视情况将建筑消防设施的巡查部分或全部纳入其中，但全部建筑消防设施应当保证每日至少巡查一次。

②消防安全重点单位，每日巡查一次。

③其他单位，每周巡查一次。

（3）自动喷水灭火系统、防烟排烟系统和联动控制的防火卷帘等消防设施是否设置在自动状态，其他消防设施（消防电梯）如设置在手动状态，能否在火灾情况下迅速转为自动控制状态。

（4）核查消防控制室值班操作人员职业资格证是否真实、有效。

4.测什么

（1）室内消火栓系统是否有控制消防水泵启、停的功能；是否显示消防水泵的工作、故障状态；是否显示启泵按钮的位置。

（2）自动喷水灭火和水喷雾灭火系统是否有控制系统启、停的功能；是否显示消防水泵的工作、故障状态；是否显示水流指示器、报警阀、安全信号阀的工作状态。

（3）管网气体灭火系统是否显示系统的手动、自动工作状态；在报警、喷射各阶段，控制室是否有相应的声、光警报信号，并能手动切除声响信号；在延时阶段能否关闭防火门、窗，停止通风空调系统，关闭有关部位防火阀；是否有显示气体灭火系统防护区的报警、喷放及防火门（卷帘）、通风空调等设备状态的控制、显示功能。

（4）泡沫灭火系统是否有控制泡沫泵及消防水泵启、停的功能；是否有显示系统工作状态的控制、显示功能。

（5）干粉灭火系统是否有控制系统启、停的功能；是否有显示系统工作状态的控制、显示功能。

（6）常开防火门能否在门任一侧的火灾探测器报警后自动关闭；防火门关闭信号是否有送到控制室的控制、显示功能。

（7）感烟、感温火灾探测器的报警信号及防火卷帘的关闭信号是否有送到控制室的控制显示功能。

（8）火灾报警后，防烟、排烟设施是否有停止有关部位的空调送风，关闭电动防火阀，并接收其反馈信号的功能；能否启动有关部位的防烟和排烟风机、排烟阀等，并接收其反馈信号；是否有控制挡烟垂壁等防烟设施的控制、显示功能。

（9）消防控制设备能否监控用于火灾应急广播时的扩音机的工作状态，能否在发生火灾时将火灾疏散层的扬声器和公共广播扩音机强制转入火灾应急广播状态；是否设置火灾应急广播备用扩音机，其容量是否符合要求；火灾应急广播能否播放预先录制的紧急广播内容，是否还可以通过话筒做紧急疏散。

（10）能否显示火灾报警、故障报警部位；显示保护对象的重点部位、疏散通道及消防设备所在位置的平面图或模拟图等。

（11）能否在配电箱进行双电源切换，并显示系统供电电源的工作状态。

（12）在确认火灾后，能否切断有关部位的非消防电源，并接通警报装置及火灾应急照明灯和疏散标志灯。能否控制电梯全部停于首层，并接收其反馈信号。

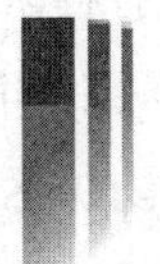

第十一章　消防安全管理

第一节　消防安全重点单位管理

一、消防安全重点单位的范围及界定标准

（一）消防安全重点单位的范围

（1）商场（市场）、宾馆（饭店）、体育场（馆）、会堂、公共娱乐场所等公众聚集场所。

（2）医院、养老院和寄宿制学校、托儿所、幼儿园。

（3）国家机关。

（4）广播电台、电视台和邮政、通信枢纽。

（5）客运车站、码头、民用机场。

（6）公共图书馆、展览馆、博物馆、档案馆以及具有火灾危险性的文物保护单位。

（7）发电厂（站）和电网经营企业。

（8）易燃易爆化学物品的生产、充装、储存、供应、销售单位。

（9）服装、制鞋等劳动密集型生产、加工企业。

（10）重要的科研单位。

（11）高层公共建筑、地下铁道、地下观光隧道，粮、棉、木材、百货等物资仓库和堆场。

（12）其他发生火灾可能性较大以及一旦发生火灾可能造成重大人身伤亡或者财产损失的单位。

（二）消防安全重点单位的界定标准

1.商场（市场）、宾馆（饭店）、体育场（馆）、会堂、公共娱乐场所等公众聚集场所

（1）建筑面积在1000m²及以上，经营可燃商品的商场（商店）。

（2）客房数在50间以上的宾馆（旅馆、饭店）。

（3）公共的体育场（馆）、会堂。

（4）建筑面积在200m²及以上的公共娱乐场所。

2.医院、养老院和寄宿制学校、托儿所、幼儿园

（1）住院床位在50张以上的医院。

（2）老人住宿床位在50张以上的养老院。

（3）学生住宿床位在100张以上的学校。

（4）幼儿住宿床位在50张以上的托儿所、幼儿园。

3.国家机关

（1）县级以上的党委、人大、政府、政协。

（2）人民检察院、人民法院。

（3）中央和国务院各部委。

（4）共青团中央、全国总工会、全国妇联的办事机关。

4.广播、电视和邮政、通信枢纽

（1）广播电台、电视台。

（2）城镇的邮政、通信枢纽单位。

5.客运车站、码头、民用机场

（1）候车厅、候船厅的建筑面积在500m²以上的客运车站和客运码头。

（2）民用机场。

6.公共图书馆、展览馆、博物馆、档案馆以及具有火灾危险的文物保护单位

（1）建筑面积在2000m²以上的公共图书馆、展览馆。

（2）公共博物馆、档案馆。

（3）具有火灾危险性的县级以上文物保护单位。

7.易燃易爆化学物品的生产、充装、贮存、供应、销售单位

（1）生产易燃易爆化学物品的工厂。

（2）易燃易爆气体和液体的灌装站、调压站。

（3）贮存易燃易爆化学物品的专用仓库（堆场、贮罐场所）。

（4）营业性汽车加油站、加气站，液化石油气供应站（换瓶站）。

（5）经营易燃易爆化学物品的化工商店（其界定标准，以及其他需要界定的易燃易爆化学物品性质的单位及其标准，由省级公安机关消防机构根据实际情况确定）。

8.劳动密集型生产、加工企业，生产车间员工在100人以上的服装、鞋帽、玩具等劳动密集的企业

9.高层公共建筑、地下铁道、地下观光隧道，粮、棉、木材、百货等物资仓库和堆场，重点工程的施工现场

（1）高层公共建筑的办公楼（写字楼）、公寓楼等。

（2）城市地下铁道、地下观光隧道等地下公共建筑和城市重要的交通隧道。

（3）国家储备粮库、总储量在10000t以上的其他粮库。

（4）总储量在500t以上的棉库。

（5）总储量在10000m^3以上的木材堆场。

（6）总贮存价值在1000万元以上的可燃物品仓库、堆场。

（7）国家和省级等重点工程的施工现场。

二、消防安全重点单位的消防安全职责

（一）单位的消防安全职责

（1）落实消防安全责任制，制定本单位的消防安全制度、消防安全操作规程，制定灭火和应急疏散预案。

（2）按照国家标准、行业标准配置消防设施、器材，设置消防安全标志，并定期组织检验、维修，确保完好有效。

（3）对建筑消防设施每年至少进行一次全面检测，确保完好有效，检测记录应当完整准确，存档备查。

（4）保障疏散通道、安全出口、消防车通道畅通，保证防火防烟分区、防火间距符合消防技术标准。

（5）组织防火检查，及时消除火灾隐患。

（6）组织进行有针对性的消防演练。

（7）法律、法规规定的其他消防安全职责。

（二）消防安全重点单位的消防安全职责

消防安全重点单位除应当履行以上职责外，还应当履行下列消防安全职责：

（1）确定消防安全管理人，组织实施本单位的消防安全管理工作。

（2）建立消防档案，确定消防安全重点部位，设置防火标志，实行严格管理。

（3）实行每日防火巡查，并建立巡查记录。

（4）对职工进行岗前消防安全培训，定期组织消防安全培训和消防演练。

三、消防安全重点单位管理的基本措施

（一）落实消防安全责任制度

任何一项工作目标的实现，都不能缺少具体负责人和负责部门，否则，该项工作将无从落实。消防安全重点单位的管理工作也不能例外。目前许多单位消防安全管理分工不明，职责不清，使得各项消防安全制度和措施难以真正落实。因此，消防安全重点单位应当成立消防安全组织机构，明确逐级和岗位消防安全职责，确定各级各岗位的消防安全责任人，做到分工明确，责任到人，各尽其职，各负其责，形成一种科学、合理的消防安全管理机制，确保消防安全责任、消防安全制度和措施落到实处。

消防安全重点单位还必须将已明确的本单位的消防安全责任人、消防安全管理人报当地公安机关消防机构备案，以便按照消防安全重点单位的要求进行严格管理。

（二）制定并落实消防安全管理制度

单位管理制度是要求单位员工共同遵守的行为准则、办事规则或安全操作规程。为加强消防安全管理，各单位从本单位的特点出发，结合本单位的实际情况，制定并落实符合单位实际的消防安全管理制度，规范本单位员工的消防安全行为。消防安全重点单位需重点制定并落实以下消防安全管理制度。

1.消防安全教育培训制度

为普及消防安全知识，增强员工的法制观念，提高其消防安全意识和素质，单位应根据国家有关法律法规和省、市消防安全管理的有关规定，制定消防安全教育培训制度，对单位新职工、重点岗位职工、普通职工接受消防安全宣传教育和培训的形式、频次、要求等进行规定，并严格按规定逐一落实。

2.防火检查、巡查制度

防火检查、巡查是做好单位消防安全管理工作的重要环节，要想使防火检查和巡查成为单位消防安全管理的一种常态管理，并能够起到预防火灾、消除隐患的作用，就必须严格遵守制度的约束。制度的基本内容应当包括：单位逐级防火检查制度；规定检查的内容、依据、标准、形式、频次等；明确对检查部门和被检查部门的要求。

3.火灾隐患整改制度

明确规定对当场整改和限期整改的火灾隐患的整改要求，对特大火灾隐患的整改程序和要求以及整改记录、存档要求等。

4.消防设施、器材维护管理制度

重点单位应当根据国家及省市相关规定制定消防设施、器材维护管理制度并组织落实。制度应明确消防器材的配置标准、管理要求、维护维修、定期检测等方面的内容，加强对消防设施、器材的管理，确保其完好有效。

5.用火、用电安全管理制度

确定用火管理范围；划分动火作业级别及其动火审批权限和手续；明确用火、用电的要求和禁止的行为。

6.消防控制室值班制度

明确规定消防控制室值班人员的岗位职责及能力要求；明确规定24小时值班、换班要求、火警处置、值班记录及自动消防设施设备系统运行情况登记等事项。

7.重点部位消防安全制度

根据单位的具体情况，明确确定本单位的重点部位，制定各重点部位的防火制度，应急处理措施及要求。

8.易燃易爆危险品管理制度

制度的基本内容包括：易燃易爆危险品的范围；物品储存的具体防火要求；领取物品的手续；使用物品的单位和岗位，定人、定点、定容器、定量的要求和防火措施；使用地点明显醒目的防火标志；使用结束剩余物品的收回要求等。

9.灭火和应急疏散预案演练制度

明确规定灭火和应急疏散预案演练的组织机构，演练参与的人员、演练的频次和相关要求，演练中出现问题的处理及预案的修正完善等事项。

10.消防安全工作考评与奖惩制度

规定在消防工作中有突出成绩的单位和个人的表彰、奖励的条件和标准；明确实施表彰和奖励的部门，表彰、奖励的程序；规定违反消防安全管理规定应受到惩罚的各种行为及具体罚则等。奖惩要与个人发展和经济利益挂钩。

（三）建立消防安全管理档案并及时更新

消防档案是消防安全重点单位在消防安全管理工作中建立起来的具有保存价值的文字、图标、音像等形态资料，是单位管理档案的重要组成部分。建立健全消防安全管理档案，是消防安全重点单位做好消防安全管理工作的一项重要措施，是保障单位消防安全管理及各项消防安全措施落实的基础。在单位消防安全管理工作中发挥着重要作用。

1.单位建立消防安全管理档案的作用

（1）便于单位领导、有关部门、公安机关消防机构及单位消防安全管理工作的有关人员熟悉单位消防安全情况，为领导决策和日常工作服务。

（2）消防档案反映单位对消防安全管理的重视程度，可以作为上级主管部门、公安机关消防机构考核单位开展消防安全管理工作的重要依据。发生火灾时，可以为调查火灾原因、分析事故责任、处理责任者提供佐证材料。

（3）消防档案是对单位各项消防安全工作情况的记载，可以检查单位相关岗位人员履行消防安全职责的情况，评判单位消防安全管理人员的业务水平和工作能力。有利于强化单位消防安全管理工作的责任意识，推动单位的消防安全管理工作朝着规范化方向发展。

2.消防档案应当包括的主要内容

（1）消防安全基本情况，消防安全重点单位的消防安全基本情况主要包括以下十个方面。

①单位基本概况。主要包括：单位名称、地址、电话号码、邮政编码、防火责任人，保卫、消防或安全技术部门的人员情况和上级主管机关、经济性质、固定资产、生产和储存物品的火灾危险性类别及数量，总平面图、消防设备和器材情况，水源情况等。

②消防安全重点部位情况。主要包括：火灾危险性类别、占地和建筑面积、主要建筑的耐火等级及重点部位的平面图等。

③建筑物或者场所施工、使用或者开业前的消防设计审核、消防验收以及消防安全检查的文件、资料。

④消防管理组织机构和各级消防安全责任人。

⑤消防安全管理制度。

⑥消防设施、灭火器材情况。

⑦专职消防队、志愿消防队人员及其消防装备配备情况。

⑧与消防安全有关的重点工种人员情况。

⑨新增消防产品、防火材料的合格证明材料。

⑩灭火和应急疏散预案等。

（2）消防安全管理情况，消防安全重点单位的消防安全管理情况主要包括以下八个方面。

①公安消防机关填发的各种法律文书。

②消防设施定期检查记录、自动消防设施全面检查测试的报告以及维修保养记录。

③历次防火检查、巡查记录。主要包括：检查的人员、时间、部位、内容，发现的火灾隐患（特别是重大火灾隐患情况）以及处理措施等。

④有关燃气、电气设备检测情况。主要包括：防雷、防静电等记录资料。

⑤消防安全培训记录。应当记明培训的时间、参加人员、培训的内容等。

⑥灭火和应急疏散预案的演练记录。应当记明演练的时间、地点、内容、参加部门以

及人员等。

⑦火灾情况记录。包括历次发生火灾的损失、原因及处理情况等。

⑧消防工作奖惩情况记录。

3.建立消防档案的要求

（1）凡是消防安全重点单位都应当建立健全消防档案。

（2）消防档案的内容应当全面、翔实，能够反映单位消防工作的基本情况，并附有必要的图表。

（3）单位应根据发展变化的实际情况经常充实、变更档案内容，使防火档案及时、准确地反映单位的客观情况。

（4）单位应当对消防档案统一保管、备查。

（5）消防安全管理人员应当熟悉掌握本单位防火档案情况。

（6）非消防安全重点单位亦应当将本单位的基本概况、公安机关消防机构填发的各种法律文书、与消防工作有关的材料和记录等统一保管备查。

（四）实行每日防火巡查

防火巡查就是指定专门人员负责防火巡视检查，以便及时发现火灾苗头，扑救初期火灾。消防安全重点单位应实行每日防火巡查，并建立巡查记录。

1.防火巡查的主要内容

（1）用火、用电有无违章情况。

（2）安全出口、疏散通道是否畅通，安全疏散指示标志、应急照明是否完好。

（3）消防设施、器材和消防安全标志是否在位、完整、有效。

（4）常闭式防火门是否处于关闭状态，防火卷帘门下是否堆放物品影响使用。

（5）消防安全重点部位的人员在岗情况。

（6）其他消防安全情况。

2.防火巡查的要求

（1）公众聚集场所在营业期间的防火巡查应当至少每两小时一次。营业结束时应当对营业现场进行检查，消除遗留火种。

（2）医院、养老院、寄宿制学校、托儿所、幼儿园应当加强夜间防火巡查（其他消防安全重点单位可以结合实际组织夜间防火巡查）。

（3）防火巡查人员应当及时纠正违章行为，妥善处置火灾危险，无法当场处置的，应当立即报告。发现初起火灾应当立即报警并及时扑救。

（4）防火巡查应当填写巡查记录，巡查人员及其主管人员应当在巡查记录上签名。

（五）定期开展消防安全检查，消除火灾隐患

消防安全重点单位，除了接受公安机关消防机构及上级主管部门的消防安全检查外，还要根据单位消防安全检查制度的规定，进行消防安全自查，以日常检查、防火巡查、定期检查和专项检查等多种形式对单位消防安全进行检查，及时发现并整改火灾隐患，做到防患于未然。

（六）定期对员工进行消防安全培训

消防安全重点单位应当定期对全体员工进行消防安全培训。其中公众聚集场所对员工的消防安全培训应当至少每年进行一次。新上岗和进入新岗位的员工应进行三级培训，重点岗位的职工上岗前还应再进行消防安全培训。消防安全责任人或管理人应当到由公安机关消防机构指定的培训机构进行培训，并取得培训证书，单位重点工种人员要经过专门的消防安全培训并获得相应岗位的资格证书。

通过教育和训练，使每个职工达到"四懂""四会"要求，即懂得本岗位生产过程中的火灾危险性，懂得预防火灾的措施，懂得扑救火灾的方法，懂得逃生的方法；会报警，会使用消防器材，会扑救初起火灾，会自救。

（七）制定灭火和应急疏散预案并定期演练

为切实保障消防安全重点单位的安全，在抓好防火工作的同时，还应做好灭火准备，制定周密的灭火和应急疏散预案。

成立火灾应急预案组织机构，明确各级各岗位的职责分工，明确报警和接警处置程序、应急疏散的组织程序、人员疏散引导路线、通信联络和安全防护救护的程序以及其他特定的防火灭火措施和应急措施等。应当按照灭火和应急疏散预案定期进行实际的操作演练，消防安全重点单位通常至少每半年进行一次演练，并结合实际，不断完善预案。其他单位应当结合本单位实际，参照制定相应的应急方案，至少每年组织一次演练。

四、消防安全重点单位消防工作的十项标准

（1）有领导负责的逐级防火责任制，做到层层有人抓。

（2）有生产岗位防火责任制，做到处处有人管。

（3）有专职或兼职防火安全干部，做好经常性的消防安全工作。

（4）有与生产班组相结合的义务消防队，有夜间住厂值勤备防的义务消防队，配置必要的消防器材和设施，做到既能防火又能有效地扑灭初起火灾。规模大、火灾危险性大、离公安消防队较远的企业，有专职消防队，做到自防自救。

（5）有健全的各项消防安全管理制度，包括门卫、巡逻，逐级防火检查，用火用电、易燃易爆品安全管理，消防器材维护保养，以及火警、火灾事故报告、调查、处理等制度。

（6）对火险隐患，做到及时发现、登记立案，抓紧整改；不能即时整改的，采取应急措施，确保安全。

（7）明确消防安全重点部位，做到定点、定人、定措施，并根据需要采用自动报警、灭火等技术。

（8）对新工人和广大职工群众普及消防知识，对重点工种进行专门的消防训练和考核，做到经常化，制度化。

（9）有防火档案和灭火作战计划，做到切合实际，能够收到预期效果。

（10）对消防工作定期总结评比，奖惩严明。

消防安全重点单位一经确定，本单位和上级主管部门就应有计划地、经常不断地进行消防安全检查，督促落实各项防火措施，使之达到消防安全重点单位消防安全“十项标准”的要求。

第二节　消防安全重点部位管理

一、消防安全重点部位的确定

消防安全重点部位应根据其火灾危险性大小，发生火灾后扑救的难易程度以及所造成的损失和影响大小来确定。一般来说，下列部位应确定为消防安全重点部位。

单位容易发生火灾的部位主要是指：生产企业的油罐区；易燃易爆物品的生产、使用、贮存部位；生产工艺流程中火灾危险性较大的部位。如：生产易燃易爆危险品的车间，储存易燃易爆危险品的仓库，化工生产设备间，化验室，可燃液体、气体和氧化性气体的钢瓶、贮罐库，液化石油气贮配站、供应站，氧气站、乙炔站、煤气站，油漆、喷漆、烘烤、电气焊操作间、木工间、汽车库等。

一旦发生火灾，局部受损会影响全局的部位单位内部与火灾扑救密切相关的部位。如变配电所（室）、生产总控制室、消防控制室、信息数据中心、燃气（油）锅炉房、档案资料室、贵重仪器设备间等。

物资集中场所是指储存各种物资的场所。如各种库房、露天堆场，使用或存放先进技术设备的实验室、精密仪器室、贵重物品室、生产车间、储藏室等。

人员聚集的厅、室，弱势群体聚集的区域，一旦发生火灾，人群疏散不利的场所。如礼堂（俱乐部、文化宫、歌舞厅）、托儿所、幼儿园、养老院、医院病房等。

二、消防安全重点部位的管理措施

各单位要根据自身的具体情况，将具备上述特征的部位确定为消防安全的重点部位，并采取严格的措施加强管理，确保重点部位的消防安全。

（一）建立消防安全重点部位档案

单位领导要组织安全保卫部门及有关技术人员，共同研究和确定单位的消防安全重点部位，填写重点部位情况登记表，存入消防档案，并报上级主管部门备案。

（二）落实重点部位防火责任制

重点部位应有防火责任人，并有明确的职责。建立必要的消防安全规章制度，任用责任心强、业务技术熟练、懂得消防安全知识的人员负责消防安全工作。

（三）设置“消防安全重点部位”的标志

消防安全重点部位应当设置“消防安全重点部位”的标志，根据需要设置“禁烟”“禁火”的标志，在醒目位置设置消防安全管理责任标牌，明确消防安全管理的责任部门和责任人。

（四）加强对重点部位工作人员的培训

定期对重点部位的工作人员进行消防安全知识的“应知应会”教育和防火安全技术培训。对重点部位的重点工种人员，应加强岗位操作技能及火灾事故应急处理的培训。

（五）设置必要的消防设施并定期维护

对消防安全重点部位的管理，要做到定点、定人、定措施，根据场所的危险程度，采用自动报警、自动灭火、自动监控等消防技术设施，并确定专人进行维护和管理。

（六）加强对重点部位的防火巡查

单位消防安全管理部门在工作期间应加强对重点部位的防火巡查，做好巡查记录，并及时归档。

（七）及时调整和补充重点部位，防止失控漏管

随着企业的改革与技术革新和工艺条件、原料、产品的变更等客观情况的变化，重点部位的火灾危险程度和对全局的影响也会因之发生变化，所以，也应对重点部位及时进行调整和补充，防止失控漏管。

第三节　消防安全重点工种管理

一、消防安全重点工种的分类和火灾危险性特点

（一）消防安全重点工种的分类

根据不同岗位的火灾危险性程度和岗位的火灾危险特点，消防安全重点工种大致可分为以下三级。

1.A级工种

A级工种是指引起火灾的危险性极大，在操作中稍有不慎或违反操作规程极易引起火灾事故的岗位。如：可燃气体、液体设备的焊接、切割，超过液体自燃点的熬炼，使用易燃溶剂的机件清洗、油漆喷涂，液化石油气、乙炔气的灌藏，高温、高压、真空等易燃易爆设备的操作人员。

2.B级工种

B级工种是指引起火灾的危险性较大，在操作过程中不慎或违反操作规程容易引起火灾事故的岗位。如：从事烘烤、熬炼、热处理，氧气、压缩空气等乙类危险品仓库保管等岗位的操作人员。

3.C级工种

C级工种是指在操作过程中不慎或违反操作规程有可能造成火灾事故的岗位操作人员。如：电工、木工、丙类仓库保管等岗位的操作人员。

（二）消防安全重点工种的火灾危险性特点

消防安全重点工种的火灾危险性主要有以下特点。

1.所使用的原料或产品具有较大的火灾危险性

消防安全重点工种在生产中所使用的原料或产品具有较大的火灾危险性，安全技术复杂，操作规程要求严格，一旦发生事故，后果不堪设想。如乙炔、氢气生产，盐酸的合成，硝酸的氧化制取，乙烯、氯乙烯、丙烯的聚合等。

2.工作岗位分散，流动性大，时间不规律，不便管理

一些工种，如电工、焊工、切割工、木工等都属于操作时间、地点不定，灵活性较大的工种。他们的工作时间和地点都根据需要而定，这种灵活性给管理工作带来了难度。

3.生产、工作的环境和条件较差，技术比较复杂，安全工作难度大

对A级和B级工种来说，这种特点尤其明显。如在沥青的熬炼和稀释过程中，温度超过允许的温度、沥青中含水过多或加料过多过快以及稀释过程违反操作规程，都有发生火灾的危险。

4.操作实践岗位人员少，发生火灾时不利于迅速扑救

有些岗位分散、流动性大的工种，如电工、电焊工、气焊工，在操作过程中一般人员都很少，有时甚至只有一个人进行操作，一旦发生火灾，可能会因扑救缓慢而贻误扑救时机。

二、消防安全重点工种的管理

由于重点工种岗位具有较大的火灾危险性，重点工种人员的工作态度、防火意识、操作技能和应急处理能力是决定其岗位消防安全的重要因素。因此，重点工种人员既是消防安全管理的重点对象，也是消防安全工作依靠的重要力量，对其管理应侧重以下四个方面。

（一）制定和落实岗位消防安全责任制度

建立重点工种岗位责任制是企业消防安全管理的一项重要内容，也是企业责任制度的重要组成部分。建立岗位责任制的目的是使每个重点工种岗位的人员都有明确的职责，做到各司其事，各负其责。建立起合理、有效、文明、安全的生产和工作秩序，消除无人负责的现象。重点工种岗位责任制要同经济责任制相结合，并与奖惩制度挂钩，有奖有惩，赏罚分明，以使重点工种人员更加自觉地担负起岗位消防安全的责任。

（二）严格持证上岗制度，无证人员严禁上岗

严格持证上岗制度，是做好重点工种管理的重要措施，重点工种人员上岗前，要对其进行专业培训，使其全面地熟悉岗位操作规程，系统地掌握消防安全知识，通晓岗位消防安全的“应知应会”内容。对操作复杂、技术要求高、火灾危险性大的岗位作业人员，企

业生产和技术部门应组织他们进行技术培训和实习，经考试合格后方能上岗。电气焊工、炉工、热处理等工种，要经考试合格取得操作合格证后才能上岗。平时要对重点工种人员进行定期考核、抽查或复试，对持证上岗的人员可建立发证与吊销证件相结合的制度。

（三）建立重点工种人员工作档案

为加强重点工种队伍建设，提高重点工种人员的安全作业水平，应建立重点工种人员的工作档案，对重点工种人员的人事概况、培训经历以及工作情况进行记载，主要针对重点工种人员的作业时间、作业地点、工作完成情况、作业过程是否安全、有无违规现象等情况进行详细的记录。这种档案有助于对重点工种的评价、选用和有针对性地进行再培训，有利于不断提高他们的业务素质。所以，要充分发挥档案的作用，将档案作为考查、评价、选用、撤换重点工种人员的基本依据；档案记载的内容，必须有严格手续。安全管理人员可通过档案分析研究重点工种人员的状况，为改进管理工作提供依据。

（四）抓好重点工种人员的日常管理

要制定切实可行的学习、训练和考核计划，定期组织重点工种人员进行技术培训和消防知识学习；研究和掌握重点工种人员的心理状态和不良行为，帮助他们克服吸烟、酗酒、上班串岗、闲聊等不良习惯，养成良好的工作习惯；不断改善重点工种人员的工作环境和条件，做好重点工种人员的劳动保护工作；合理安排其工作时间和劳动强度。

三、常见重点工种岗位防火要求

重点工种岗位都必须制定严格的岗位操作规程或防火要求，操作人员必须严格按照操作规程进行操作，以下简单介绍几种常见重点工种的防火要求。

（一）电焊工

（1）电焊工须经专业知识和技能培训，考核合格，持证上岗，无操作证，不能进行焊接和焊割作业。

（2）电焊工在禁火区进行电、气焊操作，必须按动火审批制度的规定办理动火许可证。

（3）各种焊机应在规定的电压下使用，电焊前应检查焊机的电源线的绝缘是否良好，焊机应放置在干燥处，避开雨雪和潮湿的环境。

（4）焊机、导线、焊钳等接点应采用螺栓或螺母拧接牢固；焊机二次线路及外壳须接地良好。

（5）开启电开关时要一次推到位，然后开启电焊机；停机时先关焊机再关电源；移动焊机时应先停机断电。焊接中突然停电，应立即关好电焊机；焊条头不得乱扔，应放在指定的安全地点。

（6）电弧切割或焊接有色金属及表面涂有油品等物件时，作业区环境应良好，人要在上风处。

（7）作业中注意检查电焊机及调节器，温度超过60℃时应冷却。发现故障，如电线破损、熔丝烧断等现象应停机维修，电焊时的二次电压不得偏离60～80V。

（8）盛装过易燃液体或气体的设备，未经彻底清洗和分析，不得动焊；有压的管道、气瓶（罐、槽）不得带压进行焊接作业；焊接管道和设备时，必须采取防火安全措施。

（9）对靠近天棚、木板墙、木地板以及通过板条抹灰墙时的管道等金属构件，不得在没有采取防火安全措施的情况下进行焊割和焊接作业。

（10）电气焊作业现场周围的可燃物以及高空作业时地面上的可燃物必须清理干净，或者施行防火保护；在有火灾危险的场所进行焊接作业时，现场应有专人监护，并配备一定数量的应急灭火器材。

（11）需要焊接输送汽油、原油等易燃液体的管道时，通常必须拆卸下来，经过清洗处理后才可进行作业；没有绝对安全措施，不得带液焊接。

（12）焊接作业完毕，应检查现场，确认没有遗留火种后，方可离开。

（二）电工

电工是指从事电气、防雷、防静电设施的设计、安装、施工、维护、测试等人员。电气从业人员素质的高低与电气火灾密切相关，故该工种人员必须经过消防安全培训合格后持证上岗，无证不得上岗操作。工作中必须严格按照电气操作规程进行操作。

（1）定期和不定期地对电源部分、线路部分、用电部分及防雷和防静电情况等进行检查，发现问题及时处理，防止各种电气火源的形成。

（2）增设电气设备、架设临时线路时，必须经有关部门批准；各种电气设备和线路不许超过安全负荷，发现异常应及时处理。

（3）敷设线路时，不准用钉子代替绝缘子，通过木质房梁、木柱或铁架子时要用磁套管，通过地下或砖墙时要用铁管保护，改装或移装工程时要彻底拆除线路。

（4）电开关箱要用铁皮包镶，其周围及箱内要保持清洁，附近和下面不准堆放可燃物品。

（5）保险装置要根据电气设备容量大小选用，不得使用不合格的保险装置或保险丝（片）。

（6）要经常检查变配电所（室）和电源线路，做好设备运行记录，变电室内不得堆放可燃杂物。

（7）电气线路和设备着火时，应先切断电源，然后用干粉或二氧化碳等不导电的灭火器扑救。

（8）工作时间不准脱离岗位，不准从事与本岗位无关的工作，并严格交接班手续。

（三）气焊工

（1）气焊作业前，应将施焊场地周围的可燃物清理干净，或进行覆盖隔离；气焊工人应穿戴好防护用品，检查乙炔、氧气瓶、橡胶软管接头、阀门等可能泄漏的部位是否良好，焊炬上有无油垢，焊（割）炬的射吸能力如何。

（2）乙炔发生器不得放置在电线的正下方，不得与氧气瓶同放一处，距易燃易爆物品和明火的距离不得少于10m，氧气瓶、乙炔气瓶应分开放置，间距不得少于5m。作业点宜备清水，以备及时冷却焊嘴。

（3）使用的胶管应为经耐压实验合格的产品，不得使用代用品、变质、老化、脆裂、漏气和沾有油污的胶管，发生回火倒燃应更换胶管，可燃气体和氧气胶管不得混用。

（4）焊（割）炬点火前，应用氧气吹风，检查有无风压及堵塞、漏气现象，检验是否漏气要用肥皂水，严禁用明火。

（5）作业中当乙炔管发生脱落、破裂、着火时，应先将焊机或割炬的火焰熄灭，然后停止供气。

（6）当气焊（割）炬由于高温发生炸鸣时，必须立即关闭乙炔供气阀，将焊（割）炬放人水中冷却，同时也应关闭氧气阀。

（7）对于射吸式焊割炬，点火时应先微开焊炬上的氧气阀，再开启乙炔气阀，然后点燃调节火焰。

（8）使用乙炔切割机时，应先开乙炔气，再开氧气；使用氢气切割机时，应先开氢气，后开氧气，此顺序不可颠倒。

（9）当氧气管着火时，应立即关闭氧气瓶阀，停止供氧。禁止用弯折的方法断气灭火。

（10）当发生回火，胶管或回火防止器上喷火，应迅速关闭焊炬或割炬上的氧气阀和乙炔气阀，再关上一级氧气阀和乙炔气阀门，然后采取灭火措施。

（11）进入容器内焊割时，点火和熄灭均应在容器外进行。

（12）熄灭火焰、焊炬，应先关乙炔气阀，再关氧气阀；割炬应先关氧气阀，再关乙炔及氧气阀门。

（13）橡胶软管应和高热管道、高热体及电源线隔离，不得重压。气管和电焊用的电源导线不得敷设、缠绕在一起。

（14）工作完毕，应将氧气瓶气阀关好，拧上安全罩。乙炔浮桶提出时，头部应避开浮桶上升方向，拔出后要卧放，禁止扣放在地上，检查操作场地，确认无着火危险方可离开。

（四）仓库保管员

（1）仓库保管员要坚守岗位，尽职尽责，严格遵守仓库的入库、保管、出库、交接班等各项制度，不得在库房内吸烟和使用明火。

（2）对外来人员要严格监督，防止将火种和易燃品带入库内；提醒进入储存易燃易爆危险品库房的人员不得穿带钉鞋和化纤衣服，搬动物品时要防止摩擦和碰撞，不得使用能产生火星的工具。

（3）应熟悉和掌握所存物品的性质，并根据物品的性质进行储存和操作；不准超量储存；堆垛应留有主要通道和检查堆垛的通道，垛与垛和垛与墙、柱、屋架之间的距离应符合要求的防火间距。

（4）易燃易爆危险品要按类、项标准和特性分类存放，贵重物品要与其他材料隔离存放，遇水或受潮能发生化学反应的物品，不得露天存放或存放在低洼易受潮的地方；遇热易分解自燃的物品，应储存在阴凉通风的库房。

（5）对爆炸品、剧毒品的管理，要严格落实双人保管、双本账册、双把门锁、双人领发、双人使用的“五双”制度。

（6）经常检查物品堆垛、包装，发现洒漏、包装损坏等情况时应及时处理，并按时打开门窗或通风设备进行通风。

（7）掌握仓库内灭火器材、设施的使用方法，并注意维护保养，使其完整好用。

（8）仓库保管员在每日下班之前，应对经管的库房巡查一遍，确认无火灾隐患后，拉闸断电，关好门窗，上好门锁。

（五）消防控制室操作人员

1.值班要求

消防控制室要确保火灾自动报警系统和灭火系统处于正常工作状态。消防控制室必须实行24h专人值班制度，每班不应少于2人。

2.知识和技能要求

熟知本单位火灾自动报警和联动灭火系统的工作原理，各主要部件、设备的性能、参数及各种控制设备的组成和功能；熟知各种报警信号的作用，熟悉各主要设备的位置，能够熟练操作消防控制设备，遇有火情能正确使用火灾自动报警及灭火联动系统。

3.认真执行交接班制度

当班人员交班时，应向接班人员讲明当班时的各种情况，对存在的问题要认真向接班人员交代并及时处置，难以处理的问题要及时报告领导解决。接班人员每次接班都要对各系统进行巡检，看有无故障或问题存在，并及时排除；值班期间必须坚守岗位，不得擅离职守，不准饮酒，不准睡觉。

4.确保消防设施、系统完好有效

应确保火灾自动报警系统和灭火系统处于正常工作状态，确保高位消防水箱、消防水池、气压水罐等消防储水设施水量充足；确保消防泵出水管阀门、自喷水灭火系统管道上的阀门常开；确保消防水泵、防排烟风机、防火卷帘等消防用电设备的配电柜开关处于自动（接通）位置。

5.火警处置

接到火灾警报后，必须立即确认。火灾确认后，必须立即将火灾报警联动控制开关转入自动状态（处于自动状态的除外），同时拨打“119”火警电话报警。立即启动单位内部灭火和应急疏散预案，并应同时报告单位负责人。

第四节　火源管理

一、生产和生活中常见的火源

（一）明火

明火是指敞开的火焰，如火炉、油灯、电焊、气焊、火柴与烟火等。绝大多数明火火焰的温度都超过700℃，而绝大多数可燃物的自燃点都低于700℃。在一般情况下，只要明火焰与可燃物接触（有助燃物存在），可燃物经过一定的延迟时间便会被点燃。当明火焰与爆炸性混合气体接触时，气体分子会因火焰中的自由基和离子的碰撞以及火焰的高温作用而引发连锁反应，瞬间导致燃烧或爆炸。

（二）高温物体

高温物体是最常见的火源之一，作为火源的高温物体很多，比如铁皮烟囱表面、电炉子、电烙铁、白炽灯、碘钨灯泡表面、汽车排气管等。另外，微小体积的高温物体有烟头、发动机排气管排出的火星、焊割作业的金属熔渣等。当可燃物接触到高温物体足够时间，聚集足够热量，温度达到自燃点以上就会引起燃烧。对于不同的物质类型在不同条件下，火源具有不同的引燃能力。

（三）静电放电火花

如在物料输送过程中，因物料摩擦产生的静电放电，操作人员或其他人员穿戴化纤衣服产生的静电放电等，这种静电聚积起来可达到很高的电压。静电放电时产生的火花能点燃可燃气体、蒸汽或粉尘与空气的混合物，也能引爆火药。

（四）撞击摩擦产生火花

钢铁、玻璃、瓷砖、花岗石、混凝土等一类材料，在相互摩擦撞击时能产生温度很高的火花，如装卸机械打火，机械设备的冲击、摩擦打火，转动机械进入石子、钉子等杂物打火等。在易燃易爆场合应避免这种现象发生。

（五）电气火花

如电气线路、设备的漏电、短路、过负荷、接触电阻过大等引起的电火花、电弧、电缆燃烧等。电气动力设备要选用防爆型或封闭式的；启动和配电设备要安装在另一房间；引入易燃易爆场所的电线应绝缘良好，并敷设在铁管内。

（六）雷电火花

雷电产生的火花温度之高可以熔化金属，是引起燃烧、爆炸事故的祸源之一。雷电对建筑物的危害也很大，必须采取排除措施，即在建筑物上或易燃易爆场所周围安装数量足够的避雷针，并经常检查，保持其有效。

二、火源的管理

（一）生产和生活中常见火源的管理

1.严格管理生产用火

禁止在具有火灾、爆炸危险的场所使用明火，因特殊情况需要使用明火作业的，应当按照规定事先办理审批手续。作业人员应当遵守消防安全规定，并采取相应的消防安全措施。甲、乙、丙类生产车间、仓库及厂区和库区内严禁动用明火，若因生产需要必须动火时，应经单位的安全保卫部门或防火责任人批准，并办理“动火许可证”，落实各项防范措施。对于烘烤、熬炼、锅炉、燃烧炉、加热炉、电炉等固定用火地点，必须远离甲、乙、丙类生产车间和仓库，满足防火间距要求，并办理动火许可证。

2.加强对高温物体的防火管理

（1）照明灯

60W的灯泡，温度可达137～180℃；100W的灯泡，温度可达170～216℃；400W高压汞灯玻璃壳表面温度可达180～250℃。在有易燃物品的场所，照明灯下不得堆放易燃物品。在散发可燃气体和可燃蒸汽的场所，应选用防爆照明灯具。

（2）焊割作业金属熔渣

在动火焊接检修设备时，应办理动火证，动火前应撤除或遮盖焊接点下方和周围的可燃物品及设备，以防焊接飞散出去的熔渣点燃可燃物。

（3）烟头

在生产、储存易燃易爆物品的场所，应采取有效的管理措施，设置“禁止吸烟”的标志，严禁吸烟和乱扔烟头的行为。

（4）无焰燃烧的火星

煤炉烟囱、汽车和拖拉机排气管飞出的火星，一般处于无焰燃烧状态，温度可达350℃以上，应禁止与易燃的棉、麻、纸张及可燃气体、蒸汽、粉尘等接触，汽车进入具有火灾爆炸危险的场所时，排气管上应安装火星熄灭器。

3.采取防静电措施

运输或输送易燃物料的设备、容器、管道，都必须有良好的接地措施，防止静电聚积放电。在具有爆炸危险的场所，可向地面洒水或喷水蒸气等，使该场所相对湿度大于65%，通过增湿法防止电介质物料带静电。场所中的设备和工具，应尽量选用导电材料制成的。进入甲、乙类场所的人员，不准穿戴化纤衣物。

4.控制各种机械打火

生产过程中各种转动的机械设备、装卸机械、搬运工具应有可靠的防止冲击、摩擦打火的措施，有可靠的防止石子、金属杂物进入设备的措施。对提升、码垛等机械设备易产生火花的部位，应设置防护罩。进入甲、乙类和易燃原材料的厂区、库区的汽车、拖拉机等机动车辆，排气管必须加戴防火罩。

5.防止电气火花

（1）经常检查绝缘层，保证其良好的绝缘性。

（2）防止裸体电线与金属体相接处，以防短路。

（3）在有易燃易爆液体和气体的房间内，要安装防爆或密闭隔离式的照明灯具、开关及保险装置。如确无这种防爆设备，也可将开关、保险装置、照明灯具安装在屋外或单独安装在一个房间内；禁止在带电情况下更换灯泡或修理电器。

6.采取防雷和防太阳光聚焦措施

甲、乙类生产车间和仓库以及易燃原材料露天堆场、贮罐等，都应安设符合要求的避雷装置，引导雷电进入大地，使建筑物、设备、物资及人员免遭雷击，预防火灾爆炸事故的发生。甲、乙类车间和库房的门窗玻璃应为毛玻璃或普通玻璃涂以白色漆，以防止太阳光聚焦。

（二）生产动火的管理

1.动火、用火的定义

所谓动火，是指在生产中动用明火或可能产生火种的作业。如熬沥青、烘砂、烤板等明火作业和打墙眼、电气设备的耐压试验、电烙铁锡焊等易产生火花或高温的作业等都属于动火的范围。

所谓用火，是指持续时间比较长，甚至是长期使用明火或赤热表面的作业，一般为正常生产或与生产密切相关的辅助性使用明火的作业。如生产或工作中经常使用酒精炉、茶炉、煤气炉、电热器具等都属于用火作业。

2.固定动火区和禁火区

工业企业，应当根据本企业的火灾危险程度和生产、维修、建设等工作的需要，经使用单位提出申请，企业的消防安全管理部门审批登记，划定出固定的动火区和禁火区。

（1）固定动火区

固定动火区是指允许正常使用电气焊（割）、砂轮、喷灯及其他动火工具从事检修、加工设备及零部件的区域。单位应根据动火区应满足的条件划定固定动火区。在固定动火区域内进行的动火作业，可不办理动火许可证。

（2）禁火区

在易燃易爆工厂、仓库区内固定动火区之外的区域一律为禁火区。各类动火区、禁火区均应在厂区示意图上标示清楚。

根据国家有关规定，凡是在禁火区域内因检修、试验及正常的生产动火、用火等，均要办理动火或用火许可证，严格落实各项安全措施。

3.动火的分级

动火作业根据作业区域火灾危险性的大小分为特级、一级、二级三个级别。

（1）特级动火

特级动火是指处于运行状态的易燃易爆生产装置和罐区等重要部位的具有特殊危险的动火作业。一般是指在装置区、厂房内包括设备、管道上的作业。所谓特殊危险是相对的，而不是绝对的。如果有绝对危险，必须绝对坚持生产服从安全的原则，坚决不能动火。凡是在特级动火区域内的动火必须办理特级动火证。

（2）一级动火

一级动火是指在甲、乙类火灾危险区域内的动火。如在甲、乙类生产厂房、生产装置区、储罐区、库房等与明火或散发火花地点规定的防火间距内的动火均为一级动火。其区域为30m半径的范围，所以，凡是在这30m范围内的动火，均应办理一级动火证。

（3）二级动火

二级动火是指特级动火及一级动火以外的动火作业。即指化工厂区内除一级和特级动火区域外的动火和其他单位的丙类火灾危险场所范围内的动火。凡是在二级动火区域内的动火作业均应办理二级动火许可证。

以上分级方法可随企业生产环境变化而变化，根据动火区域火灾危险性的大小，其动火的管理级别亦应做相应的变化。原来为一级动火管理的，若动火区域火灾危险性减小，可降为二级动火管理；若遇节假日或在生产不正常的情况下动火，应在原动火级别上作升级动火管理，如将一级升为特级；二级升为一级等。

4.用火、动火许可证的审核与签发

（1）用火许可证的签发

凡是在禁火区域内进行的用火作业，均须办理“用火许可证”。“用火许可证”上应明确负责人、有效期、用火区及防火安全措施等内容。用火许可证一律由企业防火安全管理部门审批，有效期最多不许超过一年。在用火时，应将“用火许可证”悬挂在用火点附近。

（2）动火许可证的签发

①动火许可证的主要内容。凡是在禁火区域内进行的动火作业，均须办理动火许可证。动火许可证应清楚地标明动火级别、动火有效期、申请办证单位、动火详细位置、作业内容、动火手段、防火安全措施和动火分析的取样时间、地点、分析结果，每次开始动火时间以及各项责任人和各级审批人的签名及意见。

②动火许可证的有效期。动火许可证的有效期根据动火级别而确定。特级动火和一级动火，许可证的有效期不应超过1天（24h）；二级动火，许可证的有效期可为6天（144h）。时间均应从火灾危险性动火分析后不超过30min的动火时算起。

③动火许可证的审批程序。为严格对动火作业的管理，明确不同动火级别的管理责任，对动火许可证的审批应按以下程序进行。

特级动火：由动火部门（车间）申请，厂防火安全管理部门复查后报主管厂长或总工程师终审批准。一级动火：由动火部位的车间主任复查后，报厂防火安全管理部门终审批准。二级动火：由动火部位所属基层单位报主管车间主任终审批准。

5.动火管理中各级责任人的职责

从动火申请，到终审批准，各有关人员不是签字了事，而应负有一定的责任，必须按各级的职责认真落实各项措施和规程，确保动火作业的安全。

（1）动火项目负责人

动火项目负责人对执行动火作业负全责，必须在动火之前详细了解作业内容、动火部位及其周围的情况，参与动火安全措施的制定，并向作业人员交代任务和防火安全注意事项。

（2）动火执行人

动火执行人在接到动火许可证后，要详细核对各项内容是否落实，审批手续是否完备。若发现不具备动火条件时，有权拒绝动火，并向执行单位防火安全管理部门报告。动火执行人要随身携带动火许可证，严禁无证作业及审批手续不完备作业。

（3）动火监护人

动火监护人一般由动火作业所在部位（岗位）的操作人员担任，但必须是责任心强、有经验、熟悉现场、掌握灭火方法的操作工。动火监护人负责动火现场的防火安全检查和监护工作，确认检查合格的，应当在动火许可证上签字认可。动火监护人在动火作业过程中不准离开现场，当发现异常情况时，应立即下令停止作业，及时联系有关人员采取措施。作业完成后，要会同动火项目负责人、动火执行人进行现场检查，消除残火，确定无遗留火种后方可离开现场。

（4）动火分析人

动火分析人要对分析结果负责，根据动火许可证的要求及现场情况亲自取样分析，在动火许可证上如实填写取样时间和分析结果，并签字确认。

（5）各级审查批准人

各级审查批准人，必须对动火作业的审批负全责，必须亲自到现场详细了解动火部位及周围情况，审查并确定动火级别、防火安全措施等，在确认符合安全条件后，方可签字批准动火。

（6）两个以上单位共同使用建筑物局部施工的责任

公众聚集场所或者两个以上单位共同使用的建筑物局部施工需要使用明火时，施工单位和使用单位应当共同采取措施，将施工区和使用区进行防火分隔，清除动火区域内所有可以燃烧的物质，配置消防器材，设置专人监护，保证施工及使用范围的消防安全。

6.执行动火的操作要求

（1）动火操作及监护人员应由经安全考试合格的人员担任，压力容器的焊补工作应由经考试合格的锅炉压力容器焊工担任，无合格证者不得独自从事焊补工作。

（2）动火作业时要注意火星的飞溅方向，可采用不燃或难燃材料做成的挡板阻挡火星的飞溅，防止火星落入火灾危险区域。

（3）在动火作业中遇到生产装置紧急排空或设备、管道突然破裂、可燃物质外泄时，监护人员应立即指令停止动火，待恢复正常，重新分析合格，并经原批准部门批准后，才可重新动火。

（4）高处动火应遵守高处作业的安全规定，五级以上大风不准安排室外动火，已进行动火作业的，应立即停止。

（5）进行气焊作业时，氧气瓶和乙炔瓶不得有泄漏，放置地点应距明火地点10m以上，氧气瓶和乙炔瓶的间距不应小于5m。

（6）在进行电焊作业时，电焊机应放于指定地点，火线和接地线应完好无损，禁止用铁棒等物代替接地线和固定接地点，电焊机的接地线应接在被焊设备上，接地点应靠近焊接处，不准采用远距离接地回路。

第五节　易燃易爆物品防火管理

一、易燃易爆设备的管理

易燃易爆设备的管理，主要包括设备的选购、进厂验收、安装调试、使用维护、改造更新等，其基本要求是合理地选择、正确地使用、安全地操作、经常维护保养、及时维修和更新，通过设备管理制度和技术、经济、组织等措施的落实，达到经济合理和安全生产的目的。

（一）易燃易爆设备的分类

易燃易爆设备按其使用性能分为以下四类。

（1）化工反应设备。如反应釜、反应罐、反应塔及其管线等。

（2）可燃、氧化性气体的储罐、钢瓶及其管线。如氢气罐、氧气罐、液化石油气储罐及其钢瓶、乙炔瓶、氧气瓶、煤气柜等。

（3）可燃的、强氧化性的液体储罐及其管线。如油罐、酒精罐、苯罐、二硫化碳罐、过氧化氢罐、硝酸罐、过氧化二苯甲酰罐等。

（4）易燃易爆物料的化工单元设备。如易燃易爆物料的输送、蒸馏、加热、干燥、冷却、冷凝、粉碎、混合、熔融、筛分、过滤、热处理设备等。

（二）易燃易爆设备的火灾危险特点

1.生产装置、设备日趋大型化

为获得更好的经济效益，工业企业的生产装置、设备正朝着大型化的方向发展。

2.生产和储存过程中承受高温高压

为了提高设备的单机效率和产品回收率，获得更佳的经济效益，许多生产工艺过程采用了高温、高压、高真空等手段，使设备的质量及操作要求更为严格、困难，增加了火灾危险性。如以石脑油为原料的乙烯装置，其高温稀释蒸气裂解法的蒸汽温度高达1000℃。

3.生产和储存过程中易产生跑冒滴漏

由于易燃易爆设备在生产和储存过程中承受高温、高压，很容易造成设备疲劳、强度降低，加之多与管线连接，连接处很容易发生跑冒滴漏；由于有些操作温度超过了物料的自燃点，一旦跑漏便会着火；并且有的物料具有腐蚀性，设备易被腐蚀而使强度降低，造成跑冒滴漏，这些也增加了设备的火灾危险性。

（三）易燃易爆设备使用的消防安全要求

1.合理配备设备，把好质量关

要根据企业生产的特点、工艺过程和消防安全要求，选配安全性能符合规定要求的设备，设备的材质、耐腐蚀性、焊接工艺及其强度等，应能保证其整体强度，设备的消防安全附件，如压力表、温度计、安全阀、阻火器、紧急切断阀、过流阀等应齐全合格。

2.严格试车程序，把好试车关

易燃易爆设备启动时，要严格试车程序，详细观察设备运行情况并记录各项试车数据，保证各项安全性能达到规定指标。试车启用过程要有安全技术和消防管理部门的人员共同参加。

3.加强操作人员的教育培训，提高其安全意识和操作技能

对易燃易爆设备应安排具有一定专业技能的人员操作。操作人员在上岗前要进行严格的消防安全教育和操作技能训练，经考试合格才能独立操作。并应做到“三好、四会”，即管好设备、用好设备、修好设备，会保养、会检查、会排除故障、会应急灭火和逃生。

4.涂以明显的颜色标记，给人以醒目的警示

易燃易爆设备应当有明显的颜色标记，给人以醒目的警示。并在适当的位置粘贴醒目的易燃易爆设备等级标签，悬挂易燃易爆设备管理责任标牌，明确管理责任人和管理职责，以便于检查管理。

5.为设备创造良好的工作环境

易燃易爆设备的工作环境，对其能否安全工作有较大的影响。例如环境温度较高，会

影响设备内气态、液态物料的蒸气压；再如环境潮湿，会加快设备的腐蚀，甚至影响设备的机械强度。因此，对使用易燃易爆设备的场所，要严格控制温度、湿度、灰尘、震动、腐蚀等条件。

6.严格操作规程，确保正确使用

严格操作规程，是易燃易爆设备消防安全管理的一个重要环节。在工业生产中，如果不按照设备操作规程进行操作，比如颠倒了投料次序，或者错开了一个开关或阀门，都可能酿成大祸。所以，操作人员必须严格按照操作规程进行操作，严格把握投料和开关程序，每一阀门和开关都应有醒目的标记、编号和高压、中压或低压的说明。

7.保证双路供电，备有手动操作机构

对易燃易爆设备，要有保证其安全运行的双路供电措施。对自动化程度较高的设备，还应备有手动操作机构。设备上的各种安全仪表，都必须反应灵敏、动作准确无误。

8.严格交接班制度

为保证设备安全使用，操作人员下班时要把当班的设备运转情况全面、准确地向接班人员交代清楚，并认真填写交接班记录。接班的人员要做上岗前的全面检查，并认真填写检查记录，以使在班的操作人员对设备的运行情况有比较清楚的了解，做到心中有数。

9.切实落实设备维护保养与检查维修制度

设备操作人员每天要对设备进行维护保养，其主要内容包括：班前、班后检查，设备各个部位的擦拭，班中认真观察听诊设备运转情况，及时排除故障等，定期对设备进行安全检查，对检查出的故障设备应及时维修，不得使设备带病运行。

10.建立设备档案

加强对易燃易爆设备的管理，建立设备档案，及时掌握设备的运行情况。易燃易爆设备档案的内容主要包括：性能、生产厂家、使用范围、使用时间、事故记录、维修记录、维护人、操作人、操作要求、应急方法等。

（四）易燃易爆设备的安全检查、维修与更新

1.易燃易爆设备的安全检查

易燃易爆设备的安全检查，是指对设备的运行情况、密封情况、受压情况、仪表灵敏度、各零部件的磨损情况和开关、阀门的完好情况等进行检查。该检查可针对单位生产的具体情况确定检查的频次，按时间可以分为日检查、周检查、月检查、年检查等四种；从技术上来讲，还可以分为机能性检查和规程性检查两种。

（1）日检查是指操作人员在交接班时进行的检查。此种检查一般都由操作人员自己进行。

（2）周检查和月检查是指班组或车间、工段的负责人按周或月的频次安排进行的

检查。

（3）年检查是指由厂部组织的对全厂或全公司的易燃易爆设备进行的检查。年检查应成立由设备、技术、安全保卫部门联合组成的检查小组，时间一般安排在本厂、公司生产或经营的淡季。在年检时，要编制检查标准书，确定检查项目。

2.易燃易爆设备的检修

易燃易爆设备在使用一定时间后，会因物料的腐蚀性和膨胀性而使设备出现裂纹、变形或焊缝，受压元件、安全附件等出现泄漏现象，如果不及时检查修复，就有可能发生着火或爆炸事故。所以，要定期对易燃易爆设备进行检修，及时发现和消除事故隐患。设备检修按每次检修内容的多少和时间的长短，分为小修、中修和大修三种。

（1）小修是指只对设备的外表面进行的检修

一般设备的小修一年进行一次。检修的主要内容包括：设备的外表面有无裂纹、变形、局部过热等现象，防腐层、保温层及设备的铭牌是否完好，设备的焊缝、连接管、受压元件等有无泄漏，紧固螺栓是否完好，基础有无下沉、倾斜等异常现象和设备的各种安全附件是否齐全、灵敏、可靠等。

（2）中修是指设备的中、外部检修

中修一般三年进行一次，但对使用期已达15年的设备应每隔2年中修一次，对使用期超过20年的设备每隔一年中修一次。中修的内容除外部检修的全部内容外，还应对设备的外表面、开孔接管处有无介质腐蚀或冲刷磨损等现象和对设备的所有焊缝、封头过渡区和其他应力集中的部位有无断裂或裂纹等进行检查。

（3）大修是指对设备的内外进行全面的检修

大修应由技术总负责人批准，并报上级主管部门备案。大修的周期至少6年进行一次。大修的内容，除进行中修的全部内容外，还应对设备的主要焊缝（或壳体）进行无损探伤抽查。抽查长度为设备（或壳体面积）焊缝总长的20%。易燃易爆设备大修合格后，应严格进行水压试验和气密性试验。在正式投入使用之前，还应进行惰性气体置换或抽真空处理。

3.易燃易爆设备的更新

衡量易燃易爆设备是否需要更新，主要看两个性能：一是机械性能；二是安全可靠性能。机械性能和安全可靠性能是不可分割的，安全性能的好坏取决于机械性能的好坏。易燃易爆设备的机械性能和安全可靠性能低于消防安全规定的要求时，应立即更新。如当易燃易爆设备的壁厚小于最小允许壁厚，强度核算不能满足最高许用压力时，就应考虑设备的更新问题。更新设备应考虑两个问题：一是经济性，就是在保证消防安全的基础上花最少的钱；二是先进性，就是替换的新设备防火防爆安全性能应当先进、可靠。

二、易燃易爆危险品的消防安全管理

易燃易爆危险品是指具有强还原性，参与空气或其他氧化剂遇火源能够发生着火或爆炸的危险品；或具有强氧化性，遇可燃物可着火或爆炸的危险品。如易燃气体、氧化性气体、易燃液体、易燃固体、自燃物品、遇湿易燃物品、氧化剂和有机过氧化物等。由于易燃易爆危险品火灾危险性极大，且一旦发生火灾往往带来巨大的人员伤亡和财产损失，生产、储存、运输、销售、使用、销毁易燃易爆危险品，必须执行消防技术标准和管理规定。

（一）危险化学品的分类

危险化学品品种繁多，危险化学品分为以下十六类。

爆炸物、易燃气体、易燃气溶胶、氧化性气体、压力下气体、易燃液体、易燃固体、自反应物质或混合物、自燃液体、自燃固体、自热物质和混合物、遇水放出易燃气体的物质或混合物、氧化性液体、氧化性固体、有机过氧化物、金属腐蚀剂。

（二）危险化学品安全管理职责和要求

1.政府部门对危险品安全管理的职责

政府有关部门负责对危险品的生产、经销、储存、运输、使用和对废弃危险品处置实施安全监督管理，具体职责如下。

（1）国务院和省、自治区、直辖市人民政府安全生产监督管理部门，负责危险品安全监督的综合管理。包括从事危险品生产、储存的企业的设立及其改建、扩建的审查，危险品包装物、容器专业生产企业的定点和审查，危险品经营许可证的发放，国内危险品的登记，危险品事故应急救援的组织和协调以及前述事项的监督检查。市县级危险品安全监督综合管理部门的职责由该级人民政府确定。

（2）公安部门负责危险品的公共安全管理，剧毒品购买凭证和准购证的发放、审查，核发剧毒品公路运输通行证，对危险品道路运输安全实施监督以及前述事项的监督检查。公安机关消防机构负责对易燃易爆危险品的生产、储存、运输、销售、使用和销毁进行消防监督管理。公众上交的危险品，由公安部门接收。

（3）质检部门负责易燃易爆危险品及其包装物生产许可证的发放，对易燃易爆危险品包装物或容器的产品质量实施监督检查。质检部门应当将颁发易燃易爆危险品生产许可证的情况通报国务院经济贸易综合管理部门、环境保护部门和公安部门。

（4）环境保护部门负责废弃易燃易爆危险品处置的监督管理，重大易燃易爆危险品污染事故和生态破坏事件的调查，毒害性易燃易爆危险品事故现场的应急监测和进口易燃易爆危险品的登记，并负责前述事项的监督检查。

（5）铁路、民航部门负责易燃易爆危险品的铁路、航空运输和易燃易爆危险品铁路、民航运输单位及其运输工具的管理和监督检查。交通部门负责易燃易爆危险品公路、水路运输单位及其运输工具的管理和监督检查，负责易燃易爆危险品公路、水路运输单位的驾驶人员、船员、装卸员和押运员的资质认定。

（6）卫生行政部门负责易燃易爆危险品的毒性鉴定和易燃易爆危险品事故伤亡人员的医疗救护工作。

（7）工商行政管理部门依据有关部门批准、许可文件，核发易燃易爆危险品生产、经销、储存、运输单位的营业执照，并监督管理易燃易爆危险品市场经营活动。

（8）邮政部门负责邮寄易燃易爆危险品的监督检查。

2.政府部门危险品监督检查的权限和要求

为保证对易燃易爆危险品的监督检查工作能够正常、有序地、顺利进行，政府有关部门在进行监督检查时，应当根据法律法规授权的范围和国家对易燃易爆危险品安全管理的职责分工，依法行使下列职权。

（1）进入易燃易爆危险品作业场所进行现场检查，向有关人员了解情况，调取相关资料，给易燃易爆危险品单位提出整改措施和建议。

（2）发现易燃易爆危险品事故隐患时，责令立即或限期排除。

（3）对不符合有关法律法规规定和国家标准要求的设施、设备、器材和运输工具，责令立即停止使用。

（4）发现违法行为，当场予以纠正或者责令限期改正。有关部门工作人员依法进行监督检查时，应出示证件。易燃易爆危险品单位应当接受有关部门依法实施的监督检查，不得拒绝或阻挠。

3.易燃易爆危险品单位的安全管理要求

易燃易爆危险品单位应当具备有关法律、行政法规和国家标准或行业标准规定的安全生产条件，不具备条件的，不得从事易燃易爆危险品的生产经营活动。

单位应当设置安全管理机构，确定安全管理主要负责人，配备专职的安全管理人员并按照以下管理要求对本单位进行安全管理。

（1）单位安全管理主要负责人和安全管理人员必须具备与本单位所从事的生产经营活动相应的安全生产知识和管理能力，并由有关主管部门对其安全生产知识和管理能力进行考核，考核合格后方可任职。

（2）单位安全管理主要负责人应当以国家有关法律法规为依据，建立健全本单位安全责任制；制定单位安全规章制度和重点岗位安全操作规程；定期督促检查单位的安全工作，及时消除隐患；组织制定并实施本单位的事故应急救援预案；若发生安全事故应及时、如实向上级报告。

（3）单位安全管理机构应当对易燃易爆危险品从业人员进行安全教育和培训，保证从业人员具备必要的安全知识，熟悉有关规章制度和安全操作规程，掌握本岗位的安全操作技能。

（4）从事生产、储存、运输、销售、使用或者处置废弃易燃易爆危险品工作的人员，应当接受有关法律、法规、规章和安全知识、专业技术、人体健康防护和应急救援等知识和技能的培训，并经考核合格才能上岗作业。对特种作业操作人员，应按照国家有关规定经专门的特种作业安全培训，取得特种作业操作资格证书后才能上岗作业。

（5）易燃易爆危险品单位应当具备安全生产条件和所必需的资金投入，生产经营单位的决策机构、主要负责人或者个人经营的投资人应对资金投入予以保证，并对由于安全生产所必需的资金投入不足导致的后果承担责任。

（三）易燃易爆危险品生产、储存、使用的消防安全管理

由于易燃易爆危险品在生产和使用过程中都是以散状存在于生产工艺设备、装置和管线之中，处于运动状态，跑、冒、滴、漏的机会很多，加之生产、使用中的危险因素也很多，因而危险性很大；而易燃易爆危险品在储存过程中，量大而集中，是重要的危险源，一旦发生事故，后果不堪设想，因此加强对易燃易爆危险品生产、储存和使用的安全管理是非常重要的。

1.易燃易爆危险品生产、储存企业应当具备的消防安全条件

国家对易燃易爆危险品的生产和储存实行统一规划、合理布局和严格控制的原则，并实行审批制度。在编制总体规划时，设区的城市人民政府应当根据当地经济发展的实际需要，按照确保安全的原则，规划出专门用于易燃易爆危险品生产和储存的适当区域，生产、储存易燃易爆危险品应当满足下列条件。

（1）生产工艺、设备或设施、存储方式符合国家相关标准。

（2）企业周边的防护距离符合国家标准或者国家有关规定。

（3）生产、使用易燃易爆危险品的建筑和场所必须符合建筑设计防火规范和有关专业防火规范。

（4）生产、使用易燃易爆危险品的场所必须按照有关规范安装防雷保护设施。

（5）生产、使用易燃易爆危险品场所的电气设备，必须符合国家电气防爆标准。

（6）生产设备与装置必须按国家有关规定设置消防安全设施，定期保养、校验。

（7）易产生静电的生产设备与装置，必须按规定设置静电导除设施，并定期进行检查。

（8）从事生产易燃易爆危险品的人员必须经主管部门进行消防安全培训，经考试取

得合格证，方准上岗。

（9）消防安全管理制度健全。

（10）符合国家法律法规规定和国家标准要求的其他条件。

2.易燃易爆危险品生产、储存企业设立的申报和审批要求

为了严格管理，从事易燃易爆危险品生产、储存的企业在设立时，应当向设区的市级人民政府安全监督综合管理部门提出申请；剧毒性易燃易爆危险品还应当向省、自治区、直辖市人民政府经济贸易管理部门提出申请，但无论哪一级申请，都应当提交下列文件：

（1）企业设立的可行性研究报告。

（2）原料、中间产品、最终产品或者储存易燃易爆危险品的自燃点、闪点、爆炸极限、氧化性、毒害性等理化性能指标。

（3）包装、储存、运输的技术要求。

（4）安全评价报告。

（5）事故应急救援措施。

（6）符合从事易燃易爆危险品生产、储存企业必须具备的条件的证明文件。

省、自治区、直辖市人民政府经济贸易管理部门设区的市级人民政府安全监督综合管理部门，在收到申请和提交的文件后，应当组织有关专家进行审查，提出审查意见，并报本级人民政府批准。本级人民政府予以批准的，由省、自治区、直辖市人民政府经济贸易管理部门或设区的市级人民政府安全监督综合管理部门颁发批准书，申请人凭批准书向工商行政管理部门办理登记注册手续；不予批准的，应当书面通知申请人。

3.易燃易爆危险品包装的消防安全管理要求

易燃易爆危险品包装是否符合要求，对保证易燃易爆危险品的安全非常重要，如果不能满足运输储存的要求，就有可能在运输、储存和使用过程中发生事故。因此，易燃易爆危险品在包装上应符合下列安全要求。

（1）易燃易爆危险品的包装应符合国家法律、法规、规章的规定和国家标准的要求。包装的材质、形式、规格、方法和单件质量（重量），应当与所包装易燃易爆危险品的性质和用途相适应，并便于装卸、运输和储存。

（2）易燃易爆危险品的包装物、容器，应当由省级人民政府经济贸易管理部门审查合格的专业生产企业定点生产，并经国务院质检部门的专业检测、检验机构检测，检验合格，方可使用。

（3）重复使用的易燃易爆危险品包装物（含容器）在使用前，应当进行检查，并做记录；检查记录至少应保存两年。质监部门应当对易燃易爆危险品的包装物（含容器）的产品质量进行定期或不定期的检查。

4.易燃易爆危险品储存的消防安全管理要求

由于储存易燃易爆危险品仓库通常都是重大危险源，一旦发生事故往往带来重大损失和危害，所以对易燃易爆危险品的储存管理应更加严格。易燃易爆化学物品的储存应当符合下列条件：

（1）易燃易爆危险品必须储存在专用仓库或储存室。储存方式、方法、数量必须符合国家标准。并由专人管理，出入库应当进行核查登记。

（2）易燃易爆危险品应当分类、分项储存，性质相互抵触、灭火方法不同的易燃易爆危险品不得混存，垛与垛、垛与墙、垛与柱、垛与顶以及垛与灯之间的距离应符合要求，要定期对仓库进行检查、保养，注意防热和通风散潮。

（3）剧毒品、爆炸品以及储存数量构成重大危险源的其他易燃易爆危险品必须在专用仓库内单独存放，必须实行双人收发、双人保管制度。储存单位应当将剧毒品以及构成重大危险源的易燃易爆危险品的数量、地点以及管理人员的情况报当地公安部门和负责易燃易爆危险品安全监督综合管理工作部门备案。

（4）易燃易爆危险品专用仓库，应当符合国家标准中对安全、消防的要求，设置明显标志。应当定期对易燃易爆危险品专用仓库的储存设备和安全设施进行检查。

（5）对废弃易燃易爆危险品进行处置时，应当严格按照固体废物污染环境防治法和国家有关规定进行。

（四）易燃易爆危险品经销的消防安全管理

易燃易爆危险品在采购、调拨和销售等经销活动中，受外界因素的影响最多，因而事故隐患也最多，所以应加强易燃易爆危险品经销的安全管理。

1.经销易燃易爆危险品必须具备的条件

国家对易燃易爆危险品的经销实行许可制度。未经许可，任何单位和个人都不能经销易燃易爆危险品。经销易燃易爆危险品的企业必须具备下列条件。

（1）经销场所和储存设施符合国家标准。

（2）主管人员和业务人员经过专业培训，并取得上岗资格。

（3）有健全的安全管理制度。

（4）符合法律、法规规定和国家标准要求的其他条件。

2.易燃易爆危险品经销许可证的申办

（1）经销剧毒性易燃易爆危险品的企业，应当分别向省、自治区、直辖市人民政府的经济贸易管理部门或者设区的市级人民政府的负责易燃易爆危险品安全监督综合管理工作的部门提出申请，并附送符合易燃易爆危险品经销企业条件的相关证明材料。

（2）省、自治区、直辖市人民政府的经济贸易管理部门或者设区的市级人民政府的负责易燃易爆危险品安全监督综合管理工作的部门接到申请后，应当依照规定对申请人提交的证明材料和经销场所进行审查。

（3）经审查，符合条件的，颁发危险品经销（营）许可证，并将颁发危险品经销（营）许可证的情况通报同级公安部门和环境保护部门，申请人凭危险品经销（营）许可证向工商行政管理部门办理登记注册手续。不符合条件的，书面通知申请人并说明理由。

3.易燃易爆危险品经销的消防安全管理要求

（1）企业在采购易燃易爆危险品时，不得从未取得易燃易爆危险品生产或经销许可证的企业采购；生产易燃易爆危险品的企业也不得向未取得易燃易爆危险品经销许可证的单位或个人销售易燃易爆危险品。

（2）经销易燃易爆危险品的企业既不得经销国家明令禁止的易燃易爆危险品，也也不得经销没有安全技术说明书和安全标签的易燃易爆危险品。

（3）经销易燃易爆危险品的企业储存易燃易爆危险品时，应遵守国家易燃易爆危险品储存的有关规定。经销商店内只能存放民用小包装的易燃易爆危险品，其总量不得超过国家规定的限量。

（五）易燃易爆危险品运输的消防安全管理

国家对易燃易爆危险品的运输实施资质认定制度，未经资质认定，不得运输易燃易爆危险品。易燃易爆危险品的运输必须符合相关管理要求。

1.易燃易爆危险品运输消防安全管理的基本要求

（1）运输、装卸易燃易爆危险品，应当依照有关法律、法规、规章的规定和国家标准的要求，按照易燃易爆危险品的危险特性，采取必要的安全防护措施。

（2）用于易燃易爆危险品运输的槽、罐及其他容器，应当由符合规定条件的专业生产企业定点生产，并经检测、检验合格方可使用。质检部门对定点生产的槽、罐及其他容器的产品质量进行定期或不定期检查。

（3）易燃易爆危险品运输企业，应当对其驾驶员、船员、装卸管理员、押运员进行有关安全知识培训，使其掌握易燃易爆危险品运输的安全知识并经所在地设区的市级人民政府交通部门（船员经海事管理机构）考核合格，取得上岗资格证方可上岗作业。

（4）运输易燃易爆危险品的驾驶员、船员、装卸管理员、押运员应当了解所运载易燃易爆危险品的性质，危险、危害特性，包装容器的使用特性和发生意外时的应急措施。在运输易燃易爆危险品时，应当配备必要的应急处理器材和防护用品。

（5）托运易燃易爆危险品时，托运人应当向承运人说明所托运易燃易爆危险品的品名、数量、危害、应急措施等情况。所托运的易燃易爆危险品需要添加抑制剂或稳定剂的，托运人交付托运时应当将抑制剂或稳定剂添加充足，并告知承运人。托运人不得在托运的普通货物中夹带易燃易爆危险品，也不得将易燃易爆危险品匿报或谎报为普通货物托运。

（6）运输易燃易爆危险品的槽罐以及其他容器必须封口严密，能够承受正常运输条件下产生的内部压力和外部压力，保证易燃易爆危险品在运输中不因温度、湿度或压力的变化而发生任何渗漏。

（7）任何单位和个人不得邮寄或者在邮件内夹带易燃易爆危险品，也不得将易燃易爆危险品匿报或者谎报为普通物品邮寄。

（8）通过铁路、航空运输易燃易爆危险品的，应符合国务院铁路、民航部门的有关专门规定。

2.易燃易爆危险品公路运输的消防安全管理要求

易燃易爆危险品通过公路运输时，由于受驾驶技术、道路状况、车辆状况、天气情况的影响很大，因而所带来的危险因素也很多，且一旦发生事故救援难度较大，往往会造成重大经济损失和人员伤亡，所以，应当严格管理要求。

（1）通过公路运输易燃易爆危险品时，必须配备押运人员，并且所运输的易燃易爆危险品随时处于押运人员的监管之下。不得超装、超载，不得进入易燃易爆危险品运输车辆禁止通行的区域；确需进入禁止通行区域的，应当事先向当地公安部门报告，并由公安部门为其指定行车时间和路线，且运输车辆必须遵守公安部门为其指定的行车时间和路线。

（2）通过公路运输易燃易爆危险品的，托运人只能委托有易燃易爆危险品运输资质的运输企业承运。

（3）剧毒性易燃易爆危险品在公路运输途中发生被盗、丢失、流散、泄漏等情况时，承运人及押运人员应当立即向当地公安部门报告，并采取一切可能的警示措施。公安部门接到报告后，应当立即向其他有关部门通报情况；有关部门应当采取必要的安全措施。

（4）禁止易燃易爆危险品运输车辆通行的区域，由设区的市级人民政府公安部门划定，并设置明显的标志。运输烈性易燃易爆危险品途中需要停车住宿或者遇有无法正常运输的情况时，应当向当地公安部门报告。

3.易燃易爆危险品水路运输的消防安全管理要求

易燃易爆危险品在水上运输时，一旦发生事故往往会造成水道的阻塞或对水域形成污染，给人民的生命财产带来更大的危害，且往往扑救比较困难。故水上运输易燃易爆危险品时应当有比陆地更加严格的要求。

（1）禁止利用内河以及其他封闭水域等航运渠道运输剧毒性易燃易爆危险品。

（2）利用内河以及其他封闭水域等航运渠道运输禁运以外的易燃易爆危险品时，只能委托有易燃易爆危险品运输资质的水运企业承运，并按照国务院交通部门的规定办理相关手续，接受有关交通港口部门、海事管理机构的监督管理。

（3）运输易燃易爆危险品的船舶及其配载的容器应当按照国家关于船舶检验的规范进行生产，并经海事管理机构认可的船舶检验机构检验合格，方可投入使用。

（六）易燃易爆危险品销毁的消防安全管理

易燃易爆危险品如因质量不合格，或因失效、变态而必须废弃时，要及时进行销毁处理，以防止因管理不善而引发火灾、中毒等灾害事故。为了保证安全，禁止随便弃置堆放和排入地面、地下及任何水系。

1.销毁易燃易爆危险品应具备的消防安全条件

由于废弃的易燃易爆危险品稳定性差、危险性大，故必须有可靠的安全措施，并须经当地公安和环保部门同意才可进行销毁，其基本条件如下。

（1）销毁场地的四周和防护措施，均应符合安全要求；

（2）销毁方法选择正确，适合所要销毁物品的特性，安全、易操作、不会污染环境；

（3）销毁方案无误，防范措施周密、易落实；

（4）销毁人员经过安全培训合格，有法定许可的证件。

2.易燃易爆危险品销毁的基本要求

易燃易爆危险品的销毁，要严格遵守国家有关安全管理的规定，严格遵守安全操作规程，防止着火、爆炸或其他事故的发生。

（1）正确选择销毁场地。销毁场地的安全要求因销毁方法的不同而不同。当采取爆炸法或者燃烧法销毁时，销毁场地应选择在远离居住区、生产区、人员聚集场所和交通要道的地方，最好选择在有天然屏障或较隐蔽的地区。销毁场地边缘与场外建筑物的距离不应小于200m，与公路、铁路等交通要道的距离不应小于150m。当四周没有天然屏障时，应设有高度不小于3m的土堤防护。

（2）严格培训作业人员。执行销毁操作的作业人员，要经严格的操作技术和安全培训，并经考试合格才能执行销毁的操作任务。

（3）严格消防安全管理。公安消防机关应当加强对易燃易爆危险品的监督管理。销毁易燃易爆危险品的单位应当严格遵守有关消防安全的规定，认真落实具体的消防安全措施，当大量销毁时应当认真研究，做出具体方案（包括一旦引发火灾时的应急灭火预案）。并向公安机关消防机构申报，经审查并经现场检查合格方可进行，必要时，公安机关消防机构应当派出消防队现场执勤保护，确保销毁安全。

第六节 重大危险源的管理

一、重大危险源的概念及其分类

（一）重大危险源的概念

重大危险源，是指生产、储存、运输、使用危险品或者处置废弃危险品，且危险品的数量等于或者超过临界量的单元（包括场所和设施）。临界量是指国家标准规定的某种或某类危险品在生产场所或储存区内不允许达到或超过的最高限量。单元是指一个（套）生产装置、设施或场所，或同属一个工厂的边缘距离小于500m的几个（套）生产装置、设施或场所。

（二）重大危险源的分类

重大危险源按照工艺条件情况分为生产区重大危险源和储存区重大危险源两种。其中，由于储存区重大危险源工艺条件较为稳定，所以临界量的数值相对较大。

二、重大危险源的安全管理措施

重大危险源的管理是企业安全管理的重点，在对重大危险源进行辨识和评价后，应针对每一个重大危险源制定出一套严格的安全管理制度，通过技术措施和组织措施对重大危险源进行严格控制和管理。

（1）实行重大危险源登记制度。通过登记，政府部门能够更清楚地了解我国重大危险源的分布状况及安全水平，便于从宏观上进行管理与控制。登记的内容包括企业概况、重大危险源的概况、安全技术措施、安全管理措施、以往发生事故的情况等。

（2）建立健全重大危险源安全监控组织机构。

（3）严格控制各类危险源的临界量。

（4）设置重大危险源监控预警系统。

（5）建立健全重大危险源安全技术规范和管理制度。

（6）建立完善的灾难性应急计划，一旦紧急事态出现，确保应急救援工作顺利进行。

（7）必须与重要保护场所保持规定的安全距离。

重大危险源也是重大能量源，为了预防重大危险源发生事故，必须对其进行有效的控制。所以，对于危险品的生产装置和储存数量构成重大危险源的储存设施，除运输工具、加油站、加气站外，与下列场所、区域的距离必须符合国家标准或者国家有关规定。

①居民区、商业中心、公园等人口密集区域。

②学校、医院、影剧院、体育场（馆）等公共场所。

③供水水源、水厂及水源保护区。

④车站、码头（按照国家规定，经批准，专门从事危险品装卸作业的除外）、机场以及公路、铁路、水路交通干线、地铁风亭及出入口。

⑤基本农田保护区、畜牧区、渔业水域和种子、种畜、水产苗种生产基地。

⑥河流、湖泊、风景名胜区和自然保护区。

⑦军事禁区、军事管理区。

⑧法律、行政法规规定予以保护的其他区域。

（8）不符合规定的改正措施。

对已建的危险品生产装置和储存数量构成重大危险源的储存设施不符合规定的，应当由所在地设区的市级人民政府负责危险品安全监督综合管理工作的部门监督其在规定期限内进行整顿；需要转产、停产、搬迁、关闭的，应当报本级人民政府批准后实施。

第十二章　消防产品监督检查

第一节　消防产品监督检查的形式和内容

一、消防产品的含义及类别

（一）消防产品及其相关术语的含义

1.消防产品的含义

消防产品，是指专门用于火灾预防、灭火救援和火灾防护、避难、逃生的产品。

2.不合格的消防产品的含义

不合格的消防产品，是指产品质量不符合国家有关法律法规规定的质量要求，或者不符合采用的产品标准、产品说明、实物样品或者以其他方式表明的质量状况的产品。

3.国家明令淘汰的消防产品的含义

国家明令淘汰的消防产品，是指国家及有关行政管理部门依据其职能，对消耗能源、污染环境、毒副作用大、技术明显落后的消防产品，按照一定的程序向社会公布自某时起禁止生产、销售和使用的消防产品。

4.缺陷消防产品的含义

缺陷消防产品，是指消防产品存在危及人身、他人财产安全的不合理的危险，包括设计上的缺陷、制造上的缺陷和指示上的缺陷；消防产品不符合保障人身、他人财产安全的国家标准、行业标准中的安全要求的，是产品存在缺陷。产品不符合社会普遍公认的安全性的，亦是产品存在缺陷。

5.消防产品质量的含义

消防产品质量，是指消防产品满足消防需要的适用性、安全性、可用性、可靠性、可维修性、经济性和环保性等所具有的特征和特性的总和。

（二）消防产品的类别

消防产品按使用性质的不同可分为以下20种类别。

1.消防车

消防车，是指为灭火扑救和抢险救援而装备、使用的车辆。消防车是最基本的移动式消防装备，其按使用目的不同分为以下五大类。

（1）灭火类消防车，是指既可喷射灭火剂又能独立扑救火灾的消防车。其主要包括泵浦消防车、水罐消防车、泡沫消防车、干粉消防车、干粉泡沫联用消防车、干粉水联用消防车、二氧化碳消防车、A类泡沫消防车、高倍泡沫消防车、涡喷消防车等。

（2）专勤类消防车，是指具有专项技术功能（灭火作业除外），担负某专项消防技术作业的消防车。其主要包括照明消防车、供气消防车、排烟消防车、通信指挥消防车、水带敷设消防车、抢险救援消防车、化学洗消消防车、自装卸式消防车等。

（3）后援类消防车，是指向火场补充各类灭火剂、消防器材、个人防护装备等的消防车。其主要包括运水消防车、供液消防车、器材运输消防车等。

（4）举高类消防车，是指装备了举高、救援和灭火装置，可进行登高灭火和救援的消防车。其主要包括登高平台消防车、举高喷射消防车、云梯消防车等。

（5）机场消防车，是指经专门设计，有很高的越野性能和动力性能，可边行驶边喷射灭火剂，专门用于扑救飞机火灾的消防车。其主要包括机场先导消防车、机场救援消防车等。

2.消防泵及消防泵组

在灭火过程中，从消防水源取水到将水输送到灭火设备处，都要依靠消防水泵来完成。消防泵既是独立的消防装备，也是消防车和有关固定灭火系统的核心配套设备。其按是否有动力源分为消防泵和消防泵组两大类。

（1）消防泵，是指安装在消防车、固定灭火系统或其他消防设施上，依靠叶轮旋转，将能量传给液体，用作输送水等液体灭火剂的专用泵。其按以下不同规则又可分为不同类型：

①按使用场合分类。消防泵按使用场合的不同可分为车用消防泵（指安装在消防车底盘上的消防泵）、船用消防泵（指安装在船舶、海上工作平台等水上工作环境的消防泵）、工程用消防泵（指用于消火栓系统、自动喷水灭火系统、泡沫灭火系统等工程场所的消防泵）和其他用消防泵。

②按出口压力等级分类。消防泵按出口压力等级的不同可分为低压消防泵（指额定压力不大于1.6MPa的消防泵）、中压消防泵（指额定压力在1.8～3.0MPa的消防泵）、中

低压消防泵（指既能提供中压又能提供低压的消防泵），高压消防泵（指额定压力不小于4.0MPa的消防泵）和高低压消防泵（指既能提供高压又能提供低压的消防泵）。

③按用途分类。消防泵按用途不同可分为供水消防泵、稳压消防泵和供泡沫液消防泵。

④按辅助特征分类。消防泵按辅助特征不同可分为深井消防泵（指采用立式深井泵的工程用消防泵）、潜水消防泵（指采用潜水泵的工程用消防泵）和普通消防泵（指除深井、潜水消防泵以外的工程用消防泵）。

（2）消防泵组，是指带有动力源的消防泵，一般由一组消防泵、动力源、控制柜以及辅助装置等组成。其按以下不同规则又可分为不同类型：

①按动力源形式分类。消防泵组按动力源形式的不同可分为柴油机消防泵组、电动机消防泵组、燃气轮机消防泵组和汽油机消防泵组。

②按用途分类。消防泵组按用途的不同可分为供水消防泵组、稳压消防泵组和手抬机动消防泵组。

③按泵组的辅助特征分类。消防泵组按泵组的辅助特征的不同可分为普通消防泵组、深井消防泵组和潜水消防泵组。

以上为基本分类，但各类之间可相互结合，如中低压消防泵、高低压消防泵、普通消防泵组和电动潜水消防泵组等。

3.灭火剂

灭火剂，是指能够有效地破坏燃烧条件，终止燃烧的物质。其按自身形态和灭火性能的不同可分为以下六大类：

（1）水系灭火剂由水、渗透剂、阻燃剂以及其他添加剂组成，一般以液滴或以液滴和泡沫混合的形式灭火。

常用的水系灭火剂有普通水系灭火剂、增稠水系灭火剂、抗冻型水系灭火剂、乳化型水系灭火剂、减阻型水系灭火剂、泡沫型水系灭火剂、凝胶型水系灭火剂、油锅水系灭火剂和多功能水系灭火剂等。

（2）泡沫灭火剂是能够与水混溶，并可通过机械方法或化学反应产生泡沫的灭火剂。泡沫灭火剂按类型不同分为蛋白泡沫灭火剂、氟蛋白泡沫灭火剂、抗溶性泡沫灭火剂、水成膜泡沫灭火剂、高倍数泡沫灭火剂和A类泡沫灭火剂等。

（3）干粉灭火剂是以具有灭火效能的无机盐为基料，添加防潮剂、防结块剂、流动促进剂等改进其物理性能的添加剂，经粉碎、混合而制成的一种易于流动的细微粉末。干粉灭火剂按类型不同又分为普通干粉灭火剂（包括BC干粉灭火剂和ABC干粉灭火剂）、超细干粉灭火剂和金属火灾干粉灭火剂。

（4）气体灭火剂具有挥发快、不导电、喷射后不留残余物、不会引起二次破坏等优势，常用来保护特殊、重要的具有较高保护价值的场所。气体灭火剂按灭火介质类型不同分为卤代烷烃类灭火剂、二氧化碳灭火剂以及惰性气体灭火剂。

4.灭火器

灭火器是一种由人力手提或推拉至着火点附近，手动操作并在其内部压力作用下，将所充装的灭火剂喷出，用于扑救初起火灾的普及型重要消防器材。其按照不同的方式可以分为以下类型。

（1）按灭火器的移动方式分类

①手提式灭火器。手提式灭火器，是指能在其内部压力作用下，将所装的灭火剂喷出以扑救火灾，并可手提移动的灭火器具。手提式灭火器的总质量在20kg以下，其中二氧化碳灭火器的总质量不超过23kg。

②推车式灭火器。推车式灭火器，是指装有轮子的可由一人推（或拉）至火场，并能在其内部压力作用下，将所装的灭火剂喷出以扑救火灾的灭火器具。推车式灭火器的总质量在25～450kg。

③简易式灭火器。简易式灭火器，是指灭火剂充装量小于1000g（或mL），并可由一只手指开启的不可重复充装使用的储压式灭火器。此类灭火器主要用于扑救家庭厨房油锅和废纸篓等固体可燃物的初起火灾。由于其灭火能力较低，因此，不能用于灭火器强制性配置的场所。

（2）按灭火器所充装的灭火剂类型分类

①水基型灭火器。其又包括两种类型：水型灭火器，这类灭火器不具有发泡倍数和25%析液时间的特性要求，充装的灭火剂主要是水，如清水灭火器等；泡沫灭火器，这类灭火器具有发泡倍数和25%析液时间的特性要求，充装的是泡沫灭火剂，如抗溶泡沫灭火器等。

②干粉型灭火器。这类灭火器中充装的是干粉灭火剂，根据所充装的干粉灭火剂种类的不同，可分为BC干粉灭火器、ABC干粉灭火器以及D类火专用干粉灭火器。

③二氧化碳灭火器。这类灭火器中充装的是加压液化二氧化碳灭火剂。

④洁净气体灭火器。这类灭火器中充装的灭火剂包括卤代烷烃类灭火剂、惰性气体灭火剂和混合气体灭火剂等。由于“1211”“1301”灭火器破坏大气的臭氧层，已被淘汰。

（3）按驱动灭火剂的压力型式分类

①贮气瓶式灭火器，是指灭火剂由贮气瓶释放的压缩气体压力或液化气体压力驱动的灭火器。

②贮压式灭火器，是指灭火剂由贮于灭火器同一容器内的压缩气体或灭火剂蒸气压力驱动的灭火器。

5.消火栓及其配套产品

消火栓及其配套产品包括室内消火栓、室外消火栓、消防水鹤和消防水泵接合器、消火栓箱等。

（1）室内消火栓安装在消火栓箱内，与消防水带和水枪等器材配合使用，是室内消火栓给水系统的主要组件。其有以下几种类型：

①按出水口型式分类。室内消火栓按出水口型式的不同可分为单出口室内消火栓和双出口室内消火栓两种类型。

②按栓阀数量分类。室内消火栓按栓阀数量的不同可分为单栓阀室内消火栓和双栓阀室内消火栓两种类型。

③按结构型式分类。室内消火栓按结构型式的不同可分为：直角出口型室内消火栓；45° 出口型室内消火栓；旋转型室内消火栓（指栓体可相对于进水管路连接的底座水平360° 旋转的室内消火栓）；减压型室内消火栓（指通过设置在栓内或栓体进、出水口的节流装置，实现降低栓后出口压力的室内消火栓）；旋转减压型室内消火栓（指同时具有旋转型室内消火栓和减压型室内消火栓功能的室内消火栓）；减压稳压型室内消火栓（指在栓体内或栓体进、出水口设置自动节流装置，依靠介质本身的能量，改变节流装置的节流面积，将规定范围内的进水口压力减至某一需要的出水口压力，并使出水口压力自动保持稳定的室内消火栓）；旋转减压稳压型室内消火栓（指同时具有旋转型室内消火栓和减压稳压型室内消火栓功能的室内消火栓）。

（2）室外消火栓，是指设置在市政给水管网和建筑物外消防给水管网上的一种供水设备，其作用是供消防车取水或直接接出水带、水枪实施灭火。室外消火栓根据安装场合分为以下三种类型：

①地上式室外消火栓。地上式室外消火栓，是指与供水管路连接，由阀、出水口和栓体等组成，且阀、出水口以及部分壳体露出地面的消防供水（或泡沫混合液）装置。其具有目标明显、易于寻找、出水操作方便等特点，适合气候温暖地区安装使用。

②地下式室外消火栓。地下式室外消火栓，是指与供水管路连接，由阀、出水口和栓体等组成，安装在地下的消防供水（或泡沫混合液）装置。其具有防冻、不宜遭到人为损坏、便利交通等优点。但目标不明显、操作不便，只适用于气候寒冷地区。采用地下式消火栓要求在附近地面上应有明显的固定标志，以便于在下雪等恶劣天气时寻找消火栓。

③折叠式消火栓。折叠式消火栓，是指一种平时以折叠或升缩形式安装于地面以下，使用时能够升至地面以上的消火栓。室外消火栓按其用途的不同可分为普通型和特殊型，特殊型又分为泡沫型、防撞型、调压型、减压稳压型等。

（3）消防水鹤由壳体、可伸缩出口弯管、排水阀、控制阀和接口等部件组成，其具有防冻、出水口可旋转、出水口径大等特点，是寒冷地区为消防车供水的专用装置。

（4）消火栓箱（简称栓箱），是指安装在建筑物内的消防给水管路上，由箱体、室内消火栓、消防接口、水带、水枪、消防软管卷盘及电器设备等消防器材组成的具有给水、灭火、控制、报警等功能的箱状固定式消防装置。

（5）消防水泵接合器是消防车和机动泵向室内消防给水管网输送消防用水或其他液体灭火剂的连接器具。当建筑物发生火灾，室内消防水泵因检修、停电或出现其他故障停止运转期间，或建筑物发生较大火灾、室内消防用水量显现不足时，需利用消防车从室外消防水源抽水，通过水泵接合器向室内消防给水管网提供或补充消防用水。

消防水泵接合器按安装形式不同可分为以下四种类型：

①地上式消防水泵接合器。地上式消防水泵接合器形似室外地上消火栓，它的栓身与接口高出地面，目标明显，使用方便。一般设在建筑物周围，便于消防人员接近和使用的地方。

②地下式消防水泵接合器。地下式消防水泵接合器形似室外地下消火栓，它设在建筑物周围附近的专用井内，不占用地上空间，适用于寒冷地区。安装时注意使接合口处在井盖正下方，顶部进水口与井盖底面距离不大于0.4m，地面附近应有明显标志，以便火场辨识。

③墙壁式消防水泵接合器。墙壁式消防水泵接合器设在建筑物的外墙上，要求其高出地面的距离不宜小于0.7m，并应与建筑物的门、窗、孔洞保持不小于1m的水平距离。

④多用式消防水泵接合器。多用式消防水泵接合器形似室内消火栓，其外形美观，体积小，结构合理，多功能阀门的应用和结构设计得更新，使水泵接合器向轻型化和小型化方向发展。

6.固定消防给水设备及配件

固定消防给水设备，是指固定安装于建筑物内，根据水灭火系统需要配置组成部件，按预设定工作方式供给消防用水的成套装置的总称。固定消防给水设备是水灭火系统的专用增压给水设备，其以固定消防泵组或气压水罐为主控部件，能够满足不同灭火设施的工作压力需求。该设备按结构和工作方式的不同可归纳为以下三大类。

（1）消防自动恒压给水设备，是指采用特定控制方式或利用泵组固有的流量压力特性实现消防恒压给水的设备。其又分为以下两种类型：

①按应用范围分类。消防自动恒压给水设备按应用范围的不同分为消防专用自动恒压给水设备和消防与生活（生产）共用自动恒压给水设备。

②按消防泵控制方式分类。消防自动恒压给水设备按消防泵控制方式的不同可分为工频消防自动恒压给水设备和变频消防自动恒压给水设备。

（2）消防气压类给水设备的共同点是以气压水罐为核心部件，利用气体可压缩性大的特点，靠压缩气体将水压送给系统，其基本组成包括气压水罐及附件、水泵机组、控制柜及控制附件、管道阀门等。该设备按结构和工作方式的不同可分为以下类型：

①消防气压给水设备。消防气压给水设备，是指以气体水罐为核心部件，向消防管网按设定压力持续供水的固定消防给水设备。该设备通常由气体水罐及附件、水泵机组、管道阀门及附件、测控仪表、操控柜等组成。其从不同角度又可分为以下类型：

按是否设有消防泵组分为应急型消防气压给水设备（指依靠气压水罐排出的有效水容积满足消防初期用水的气压给水设备，设备中不设置消防泵组）、增压型消防气压给水设备（指在应急型消防气压给水设备的基础上增设消防泵组，遇消防状态可增压供水的气压给水设备）。按气压水罐工作形式的不同可分为补气式消防气压给水设备和胶囊式消防气压给水设备。

②消防增压稳压给水设备。消防增压稳压给水设备，是指能满足稳压和增压两种用途的消防给水设备。该设备通常由气体水罐及附件、水泵机组、管道阀门及附件、测控仪表、操控柜等组成。其从不同角度可分为以下类型：

按安装位置的不同可分为上置式消防增压稳压给水设备和下置式消防增压稳压给水设备。按应用范围的不同可分为消防稳压给水设备（指用于维持消防给水系统适应工作状态压力稳定的消防给水设备）、消防增压给水设备（指采用消防泵组提升消防水源压力、满足消防给水系统灭火需要的消防给水设备）和消防增压稳压合用给水设备（指能满足稳压和增压两种用途的消防给水设备）。按稳定工作形式的不同可分为胶囊式消防稳压给水设备、补气式消防稳压给水设备和消防无负压（叠压）稳压给水设备（指直接串接到有压管网上取水，能有效利用其管网压力并且不产生负压危害的消防稳压给水设备）。按供消防给水系统的不同可分为消火栓给水系统消防增压稳压给水设备、自动喷水灭火系统消防增压稳压给水设备以及消火栓和自动喷水灭火系统合用消防增压稳压给水设备。

③消防气体顶压给水设备。消防气体顶压给水设备通常由气压水罐、操控柜、顶压储气系统、减压释放装置等基本部件组成。处于消防状态时，压缩气体充入气压水罐，置换出罐内消防储水，并始终保持消防额定工作压力，以恒压方式向消防管网提供扑救初期火灾所需的灭火用水量。其按是否带有消防稳压功能分为通用型消防气体顶压给水设备（指组成中有稳压水泵机组、稳压控制系统等稳压部件，具有在消防稳压和消防运行两种状态下持续按设定压力给水的消防气体顶压给水设备）和无稳压型消防气体顶压给水设备（指不具有消防稳压功能，只在消防运行状态时启动工作的消防气体顶压给水设备）。

（3）消防双动力给水设备，是指由电动机泵组和发动机泵组组合、系统操控柜、控制仪表及其他相关附件组成，采用预设定方式向消防管网持续供水的消防给水设备。该设备的两种类型水泵互为备用关系，电控系统正常时首先启动电动机消防泵，当设备不能满足给水规定点或火场有更大水量需求时，柴油机消防泵可并联启动运行补充给水，发挥设备最大给水能力；当电控系统异常或断电时，应急启动柴油机消防泵，当设备仍不能满足给水规定点或火场有更大水量需求时，柴油机消防泵的自动控制装置会选择提升水泵达到最大给水能力。该设备按配置泵组组合方式的不同又分为电动机泵组和柴油机泵组组合方式，以及电动机泵组和其他发动机泵组组合方式两种类型。

7.消防水带

（1）消防水带是一种用于输送水或其他液态灭火剂的软管。消防水带按衬里材料、使用功能、编织方式等进行分类有以下类型：

①按衬里材料分类。消防水带按衬里材料不同分为橡胶衬里消防水带、乳胶衬里消防水带、聚氨酯衬里消防水带和PVC衬里消防水带。

②按结构和使用功能分类。消防水带按结构和使用功能不同分为有衬里消防水带、消防湿水带、抗静电消防水带、A类泡沫专用水带和水幕消防水带。

③按编织层编织方式分类。消防水带按编织层编织方式不同分为平纹消防水带和斜纹消防水带。

（2）消防软管卷盘由阀门、输入管路、卷盘、软管和喷枪等组成，是一种用来输送水、泡沫、干粉等灭火剂，供在场人员自救室内初期火灾，或消防员进行灭火作业的一种消防器材。消防软管卷盘的特点是无须拉出全部软管，就能在迅速展开软管的过程中喷射灭火剂灭火。其从以下角度分为不同类型：

①按使用灭火剂种类分类。按使用灭火剂种类不同可分为水软管卷盘、干粉软管卷盘、泡沫软管卷盘、水和泡沫联用软管卷盘、水和干粉联用软管卷盘、干粉和泡沫联用软管卷盘等。

②按使用场合分类。按使用场合不同可分为消防车用软管卷盘和非消防车用软管卷盘两种类型。

8.消防枪炮

消防枪炮是将灭火介质的静压能转变为动能，并能高速喷射至一定距离进行灭火或冷却等作业的消防设备。

（1）消防枪，是指由单人或多人手持操作的灭火剂喷射管枪，通常由接口、枪体、开关和形成不同形式射流的喷嘴组成。其按喷射介质不同分为以下三种类型：

①消防水枪是指由单人或多人携带和操作的以水作为灭火剂的喷射管枪。消防水枪通常由接口、枪体、开关和喷雾或能形成不同形式射流的装置组成。其按喷射的灭火水流形式分为以下种类：

直流水枪。它是指用以喷射密集水射流的消防水枪，其又包括无开关直流水枪、直流开关水枪和直流开花水枪等。

喷雾水枪。它是指以固定雾化角喷射雾状水射流的消防水枪。该类水枪的出口端装有雾化喷嘴，根据其雾化喷嘴的结构型式，可分为机械撞击式喷雾水枪、双级离心式喷雾水枪和簧片振动式喷雾水枪等。

直流喷雾水枪。它是指既能喷射充实水流，又能喷射雾状水流，并具有开启、关闭功能的水枪。该类水枪功能齐全，可适应火场各种消防作业需求，是现代消防水枪的主要型式。根据直流喷雾调节机构的类型，直流喷雾水枪又分为球阀转换式直流喷雾水枪和导流式直流喷雾水枪两类。

多用水枪。它是指既能喷射充实水流，又能喷射雾状水流，在喷射充实水流或雾状水流的同时能喷射开花水流，并具有开启、关闭功能的水枪。该类水枪在球阀转换式直流喷雾水枪的枪管与喷嘴之间设置水幕装置，开启水幕调节圈，即可喷射伞形开花水幕。当导流片旋转到与水枪轴线垂直时，水枪即处于关闭状态。

②泡沫枪是一种在枪内利用混合液喷嘴形成局部负压吸入空气，并进行气液两相机械搅拌，产生和喷射空气泡沫的消防枪。

③干粉枪是以干粉—压缩氮气为喷射介质的消防枪，通常与干粉消防车、推车式干粉灭火器或半固定式干粉灭火装置配套使用，用于扑救液体燃料和忌水物资的火灾。

（2）消防炮，是指设置在消防车顶、地面、船舶及其他消防设施上，水或泡沫混合液流量大于16L/s、干粉喷射率大于7kg/s，以射流形式喷射灭火剂的装置。消防炮通常由炮头和炮体两部分组成，炮体主要包括流道和回转节等，带遥控操作功能的消防炮还包括动力源和控制装置等部件。

消防炮分为以下类型：

①按喷射的灭火剂种类分类。消防炮按喷射的灭火剂种类的不同可分为消防水炮、泡沫炮和干粉炮三种类型。

②按控制方式分类。消防炮按控制方式的不同可分为手动消防炮、电控消防炮和液控消防炮三种类型。

③按使用功能分类。消防炮按使用功能的不同可分为单用消防炮、两用消防炮和组合消防炮三种类型。

④按泡沫液吸入方式分类。消防炮按泡沫液吸入方式的不同可分为自吸式消防炮和非自吸式泡沫炮两种类型。

9.消防接口等消防供水管路附件

消防供水管路附件，是指消防供水系统中的一些连接配件，主要包括以下种类：

（1）消防接口包括消防水带接口、消防吸水管接口和各种异径接口、异型接口、闷盖等。

（2）集水器是连接多股消防供水支线与供水干线的消防器具。其主要由本体、进水口的控制阀门（单向阀或球阀）、进水口连接用的管牙接口、出水口连接用的螺纹式接口、密封圈等组成。

（3）分水器是连接消防供水干线与多股出水支线的消防器具。目前，国内使用的分水器主要有二分水器和三分水器。分水器主要由本体、出水口的控制阀门、进水口和出水口连接用的管牙接口、密封圈等组成。

（4）消防球阀是消防供水管路和消防出水管路中普遍采用的用于直接开闭水流的控制阀门。消防球阀主要由阀体、球体、阀杆、密封圈、填料等组成。

（5）消防吸水管胶管及相关附件：①消防吸水管胶管。消防吸水管胶管是供消防车从天然水源或室外消火栓吸水用的胶管。我国目前使用的消防吸水管胶管基本上为橡胶制成的胶管，其主要由内胶层、增强层、外胶层组成。增强层通常由织物材料构成，可以带有螺旋金属钢丝或其他材料。胶管有50mm、65mm、80mm、90mm、100mm、125mm、150mm 七种规格。

②相关附件。消防吸水管路附件主要有：吸水管接口，即用于吸水管之间连接或吸水管与其他设备连接的接头；滤水器，即消防车或消防车从天然水源吸水时，安装在吸水管末端，以阻止杂物进入水泵，保障水泵正常运转的器具；扳手，即用于装卸吸水管的专用工具。

10.火灾自动报警系统产品

火灾自动报警系统是以实现火灾早期探测和报警，向各类消防设备发出控制信号，进而实现预定消防功能的一种自动消防设施。该系统一般由火灾探测报警系统、消防联动控制系统、可燃气体探测报警系统和电气火灾监控系统等构成，其主要部件包括：

（1）火灾触发器件是火灾探测器和手动火灾报警按钮，是火灾自动报警系统中用于自动或手动产生火灾报警信号的基本触发器件。

（2）火灾报警控制装置是火灾自动报警系统的重要组成部分，具有为所连接的火灾报警触发器件、火灾警报器、火灾显示盘等现场设备供电，接收、转换、处理和传递火灾报警、故障等信号，发出声光警报，并对自动消防等装置发出控制信号等功能，同时也是操作人员了解系统信息、干预系统工作的交互平台。

（3）在火灾自动报警系统中，用以发出区别于环境声、光的火灾报警信号的装置称为火灾警报装置。

当防护区发生火灾并被确认后，可由消防控制室的火灾报警控制器启动，以声、光方式向防护区域发出火灾报警信号，以警示人们采取安全疏散、灭火救援等应对火灾的措施。火灾警报装置按用途不同分为火灾声警报器、火灾光警报器和火灾声光警报器三种类型。

（4）消防联动控制设备是火灾自动报警系统的一个重要组成部分，主要用于接收火灾报警控制器或其他火灾触发器件发出的火灾报警信号，按预设逻辑发出控制信号，控制各类消防设备实现相应功能。其通常包括消防联动控制器、消防控制室图形显示装置、消防电话主机、消防应急广播设备、消防电气控制装置（防火卷帘控制器等）、消防电动装置、消防联动模块等设备和组件。

（5）可燃气体探测报警设备是用于易燃易爆场所可燃气体探测和报警的一种安全产品。该设备由可燃气体报警控制器和可燃气体探测器两部分构成。

（6）电气火灾监控设备是用于监控电气设备和线路，防止电气火灾发生的一种安全预警设备，是火灾自动报警系统的重要相关设备之一。该设备主要包括电气火灾监控设备和电气火灾监控探测器两部分。

11.自动喷水灭火系统产品

自动喷水灭火系统，是指由洒水喷头、报警阀组、水流报警装置（水流指示器或压力开关）等组件，以及管道、供水设施等部件组成，并能在发生火灾时自动喷水的自动灭火系统。该系统平时处于准工作状态，当设置场所发生火灾时，喷头或报警控制装置探测到火灾信号后立即自动启动喷水，用于扑救建（构）筑物初期火灾。

（1）洒水喷头（简称喷头），是一种在热的作用下，在预定的温度范围内自行启动，或根据火灾信号由控制设备启动，并按设计的洒水形状和流量洒水的一种喷水装置。自动喷水灭火系统的火灾探测性能和灭火性能主要体现在喷头上，它是自动喷水灭火系统的主要组件。

（2）报警阀组是自动喷水灭火系统中控制水源、启动系统和发出报警信号的专用阀门。报警阀组按其控制功能的不同可分为湿式报警阀组、干式报警阀组、雨淋报警阀组和预作用报警阀组四种类型，分别应用于相应的自动喷水灭火系统。

（3）水流报警装置包括水流指示器和压力开关，是自动喷水灭火系统中用于将水流或水压信号转换成电信号，向报警控制器传送状态信息的一种报警装置。

（4）自动喷水灭火系统使用的通用阀门，是指用于启动雨淋报警阀的消防电磁阀，连接报警阀进出口并能够反映阀门开闭状态的信号阀和用于管路减压的减压阀等。

（5）自动喷水灭火系统中使用的管件及配件主要包括管接件、加速器等。

（6）末端试水装置专用于测试系统能否在开放一只喷头的最不利条件下可靠报警并正常启动，并对水流指示器、报警阀、压力开关、水力警铃的动作是否正常，配水管道是否畅通，以及最不利点的喷头工作压力等进行综合检验。因此，应在自动喷水灭火系统每个报警阀组控制的最不利点喷头处，应设置末端试水装置；在其他防火分区、楼层的最不利点喷头处，均应设置直径为25mm的试水阀。

12.气体灭火系统产品

气体灭火系统主要由灭火剂储存装置、启动分配装置、喷嘴、信号反馈装置、监控装置、检漏装置等部件组成，以某些在常温、常压下呈现气态的物质作为灭火介质，通过这些气体在整个防护区内或保护对象周围的局部区域建立起灭火浓度实现灭火。由于气体灭火系统的灭火速度快、灭火效率高、对保护对象无任何污损、不导电等特性，因此，主要用于保护重要且要求洁净的特定场合，是灭火系统中的一种重要形式。

（1）气体灭火系统的储存装置包括灭火剂储存容器、容器阀、单向阀、集流管、连接软管及支架等。通常是将其组合在一起，放置在靠近防护区的专用储瓶间内。储存装置既要储存足够量的灭火剂，又要保证在着火时，能及时开启，释放出灭火剂。

（2）启动分配装置：①驱动气体储存容器。驱动气体储存容器通常由驱动气体瓶、瓶头阀、安全泄压装置、驱动气体、压力显示器等组成。发生火灾时，灭火系统启动气瓶充有高压氮气，其上的瓶头阀由火灾自动报警系统控制自动开启，释放出的高压气体用以打开灭火剂储存容器上的容器阀及相应的选择阀。

②选择阀用于组合分配系统中，安装在灭火剂释放管道上，平时处于关闭状态，发生火灾时由驱动气体自动打开，控制灭火剂释放到相应的防护区。

（3）喷嘴，其作用是将灭火剂按特定的射流形式均匀释放到防护区内或保护对象，并促使其迅速气化，在保护空间内达到灭火浓度。

（4）信号反馈装置安装在灭火剂释放管道上或选择阀的出口部位（对于单元独立系统则安装在集流管上），其能将灭火剂释放的压力信号转换为电信号，并反馈到消防控制中心，起到反馈气体灭火系统的动作状态的作用。常用信号反馈装置是把压力信号转换为电信号的压力开关。

（5）检漏装置是用于定期检测灭火剂储存容器内介质泄漏情况的组件。检漏装置分为压力显示器（如压力表和压力传感器等）、称重装置（如杠杆称重装置、直显式称重装置、弹簧式称重装置和电子秤等）和液位测量装置。

13.泡沫灭火系统产品

泡沫灭火系统由泡沫比例混合装置、泡沫产生装置、泡沫喷射装置、泡沫液储罐、泡沫混合液管道、消防泵、消防水源等部件组成，当保护场所发生火灾时，自动或手动启动消防泵，打开出水阀门，水流经过泡沫比例混合装置后，将泡沫液与水按一定比例混合形成混合液，然后经混合液管道输送至泡沫产生装置，将产生的泡沫施放到燃烧物的表面上进行覆盖，从而实施灭火。该系统产品是扑灭甲、乙、丙类液体火灾和某些固体火灾的一种主要灭火设施。

（1）泡沫比例混合装置是泡沫灭火系统的关键组件，其作用是将泡沫液与水按比例混合形成泡沫混合液。其按结构形式不同可分为环泵式比例混合器、压力式比例混合器、平衡式比例混合器、计量注入式比例混合器、机械泵入式比例混合器和管线式比例混合器等类型。

（2）泡沫产生装置是泡沫灭火系统中用于将空气吸入，产生一定倍数泡沫并喷射施放到燃烧物表面上的设备。其按工作原理和结构特点不同可分为低倍数泡沫产生器、高背压泡沫产生器、中倍数泡沫产生器、高倍数泡沫产生器、泡沫钩管、泡沫喷头等类型。

14.干粉灭火系统产品

干粉灭火系统，是指由干粉储存容器，驱动组件，输送管道，喷放组件，探测、控制器件等组成的灭火系统。该系统借助于惰性气体压力的驱动，并由这些气体携带干粉灭火剂形成气粉两相混合流，经管道输送至喷嘴喷出，在化学抑制和物理灭火共同作用下实施灭火。干粉灭火系统灭火速度快、不导电，而且对环境条件要求不高，常用于如宾馆饭店的厨房、敞口易燃液体容器、变压器等某些场所及其设备的消防保护。

15.防排烟系统产品

防排烟系统分为防烟系统和排烟系统。防烟系统，是指采用机械加压送风方式或自然通风方式，防止建筑物发生火灾时烟气进入疏散通道和避难场所的系统。排烟系统，是指采用机械排烟方式或自然通风方式，将烟气排至建筑物外，控制建筑内的有烟区域保持一定能见度的系统。防排烟系统产品主要有以下种类：

（1）排烟风机，是指在机械排烟系统中用于排出烟气的固定式电动装置。该设备安装在机械排烟系统中并与排烟阀联动，火灾发生时，当任一排烟阀开启时排烟风机即可自动启动进行排烟。常用的排烟风机有轴流风机和离心风机两种类型。

（2）建筑通风和排烟系统使用的防火阀门有很多种，目前产品质量比较稳定且形成系列的防火阀门主要有防火阀、排烟防火阀和排烟阀。

①排烟防火阀，在组成上与防火阀基本一致。其安装在机械排烟系统的管道上，平时呈开启状态，火灾发生时，当排烟管道内烟气温度达到280℃时即自动关闭，以阻止烟火沿排烟系统蔓延，同时通过反馈信号控制排烟风机停止排烟。

②防火阀由阀体、叶片、执行机构和温感器等部件组成。其安装在通风、空气调节系统的送、回风管道上，平时呈开启状态，火灾发生时，当管道内烟气温度达到70℃时即自动关闭，并在一定时间内能满足漏烟量和耐火完整性要求，起隔烟阻火作用。

③排烟阀一般由阀体、叶片、执行机构等部件组成。带有装饰口或进行过装饰处理的排烟阀称为排烟口。排烟阀安装在机械排烟系统各支管端部（烟气吸入口）处，其与排烟防火阀的主要区别在于排烟阀没有温感器，动作方式与排烟防火阀相反。排烟阀平时呈常闭状态，当火灾发生时或需要排烟时手动或电动打开，进行排烟。

（3）排烟窗是安装在建筑物排烟区域顶部或外窗上，当火灾发生时能手动或在火灾自动报警系统控制下将窗扇打开，使烟和热气以自然通风方式从室内排出的窗体装置。

16.防火阻燃材料

防火阻燃材料按使用范围不同可分为以下类型。

（1）阻燃剂是一种能阻止材料被引燃或抑制火焰传播的化学助剂。在可燃性材料及制品中加入阻燃剂进行阻燃处理或在可燃性材料及制品上涂覆一层阻燃涂层，使易燃材料变为难燃材料、不燃材料或阻燃材料，是一种重要的防火保护手段，已成为火灾预防工作的重要措施。

阻燃剂的种类繁多，有下列类型：

①按化学成分的不同可分为有机阻燃剂和无机阻燃剂。

②按膨胀性的不同可分为膨胀型系阻燃剂和非膨胀型阻燃剂。

③按引入方式的不同可分为添加型阻燃剂和反应型阻燃剂。

（2）防火涂料在一定温度下能迅速形成防火隔热层，用于阻止火焰传播及火势的蔓延扩大，以保护建筑构配件。

防火涂料可按以下方式分为不同类型：

①按基料的不同可分为有机型防火涂料和无机型防火涂料。

②按使用范围的不同可分为饰面型防火涂料、钢结构防火涂料、混凝土结构防火涂料和电缆防火涂料。

③按防火型式的不同可分为非膨胀型防火涂料和膨胀型防火涂料。

（3）防火封堵材料，是指具有防火、防烟功能，用于密封或填塞建、构筑物以及各类设施中的贯穿孔洞、环形缝隙及建筑缝隙，便于更换符合有关性能要求的材料。

（4）阻燃制品，是指由阻燃材料制成的产品及多种产品的组合，包括阻燃建筑制品、阻燃织物、阻燃塑料/橡胶、阻燃泡沫塑料、阻燃家具及组件和阻燃电线电缆六类。

（5）防火板材具有一定的阻止燃烧和火焰传播的能力，能有效防止构件因过热损坏从而引起建筑物的坍塌。防火板材的种类和型式繁多，可按下列方式分类：

①按主要材料性质的不同可分为无机防火板材、有机防火板材和复合防火板材。

②按其中的功能材料的不同可分为防火石膏板、硅酸钙防火板和膨胀蛭石防火板。

③按板材燃烧性能的不同可分为不燃防火板和难燃防火板。

17.建筑防火构配件

建筑防火构配件按使用范围的不同可分为以下类型：

（1）防火卷帘是一种不占空间、关闭严密、开启方便的防火分隔物，其通常由帘板、导轨、传动装置、控制机构、手动速放关闭装置、箱体、卷门机、限位、按钮开关等组成。它平时卷放在上方或侧面的转轴箱内，火灾发生时，当环境温度、烟气浓度达到感温、感烟探测器感应范围时，探测器会发出报警信号，控制箱接收到报警信号后，自动控制防火卷帘关闭至中停位置，延时一段时间后继续关闭至完全闭合。在电被切断的情况下，操作人员可以拉动卷门机上的手动拉链使卷帘靠自重下降。另外，卷门机上还配有温控释放装置，发生火灾时环境温度升高使其感温元件动作后，卷帘靠自重下降直至关闭。如此一来，就将火灾控制在火源发生地的有限区域内，阻止火势蔓延，为人员疏散和灭火创造有利条件。

（2）防火门是建（构）筑物内阻隔火灾蔓延最为重要的基础设施之一，其由防火门扇、防火门框、闭门器、防火门释放器、顺序器、闭门器、防火锁具、防火合页、防火玻璃、填充隔热耐火材料、控制设备等组成。防火门除具有普通门的作用外，更重要的是其还具有能阻止火势蔓延和烟气扩散，为发生火灾时人员疏散提供安全条件的作用。

（3）防火窗除具有普通窗户的采光、通风作用外，还具有防火、隔烟的特殊功能。防火窗按耐火性能的不同可分为A类（隔热）防火窗、B类（部分隔热）防火窗、C类（非隔热）防火窗三种级别。

（4）防火玻璃平时是透明的，遇到火灾时，在一定的耐火时间内不会炸裂而保持透明状态，具有良好的防火阻燃性。防火玻璃按耐火性能的不同可分为A类（隔热）防火玻璃、B类（部分隔热）防火玻璃、C类（非隔热）防火玻璃三种级别。

（5）消防应急照明和疏散指示系统产品，是指为人员疏散、消防作业提供照明和疏散指示的系统，由各类消防应急灯具及相关装置组成。该系统按其形式的不同可分为自带电源集中控制型（系统内可包括子母型消防应急灯具）、自带电源非集中控制型（系统内可包括子母型消防应急灯具）、集中电源集中控制型和集中电源非集中控制型四种类型产品。消防应急灯具，是指为人员疏散、消防作业提供照明和标志的各类灯具，包括消防应急标志灯具和消防应急照明灯具。

18.抢险救援装备

抢险救援装备，是指消防救援人员在实施抢险救援行动中使用的器材设备。其按使用功能不同可分为以下四种：

（1）消防防化装备是处置化学灾害事故、核生化泄漏事故和恐怖袭击等突发性事故的重要装备，主要包括消防侦检、消防堵漏、消防转输、洗消器材、警戒等装备。

（2）消防救生装备与器材是消防员在各种灾害、事故现场营救被困人员使用的装备和建筑物发生火灾时遇险人员逃离火场时使用的辅助逃生装置，主要包括常规救生装备、搜寻设备、现场救护装备和水上救生装备、逃生避难器材等。

（3）消防破拆工具是消防员在灭火、抢险救援等作业中使用的常规装备。其按工具驱动型式的不同可分为手动破拆工具、机动破拆工具、气动破拆工具、液压破拆工具和电动破拆工具等。

（4）消防照明装备是消防员在无照明或照明条件差的环境下，进行灭火、抢险救援等作业所必须配备的移动照明设备。其按移动方式的不同可分为便携式照明装备、可移动式照明装备、车载固定式照明装备三种类型。

19.消防员防护装备

消防员防护装备，是指消防员在各种灾害、事故现场作业时佩戴的用于个人保护的防护装备。其按用途的不同可分为以下类型：

（1）消防员防护头盔及头面部防护装具是用于保护消防员头部、颈部以及面部的防护装具。

（2）消防员防护服是用于保护消防员身体免受各种伤害的防护装备。其根据用途的不同可分为消防员灭火防护服、消防员隔热防护服、消防员避火防护服、消防员抢险救援防护服、消防员化学防护服、消防员其他防护服等类型。

（3）消防员防护手套是用于消防员手部保护的防护装备。其按防护要求的不同可分为消防手套、消防救援手套、消防防化手套和消防高温手套等类型。

（4）消防员防护靴是消防员进行消防作业时用于保护脚部和小腿部免受伤害的防护装备。其按防护要求的不同可分为消防员灭火防护靴、消防员抢险救援防护靴、消防员化学防护靴三种类型。

（5）消防用防坠落装备是消防员在灭火救援、抢险救灾或日常训练中，用于消防员登高作业时防止坠落的设备和装置的总称。其包括消防安全绳、消防安全带和消防防坠落辅助设备。

（6）消防员呼吸保护装具是消防员进行消防作业时佩戴的用于保护呼吸系统免受伤害的个人防护装备。其主要有正压式消防空气呼吸器、正压式消防氧气空气呼吸器、消防过滤式综合防毒面具等类型。

（7）消防员水下保护装具是消防员在水下进行救援作业时的专用防护装备。其主要包括潜水服、潜水装具、水下通信设备和水下破拆工具等。

（8）其他防护装备及器具同样也是消防员在消防作业时需要配备且不可缺少的个人装备。其主要包括消防员照明灯具、消防员呼救器、定位器和消防腰斧等。

20.消防通信设备

消防通信设备是受理火灾报警，进行消防通信调度，保证各级消防指挥中心和消防站以及消防指战员之间通信、交换信息、传达灭火救援指令等必不可少的重要技术装备。消防通信设备按功能的不同可分为以下类型：

（1）火警受理设备是城市消防通信指挥系统的核心组成部分，其通过公用通信网或专用通信网，接收火警电话中继、公安机关“三台合一”接处警系统或其他报警设备的火灾报警信号，实现报警接收、火警辨识、出动方案编制、出动命令下达、联合出动方案编制、火场及灾害事故增援、灭火救援作战的记录、实时录音录时等火警受理流程。火警受理设备主要由信息技术设备、网络设备、火警受理终端设备、消防站火警终端设备等组成。

（2）消防有线通信设备是消防通信系统的主要设备，其主要包括消防有线通信线路（网络）和电信终端设备。

（3）消防无线通信设备是灭火指挥通信和灭火战斗行动通信的基本装备，其主要包括常规无线电通信设备、集群无线电通信设备、公众移动电话通信设备等。

（4）消防卫星通信设备可以实现传输现场话音、数据和图像信息功能，其包括现场车载（便携）卫星移动通信设备和各级消防指挥中心卫星固定通信设备。

（5）消防图像通信设备是消防通信指挥系统的重要组成设备之一，其包括现场图像传输设备和城市消防图像监控设备。

（6）消防移动数据通信设备是应用移动通信技术，将各种移动数据终端与消防专用服务器无线联网，建立面向消防业务的移动信息服务，实现灾害情状、消防资源、辅助决策支持、灭火救援行动、灭火救援记录和统计等数据信息的检索、传送，为现场指挥和移动查询、移动办公提供信息支持。其主要包括消防移动数据通信网络、移动数据终端、消防专用服务、网关、接入服务控制平台、消防业务数据搜索引擎、运维管理平台等。

二、消防产品监督检查的形式

消防产品监督检查的形式，是指公安机关消防机构实施消防产品监督检查的各种方式。根据《消防产品监督管理规定》和实践需要，目前，公安机关消防机构对消防产品进行监督检查的形式主要有以下6种：

第一，建设工程消防设计审核（含备案抽查）时对消防产品选型的监督检查。对大型的人员密集场所和特殊建设工程实施建设工程消防设计审核或对其他建设工程实施设计备案抽查时，应当将设计说明或设计图纸上选用的消防产品和有防火性能要求的建筑材料是否符合国家工程建设消防技术标准和有关管理规定纳入核查内容。

第二，建设工程竣工消防验收（含备案抽查）时对消防产品质量的监督检查。对大型的人员密集场所和特殊建设工程竣工消防验收或对其他建设工程竣工验收备案抽查时，应当将消防产品质量作为工程验收的一项必查内容进行监督抽查。

第三，公众聚集场所在投入使用（营业）前的消防安全检查时对消防产品质量的监督检查。对公众聚集场所（宾馆、饭店、商场、集贸市场、客运车站候车室、客运码头候船厅、民用机场航站楼、体育场馆、会堂以及公共娱乐场所等）在投入使用（营业）前进行消防安全检查时，应当按规定将消防产品质量作为一项必查内容进行监督检查。

第四，日常消防监督检查时对消防产品质量的监督检查。日常消防监督检查是国家消防监督制度的主要组成部分，其对于维护社会公共消防安全及减少或避免火灾的发生效果明显。实施消防监督检查时，应将使用领域的消防产品质量作为一项必查内容进行监督抽查，并将新购买的消防产品列入重点检查项目。

第五，消防产品监督抽查。公安机关消防机构可以根据消防安全工作的需要，对使用领域的消防产品组织监督抽查。实施监督抽查的重点是产品质量存在突出问题、假冒伪劣严重、涉及人体健康和人身财产安全的消防产品以及用户、消费者、有关组织反映有质量问题的消防产品。监督抽查分为定期实施的监督抽查和不定期实施的监督专项抽查两种。

不定期监督抽查是根据产品质量状况或者专项检查的需要不定期组织进行的。

进行消防产品监督抽查时应制订抽查计划，一般包括下列内容：监督抽查的范围、抽查的产品种类或产品目录、判定规则、抽查的时间安排和工作步骤、有关工作要求等。

第六，举报、投诉消防产品违法行为的核查。举报、投诉是人们向公安机关消防机构反映发现的消防产品违法行为的一种方式。消防产品违法行为主要指生产、销售、安装、维修、使用不符合市场准入制度、质量不合格、国家明令淘汰、失效、报废或者假冒伪劣的消防产品，危害社会安全的行为。公安机关消防机构对于不同形式的消防产品监督检查结果，可以通过适当的方式予以通报或向社会公告。对检查发现的影响公共安全的消防产品应当定期公布，以提示公众注意消防产品质量。

三、消防产品监督检查的内容

公安机关消防机构实施消防产品监督检查，主要检查下列内容：

（1）消防产品是否具有符合市场准入制度的证明文件，产品认证标志使用是否符合规定；

（2）消防产品身份证标识及阻燃制品标识是否符合要求；

（3）消防产品的外观标识、结构部件、材料、性能参数、生产厂名、厂址与产地等是否符合有关规定；

（4）消防产品的主要性能是否符合要求；

（5）法律、行政法规规定的其他内容。

第二节　消防产品监督检查的工作流程及其要求

一、消防产品监督检查工作流程

第一，在对建设工程竣工消防验收（含备案抽查）及公众聚集场所在投入使用（营业）前消防安全检查时消防产品监督的工作流程如下。

在对建设工程竣工消防验收（含备案抽查）时消防产品监督/公众聚集场所在投入使用、营业前消防安全检查时消防产品监督→进行现场检查→一致性检查或现场性能检测有异议（无异议的话直接进入是否通过消防行政许可）→抽取样品→样品检验→是否通过消防行政许可→合格（建档）/不合格（移送）。

第二，在建设工程消防设计审核（含备案抽查）时对消防产品选型监督的工作流程，建设工程竣工消防验收（含备案抽查）时消防产品监督→对设计文件中选用的消防产品和有防火性能要求的建筑材料进行监督合格（不合格直接处理）→依法决定是否通过消防设计审核或备案抽查→建档。

二、消防产品监督检查工作要求

公安机关消防机构进行消防产品监督检查时，不得少于2人，应当着制式警服，并出示执法身份证件。检查过程应当填写《消防产品监督检查记录》。检查结束时，应当将《消防产品监督检查记录》交被检查单位主管人员阅后签名；被检查单位主管人员不在场或者对检查记录有异议或拒绝签名的，检查人员应当注明情况。《消防产品监督检查记录》交所属公安机关消防机构存档备查。

三、实施消防产品监督检查的方法及职权

（一）实施消防产品监督检查的方法

公安机关消防机构实施消防产品监督检查时，可根据需要采取以下方法：

（1）询问消防产品的销售、安装、维修、使用情况及质量责任划分。

（2）查验消防产品符合市场准入制度的证明文件和认证标志、身份证标识的使用情况。

（3）检查合格证、产品铭牌及使用说明书。

（4）对消防产品的外观标识、结构部件、性能参数、材料等进行一致性检查。

（5）现场抽测消防产品部分性能。

（6）封样送检。

（二）实施消防产品监督检查的职权

公安机关消防机构对涉嫌违反法律法规的消防产品、违法行为进行查处时，可以行使以下职权：

（1）对涉嫌违法使用消防产品的场所实施现场检查。

（2）向当事人的法定代表人、主要负责人和其他有关人员调查、了解与涉嫌消防产品违法活动有关的情况。

（3）查阅、复制当事人有关的合同、发票、账簿及其他有关资料。

（4）对有根据认为违法使用的消防产品予以查封、扣押。

第三节　消防产品现场检查

一、消防产品现场检查适用范围

公安机关消防机构对现场抽样的消防产品质量可以当场判定的，应当采用消防产品现场检查的形式进行判定。

二、消防产品现场检查的依据和条件

消防产品现场检查主要依据《消防产品现场检查判定规则》（XF 588-2012）以及被检产品的国家标准或行业标准进行判定。实施消防产品现场检查应符合以下条件：

（1）检查人员应当经过专业培训具备相应的能力，熟悉监督检查规定、产品标准和《消防产品现场检查判定规则》（XF 588-2012）的要求，能够独立作出现场检查判定，检查时，检查人员不得少于2人；

（2）检查所使用的计量器具，应当符合《消防产品现场检查判定规则》（XF 588-2012）规定的测量范围和精度要求，并在校准或计量有效期之内；

（3）现场检查中产品性能检测的环境条件应当符合产品使用的环境要求。

三、消防产品现场检查

消防产品现场检查类别包括市场准入检查、产品一致性检查和现场产品性能检测三类。当市场准入检查或产品一致检查不合格时，则不需继续进行现场产品性能检测。

（一）消防产品市场准入检查

1.消防产品市场准入检查的含义

消防产品市场准入检查，是指针对消防产品是否符合国家有关市场准入规定或者产业政策所进行的检查。

2.消防产品市场准入检查项目

（1）实行强制性认证的消防产品市场准入检查项目、要求及不合格情况。

①证书检查及不合格情况描述。纳入强制性产品认证目录的消防产品，应当依法获得

强制性产品认证证书。对于消防车、消防摩托车产品应列入国家工业和信息化部《道路机动车辆生产企业及产品公告》，并依法获得强制性产品认证证书。未列入公告或者未获得强制性产品认证证书而擅自生产、销售、使用的，属于不合格情况。

②标志使用检查及不合格情况描述。按照有关规定使用3C认证标志。对已实施消防产品身份证制度的产品，还应当通过专用设备采集有关消防产品身份信息标志，利用消防产品身份信息管理系统查验其产品市场准入的真实性。未按规定使用3C认证标志和消防产品身份信息标志的，属于不合格情况。

③淘汰产品和过期失效检查及不合格情况描述。不得生产、销售和使用国家明令淘汰的消防产品，不得生产、销售和使用过期、失效的消防产品。凡生产、销售和使用国家明令淘汰以及过期、失效的消防产品的，均属于不合格情况。

（2）实行技术鉴定的消防产品市场准入检查项目、要求及不合格情况描述。

①证书检查及不合格情况描述。新研制的尚未制定国家标准、行业标准的消防产品，应当依照有关规定获得消防产品技术鉴定证书。未获得有效的技术鉴定证书而擅自生产、销售、使用的，属于不合格情况。

②标志使用检查及不合格描述。按照有关规定应使用消防产品身份信息标志。未按规定使用消防产品身份信息标志的，属于不合格情况。

③淘汰产品和过期失效检查。不得生产、销售和使用国家明令淘汰的消防产品，不得生产、销售和使用过期、失效的消防产品。凡生产、销售和使用国家明令淘汰以及过期、失效的消防产品的，均属于不合格情况。

3.消防产品市场准入检查判定规则

检查结果出现证书、标志使用、淘汰和过期失效中任一项不合格要求时，则判定该消防产品为不合格。

（二）消防产品一致性检查

1.消防产品一致性检查的含义

消防产品一致性检查，是指针对消防产品的外观标识、结构部件、材料、性能参数等与强制性产品认证、技术鉴定、型式检验结果的符合性、一致性所进行的检查。进入市场的消防产品必须与通过强制性产品认证、技术鉴定、型式检验的产品相一致。

2.消防产品一致性检查项目、要求及不合格情况描述

消防产品一致性检查项目、要求：生产企业名称、产品名称、规格型号必须与强制性产品认证或技术鉴定证书相一致，同时产品的实物也与型式检验报告中的描述相一致，不合格情况描述：生产企业名称、产品名称、规格型号与强制性产品认证或技术鉴定证书不一致，或者产品的实物与型式检验报告中的描述不一致。对已实施消防产品身份证制度的

产品，还应当通过专用设备采集有关产品信息，利用消防产品跟踪管理系统查验其产品市场准入的真实性。

3.消防产品一致性检查判定规则

当检查结果出现消防产品的外观、标识、结构部件、材料、性能参数这5项中任一项与强制性产品认证、技术鉴定、型式检验结果不一致时，即可判定该消防产品为不合格。

（三）现场产品性能检测

1.现场产品性能检测的含义

现场产品性能检测，是指针对消防产品的一些关键性能，在检查现场采用相应检测方法进行的产品检测。

2.现场产品性能检测要求

进行现场产品性能检测时，被检查单位的代表应当在场见证。现场检测时被检查产品应处于正常状态，并应采取措施防止误动作或造成意外损害。

四、消防产品现场检查判定规则及结论

（一）消防产品现场检查判定规则

消防产品现场检查判定规则如下：

（1）当市场准入检查不合格时，无须继续进行产品一致性检查和现场产品性能检测，可以直接判定该产品为不合格消防产品。

（2）当市场准入检查合格，而产品一致性检查不合格时，无须继续进行现场产品性能检测，可以直接判定该产品为不合格消防产品。

（3）当市场准入检查和产品一致性检查均合格，而现场产品性能检测不合格时，可判定该产品为不合格消防产品。

（4）当消防产品的市场准入检查、产品一致性检查和现场产品性能检测等三类检查均合格时，即可判定该产品为合格的消防产品。

（二）消防产品现场检查判定的结论

按照《消防产品现场检查判定规则》（XF 588–2012）的要求，通过按顺序对消防产品的市场准入检查、产品一致性检查和现场产品性能检测等情况进行综合检查，对消防产品现场检查做出判定结论。对判定为合格消防产品的，公安机关消防机构应当出具消防产品现场检查判定合格意见；对判定为不合格消防产品的，应当出具消防产品现场检查判定不合格意见。

五、消防产品现场检查的程序

（一）消防产品样品的抽取和确认

1.抽查的方式

国家对消防产品实行以随机抽查为主要方式的监督检查制度。公安机关消防机构监督抽查消防产品，由国务院公安机关消防机构规划和组织，省级公安机关消防机构可以在本行政区域内组织监督抽查。

2.样品的抽取

（1）抽查的样品应当在建设工程安装的消防产品中随机抽取，选定的消防产品应在类别、规格型号等方面具有代表性；

（2）公安机关消防机构应当将在实施建设工程消防验收和公众聚集场所营业、使用前消防安全检查以及消防监督检查中发现的不能提供安装前的核查检验证明的消防产品，列入消防产品监督抽查的重点。

3.抽取的样品数量

检查抽取的样品数量应根据被检查产品的批量大小合理确定，一般为1～3件。

4.被检查消防产品样品的确认

现场在样品上粘贴印有公安机关消防机构印章的“市消防产品质量监督抽查抽样封条”，拍摄样品照片。同时，填写《消防产品监督检查抽样单》，应当对抽样方式、样品数量及样品信息加以记录，并得到被检查方代表的确认。

5.样品的供给

样品由被抽样单位无偿供给。

（二）现场检查

按顺序和需要依据《消防产品现场检查判定规则》（XF 588-2012）依次对消防产品进行市场准入检查、产品一致性检查和现场产品性能检测三类检查。当市场准入检查或者产品一致性检查不合格时，则不需要进行现场产品性能检测。

对现场检查的所有项目应当在《消防产品监督检查记录》中逐条予以记录，不合格情况的描述应清晰明了，语言简洁、规范，数据准确，具有可追溯性。现场检查记录应当由被检查方代表签字确认。被检查方代表拒绝签字时，应予注明。

（三）做出判定结论

依据《消防产品现场检查判定规则》，对消防产品现场检查情况做出判定结论，判定结论应当明确为“合格的消防产品”或“不合格的消防产品”。

（四）出具并送达检查判定报告

对于判定为合格的消防产品，应当在《消防产品监督检查记录》中注明；

对于判定为不合格的消防产品，应当出具《消防产品现场检查判定报告》。检查判定报告由检查人员出具，经检查部门负责人审核签字，加盖检查部门印章方可正式生效。同时根据需要对不合格消防产品采取查封、扣押、先行登记保存、录像、拍照等措施以保全证据。

检查判定报告应当及时送达被检查单位以及产品的生产单位。被检查单位以及产品的生产单位在接到《消防产品现场检查判定报告》之日起15日内对检查判定结论提出异议的，被送达人应当在《消防产品现场检查判定报告》的“备注”栏中签名。被检查单位以及产品的生产单位接到报告15日内未提出异议的，视作接受检查判定结论。

六、火灾自动报警系统产品检查

（一）火灾自动报警系统的组成及工作原理

1.火灾自动报警系统的组成

火灾自动报警系统一般由火灾触发器件、火灾报警控制装置、火灾警报装置、消防联动控制设备、电源等组成。

2.火灾自动报警系统的工作原理

平时，安装在建（构）筑物内的火灾探测器长年累月地实时监测被警戒的现场或对象。当建（构）筑物内某一被监视现场发生火灾时，火灾探测器探测到火灾产生的烟雾、高温、火焰及火灾特有的气体等信号并转换成电信号，立即传送到火灾报警控制器，控制器接收到火警信号，经过与正常状态阈值或参数模型分析比较，若确认着火，则输出两回路信号：一路指令声光报警显示装置动作，显示火灾现场地址（楼层、房号等），记录下发生火灾的时间，同时启动警报装置发出声响报警，告诫火场现场人员投入灭火操作或从火灾现场疏散；另一路指令启动消防控制设备，自动启动联动断电控制装置、防排烟设施、防火卷帘、消防电梯、火灾应急照明、消火栓、自动灭火系统等消防设施，防止火灾蔓延、控制火势、及时扑救火灾。一旦火灾被扑灭，火灾自动报警系统又回到正常监控状态。另外，为了防止系统失控或执行器中组件、阀门失灵而贻误灭火时机，现场附近还设有手动报警按钮，用以手动报警以及控制执行器动作，以便及时扑救火灾。

（二）火灾自动报警系统的基本功能

火灾自动报警系统具有以下五大基本功能。

1.火灾探测功能

火灾探测器是实现火灾探测功能最常用的组件，通过探测和感知周围环境与火灾相关的物理或化学现象的变化，发出或向火灾报警控制器传送火灾报警信息。

2.火灾报警功能

通过火灾报警控制器向值班人员、被保护建筑物内人员、消防部门发出声和/或光等形式的报警信息。

3.消防设施联动控制与监视功能

火灾自动报警系统通过火灾报警控制器、消防联动控制器，完成对自动灭火系统、防排烟系统、疏散诱导系统及防火卷帘、防火门等自动消防设施的控制和监视。

4.自检与故障报警功能

火灾自动报警系统内部设置的，用于对自身存在的功能异常现象进行自我检查并发出告警，提示系统的完整性信息、故障位置与类型等信息。

5.远程信息传输功能

通过传输设备将火灾报警控制器发出的火灾报警信号及其他有关信息传输到城市消防远程监控系统。

（三）火灾自动报警系统的类型

火灾自动报警系统有以下三种类型，其分别适用于不同的保护对象。

1.区域报警系统

功能简单的火灾自动报警系统称为区域火灾报警系统，该系统由区域火灾报警控制器和火灾探测器等组成，适用于较小范围的二级保护对象。

2.集中报警系统

功能较复杂的火灾自动报警系统称为集中报警系统，该系统由集中火灾报警控制器、区域火灾报警控制器和火灾探测器等组成或由火灾报警控制器、区域显示器（重复显示器、楼层显示盘）和火灾探测器等组成，适用于较大范围多个区域的一级和二级保护对象。

3.消防控制中心系统

功能复杂的火灾自动报警系统称为控制中心报警系统，该系统由消防控制室的消防控制设备、集中火灾报警控制器、区域火灾报警控制器和火灾探测器等组成或由消防控制室的消防控制设备、火灾报警控制器、区域显示器（重复显示器、楼层显示盘）和火灾探测器等组成。该系统的容量较大，消防设施控制功能较全，适用于特级和一级保护对象。

（四）火灾探测器的类型

1.根据监视范围分类

火灾探测器根据其监视范围的不同可分为以下两种类型：

（1）点型火灾探测器，是指响应一个小型传感器附近的火灾特征参数的探测器。

（2）线型火灾探测器，是指响应某一连续路线附近的火灾特征参数的探测器。

2.根据火灾特征参数分类

火灾探测器根据其探测火灾特征参数的不同可分为以下六种类型。

（1）感烟火灾探测器，是指响应悬浮在大气中的燃烧或热解产生的固体或液体微粒的探测器。感烟火灾探测器是目前世界上应用较普及、数量较多的火灾探测器。

感烟火灾探测器，根据其工作原理的不同又可分为以下类型：

①离子感烟火灾探测器。它是一种应用烟雾粒子改变电离室电离电流原理的感烟火灾探测器。它是通过一个相当于烟敏电阻的电离室的电压变化来感知火灾发生，对灰烟、黑烟以及各种粒径的烟具有较平衡的探测性能。

②光电感烟火灾探测器。它是利用火灾烟雾对光产生吸收和散射作用来探测火灾的一种火灾探测器。其由外壳、光敏室和电路等部分组成。

③红外光束感烟火灾探测器。它是应用烟雾对光束的吸收、散射和遮挡作用接收光强变化原理探测火灾的火灾探测器。该探测器常用的光源有红外发光管和半导体激光管。探测器通常由发射器和接收器两部分组成。这种感烟火灾探测器能够对被保护区域内光束通路周围的烟参数作出响应，其特点是监视范围广，保护面积大，通常安装于跨度大、举架高的建筑场所。

④吸气式感烟火灾探测器。它是一种新型感烟火灾探测器。其采用吸气方式对空气进行采样，快速、动态地识别和判断可燃物质受热分解或燃烧释放到空气中的各种聚合物分子和烟粒子，从而探测火灾。

⑤独立式感烟火灾探测器。它是一种包括感烟探测、火灾报警器件和独立电源的火灾探测报警装置，其主要用于家庭住宅的火灾探测和报警。

（2）感温火灾探测器是指响应异常温度、温升速率和温差变化等参数的探测器。感温火灾探测器是应用较普遍的火灾探测器之一，适用于一些产生大量的热量而无烟或产生少量烟的火灾，以及在正常情况下粉尘多、湿度大、有烟和水蒸气滞留而不适用感烟火灾探测器的场所。

感温火灾探测器根据其工作原理的不同又可分为以下三种类型：

①点型感温火灾探测器。它是对一个小型传感器附近的异常温度、升温速率以及温度

变化作出响应的火灾探测器。该类探测器使用的敏感元件比较多，如水银、双金属、易熔合金、膜盒、热敏电阻、半导体P-N结等。

②线型感温火灾探测器。它是对被保护区域内某一连续线路周围的温度参数作出响应的火灾探测器。其根据动作性能又分为线型定温探测器、线型差温探测器、线型差定温探测器；根据工作原理又分为缆式线型感温火灾探测器、空气管式线型感温火灾探测器。

③线型光纤感温火灾探测器。它是一种应用光纤（光缆）作为温度传感器和信号传输通道的线型感温火灾探测器，是近年来国际上出现的一种高新技术消防产品，适用于地下建筑及大空间建筑。

（3）火焰探测器，是指响应火焰发出的特定波段电磁辐射（红外、可见和紫外波段）的探测器，又称感光火灾探测器。其又分为紫外火焰探测器（响应波长低于400nm波段电磁辐射）、红外火焰探测器（响应波长高于700nm波段电磁辐射）及复合式等种类。

（4）气体火灾探测器，是指响应燃烧或热解产生的气体的火灾探测器。根据其工作原理又可分为以下两种类型：

①点型可燃气体探测器。它是利用可燃性气体对探测器气敏传感器发生某种作用而引起其特性改变的原理制造的探测器，主要用于易燃易爆场合的可燃性气体探测，把现场可能泄漏的可燃气体的浓度控制在报警设定值以下，当超过这一浓度时，发出报警信号，以便采取应急措施。

②线型可燃气体探测器。它是利用可燃气体吸收红外光线原理进行火灾探测的，由发射器、接收器和报警中继器三部分组成。

（5）复合火灾探测器，是指将多种探测原理应用在同一探测器中的探测器，并将探测结果进行复合，给出一个输出信号的探测器。该类探测器目前主要有：感烟和感温复合火灾探测器，光电感烟和感温复合火灾探测器，光电感烟、离子感烟和感温复合火灾探测器，红外和紫外复合火灾探测器。复合火灾探测器能够弥补使用单一传感器的火灾探测器的不足，从而提高火灾探测器的响应均衡度，适应性和防误报能力也会得到提高。

（6）特种火灾探测器按探测原理不同又可分为图像型火灾探测器、超声波火灾探测器等类型。

3.根据是否具有复位（恢复）功能分类

火灾探测器根据其是否具有复位（恢复）功能可分为以下两种类型：

（1）可复位（可恢复）探测器，是指在响应后和在引起响应的条件终止时，不更换任何组件即可从报警状态恢复到监视状态的探测器。

（2）不可复位（不可恢复）探测器，是指需更换一个或多个部件才能恢复到正常监视状态的探测器。

4.根据维修和保养时是否具有可拆卸性分类

火灾探测器根据维修和保养时其本身是否具有可拆卸性可分为以下两种类型：

（1）可拆卸火灾探测器，是指维修和保养时容易从正常运行位置上拆下来的探测器。

（2）不可拆卸火灾探测器，是指维修和保养时不容易从正常运行位置上拆下来的探测器。

（五）火灾探测器探测火灾的过程及工作原理

1.火灾探测器探测火灾的过程

当火灾发生时，安装在建筑物内、房间顶棚附近的火灾探测器将接收到一个火灾信号，这个火灾信号与燃烧的物质种类（即火灾参数、火灾的发展过程），测量火灾信号地点所在的坐标位置以及周围的环境条件（即环境噪声）等有关。对于火灾探测器外部火灾信号的测量过程是：探测器的敏感元件至少可与一个物质燃烧过程中产生的火灾参数起作用，并在探测器内部发生物理量或化学量的转换，如感温元件受火灾气流的热效应作用，电离室受燃烧产物烟粒子的吸附作用等，经过电子或机械方式处理，将处理结果经判断后用开关量报警信号传输给火灾报警控制器，或者不经过判断直接将数据处理获得的模拟量信号传输给火灾报警控制器。

2.火灾探测器的工作原理

火灾探测器主要由火灾参数传感器量元件、探测信号处理单元和/或火灾判断电路组成。其工作原理是：火灾信号借助物理或化学作用，由火灾参数传感器或测量元件转换成某种测量值，经过测量信号处理电路产生用于火灾判断的数据处理结果量，最后由判断电路产生开关量报警信号。对于直接产生模拟量信号的火灾探测器而言，火灾传感器输出的测量信号是经过信号处理电路直接数据处理后，产生模拟量信号并传输给火灾报警控制器，最终由火灾报警控制器实现火警判断功能。

（六）火灾探测器产品的特征代号及型号编制

1.火灾探测器产品的特征代号

（1）类组型特征代号：消防产品中火灾报警设备分类代号为J；火灾探测器代号为T。

（2）各种类型火灾探测器的具体代号：感烟火灾探测器代号为Y；感温火灾探测器代号为W；感光或火灾探测器代号G；气体敏感火灾探测器代号为Q；图像摄像方式火灾探测器代号为T；感声火灾探测器代号为S；复合式火灾探测器代号为F。

（3）火灾探测器的应用范围特征，是指火灾探测器的适用场所，适用于爆炸危险场所的为防爆型，否则为非防爆型；适用于船上的为船用型，适用于陆上的为陆用型。其具体表示方式是：防爆型代号为B，非防爆型代号省略；船用型代号为C，陆用型代号省略。

（4）火灾探测器的传输方式特征代号：无线传输方式代号为W；编码方式代号为M；非编码方式代号为F；编码、非编码混合方式代号为H。

2.火灾探测器产品型号的编制方法

火灾探测器产品型号由特征代号和规格代号两部分组成。其中特征代号由类组型特征代号、传感器特征代号及传输方式代号构成；规格代号由厂家及产品代号和主参数及自带报警声响标志构成。火灾探测器产品型号编制方法。编制举例：JTY-LM-XXYY/B表示XX厂生产的编码、自带报警声响、离子感烟火灾探测器，产品序列号为YY；JTW-ZCW-XXYY表示XX厂生产的无线传输式、热敏电阻式、差温火灾探测器，产品序列号为YY；JTG-ZF-XXYY/I表示XX厂生产的非编码、紫外火焰探测器、灵敏度级别为Ⅰ级，产品序列号为YY；JTQ-BF-XXYYY/aB表示XX厂生产的非编码、自带报警声响、气敏半导体式火灾探测器，主参数为a，产品序列号为YYY；JTT-M-XXYY表示XX厂生产的编码、图像摄像方式火灾探测器，产品序列号为YY；JTS-M-XXYY表示XX厂生产的编号、感声火灾探测器，产品序列号为YY；JTF-GOM-XXYY/Ⅱ表示XX厂生产的编码、光电感烟与差定温复合式火灾探测器，灵敏度级别为Ⅱ级，产品序列号为YY。

（七）火灾探测器现场性能检测

1.点型感烟火灾探测器现场性能检测

（1）检查方法如下：

①对点型感烟火灾探测器进行现场性能检查时，如果点型感烟火灾探测器还未安装，应将其与制造商提供的火灾报警控制器进行连接，组成系统并接通电源，使其处于正常监视状态后进行检验。如果已经安装，准备或已经投入使用的，可直接进行检验。

②用加烟器向点型感烟火灾探测器施加烟气，观察与之相连的火灾报警控制器能否发出声、光火灾报警信号并指示报警部位。

③火灾报警控制器发出火灾报警信号后，观察点型感烟火灾探测器的红色报警确认灯是否点亮并与非报警状态有明显区别。

④将点型感烟火灾探测器探测室内烟气排出，观察探测器的报警确认灯能否保持。

⑤复位火灾报警控制器，观察探测器的报警确认灯是否恢复至正常监视状态。

（2）检查注意事项如下：

①对点型感烟火灾探测器进行功能检查时，应将其与制造商提供的火灾报警控制器进行连接，组成系统进行。

②对已经安装投入使用或准备投入使用的点型感烟火灾探测器进行现场性能检测时，应切断与其连接的火灾报警控制器的控制输出功能，确保不会使受其控制的现场消防设备误动作，造成财产损失。

③在加烟的过程中应该慢慢加入，不宜一次大量加入，避免对点型感烟火灾探测器造成污染。

④火警状态时复位火灾报警控制器时，应该确认点型感烟火灾探测器中的烟已经排除干净。

（3）检验所需器具能否向点型感烟火灾探测器施加试验烟或气溶胶的加烟器。试验烟可由蚊香、棉绳、香烟等材料阴燃产生。

2.点型感温火灾探测器现场性能检测

（1）检查方法：

①对点型感温火灾探测器进行现场检查时，如果点型感温火灾探测器还未安装，应将其与制造商提供的火灾报警控制器进行连接，组成系统并接通电源，使其处于正常监视状态后进行检验。如果已经安装，准备或已经投入使用的，可直接进行检验。

②用热风机向点型感温火灾探测器的感温元件加热，观察与之相连的火灾报警控制器能否发出声、光火灾报警信号并指示报警部位。

③当火灾报警控制器发出火灾报警信号后，停止加热，观察点型感温火灾探测器的红色报警确认灯是否点亮并与非报警状态有明显区别。

④待点型感温火灾探测器周围温度降低后，观察探测器的报警确认灯能否保持。

⑤复位火灾报警控制器，观察探测器的报警确认灯是否恢复至正常监视状态。

（2）检查注意事项：

①对点型感温火灾探测器进行功能检查时，应将其与制造商提供的火灾报警控制器进行连接，组成系统进行。

②对已经安装投入使用或准备投入使用的点型感温火灾探测器进行现场性能检测时，应切断与其连接的火灾报警控制器的控制输出功能，确保不会使受其控制的现场消防设备误动作，造成财产损失。

③用热风机向点型感温火灾探测器的感温元件加热时，应注意温度不宜过高，以免造成探测器的塑料外壳变形。

④在火警状态时复位火灾报警控制器，应该先确认点型感温火灾探测器的感温元件的温度是否已经降到报警温度以下。

（3）在进行点型感温火灾探测器现场产品性能检测时使用的检验器具应采用能产生使点型感温火灾探测器报警的热气流的热风机或者点型感温探测器功能试验器进行。

3.点型红外火焰探测器现场性能检测

（1）检查方法：

①对点型红外火焰探测器进行现场检查时，如果点型红外火焰探测器还未安装，应将其与制造商提供的火灾报警控制器进行连接，组成系统并接通电源，使其处于正常监视状态后进行检验。如果已经安装，准备或已经投入使用的，可直接通电开通后进行检验。

②将火焰光源（如打火机、蜡烛，火苗）置于距离探测器正前方1m处，静止或抖动，观察火灾报警控制器是否发出声、光火灾报警信号并正确指示报警部位。注意也可利用生产厂商提供的现场测试光源按其技术要求进行检查。

③当火灾报警控制器发出火灾报警信号后，观察点型红外火焰探测器的红色报警确认灯是否点亮并与非报警状态有明显区别。

④待撤销火焰光源后，观察探测器的报警确认灯是否保持。

⑤复位火灾报警控制器，观察点型红外火焰探测器的报警确认灯是否恢复至正常监视状态。

（2）检查注意事项：

①对点型红外火焰探测器进行功能检查时，应将其与制造商提供的火灾报警控制器进行连接，组成系统进行。

②对已经安装投入使用或准备投入使用的点型红外火焰探测器进行现场性能检测时，应切断与其连接的火灾报警控制器的控制输出功能，确保不会使受其控制的现场消防设备误动作，造成财产损失。

（3）检验器具：点型红外火焰探测器现场产品性能检验器具主要包括打火机或蜡烛、测量范围为0～60s的秒表。

4.点型紫外火焰探测器现场性能检测

（1）检查方法：

①对点型紫外火焰探测器进行现场检查时，如果点型紫外火焰探测器还未安装，应将其与制造商提供的火灾报警控制器进行连接，组成系统并接通电源，使其处于正常监视状态后进行检验。如果已经安装，准备或已经投入使用的，可直接通电后进行检验。

②将火焰光源（如打火机、蜡烛）置于距离探测器正前方1m处，观察火灾报警控制器是否发出声、光火灾报警信号并正确指示报警部位。注意也可利用生产厂商提供的现场测试光源按其技术要求进行检查。

③当火灾报警控制器发出火灾报警信号后，观察点型紫外火焰探测器的红色报警确认灯是否点亮并与非报警状态有明显区别。

④待撤销火焰光源后，观察点型紫外火焰探测器的报警确认灯是否保持。

⑤复位火灾报警控制器，观察点型紫外火焰探测器的报警确认灯是否恢复至正常监视

状态。

（2）检查注意事项：

①对点型紫外火焰探测器进行功能检查时，应将其与制造商提供的火灾报警控制器进行连接，组成系统进行。

②对已经安装投入使用或准备投入使用的点型紫外火焰探测器进行现场性能检测时，应切断与其连接的火灾报警控制器的控制输出功能，确保不会使受其控制的现场消防设备误动作，造成财产损失。

（3）检验器具：点型紫外火焰探测器现场检验器具与点型红外火焰探测器现场产品性能检验器具相同。

5.线型光束感烟火灾探测器现场性能检测

（1）检查方法：

①对线型光束感烟火灾探测器进行现场检查时，如果线型光束感烟火灾探测器还未安装，应将其与制造商提供的火灾报警控制器进行连接，调节探测器的发射器部分和接收器部分之间的距离为10m，并在同一轴线上，使其处于正常监视状态后进行检验。如果已经安装，准备或已经投入使用的，可直接通电后进行检验。

②将减光值为0.9dB的滤光片置于线型光束感烟火灾探测器的光路中并尽可能靠近接收器，同时开始用秒表计时30s，观察火灾报警控制器是否发出火灾报警信号。如在30s内，火灾报警控制器接收到来自线型光束感烟火灾探测器的报警信号，说明线型光束感烟火灾探测器的响应阈值小于1.0dB，则判不合格并结束试验。如30s后未发出火灾报警信号，继续以下试验。

③将减光值为10.0dB的滤光片置于线型光束感烟火灾探测器的光路中并尽可能靠近接收器，同时开始用秒表计时30s，观察火灾报警控制器能否发出声、光火灾报警信号。如在30s内未发出火灾报警信号，说明线型光束感烟火灾探测器的响应阈值大于10dB，则判不合格。如在30s内发出火灾报警信号，观察线型光束感烟火灾探测器的红色报警确认灯是否点亮并与非报警状态有明显区别。

④待撤下滤光片，观察线型光束感烟火灾探测器的报警确认灯是否保持。

⑤复位火灾报警控制器，观察线型光束感烟火灾探测器的报警确认灯是否恢复至正常监视状态。

（2）检查注意事项：

①对线型光束感烟火灾探测器进行基本功能监督检查时，应将其与制造商提供的火灾报警控制器进行连接，组成系统进行。

②对已经安装投入使用或准备投入使用的线型光束感烟火灾探测器进行现场性能检测时，应切断与其连接的火灾报警控制器的控制输出功能，确保不会使受其控制的现场消防

设备误动作，造成财产损失。

（3）检验器具：线型光束感烟火灾探测器现场性能检验所需器具主要包括减光值分别为0.9dB和10.0dB的滤光片、测量范围为0～60s的秒表。

6.可燃气体探测器现场性能检测

（1）检查方法：

①对可燃气体探测器进行现场检查时，如果可燃气体探测器还未安装，应将其与制造商提供的可燃气体报警控制器进行连接，对于独立式或便携式可燃气体探测器，按制造商规定进行供电，使其处于正常监视状态后进行检验。如果已经安装，准备或已经投入使用的，可直接进行检验。

②根据探测器探测的气体种类，选择相应的试验气体，并检查贮气瓶中的可燃性气体能否正常释放。

③向可燃气体探测器的敏感元件部位释放可燃性气体。在释放可燃性气体时，控制贮气瓶的释放流速不宜过快，对于可燃气体探测器，观察与之相连的可燃气体控制器能否发出声、光报警信号，并指示报警部位。对于独立式或便携式可燃气体探测器，直接观察探测器能否发出声、光火灾报警信号。

④检查独立式或便携式可燃气体探测器时，应按制造商规定的供电方式供电。

（2）检查注意事项：

①对可燃气体探测器进行功能检查时，应将其与制造商提供的可燃气体报警控制器连接并接通电源，组成系统进行。

②在释放贮气瓶中的试验气体时，应注意释放试验气体的流速不应过快。

③在检查中，应按探测器的标志上所注明的探测可燃气体的种类进行。

（3）检验器具：针对产品不同，配备符合要求的浓度、贮存在便于携带的贮气瓶中的试验气体，其中甲烷的浓度为50%LEL、丙烷的浓度为50%LEL、氢气的浓度为50%LEL。

第四节　消防产品抽样检验

一、消防产品抽样检验的适用情况

抽样检验适用于以下两种情况：一是不适宜进行现场检查判定且对其质量存疑的某些消防产品；二是当事人对消防产品现场检查判定结果有异议的。

二、抽封样品

抽封样品包括以下三个步骤：

（一）样品的抽取

抽查的样品应当查已设置在建设工程内的消防产品中随机抽取，选定的消防产品应在类别、规格型号等方面具有代表性。

（二）抽取的样品数量

抽封样品数量应根据被检查产品的批量大小合理确定，并应满足产品质量检验的需要。

（三）被检查消防产品样品的确认

现场在样品上粘贴印有公安机关消防机构印章的“市消防产品质量监督抽查抽样封条”，拍摄样品照片，同时填写《消防产品监督检查抽样单》，应当对抽样方式、样品数量及样品信息加以记录，并得到被检查方代表的确认。

在抽封样品时，对抽样人员有如下要求。

（1）监督抽查抽样人员应当由公安机关消防机构指派的人员、承检单位的人员组成。抽样时，抽样人员不应少于2名。严禁抽样人员事先通知被抽查企业，严禁被抽查企业或者与其有直接、间接关系的企业参与接待工作。

（2）在抽样人员抽样前，应当出示公安机关消防机构开具的《消防产品质量监督抽查通知书》和有效身份证件，向被抽查单位介绍监督抽查的性质和抽样方法、检验依据、判定规则等，之后再进行抽样。

（3）在抽样人员封样时，应当有防拆封措施，以保证样品的真实性。

三、样品送检

样品送检包括以下三个步骤：

（一）确定检验机构

公安机关消防机构应当依照有关规定将样品送往符合法定条件的、承担相关业务范围的国家级或者省级消防产品质量检验机构进行监督检验。承担监督抽查检验工作的产品质量检验机构必须具备相应的检测条件和能力，并且按照公安部消防局的授权开展产品质量检验工作。

（二）样品保管、运输

已抽取的样品应当由公安机关消防机构专人、专库保管。对可能灭失或者以后难以取得的证据应进行先行登记保存。在保存期间，先行登记保存的证据持有人及其他有关人员不得损毁或者转移证据。采取证据先行登记保存措施，必须经县级以上公安机关负责人批准。先行登记保存证据时，应当会同证据持有人或者见证人对证据的名称、数量、特征等进行登记，开具《先行登记保存证据清单》。必要时，应当对先行登记保存的证据拍照。对先行登记保存的证据应当在7日内作出处理决定，逾期不作出处理决定的，视为自动解除。

公安机关消防机构可以采取押运、邮寄、托运等方式向消防产品质量检验机构运送样品，送检时间自抽样之日起一般不超过5个工作日。样品的生产、销售和使用单位不得擅自送样检验。

（三）检验费用支付

消防产品监督检验所需费用在规定经费中列支，不得向被检查单位收取检验费用。

四、样品检验

样品检验包括以下三个步骤：

（一）样品的接收、入库、领用

（1）检验机构应当严格制定有关样品的接收、入库、领用、检验、保存及处理的程序规定，并严格按程序执行。

（2）在接收样品时应当有专人负责检查、记录样品的外观、状态、封条有无破损及其他可能对检测结果或者综合判定产生影响的情况，并确认样品与抽样单的记录相符，对检测和备用样品分别加贴相应标识后入库。必要时，在不影响样品检验结果的情况下，可以将样品进行分装或者重新包装编号，以保证不会因发生其他原因导致不公正的情况出现。

（3）样品的领用要严格执行相应的程序，有专人负责；在检验过程中，样品的传递应当有详细的记录。

（二）样品检验

（1）检验机构在承担监督抽查任务过程中，对抽查涉及的所有检验项目不得以任何形式进行分包。

（2）检验机构在检验前应当组织所有参加检验的人员学习检验方法、检验条件等，并确保按规定的检验方法和检验条件进行检验工作。

（3）检验仪器设备应当符合有关规定要求，并在检定周期内保证正常运行。

（4）现场检验要制定现场检验规程，并确保对同一产品的所有现场检验遵守相同的操作规程。

（5）检验原始记录必须如实填写，保证真实、准确、清楚，不得随意涂改，并妥善保留备查。

（6）检验过程中遇有样品失效或者其他情况致使检验无法进行时，必须如实记录即时情况，并有充分的证实材料。

（三）出具检验报告

（1）检验机构应在规定期限内按照有关标准对样品进行检验，并出具结论明确的检验报告。检验报告内容必须齐全，检验依据和检验项目必须清楚并与抽查方案相一致，检验数据必须准确，结论明确。

（2）检验结束后，应当及时将检验报告、《消防产品质量监督抽查检验结果通知单》寄送该生产企业，并抄送该生产企业所在地的省级公安机关消防机构。

五、检验结果送达

公安机关消防机构在收到结论明确的检验报告后，应在15个工作日内将检验结果送达被检查单位，送达凭证应存档备查。

六、复检

被检查单位对检验结果有异议的，可以自收到检验报告之日起15日内向实施监督抽查的公安机关消防机构提出书面复检申请。经公安机关消防机构同意，一般由原检验机构对备用样品进行复检，并应当在10日之内做出书面答复。被检查单位逾期未提出异议的，视作接受检验结论。

第五节　对违法行为及不合格消防产品的处理

一、责令限期改正

公安机关消防机构在消防监督检查中发现人员密集场所（指公众聚集场所，医院的门诊楼、病房楼，学校的教学楼、图书馆、食堂和集体宿舍，养老院，福利院，托儿所，幼儿园，公共图书馆的阅览室，公共展览馆、博物馆的展示厅，劳动密集型企业的生产车间和员工集体宿舍，旅游、宗教活动场所等）使用不合格的消防产品或者国家明令淘汰的消防产品的，责令限期改正。公安机关消防机构执法人员应当根据改正违法行为的难易程度合理确定改正期限，并依照《消防监督检查规定》当场制作下发《责令改正通知书》；公安机关消防机构应当在责令改正期限届满或者收到当事人的复查申请之日起3个工作日内进行复查，并现场填写《消防监督检查记录》。

公安机关消防机构对《消防法》第65条第2款规定之外的其他单位、场所使用不合格的消防产品和国家明令淘汰的消防产品的，应当认定为火灾隐患，依规定进行处置。

二、不予消防行政许可

公安机关消防机构在建设工程消防设计审核（含设计备案抽查）、建设工程消防验收（含竣工备案抽查）、公众聚集场所投入使用（营业）前消防安全检查等涉及消防行政许可的执法过程中发现违法使用消防产品的，在未改正前，不得通过消防行政许可。

三、实施消防行政处罚

具有下列情况之一的，依据《消防法》的有关规定，由公安机关消防机构对其实施消防行政处罚：

（1）人员密集场所使用不合格的消防产品或者国家明令淘汰的消防产品，经公安机关消防机构责令限期改正而逾期不改的；

（2）除人员密集场所之外的其他场所使用不合格的消防产品和国家明令淘汰的消防产品，当认定为火灾隐患，经公安机关消防机构通知不及时采取措施消除的；

（3）对涉及工程建设过程中建设、施工、监理等各方未履行消防产品质量查验、市场准入查验等职责的。

四、查封、扣押

对有根据认为违法使用消防产品时，公安机关消防机构有权对违法使用的消防产品予以查封、扣押。查封、扣押应按下列要求进行：

（1）公安机关消防机构实施查封、扣押时，应当向当事人出具查封、扣押通知书。

（2）被查封、扣押的消防产品经检验合格的，应当及时解除查封、扣押，返还当事人。查封、扣押的期限不得超过30日；情况复杂的，经公安机关消防机构负责人批准，可以延长30日。逾期不作出处理决定的，当事人有权要求解除封存或者退还扣押物品。

（3）对查封、扣押的物品需要检验的，检验时间不计入查封、扣押时限，但应当将检验时间告知当事人。

五、对涉案不合格的消防产品及国家明令淘汰的消防产品的处理

对涉案不合格的消防产品及国家明令淘汰的消防产品，可以依照《公安机关办理行政案件程序规定》有关规定，对不合格消防产品采取先行登记保存、查封、扣押等措施保全证据，并依法下发相应法律文书，必要时进行照相、录像。

对扣押的消防产品属于不合格或国家明令淘汰的，公安机关消防机构应依据《公安机关办理行政案件程序规定》规定予以收缴并销毁，并制作《收缴/追缴物品清单》《销毁物品现场笔录》。

六、移送、通报和信息发布

（一）涉嫌犯罪移送

根据《刑法》和最高人民检察院、公安部《关于公安机关管辖的刑事案件立案追诉标准的规定（一）》有关规定，生产者、销售者在产品中掺杂、掺假，以假充真，以次充好或者以不合格产品冒充合格产品，销售金额5万元以上，或者未销售不合格消防产品的货值金额达15万元的，应填写《涉嫌犯罪案件移送通知书》，依法移送公安机关追究刑事

责任。

（二）通报

公安机关消防机构应当将发现人员密集场所使用不合格的消防产品和国家明令淘汰的消防产品的情况，制作《行政执法建议书》，填写《消防产品质量情况通报》，将有关情况通报同级产品质量监督部门、工商行政管理部门。产品质量监督部门、工商行政管理部门应当对生产者、销售者依法及时查处，并函复公安机关消防机构。

（三）信息发布

公安机关消防机构应当依照有关规定将消防产品质量监督抽查结果、严重的消防产品违法行为的行政处罚情况等有关信息，通过报刊、网络、电视媒体等媒介向社会公布。

第六节　阻燃制品监督管理

一、阻燃制品消防监督管理的形式及范围

（一）阻燃制品消防监督管理的形式

公安机关消防机构可采取下列形式依法对阻燃制品的使用情况实施监督管理：

（1）对阻燃制品标识在公共场所的使用情况进行监督检查。

（2）对获准使用阻燃制品标识的产品进行监督抽查。

（3）对举报的违规使用阻燃制品标识的行为进行核查。

（4）根据需要进行的其他监督检查。

（二）阻燃制品消防监督管理的范围

公安机关消防机构在进行建设工程消防设计审核与验收（含备案抽查）、公众聚集场所投入使用（营业）前消防安全检查、日常消防监督检查、阻燃制品专项监督抽查、举报投诉核查等监督执法中，应当重点对公共场所使用的下列六类阻燃制品实施监督管理：

（1）阻燃建筑制品。

（2）阻燃织物。

（3）阻燃塑料/橡胶。

（4）阻燃泡沫塑料。

（5）阻燃家具及组件。

（6）阻燃电线电缆。

（三）阻燃制品消防监督管理的内容

公安机关消防机构在对阻燃制品实施消防监督管理时，应将阻燃制品的应用和标识管理作为公共场所建筑工程消防设计审核验收、公众聚集场所投入使用（营业）前消防安全检查和日常消防监督检查以及阻燃制品专项监督抽查的一项重要内容，督促公共场所严格按照《消防法》和国家有关标准的规定，选用具有法定资质的检验机构检验合格的阻燃制品。一是在审核时，要告知相关单位必须严格按规定设计、安装和采用阻燃制品。二是在消防验收和使用（营业）前消防安全检查时，要将阻燃制品的应用和标识的设置作为必查内容，严格把关，必须从源头上防控火灾隐患。凡是使用不符合《公共场所阻燃制品及组件燃烧性能要求和标识》的阻燃制品的，对该公共场所的消防验收或者使用（营业）前消防安全检查一律不得予以通过。三是在对公共场所实施日常消防监督检查时，要对使用阻燃制品的情况进行检查，发现未按要求使用阻燃制品的，要责令限期改正，督促相关单位将其公共场所的阻燃制品更换为符合要求的阻燃制品。

三、阻燃制品的监督检查

（一）证书等资料核查

对于阻燃制品，消防监督检查人员应要求使用单位提供《阻燃制品标识使用证书》和《阻燃制品标识发证检验报告》等资料并进行审查。可以通过登录中国阻燃产品网验证真伪。

（二）阻燃制品标识检查

阻燃制品标识包括编码、燃烧性能等级、依据标准和实施检验的机构名称等内容。

阻燃制品标识的真伪情况可通过互联网络查询、手机短信查询、全国免费电话查询和移动终端查询等方式进行验证。

（三）抽样检验

对燃烧性能等级及质量存在疑义的阻燃制品或其他有防火性能要求的材料，应现场抽取样品，并及时送往具有法定资质的阻燃制品检验机构进行检验。

1.抽封样品

抽封样品数量应根据被检查阻燃制品的批量大小合理确定，并应满足产品质量检验的需要。根据样品数量采取随机的方式确定样品，在样品上粘贴有公安机关消防机构印章的“消防产品抽样封条”，拍摄样品照片，填写抽样单，并经被检查单位和阻燃制品生产单位负责人签名确认。

2.样品送检

公安机关消防机构可以采取押运、邮寄、托运等方式向阻燃制品检验机构运送样品。样品的生产、销售和使用单位不得擅自送样检验。

3.检验

检验机构应在规定期限内按照有关标准对样品进行检验，出具结论明确的检验报告（监督检验），及时寄送给样品送检的公安机关消防机构、被检查单位、生产单位。

4.复检

被检查单位、阻燃制品生产单位对检验报告（监督检验）结论有异议的，可以在收到检验报告（监督检验）之日起15日内向实施抽查的公安机关消防机构申请复检，经公安机关消防机构同意，一般由原检验机构对备用样品进行复检。被检查单位、生产单位逾期未提出异议的，视作接受检验结论。

（四）不合格阻燃制品的处理

对检查发现的不合格阻燃制品，已投入使用的，应视为火灾隐患，责令该使用单位改正，不及时采取改正措施的，依据《消防法》第60条第1款第7项进行处罚。对涉及工程建设（装修）过程中建设、施工、监理等各方责任，未认真依照有关规定查验阻燃制品防火性能证明资料及产品质量的，应当依据《消防法》第59条追究责任。

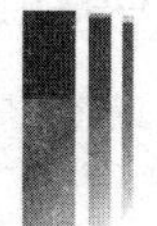

第十三章　防火产品现场性能检测

第一节　防火门现场性能检测

一、防火门的工作原理

（一）常闭式防火门工作原理

常闭式防火门平常在闭门器的作用下可随时使防火门处于关闭的状态。因此，发生火灾时能起到阻止火势及烟气蔓延的作用。

（二）常开式防火门工作原理

1.采用自动释放开关的工作原理

防火门自动释放开关通常安装在墙上或自制的支架上，距地面高度1.5m左右。自动释放开关面板上有一凹槽，相对应的防火门扇上装有一配套的金属小拉手，小拉手平时嵌入防火门自动释放开关的凹槽并被扣住，防火门自动释放开关就将防火门扇拉住使门处于常开状态。当发生火灾时，防火门自动释放开关上的易熔合金片拉栓或按钮，拉或按也可手动释放金属小拉手（应急情况下甚至可以强行拉开门扇），或当发生火灾时达到规定温度易熔合金片会自动打开释放，从而使防火门门扇依靠闭门器弹力及顺序器作用关闭严密，从而起到阻止火势及烟气蔓延的作用。

2.采用自动控制启闭的工作原理

防火门任一侧的感烟探头探测到烟雾后，通过总线报告给火灾报警控制器，联动控制器按已设定的内容发出动作指令，防火门专用的单联动模块接收指令后，模块的无源常开触头闭合，接通防火门释放开关的DC24V线圈回路，线圈瞬时通电释放防火门，防火门借助闭门器弹力自动关闭。DC24V线圈回路因防火门脱离释放开关而自动被切断，同时防火门释放开关的辅助触头将防火状态信号输入单联动模块，再通过报警总线送至消防控制室。消防控制室也可以通过总线直接控制现场的联动模块，关闭防火门并得到防火门关闭的确认反馈信号，防火门的复位必须靠人力拉动防火门，复位后防火门的状态信号也将同时反馈至消防控制室。

3.防火滑动门的工作原理

平时依靠电磁门吸的吸附力，将防火滑动门固定在常开状态。当发生火灾时，感烟探测器将探测到的信号传至烟感开关，烟感开关切断通向电磁门吸的电源，门吸失电松开，门靠自重下滑关闭。这种装置可自成系统，也可与火灾报警系统联动。

4.推门式常闭防火门的工作原理

推门式防火门平时靠电磁锁将防火门锁住，需有钥匙才能通行，从而起到安全防范的作用。当发生火灾时，由消防控制室通过报警总线手动操作现场的单联动模块，推门式电磁锁的推门被打开，同时将开锁确认信号反馈至消防控制室，火场逃生人员能自行推开防火门紧急逃生，从而实现了消防与安防相结合。

二、防火门的类型、特征代号及型号编制

（一）防火门的类型及特征代号

1.按材质分类

防火门按材质的不同可分为：木质防火门、钢质防火门、钢木质防火门、其他材质防火门。

（1）木质防火门。其是指用难燃木材或难燃木材制品制作门框、门扇骨架和门扇面板，门扇内若填充材料，则应填充对人体无毒无害的防火隔热材料，并配以防火五金配件所组成的具有一定耐火性能的门，其代号为MFM。

（2）钢质防火门。其是指用钢质材料制作门框、门扇骨架和门扇面板，门扇内若填充材料，则应填充对人体无毒无害的防火隔热材料，并配以防火五金配件所组成的具有一定耐火性能的门，其代号为GFM。

（3）钢木质防火门。其是指用钢质和难燃木质材料或难燃木材制品制作门框、门扇骨架和门扇面板，门扇内若填充材料，则应填充对人体无毒无害的防火隔热材料，并配以防火五金配件所组成的具有一定耐火性能的门，其代号为GM-FM。

（4）其他材质防火门。其是指采用除钢质、难燃木材或难燃木材制品之外的无机不燃材料或部分采用钢质、难燃木材、难燃木材制品制作门框、门扇骨架和门扇面板，门扇内若填充材料，则应填充对人体无毒无害的防火隔热材料，并配以防火五金配件所组成的

具有一定耐火性能的门，其代号为FM（代表其他材质的具体表述大写拼音字母）。

2.按门扇数量分类

防火门按门扇数量的不同可分为：单扇防火门，其代号为1；双扇防火门，其代号为2；多扇防火门，其代号为门扇数量，用数字表示。

3.按结构形式分类

防火门按结构形式的不同可分为：门扇上带防火玻璃的防火门，其代号为b；防火门门框，其门框双槽口代号为s，单槽口代号为d；带亮窗防火门，其代号为l；带玻璃带亮窗防火门，其代号为bl；无玻璃防火门，其代号略；有下框的防火门，代号为k。

4.按耐火性能分类

防火门按耐火性能的不同可分为：隔热防火门、部门隔热防火门、非隔热防火门。

（1）隔热防火门（A类）。其是指在规定时间内，能同时满足耐火完整性和隔热性要求的防火门。

（2）部分隔热防火门（B类）。其是指在大于等于0.50h内，满足耐火完整性和隔热性要求，在大于0.50h内，能满足耐火完整性要求的防火门。

（3）非隔热防火门（C类）。其是指在规定时间内，能满足耐火完整性要求的防火门。

5.按平开门门扇关闭方向分类

平开门按门扇关闭方向的不同可分为：门扇顺时针方向关闭防火门，代号为5；门扇逆时针方向关闭防火门，代号为6。

双扇防火门关闭方向代号，以安装锁的一侧门扇关闭方向表示。

（二）防火门的型号编制

防火门的型号编制方法。编制举例：GFM-0924-bslk5A1.50（甲级）-1，表示隔热（A类）钢质防火门，其洞口宽度为900mm，洞口高度为2400mm，门扇镶玻璃、门框双槽口、带亮窗、有下框、门扇顺时针方向关闭，耐火完整性和耐火隔热性的时间均不小于1.50h的甲级单扇防火门；MFM-1221-d6B1.00-2，表示部分隔热（B类）木质防火门，其洞口宽度为1200mm，洞口高度为2100mm，门扇无玻璃、门框单槽口、无亮窗、无下框、门扇逆时针方向关闭，耐火完整性的时间不小于1.00h、耐火隔热性的时间不小于0.50h的双扇防火门。

三、防火门现场性能检测

（一）木质防火门现场性能检测

（1）外观检查。用目测的方法检查外观表面是否净光或砂磨；是否有刨痕、毛刺和锤痕；割角、拼缝是否严实平整。在规定位置是否有产品标志、质量检验合格标志和认证标志。

（2）规格尺寸检查。用游标卡尺测量门扇厚度、门框侧壁宽度、玻璃厚度，用卷尺测量外形尺寸、玻璃外形尺寸。

（3）门扇结构及填充材料检查。破拆门扇后，用目测的方法检查门扇内部结构及门扇内部所填充的材料类型是否与检测报告中的相关内容一致，用游标卡尺测量材料的相应参数。

（4）玻璃和耐火五金件检查。检查木质防火门上所用玻璃的耐火等级和五金件、防火密封条是否有由国家认可的检测机构出具的合格检测报告。

（5）防火密封条检查。检查木质防火门上的防火密封条是平直抑或拱起；检测报告是否由国家认可的检测机构出具的。

（二）钢质防火门现场性能检测

（1）外观检查。用目测的方法检查外观是否焊接牢固；焊点分布是否均匀；外表面喷涂是否平整光滑；在规定的位置是否有产品标志、质量检验合格标志和认证标志。

（2）规格尺寸检查。用游标卡尺测量门扇厚度、门框侧壁宽度、玻璃厚度，用卷尺测量门外形尺寸、玻璃外形尺寸。

（3）门扇结构及填充材料检查。破拆门扇后，用目测的方法检查门扇内部结构及门扇内部所填充的材料类型是否与检测报告中的相关内容一致，用游标卡尺测量材料的相应参数。

（4）玻璃及耐火五金件检查。检查钢质防火门上所用玻璃的耐火等级及五金件的检测报告是否由国家认可的检测机构出具。

（5）防火密封条检查。检查钢质防火门上的防火密封条是平直抑或拱起，检测报告是否由国家认可的检测机构出具。

（三）闭门器现场性能检测

（1）外观检查。用目测的方法检查外形是否完整、图案是否清晰。涂层是否均匀、牢固，有无流挂、堆漆、露底、起泡等缺陷。镀层是否致密、均匀，表面是否有明显色差及露底、泛黄、烧焦等缺陷。在规定的位置是否有产品标志、质量检验合格标志。

（2）规格尺寸检查。用游标卡尺、钢卷尺测量外形尺寸。

（3）常温下的运转性能检查。用目测和手感观察。

第二节　防火卷帘现场性能检测

一、防火卷帘的类型、特征代号及型号编制

（一）防火卷帘的类型及特征代号

1.按帘面数量分类

防火卷帘按帘面数量不同可分为：1个帘面，其代号为D；2个帘面，其代号为S。

2.按启闭方式分类及代号

防火卷帘按启闭方式不同可分为：垂直卷，其代号为Cz；侧身卷，其代号为Cx；水平卷，其代号为Sp。

（二）防火卷帘的型号编制

防火卷帘的型号编制方法需要特别说明的是：防火卷帘规格用洞口尺寸（洞口宽度洞口高度，单位为cm）表示；防火卷帘的帘面数量为1个时，代号中帘面间距无要求；防火卷帘为无纤维复合防火卷帘时，代号中耐风压强度无要求；钢质防火卷帘在室内使用，无抗风压要求时，代号中耐风压强度无要求；特级防火卷帘在名称符号后加字母G、W、S和Q，表示特级防火卷帘的结构特征。其中G表示帘面由钢质材料制作；W表示帘面由无机纤维材料制作；S表示帘面两侧带有独立的闭式自动喷水保护；Q表示帘面为其他结构形式。编制举例：CFJ-300300-F2-CZ-D-80表示洞口宽度为300cm，高度为300cm，耐火极限不小于2.00h，启闭方式为垂直卷，帘面数量为1个，耐风压强度为80型的钢质防火卷帘；TFJ（W）-300300-TF3-Cz-s-240表示帘面由无机纤维制造，洞口宽度为300cm，高度为300cm，耐火极限不小于3.00h，启闭方式为垂直卷，帘面数量为2个，帘面间距为240mm的特级防火卷帘。

三、防火卷帘现场性能检测

（1）外观质量检查。采用目测及手触摸相结合的方法进行检验。

（2）材料检查。用游标卡尺测量原材料厚度。

（3）零部件尺寸公差检查。钢质帘板长度采用钢卷尺测量，测量点为1/2宽度处；宽度及厚度采用卡尺测量，测量点为距帘面两端50mm处和1/2长度处3点，取其平均值。导轨的槽深和槽宽用游标卡尺测量，测量点为每根导轨长度的1/2处及距其底部200mm处两点，取其平均值。

（4）帘板运行检查。采用目测的方法进行检验。

（5）无机纤维复合帘面检查。无机纤维复合帘面拼接缝处的搭接量采用直尺测量，夹板的间距采用直尺或钢卷尺测量，其他性能采用目测检验。

（6）导轨检查。帘板嵌入导轨深度采用直尺测量，测量点为每根导轨距其底部200mm处，取较小值。其他性能采用目测检验。

（7）电动卷门机、控制箱检查。用直尺、管形测力计及目测进行测量。

（8）防烟性能检查。导轨内和门楣的防烟装置用塞尺测量。当卷帘关闭后，用0.1mm的塞尺测量帘板或帘面表面与防烟装置之间的缝隙，若塞尺不能穿透防烟装置，表明帘板或帘面表面与防烟装置紧密贴合。

（9）运行平稳性能检查。采用目测的方法进行检验。双帘面卷帘的两个帘面的高度差采用钢卷尺进行检验。

（10）电动启闭和自重下降运行速度检查。采用钢卷尺、秒表进行检验。

（11）两步关闭性能检查。采用目测的方法进行检验。延时时间采用秒表进行检验。

（12）温控释放性能检查。卷帘开启至上限，切断电源，加热温控释放装置感温元件使其周围温度达到73℃以上，观察释放装置是否动作。

（13）检验器具包括：秒表，游标卡尺，塞尺，直尺、钢卷尺，管形测力计，精度为0.1℃的测温计。

第三节　防火阀门现场性能检测

一、防火阀门的类型、特征代号及型号编制

（一）防火阀门的类型及特征代号

1.按阀门用途分类及代号

按阀门用途不同可分为：防火阀，其代号为FHF；排烟防火阀，其代号为PFHF；排烟阀，其代号为PYF。

2.按阀门外形分类

按阀门外形分类不同可分为：矩形阀门和圆形阀门。

（二）防火阀门的型号编制

防火阀、排烟防火阀和排烟阀的型号编制方法。编制举例：FHF WSDj-F-630×500表示具有温感器自动关闭、手动关闭、电控电机关闭方式和风量调节功能，公称尺寸为630mm×500mm的防火阀；PFHF WSDe-Y-f1000表示具有温感器自动关闭、手动关闭、电控电磁铁关闭方式和远距离复位功能，公称直径为1000mm的排烟防火阀；PYF SDc-K-400×400表示具有手动开启、电控电磁铁开启方式和阀门开启位置信号反馈功能，公称尺寸为400mm×400mm的排烟阀。

三、防火阀门现场性能检测

（一）防火阀现场性能检测

（1）关闭可靠性。将防火阀固定，开启阀门，操纵防火阀的执行机构使其关闭，并观察能否可靠地关闭。

对于具有几种不同启闭方式的防火阀，每种启闭方式均应进行10次操作。关闭操作完成后，检查零部件有无明显变形、磨损及其他影响其密封性能的损伤。

（2）火灾时关闭可靠性。使防火阀处于开启位置，利用酒精灯或其他火源使防火阀

温度熔断器熔断，观察防火阀能否自动、可靠关闭。用塞尺测量叶片之间或叶片与挡片之间的缝隙。

（二）排烟防火阀现场性能检测

（1）关闭可靠性。操纵排烟防火阀的执行机构，使排烟防火阀关闭。对于具有几种不同启闭方式的排烟防火阀，每种启闭方式均应进行10次操作。

（2）在发生火灾时关闭可靠性。使排烟防火阀处于开启位置，利用酒精灯或其他火源使排烟防火阀温度熔断器熔断，排烟防火阀关闭。用塞尺测量叶片之间或叶片与挡片之间的缝隙。

（三）排烟阀现场性能检测

（1）开启可靠性。使排烟阀处于关闭状态，电动和手动开启排烟阀各10次。

（2）手动操作性能。手动操纵排烟阀，观察其手动操作装置是否灵活、可靠。使排烟阀处于关闭状态，将测力计连接在排烟阀的操作拉绳上，测量开启排烟阀的拉力，开启速度以能读出测力计刻度为原则。

（3）电动操作性能。使排烟阀处于关闭状态与DC24V电源相接，接通电源，观察排烟阀的开启状态。

（4）开启信号输出功能。使排烟阀开启，使用万用表测量开启信号。

（5）检验器具包括：电源（DC24V）、测力计、万用表。

四、消防给水设备现场性能检测

消防给水对于确保建（构）筑物的消防安全，防止和减少火灾危害，保护人身和财产安全起着十分重要的作用。消防给水系统是由消防泵及泵组、固定消防给水设备、高位消防水箱、室内外消火栓、消防软管卷盘、消防水带、消防水枪、消防炮等设备搭建而成的，其质量好坏直接影响着火场供水的效果。因此，加强消防给水设备的现场性能检测至关重要。

（一）消防给水系统的概述

1.消防给水系统的任务

消防给水系统的任务是将市政给水工程所收集、处理并输送到市政给水管网中的水，根据消防对水量、水压和水质的要求，输送到设置在建设工程内部的灭火设备处。

按照国家工程建设消防技术标准的需要进行消防设计的建设工程（存有与水接触能引起燃烧爆炸的物品除外），均设有消防给水系统。

2.消防给水系统的类型及组成

（1）消防给水系统以建筑物外墙为界进行划分，分为室外消防给水系统和室内消防给水系统两部分。

①室外消防给水系统，是指设置在建（构）筑物外墙中心线以外的一系列消防给水工程设施，是消防给水系统的重要组成部分。该系统可以大到担负整个城镇的消防给水任务，小到仅能担负居住区、工矿企业或单体建筑物室外部分的消防给水任务，其通过室外消火栓或消防水鹤为消防车等消防设备提供火场消防用水，或通过进户管为室内消防给水设备提供消防用水。

②室内消防给水系统，是指担负建、构筑物内部消防灭火任务的给水系统。在以水为灭火剂的消防给水系统中，其又分为室内消火栓给水系统、自动喷水灭火系统、水喷雾灭火系统和固定水炮灭火系统。

（2）消防给水系统主要由消防水源、消防给水基础设施、消防给水管网、灭火设备、报警控制装置及系统附件等组成。只有通过这些设施有机协调地工作，才能确保消防给水系统的灭火效果。

①建筑消防给水系统的消防水源分为天然水源和人工水源两大类。天然水源又有地表水源和地下水源两种；人工水源也有市政给水管网和消防水池两种。

②消防给水基础设施，为确保消防给水系统在任何时候都能提供足够的消防水量和水压，通常需要设置下列消防给水基础设施：自动给水设备（消防水箱）、主要给水设备（消防水泵及泵组）、临时给水设备（消防水泵接合器）、固定消防给水设备等。

③室内消防给水管网，是指建筑物内的各种消防给水管系，包括进水管、水平干管、消防竖管、配水管等，其任务是向室内灭火设备输送消防用水。

④灭火设备包括室内消火栓、室外消火栓、消防水喉、自动喷水设施、水喷雾设施等，它是灭火使用的主要工具，其设置与否应根据建筑物的性质和有关消防技术规范规定决定。

⑤报警控制装置由报警控制器、监测器和报警器组成。该装置在系统中起探测火灾、发出声光报警信号、启动系统和监测系统工作状态等作用。

⑥系统附件包括各种控制阀门、试水装置等。

（二）消防泵及泵组现场性能检测

在消防给水中，消防泵及泵组是主要的升压设备。

1.消防水泵的构造及工作原理

消防给水中使用的消防水泵绝大多数是离心泵，它具有结构简单、体积小、效率高且流量和扬程在一定范围内可以调整等优点。离心泵由叶轮、叶片、泵壳、泵轴、吸水管、出水管等组成。离心泵的工作过程是靠离心力进行的，因此，水泵启动前泵体内要灌满水。当原动机通过泵轴带动叶轮旋转，叶片迫使水随着叶轮一起旋转，在离心力的作用下，水由中心甩向外圈，水自叶轮获得了压力能和速度能，并从叶轮高速流出，而后抛入出水管中。在水自叶轮抛出时，叶轮中心部分造成低压区，与吸入液面的压力形成压力差，于是外部水源源不断地被吸入水泵，形成连续的水流。

2.检查方法

消防泵及泵组的检查采用目测的方法进行。

（1）材料检查：

①目测消防泵及泵组的泵壳所采用的材料是否铸铁、铸钢、铸铝、铸铜或其他铸造合金材料。如果不是采用以上金属材料制造的，则判定该产品的材料不符合要求，判定为不合格。

②目测消防泵及泵组的轴材料是否为不锈钢或相当的抗腐蚀性材料制造的。如果不是采用以上材料制造的，则应检查填料盒及泵体过流流道处是否采用抗腐蚀性材料的轴套，如果不是，则判定该产品为不合格。

③目测消防泵及泵组的叶轮和放水旋塞的材料是否采用抗腐蚀性材料制造，如果不是采用抗腐蚀性材料制造的，则判定该产品为不合格。

（2）结构检查：

①目测消防泵及泵组的泵体上是否铸有表示旋转方向的箭头，如果没有，则判定该产品为不合格。

②目测操纵手柄是否有指示牌，该指示牌是否采用抗腐蚀性材料制造的。若发现操纵手柄无指示牌，或虽有指示牌，但指示牌不是采用抗腐蚀性材料制造的，则判定该产品为不合格。

（三）固定消防给水设备现场性能检测

1.消防自动恒压给水设备现场性能检测

（1）消防自动恒压给水设备的构成及工作原理：

①消防自动恒压给水设备的基本构成主要包括水泵机组、管路阀门及附件、恒压控制器、变频器、阀门调节器、测控仪表、操控柜等。恒压控制器是该设备的核心部件，其作用是控制消防泵组按设定方式恒压供水；变频器是一个能够变频和调压的电力变换装置，其基本组成包括整流器、中间滤波环节和逆变器三部分，分为交—交变频器和交—直—交变频器两大类；电动阀门控制器是一种可以根据设定压力或流量差自动调节阀门开启度的阀门控制装置，常见形式有间歇点调节和连续点调节两种；控制器主要有PLC可编程控制器和消防专用控制器两种；水泵机组常见的形式有普通工程消防泵组、变频泵组和恒压泵

组等。

②消防自动恒压给水设备的工作原理：平时，通过控制柜对水灭火系统的压力进行监测，并根据监测的压力与设定压力对比，恒压控制装置（变频器和控制器）根据压差调节稳压泵电机供电频率，加快或降低稳压泵转速，使系统压力固定在设定的稳压压力。恒压调节过程是动态调节过程，即通过不断检测运行压力，不断调节水泵电机供电频率，最终达到压力稳定和频率稳定。当发生火灾，保护区域的灭火设备启动时，消防给水管网压力下降，稳压泵达到最高频率的工作压力仍不能满足设定稳压压力时或消防信号送达控制柜时，控制柜发出指令启动消防泵向系统供水。变频器控制消防泵运行时的工作原理同稳压泵，只是运行压力变为消防工作压力。消防泵工频恒压设备运行时，由电动阀门控制器调控阀门开启度，调节回流水量保证消防给水压力恒定。当消防给水管网的控压仪表检测到管网压力仍不能满足设定要求时，启动备用消防泵。该类给水设备的特点是在稳压工作状态或消防工作状态不保证恒压给水，即在给水过程中，设备给水压力在规定流量范围内始终保持在设定压力允许波动的范围内。

（2）消防自动恒压给水设备的特征代号及型号编制：

①消防自动恒压给水设备的特征代号，消防自动恒压给水设备的特征标记为H。消防与生活（生产）共用自动恒压给水设备的特征代号为G，消防专用自动恒压给水设备的特征代号可省略，恒压泵组式自动恒压给水设备的特征代号为BZ，回流控压式自动恒压给水设备的特征代号为HL，消防变频自动恒压给水设备的特征代号为BP。

②消防自动恒压给水设备的型号编制包括设备特征标记、分类特征代号、消防工作压力（MPa）、消防工作流量（L/s）、消防泵台数等内容。

（3）检查方法：①检查压力容器产品质量证明书材料，其内容至少应包括压力容器产品安全质量监督检验证书、产品合格证、产品技术特征等。

②试验期间关闭设备与主供水管网的控制阀门，让设备控制柜处于停止位置，打开试水管阀门，将气压水罐水位排放至止气水位，检查止气装置动作是否准确，动作后是否有气体流出，试验完成后将设备恢复正常工作状态。

③试验期间关闭设备与主供水管网的控制阀门，采用手动紧急方式使设备启动进入消防状态，观察控制柜声光指示和水泵运行状态是否良好，启动是否正常；使设备处于自动控制方式下，在设备接线端子排上输入设计要求的消防信号源启动设备进入消防状态，观察控制柜声光指示和水泵运行状态是否良好，启动是否正常。试验完成后将设备恢复正常工作状态。

④试验期间关闭设备与主供水管网的控制阀门，将流量计固定于试水管路，调节阀门使设备压力稳定于消防工作压力，检查消防工作流量。

2.消防气压类给水设备现场性能检测

（1）消防气压类给水设备的特征代号及型号编制：

①特征代号。消防气压类给水设备的特征代号为Q。应急型消防气压给水设备的特征代号为J，增压型消防气压给水设备的特征代号为Z，补气式消防气压给水设备的特征代号为B，胶囊式消防气压给水设备的特征代号省略。

②型号编制。消防气压类给水设备的型号编制包括设备特征标记、气压分类特征代号、止气/充气压力（MPa10）、有效水容积（m^3）、消防额定工作压力（MPa10）/额定工作流量（L/s）、企业自定义等内容。

（2）消防增压稳压给水设备的特征代号及型号编制：

①特征代号。消防稳压给水设备的特征代号为W。消防增压给水设备的特征代号为ZY，消防增压稳压合用给水设备的特征代号为WZ，补气式消防稳压给水设备的特征代号为Q，消防无负压（叠压）稳压给水设备的特征代号为G，胶囊式消防稳压给水设备的特征代号省略。

②型号编制。消防稳压给水设备的型号编制包括设备特征标记、稳压分类特征代号、止气/充气压力或取水压力下限（MPa10）、有效水容积或补偿水容积（m^3）、企业自定义等内容。

消防增压给水设备的型号编制包括设备特征标记、消防额定工作压力（MPa10）/消防额定工作流量（L/s）、操控柜总功率（kW）、企业自定义等内容。编制举例：ZY6/15-22-DEF表示DEF型消防增压给水设备，其消防额定工作压力为0.6MPa，消防额定工作流量为15Ls，操控柜总功率为22kW。

消防增压稳压合用给水设备的型号编制包括设备特征标记、稳压分类特征代号、止气/充气压力或取水压力下限（MPa10）、有效水容积或补偿水容积（m^3）、消防额定工作压力（MPa10）/消防额定工作流量（L/s）、企业自定义等内容。编制举例：WZQ2.5/0.3（4/20）-DEF表示DEF型补气式消防增压稳压合用给水设备，其止气压力下限为0.25MPa，消防有效水容积0.3m^3，消防额定工作压力为0.4MPa，消防额定工作流量为20L/s。

（3）消防气体顶压给水设备的特征代号及型号编制：

①特征代号。通用型消防气体顶压给水设备的特征代号为D，无稳压型消防气体顶压给水设备的特征代号为DJ。

②型号编制。消防气体顶压给水设备的型号编制包括设备特征标记、消防额定工作压力（MPa10）、消防顶压最大工作流量（L/s）、消防顶压置换水容积（m^3）等内容。

（4）检查方法：

①检查压力容器产品质量证明书材料，其内容至少应包括压力容器产品安全质量监督

检验证书、产品合格证、产品技术特征等。

②试验期间关闭设备与主供水管网的控制阀门，让设备控制柜处于停止位置，打开试水管阀门，将气压水罐水位排放至止气水位，检查止气装置动作是否准确，动作后是否有气体流出，试验完成后将设备恢复正常工作状态。

③试验期间关闭设备与主供水管网的控制阀门，采用手动紧急方式使设备启动进入消防状态，观察控制柜声光指示和水泵运行状态是否良好，启动是否正常；使设备处于自动控制方式下，在设备接线端子排上输入设计要求的消防信号源启动设备进入消防状态，观察控制柜声光指示和水泵运行状态是否良好，启动是否正常。试验完成后将设备恢复正常工作状态。

④试验期间关闭设备与主供水管网的控制阀门，将流量计固定于试水管路，调节阀门使设备压力稳定于消防工作压力，检查消防工作流量。

⑤在进行第二项检查的同时，检查有效水容积、缓冲水容积、补充水容积等内容。

⑥通过设备远程启动端子输入消防信号，观察水泵工作情况，同时使用秒表记录时间。

（四）消防水泵接合器现场性能检测

1.消防水泵接合器的特征代号及型号编制

（1）消防水泵接合器的特征代号

①种类代号：SQ代表消防水泵接合器。

②安装型式代号：S表示地上式；X表示地下式；B表示墙壁式；D表示多用式。

③出口公称通径尺寸代号：100表示公称通径为100mm；150表示公称通径为150mm；

④公称压力代号：1.6表示公称压力为1.6MPa；2.5表示公称压力为2.5MPa。

⑤连接形式代号：螺纹连接用W表示。

（2）消防水泵接合器型号由类型代号、安装型式代号、出口公称通径尺寸代号、公称压力代号、连接形式代号等单元组成。编制举例：SQS150-2.5代表地上消防水泵接合器，出口公称通径为150mm、法兰连接、公称压力为2.5MPa；SQD100-1.6W代表多用式消防水泵接合器，出口公称通径为100mm、螺纹连接、公称压力为1.6MPa。

2.消防水泵接合器现场性能检测

（1）检查方法：第一，目测消防水泵接合器外表，检查铸件表面是否有结疤、毛刺、裂纹和缩孔等缺陷；检查外表面漆膜是否严重破损；检查阀体内表面是否涂防锈漆；检查阀体或阀盖是否铸有型号、规格和商标。

第二，检查消防接口的本体材料是否用铜质材料制造。

第三，目测检查接合器是否有安全排放的安全阀、止回阀和截止阀等零部件。

（2）检查注意事项：第一，检查消防水泵接合器的消防接口本体材料是否用铜质材料制造，应仔细观察，不要把表面涂铜视为铜质材料。

第二，检查消防水泵接合器的基本配置时，应按其功能来判别，不是按外形来判别，尤其是多用式消防水泵接合器，其很多功能都设计成一体，因此，一定要仔细观察。

（五）消火栓设备现场性能检测

1.室内消火栓的结构、工作原理及性能参数

（1）室内消火栓的结构及工作原理：

①普通型室内消火栓的结构及工作原理。普通型室内消火栓，其主要由阀体、阀盖、阀杆、阀杆螺母、阀瓣、阀座、手轮、固定接口、伞形手轮等部件组成。铸铁阀体外表面涂大红色油漆，内表面涂防锈漆，手轮涂黑色油漆。使用时把消火栓手轮旋开即能喷水。

②旋转型室内消火栓的结构及工作原理。旋转型室内消火栓在结构上与普通型室内消火栓的显著区别是：栓体可相对于与进水管路连接的底座水平360° 旋转。它具有栓体与底座相对旋转的特点，因而可以在超薄栓箱内安装，解决了由于传统箱体厚占用通道以及薄墙体不能完全实现暗装等问题，并且克服了普通室内消火栓难以改变出水口方向的弊端，使得室内消火栓的安装和使用更加方便。

③减压型和减压稳压型室内消火栓的结构及工作原理。减压型室内消火栓是通过设置在栓内或栓体进、出水口的节流装置，来改变栓的流通面积，从而实现降低栓后出口压力的目的；减压稳压型室内消火栓是在栓体内或栓体进、出水口设置自动节流装置，当进水口压力改变时，自动节流装置中的弹簧通过介质本身的能量改变其节流面积，从而实现降低栓后压力的目的，并使出水口压力自动保持稳定。

（2）检查方法：

①整体要求。目测产品的结构，检查所有部件是否完整。

②外观、标志。检查室内消火栓外观质量、阀体上的标志、手轮上的标志、接口型式等是否符合相关的技术要求。

③材料、结构。目测阀座、阀杆和阀杆螺母材料是否符合标准规定；检查阀杆螺母材料时需将室内栓的阀盖卸下。用螺纹规测量室内消火栓进水口及出水口与固定接口连接部位的螺纹是否符合标准规定。

④性能。用手转动手轮，以直观和手感检查阀瓣的开启情况是否完好。

2.室外消火栓现场性能检测

（1）室外消火栓的结构：室外消火栓主要由阀体、阀瓣、阀杆、阀座、弯管、本体和接口等组成。其阀体、弯管、本体等部件一般由灰铸铁材料制成，阀座、阀杆螺母用铸

造铜合金材料制成。阀杆用低碳钢材料制造，其表面用镀铬或性能不低于镀铬的其他表面处理方法处理。外螺纹固定接口和吸水管接口的本体材料由铜质材料制造。使用时用四角扳手按逆时针方向旋转阀杆，阀门即可打开，排放余水装置就自行关闭；按顺时针方向旋转，阀门就会关闭，排放余水装置自行打开，排除积水。

（2）室外消火栓的规格：进水口公称通径为100mm的室外消火栓，其吸水管出水口应选用规格为100mm的消防接口，水带出水口应选用规格为65mm的消防接口；进水口公称通径为150mm的室外消火栓，其吸水管出水口应选用规格为150mm的消防接口，水带出水口应选用规格为80mm的消防接口。室外消火栓的公称压力可分为1.0MPa和1.6MPa两种，其中承插式的消火栓为1.0MPa、法兰式的消火栓为1.6MPa。

（3）室外消火栓的特征代号及型号编制：

①室外消火栓的型式代号：SS代表地上式消火栓；SA代表地下式消火栓；SD代表折叠式消火栓。室外消火栓的特殊型代号：P代表泡沫消火栓；F代表防撞型消火栓；T代表调压型消火栓；W代表减压稳压型消火栓；普通型省略。

②室外消火栓的型号编制：室外消火栓的型号编制举例：SS100/65-1.0代表公称通径为100mm、公称压力为1.0MPa、吸水管连接口口径为100mm、水带连接口口径为65mm的地上消火栓；SA100/65-1.6代表公称通径为100mm、公称压力为1.6MPa、吸水管连接口口径为100mm、水带连接口口径为65mm的地下消火栓；SSFW100/65-1.6代表公称压力为1.6MPa、吸水管连接口口径为100mm、水带连接口口径为65mm的防撞减压稳压型地上消火栓。

（4）检查方法：

①外观、标志检查：按所检查产品的型式认可检验报告与强制检验的型式检验报告相对照，看该产品名称、型号规格是否一致，如发现不一致，则判定一致性检查不合格。同时，还应该检查产品上所标的生产企业名称是否与检验报告上企业名称一致，如发现不一致，则判定为不合格。检查室外消火栓的结构外形时，与检验报告中照片进行对照，如发现不一致，则判定结构外形一致性检查不合格。目测室外消火栓外表，检查铸件表面是否有结疤、毛刺、裂纹和缩孔等缺陷；外表面漆膜是否光滑、平整、色泽一致，是否有气泡、流痕、皱纹等缺陷，是否有明显碰、划等现象；阀体内表面是否涂有防锈漆；检查阀体或阀盖是否铸有型号、规格和商标。在进行以上检查时发现有一项不符合规定，则判定该产品不合格，否则为合格。

②结构材料检查：检查外螺纹固定接口和吸水管接口的本体是否用铜质材料制造。用目测的方法查看阀体上是否装有自动排放余水的装置。

（5）检查注意事项：

①检查室外消火栓的外螺纹固定接口和吸水管接口的本体是否为铜质材料时，应仔细

检查，不要把表面涂铜判为铜质材料。

②检查室外消火栓是否装有自动排放余水的装置时，应检查阀体部分。该装置都装在阀座密封的上方，一般在外部有弯管等结构。

3.栓箱现场性能检测

（1）栓箱的结构及类型：

①栓箱的结构：栓箱由箱体及箱内配置的消防器材组成，箱体一般由冷轧薄钢板弯制焊接而成，箱门材料除了全钢型、钢框镶玻璃型、铝合金框镶玻璃型外，还可根据消防工程特点，结合室内建筑装饰要求来确定。箱门表面上喷涂有“消火栓”等明显标志。室内消火栓安装于箱内并与供水管路相连。消防水枪安装在箱内的弹簧卡上，消防水带根据栓箱的结构型式安装于箱内，并应保证不影响其他消防器材的使用。在箱内的明显部位配有消防按钮和指示灯，消防按钮可向消防控制中心报警并能直接启动消防水泵；指示灯为红色，可及时报告险情。

②栓箱的类型：栓箱按安装方式的不同可分为明装式栓箱、暗装式栓箱和半暗装式栓箱。栓箱按箱门型式的不同可分为左开门式栓箱、右开门式栓箱、双开门式栓箱和前后开门式栓箱。栓箱按箱门材料的不同可分为全钢型栓箱、钢框镶玻璃型栓箱、铝合金框镶玻璃型栓箱和其他材料型栓箱。栓箱按水带安置方式的不同可分为挂置式栓箱、盘卷式栓箱、卷置式栓箱和托架式栓箱。

（2）栓箱的型式代号：

①水带安置方式代号。水带为挂置式不用代号表示，其余方式分别用下述代号表示：P（盘）代表盘卷式；J（卷）代表卷置式；T（托）代表托架式。

②箱门型式代号。箱门为单开门型式不用代号表示，其余方式分别用下述代号表示：S（双）代表双开门式；H（后）代表前后开门式。

（3）栓箱的型号编制：栓箱型号由基本型号和型式代号两部分组成，其型号编制举例：SG24 B65Z–PS代表箱门为双开门式，水带为盘卷式安置，内配消防软管卷盘及公称通径为65mm室内消火栓，箱体外形尺寸为1000mm × 700mm × 240mm的栓箱。

（4）检查方法：

①整体要求。目测栓箱产品配置的消防器材是否齐全，并对所配置的消防器材按《消防产品现场检查判定规则》（XF 588–2012）规定的产品现场性能检查要求进行逐件检查。

②外观、标志。检查栓箱的外观质量、箱门上的标志是否符合《消火栓箱》（GB/T 14561–2019）中规定的有关技术要求。

③结构。检查箱门和水带安置是否符合《消火栓箱》（GB/T 14561–2019）中规定的有关技术要求。

④性能：将箱内的室内消火栓、消防水带、消防水枪连接，检查是否牢靠。检查消防水带与接口之间是否只靠一道喉箍连接且喉箍未拧紧，用手拉扯是否有脱离或松动现象。用锤击碎玻璃或拧下压盖，检查触点是否接通，即消防控制中心是否有信号或消防水泵是否启动；检查指示灯是否亮。

（六）消防水带和消防软管卷盘现场性能检测

1.消防水带的原材料构成

（1）有衬里消防水带由编织层和衬里组成。编织层是以高强度合成纤维涤纶材料，大多是高强度涤纶长丝编织成的管状耐压骨架层。衬里是在编织内层涂覆橡胶（合成橡胶）、乳胶、聚氨酯、PVC等高分子材料，形成橡胶、乳胶、聚氨酯、PVC等不同种类的通用消防水带。

（2）消防湿水带由编织层和衬里组成。编织层是以高强度合成纤维涤纶材料编织成的管状耐压骨架层。衬里是在编织内层涂覆的高分子材料。该水带在一定的工作压力下，周身能均匀渗水湿润，在火场起到保护作用。

（3）抗静电消防水带由编织层和衬里组成。编织层是以高强度合成纤维涤纶材料，并加用金属丝编织物编织成的管状耐压骨架层。衬里是在编织内层涂覆热塑性聚氨酯材料，具有耐压高、重量轻、耐寒性优异、使用方便等特点，同时消防水带又具备了抗静电的能力。

（4）A类泡沫专用水带组织结构和通用消防水带组织结构大致相同，唯一不同的是在制作衬里材料时，内层可略微粗糙，使A 类泡沫在水带中流动时，形成一个空气层，提高泡沫质量和灭火效能。

（5）水幕水带也是由编织层和衬里组成。编织层多是以高强度合成纤维涤纶材料编织成的管状耐压骨架层。衬里是在编织内层涂覆的高分子材料。在整根水带上，以均匀的间隔打上一排孔，当水带接上水源后，在压力作用下，水从每个孔中喷出，形成一个水幕带，用以隔绝易燃易爆气体或其他有毒有害气体。

2.检查方法

（1）向软管卷盘通水，观察各连接部位的密封情况。

（2）将卷盘旋转轴固定，用手用力拉动软管，观察卷盘能否转动。

3.检查注意事项

（1）消防软管卷盘的密封检查是用水通入卷盘的进水口，通入水的压力可用城市自来水管网的压力水来检测。在检测时，应把喷射口的阀门打开，当看到有水从喷射口中流出时，即可关闭该处的阀门，这样可以排除卷盘中的空气，以便观察。

（2）用手扳动卷盘的旋转部分向外水平移动时，应用力均匀，不要用力过猛。

第四节　消防应急灯具现场性能检测

一、消防应急灯具的类型

消防应急灯具从不同角度分为以下类型：

（一）按用途分类

消防应急灯按用途的不同可分为：消防应急标志灯具，消防应急照明灯具，消防应急照明标志复合灯具。

1.消防应急标志灯具

消防应急标志灯具，是指用图形和/或文字完成下述功能的消防应急灯具：指示安全出口、楼层和避难层（间）；指示疏散方向；指示灭火器材、消火栓箱、消防电梯、残疾人楼梯位置及其方向；指示禁止入内的通道、场所及危险品存放处。消防应急标志灯具的类别代码用B表示。

2.消防应急照明灯具（含疏散用手电筒）

消防应急照明灯具，是指为人员疏散和/或消防作业提供照明的消防应急灯具，其中，发光部分为便携式的消防应急照明灯具，也称疏散用手电筒。消防应急照明灯具的类别代码用Z表示。

3.消防应急照明标志复合灯具

消防应急照明标志复合灯具，是指同时具备消防应急照明灯具和消防应急标志灯具功能的消防应急灯具。消防应急照明标志复合灯具的类别代码用ZB表示。

（二）按应急供电方式分类

消防应急灯按应急供电方式的不同可分为：自带电源型消防应急灯具、集中电源型消防应急灯具、子母电源型消防应急灯具。

1.自带电源型消防应急灯具

自带电源型消防应急灯具，是指将电池、光源及相关电路装在灯具内部的消防应急灯具。

自带电源型消防应急灯具的产品代码用Z表示。

2.集中电源型消防应急灯具

集中电源型消防应急灯具，是指灯具内无独立的电池而由应急照明集中电源供电的消防应急灯具。

集中电源型消防应急灯具的类别代码用J表示。

3.子母电源型消防应急灯具

子母电源型消防应急灯具，是指应急灯具内无独立的电池而由与之相关的母消防应急灯具供电，其工作状态受母灯具控制的一组消防应急灯具。

子母电源型消防应急灯具的类别代码用M表示。

（三）按工作方式分类

消防应急灯按工作方式的不同可分为：持续型消防应急灯具、非持续型消防应急灯具。

1.持续型消防应急灯具

持续型消防应急灯具，是指光源在主电源和应急电源工作时均处于点亮状态的消防应急灯具。

持续型消防应急灯具的类别代码用L表示。

2.非持续型消防应急灯具

非持续型消防应急灯具，是指其光源在主电源工作时不点亮，仅在应急电源工作时处于点亮状态的消防应急灯具。

非持续型消防应急灯具的类别代码用F表示。

（四）按应急控制方式分类

消防应急灯按应急控制方式的不同可分为：集中控制型消防应急灯具、非集中控制型消防应急灯具。

1.集中控制型消防应急灯具

集中控制型消防应急灯具，是指工作状态由应急照明控制器控制的消防应急灯具，其类别代码为C。

2.非集中控制型消防应急灯具

非集中控制型消防应急灯具，是指灯具由正常工作状态转入应急状态时由灯具本身控制的消防应急灯具，其类别代码为D。

二、消防应急灯具的工作原理

（一）自带电源型消防应急灯具的工作原理

自带电源型消防应急灯具根据光源的不同，其具体电路上也会有所不同，但其电路原理和结构基本相同，以荧光灯为光源的自带电源型消防应急标志灯的电路结构：以LED为光源的消防应急标志灯的基本电路结构，包含了除电感或电子镇流器、逆变和自动转换三部分以外的所有部分。其工作原理：在主电供电情况下，220V、50Hz交流电经变压器降压和整流滤波后，供电池充电电路用于电池充电。对于持续型消防应急灯具，另一路经逆变后为光源供电。当主电切断后，自动转换和过放保护电路将切换到电池供电，同时监视电池组的端电压，待放电至终止电压（过放电保护部分启动，消防应急灯具不再起应急作用时电池的端电压）时停止放电。

（二）集中电源型消防应急照明灯具的工作原理

集中电源型消防应急灯具的交流输出型集中电源可配接各种类型的集中电源型消防应急灯具，其应急工作输出电压为交流220V。交流输出型集中电源的工作原理：集中电源型设备的直流输出型集中电源可配接光源为纯阻性（白炽灯等）负载、电子镇流器荧光灯、紧凑型荧光灯、开关电源或LED（发光二极管）及LCD（电致发光屏）的集中电源型消防应急灯具，不适合光源为电感镇流器荧光灯等负载，不适用于其他交流用电设备。其特点是有较强的抗过载，不受灯具负载功率因数的影响。

（三）集中控制型消防应急照明灯具的工作原理

集中控制型消防应急照明灯具的工作原理：通过集中控制器监控各类底层设备（包括各类消防应急灯具、消防应急电源、电源分配器、模块及相关配件等），实时监控设备的工作状态，根据火灾发生情况，控制系统内各类组件，使选定的消防应急灯具转入应急工作转换，实现其应急疏散指示和照明功能。在日常运行过程中，集中控制型消防应急照明和疏散指示系统检测设备的功能故障，如电池开路、短路；光源开路、短路；通信线路开路、短路，等等。解决了传统消防疏散指示标志灯具日常巡检、维护困难的问题，确保系统内的标志指示灯具能始终处在最佳工作状态。在发生火灾时，该设备可通过集中控制器的应急转换功能，调整现场疏散指示方向，控制应急灯具转入应急，选择正确的疏散方向和路径，解决了传统消防疏散指示标志灯具无法按火灾现场具体情况，动态调整疏散指示方向的难题，确保在火灾发生时系统能动态“安全引导”人员疏散。

三、消防应急灯具的型号编制

消防应急灯具的型号编制方法，由企业代码、类别代码和产品代码三部分组成。

四、消防应急灯具现场性能检测

（一）检查方法

（1）主要部件检查。对照检验报告检查：消防应急灯具所使用的电池的制造厂、型号和容量；消防应急灯具的外壳材料；消防应急标志灯的图形标志；消防应急灯具的状态指示灯。

（2）基本功能检查。接通消防应急灯具的主电源，使其处于主电源工作状态。切断试样的主电源，观察试样应急转换情况，并检查有无影响应急功能的开关。再次接通消防应急灯具的主电源，观察其是否自动恢复到主电工作状态。

（3）放电试验检查。使充电24h后的消防应急灯具处于应急状态，记录放电时间，用直流电压表测量在过放电保护启动瞬间电池（组）两端电压，与额定电压比较。

（二）检查注意事项

（1）对消防应急灯具进行功能检查时，应在其处于正常工作情况下进行。

（2）在测量过放电保护启动瞬间电池两端电压时，如不能一次性测得，可将消防应急灯具再次接通主电源后迅速断开主电源，再测量终止电压。

（三）检验器具

检验器具包括：测量范围为0～120min的计时装置、测量范围为0～220V的直流电压表。

第五节　消防安全标志现场性能检测

一、消防安全标志的类型、特征代号及型号编制

（一）消防安全标志的类型

1.按照标志色材的特性分类

消防安全标志按照标志色材的特性可分为以下5类：

（1）常规消防安全标志。常规消防安全标志，是指在基材上通过印刷、喷涂色漆或粘贴普通色膜等方式制成的消防安全标志。这种标志既无荧光、逆向反射、蓄光等性能，也无内部发光和自发光性能。其分类代号为：CG。

（2）蓄光消防安全标志。蓄光消防安全标志，是指用蓄光色漆印刷、喷涂或用蓄光色膜粘贴在基材上制成的消防安全标志牌。蓄光材料表面能够吸收照射光的能量，当其表面所受的照度低于某一数值时，能够发出可见光。其分类代号为：XG。

（3）逆向反射消防安全标志。逆向反射消防安全标志，是指用逆向反射色漆印刷、喷涂或用逆向反射色膜粘贴在基材上制成的消防安全标志。逆向反射材料在标志平面法线方向的一定角度区域内能够反射照明光线。其分类代号为：NF。

（4）荧光消防安全标志。荧光消防安全标志，是指用荧光色漆印刷、喷涂或用荧光色膜粘贴在基材上制成的消防安全标志牌。在较弱的照明环境中，荧光材料能够显示出较高的亮度因数。其分类代号为：YG。

（5）搪瓷消防安全标志。搪瓷消防安全标志，是指用金属板作基板，由相应颜色的珐琅浆烧制成的消防安全标志。其分类代号为：TC。

2.按表达意义分类

消防安全标志按照表达意义的不同可分为：

（1）消防安全禁止标志。禁止标志，是指禁止人们不安全行为的图形标志，基本形式是带斜杠的圆边框。

（2）消防安全警告标志。警告标志，是指提醒人们对周围环境引起注意，以避免可能发生危险的图形标志，基本形式是正三角形边框。

（3）消防安全提示标志。提示标志，是指向人们提供某种信息（如标明安全设施或场所等）的图形标志，基本形式是正方形边框。提示标志常常还带有方向辅助标志和文字辅助标志。

（4）消防安全指令标志。指令标志，是指强制人们必须做出某种动作或采用防范措施的图形标志，其基本形式是圆形边框。

二、消防安全标志现场性能检查方法及检验器具

（一）检查方法

（1）外观检查。用目测和钢直尺检查标志边长尺寸、安全色、文字辅助标志、方向辅助标志等是否符合要求。

（2）亮度检查。调节环境亮度至消防安全标志规定的亮度值，持续15min后，调节环境亮度低于200lx，保持该亮度至消防安全标志标称的发光时间后，消防安全标志应可见。

2.检验器具

检验器具包括：秒表、钢直尺或卷尺以及照度计。其中，钢直尺或卷尺，最小分辨率为1mm，量程不小于1000mm；照度计，量程为0～500lx。

第十四章　防火阻燃材料现场性能检测

第一节　防火涂料现场性能检测

一、饰面型防火涂料现场性能检测

（一）饰面型防火涂料的定义及分类

1.饰面型防火涂料的定义

饰面型防火涂料，是指涂覆于可燃基材（如木材、纤维板、纸板及其制品）表面，能形成具有防火阻燃保护及一定装饰作用的涂膜防火涂料。当发生火灾时，饰面型防火涂料可以阻止火势蔓延，保护可燃基材。

2.饰面型防火涂料的分类

我国生产的饰面型防火涂料均为膨胀型防火涂料，按溶剂类型的不同可分为溶剂型和水剂型两类。前者是以有机溶剂为分散介质，后者是以水为分散介质。由于这两类涂料所选用的防火组分基本相同，因此两者防火性能差异不大。饰面型防火涂料防火性能的优劣主要取决于涂层受火后的泡层高度及泡层的致密性，而涂层厚度和附着力对防火性能有较大的影响，如果涂层表面有开裂、脱粉现象，则影响涂层膨胀发泡。涂层表面出现裂纹，不但影响其装饰性，同时也反映了其理化性能中的柔韧性、耐冲击强度较差；涂层表面有脱粉现象，则反映了其理化性能中的耐水性、耐湿热性较差。

（二）检查方法

1.外观检查

目测涂层表面有无裂纹：用黑色平绒布轻擦涂层表面5次，观察黑色平绒布是否变色。

2.涂层厚度检查

在施工现场，随机在工程上抽取已涂刷涂料的试件1块，选3个测点用精度为0.02mm的游标卡尺测量试件涂刷涂料后和涂刷前的厚度，计算单点涂层厚度，涂层厚度为3个测点涂层厚度的平均值。

3.泡层高度检查

在施工现场，随机在工程上抽取已涂刷涂料的试件3块，其尺寸均不小于150mm×150mm。将试件放在试验支架上，涂刷防火涂料的一面向下。点燃酒精灯，酒精灯外焰应完全接触涂刷涂料的一面，供火时间不低于20min。停止供火后，用精度为0.02mm的游标卡尺测量泡层高度，结果以3个测试值的平均值表示。

（三）注意事项和检验器具

1.检查注意事项

（1））用于测量涂层厚度和泡层高度的游标卡尺必须经计量校准，并在有效期内，以确保检验结果的准确性。

（2）在使用酒精灯时，应使酒精灯外焰完全接触涂刷涂料的一面；在供火期间，若出现试件基材已燃烧，应立即停止供火。

2.检验器具

检验所需器具包括游标卡尺、酒精灯、试验支架。

（四）施工要点

在对可燃性基材进行防火处理前应根据工程的结构特点提出具体可行的施工方案。

（1）基材的前处理：为了得到性能优异的涂膜，施工前应对被涂基材的表面进行处理。如表面有洞眼、缝隙和凹凸不平等缺陷时，应用砂纸打磨平整或用防火涂料填补平整，并将尘土、浮灰、油污等杂物彻底清除干净，以保证涂料与基材的黏结良好。

（2）溶剂型饰面防火涂料的施工要求：由于防火涂料的固含量较大，较易沉淀，使用前应将涂料充分地搅拌均匀。如涂料太稠时，可在涂料中加入适量的溶剂进行稀释，将涂料的黏度调整到便于施工即可，调整黏度的原则以施工时不产生流坠现象为宜。使用喷涂或辊涂工艺进行施工时，涂料的黏度应比采用刷涂工艺时低。

施工应在通风良好的环境条件下进行，并且施工现场的环境温度宜在-5～40℃的条件下、相对湿度应小于90%，基材表面有结露时不能施工。施工好的涂料在未完全固化以前不能受到雨淋的破坏，也不能受到雾水和表面结露的影响。施工好的涂料，涂层不能有空鼓、开裂、脱落等问题。还需注意的是，溶剂型防火涂料中的溶剂属于易燃品并且对人体有害，所以在施工过程中应注意防火安全以及对施工人员的健康保护。在整个施工过程中都应严格禁止明火。

通常，溶剂型饰面防火涂料的施工应分次进行，并且每次涂刷作业必须在前一遍的涂层基本干燥或固化后进行。除在大面积的防火涂料施工或在高空作业时，采用以机具喷涂为主、手工操作为辅的施工工艺以外，其他情况下一般都采用刷涂或辊涂工艺进行施工。

（3）水性饰面防火涂料的施工要求：水性饰面型防火涂料的施工环境条件一般为：环境温度宜在5～40℃，相对湿度不大于85%。当温度在5℃以下、相对湿度在85%以上时施工效果会受到影响。基材表面有结露时不能施工。施工好的涂料在未完全固化以前不能受到雨淋的破坏，也不能受到雾水的侵蚀以及表面结露的影响。施工好的涂料，涂层不能出现空鼓、开裂、脱落等问题。

施工前应将涂料充分地搅拌均匀。如涂料太稠，可加入适量水进行稀释。应将涂料的黏度调整到便于施工为宜，调整原则以施工时不产生流淌和下坠现象为宜。采用喷涂或辊涂工艺施工时，涂料的黏度应比采用刷涂工艺施工时低些。

水性饰面型防火涂料的施工应分次进行，并且每次涂刷作业必须待前一遍涂层基本干燥或固化后进行。除了在大面积的防火涂料施工或在高空作业中采用以机具喷涂为主、手工操作为辅的施工工艺以外，其他情况下大多采用刷涂或辊涂工艺进行施工。在施工过程中严禁混有有机溶剂和其他涂料。

（4）饰面型防火涂料的验收要求：材料的参考用量为湿涂覆比500g/m^2。涂层无漏涂、空鼓、脱粉、龟裂现象。涂层与基材之间、各涂层之间应黏结牢固，无脱层现象。涂料的颜色与外观符合设计要求，涂膜平整、光滑。

二、钢结构防火涂料现场性能检测

（一）钢结构防火涂料的定义

钢结构防火涂料，是指施涂于建、构筑物的钢结构表面，能形成耐火隔热保护层以提高钢结构耐火极限的涂料。该防火涂料是由基料、阻燃添加剂、增强填料、溶剂及助剂经研磨而成，由于涂料本身的不燃性和难燃性，喷、刷在钢构件表面，能阻止火灾发生时火焰的蔓延，延缓火势的扩展，起防火隔热的保护作用，使钢结构构件免受高温火焰的直接灼烧，防止在火灾中迅速升温而降低强度，避免钢结构在短时间内失去支撑能力而导致建（构）筑物垮塌。

（二）钢结构防火涂料的分类及命名

1.钢结构防火涂料的分类

钢结构防火涂料按使用场所的不同可分为室内钢结构防火涂料和室外钢结构防火涂料两种。

（1）室内钢结构防火涂料：用于建筑物室内或隐蔽工程的钢结构表面；

（2）室外钢结构防火涂料：用于建筑物室外或露天工程的钢结构表面。

按使用厚度的不同可分为超薄型钢结构防火涂料、薄型钢结构防火涂料和厚型钢结构防火涂料三种。

（1）超薄型钢结构防火涂料：涂层厚度小于或等于3mm；

（2）薄型钢结构防火涂料：涂层厚度大于3mm且小于或等于7mm；

（3）厚型钢结构防火涂料：涂层厚度大于7mm且小于或等于45mm。

2.钢结构防火涂料的命名

以汉语拼音字母的缩写作为代号，N和W分别代表室内和室外，CB、B和H分别代表超薄型、薄型和厚型三类。各类涂料名称与代号对应关系如下：NCB代表室内超薄型钢结构防火涂料；WCB代表室外超薄型钢结构防火涂料；NB代表室内薄型钢结构防火涂料；WB代表室外薄型钢结构防火涂料；NH代表室内厚型钢结构防火涂料；WH代表室外厚型钢结构防火涂料。

（三）超薄型钢结构防火涂料现场性能检测

1.检测方法

（1）外观检查。目测涂层有无开裂、脱落现象；用黑色平绒布轻擦涂层表面5次，观察平绒布是否变色。

（2）厚度检查。选取至少5个不同的涂层部位，用磁性测厚仪分别测量其厚度。涂层厚度为5个测点厚度的平均值。

（3）在容器中的状态检查。用搅拌器搅拌容器内的试样或按规定的比例调配多组分涂料的试样，观察涂料是否均匀、有无结块。

（4）膨胀倍数检查。在已施工涂料的构件上，随机选取3个不同的涂层部位，用磁性测厚仪测量其厚度，然后点燃枪式专用燃气喷枪分别对准选定的3个位置，喷灯外焰应充分接触涂层，供火时间不低于15min。停止供火后用游标卡尺测量其发泡层厚度，结果以3个测试值的平均值表示。

2.检查注意事项

（1）目测已施工的涂层是否出现大面积的开裂、起层、脱落现象；若仅有局部小范围出现开裂、起层、脱落现象，则应慎重判定，但必须要求整改。

（2）游标卡尺、测厚仪应定期计量检定或校准，以确保试验结果的准确性。

（3）磁性测厚仪必须经计量校准，并在有效期内。测量涂层厚度前，应用标准片对磁性测厚仪进行校准，满足要求后，方能用于检测。

（4）采用专用的燃气喷枪时，点火前应检查喷枪的燃气压力，并应避免使燃气喷枪受到高温辐射。

3.检验器具

检验所需器具包括游标卡尺、刀片、磁性测厚仪和专用燃气喷枪。

（四）薄型（膨胀型）钢结构防火涂料现场产品性能检测

（1）外观检查。目测涂层有无开裂、脱落现象；用黑色平绒布轻擦涂层表面5次，观察平绒布是否变色。

（2）厚度检查。选取至少5个不同的涂层部位，用测厚仪分别测量其厚度，涂层厚度为5个测点厚度的平均值。

（3）在容器中的状态检查。用搅拌器搅拌容器内的试样或按规定的比例调配多组分涂料的试样，观察涂料是否均匀、有无结块。

（4）膨胀倍数检查。在已施工涂料的构件上，随机选取3个不同的涂层部位，分别用磁性测厚仪测量其厚度。然后点燃专用燃气喷枪分别对准选定的3个位置，喷灯外焰应充分接触涂层，供火时间不低于15min。

（五）厚型钢结构防火涂料现场性能检测

1.检查方法

（1）外观检查。目测涂层有无开裂、脱落现象。

（2）厚度检查。选取至少5个不同涂层部位，用测厚仪分别测量其厚度，涂层厚度为5个测点厚度的平均值。

（3）在容器中的状态检查。用搅拌器搅拌容器内的试样或按规定的比例调配多组分涂料的试样，观察涂料是否均匀、有无结块。

2.检查注意事项

（1）目测已施工的涂层是否出现大面积的开裂、起层、脱落现象。若仅有局部小范围出现开裂、起层、脱落现象，应检查其使用的环境条件，慎重判定，根据具体情况确定是否判定为不合格，但必须要求整改。

（2）测厚仪必须经计量校准，并在有效期内，以确保试验结果的准确性。

3.检验器具

检验所需器具包括刀片、测厚仪。

（六）钢结构防火涂料的选择

钢结构防火涂料在工程中的实际应用涉及多方面的问题，对涂料品种的选用、产品质量和施工质量的控制都需加以重视。

目前市场上的钢结构防火涂料根据其技术特点和使用环境的不同，分为很多品种及型号，它们是分别按照不同的标准进行检测的。例如，用于室内的钢结构防火涂料，是按照室内钢结构防火涂料的技术标准进行检测的；用于室外的钢结构防火涂料，其耐久性以及耐候性方面的要求更高，需严格按照室外的钢结构防火涂料检验标准进行检验。如果将室内型钢结构防火涂料用到室外的环境中去，必然会导致防火涂料“失效”问题的发生。

另外，从钢构件在建筑中的使用部位来看，其承载形式及承载强度的差异，也必然导致对钢构件的耐火性能要求的不同。根据建筑物的使用特点及火灾发生时危险与危害程度的差异，我国建筑设计防火规范中对建筑内各部位构件的耐火极限要求也从0.5～3.0h不等。正是由于这些差异的存在，科学合理地选择防火涂料来对钢构件进行防火保护就显得至关重要。因此，为了保障建筑物的防火安全，应以确保产品质量和施工质量为前提，不宜过分强调降低造价，否则将难以保证涂料的产品质量和涂层厚度，最终将影响对钢结构的防火保护。一般来说，选用钢结构防火涂料时须遵循如下几个基本原则。

（1）要求选用的钢结构防火涂料必须具有国家级检验中心出具的合格的检验报告，其质量应符合有关国家标准的规定。不要把饰面型防火涂料用于钢结构的防火保护上，因为它难以达到提高钢结构耐火极限的目的。

（2）应根据钢结构的类型特点、耐火极限要求和使用环境来选择符合性能要求的防火涂料产品。室内的隐蔽部位、高层全钢结构及多层钢结构厂房，不建议使用薄型和超薄型钢结构防火涂料。

①根据建筑部位来选用防火涂料。建筑物中的隐蔽钢结构，对涂层的外观质量要求不高，应尽量采用厚型防火涂料。裸露的钢网架、钢屋架以及屋顶承重结构，由于对装饰效果要求较高并且规范规定的耐火极限要求在1.5h及以下时，可以优先选择超薄型钢结构防火涂料；但在耐火极限要求为2.0h以上时，应慎用超薄型钢结构防火涂料。

②根据工程的重要性来选用防火涂料。对于重点工程如核能、电力、石化、化工等特殊行业的工程应以厚型钢结构防火涂料为主；对于民用工程如市场、办公室等工程可以主要采用薄型和超薄型钢结构防火涂料。

③根据钢结构的耐火极限要求来选用防火涂料。耐火极限要求超过2.5h时，应选用厚型防火涂料；耐火极限要求为1.5h 以下时，可选用超薄型钢结构防火涂料。

④根据使用环境要求来选用防火涂料。露天钢结构会受到日晒雨淋的影响，高层建筑的顶层钢结构上部安装透光板或玻璃幕墙时，涂料也会受到阳光的曝晒，因而应用环境条件较为苛刻，此时应选用室外型钢结构防火涂料，不能把技术性能仅满足室内要求的涂料用于这些部位的钢构件的防火保护上。

（七）钢结构防火涂料施工要点

（1）通用要求。钢结构防火涂料作为初级产品，必须通过进入市场被选用，并通过施工人员将其涂装在钢构件表面且成型以后，才算是完成了钢结构防火涂料生产的全过程。防火涂料的施工过程即是它的二次生产过程，如果施工不当最终也会影响涂料工程的质量。

总体来说，钢结构防火喷涂施工已经成为一种新技术，从施工到验收都已经制定了严格的标准。根据国内外的成功经验，钢结构防火喷涂施工应由经过培训合格的专业单位进行组织，或者由专业技术人员在施工现场直接指导施工为好。

对于防火涂料的专业生产及施工单位还应注意以下两方面的问题。

①基材的前处理。在喷涂施工前需严格按照工艺要求进行构件的检查，清除尘埃、铁屑、铁锈、油脂以及其他各种妨碍黏附的物质，并做好基材的防锈处理。而且要在钢结构安装就位，与其相连的吊杆、马道、管架等构件也全部安装完毕并且验收合格以后，才能进行防火涂料的喷涂施工。若不按顺序提前施工，既会影响与钢结构相连的吊杆、马道、管架等构件的安装过程，又不便于钢结构工程的质量验收，而且施涂的防火涂层还会被损坏，留下缺陷，成为火灾中的薄弱环节，最终将影响钢结构的耐火极限。

②涂装工艺。施涂防火涂料应在室内装修之前和不被后续工程所损坏的条件下进行。既要求施涂时不能影响和损坏其他工程，又要求施涂的防火涂层不被其他工程所污染和损坏。若在施工时与其他工程项目的施工同时进行，被破坏的现象就会较为严重，将造成大量材料的浪费。若室内钢构件在建筑物未做顶棚时就开始施工，遇上雨淋或长时间曝晒时，涂层将会剥落或被污染损坏，这样不仅浪费材料，还会给涂层留下缺陷，因此应在结构封顶后再进行涂料的施工。

实际上，不同厂家的防火涂料在其应用技术说明中都规定了施工工艺条件以及施工过程中和涂层干燥固化前的环境条件。例如，施工过程中和涂层干燥固化前的环境温度宜保持在5～38℃，相对湿度不宜大于90%，空气应流通。若温度太低或湿度太大，或风速较大，或雨天和构件表面有结露时都不宜作业。这些规定都是为了确保涂层质量而制定的，应严格执行。此外，还应强调的是在涂料施工过程中，必须在前一遍涂层基本干燥固化以后，再进行后一遍的施工。涂料的保护方式、施工遍数以及保护层厚度均应根据施工设计要求确定。一般来讲，每一遍的涂覆厚度应适中，不宜过厚，以免影响干燥后涂层的质量。

总之，为了保证涂层的防火性能，应严格按照涂装工艺要求进行施工，切忌为抢工期而给建筑留下安全隐患。

涂层维护。钢结构防火保护涂层施工验收合格以后，还应注意维护管理，避免遭受其他操作或意外的冲击、磨损、雨淋、污染等损害，否则将会使局部或全部涂层形成缺陷从而降低涂层整体的性能。

（2）厚型钢结构防火涂料基层要求。清除铁锈、油污，保证涂料与基材的黏结良好，涂二道防锈漆。需按配方要求的比例进行配料并快速搅拌均匀。

施工现场的环境温度宜为10～30℃。每次喷涂厚度不宜过厚，第一遍喷涂的厚度可以控制在4～5mm，以后每遍的喷涂厚度可以控制在9～10mm。前道涂层干燥后方可喷涂下一道涂层，直至喷涂到所要求的厚度。也可以采用抹涂法进行施工。

（3）薄型钢结构防火涂料基层要求。清除铁锈、油污，保证涂料与基材的黏结性。环境要求：施工环境温度要求为5～40℃，相对湿度小于90%。施涂前，涂料应用手持式自动搅拌机搅拌均匀。若涂料分为多层，其施工顺序应为：喷涂底涂料—喷涂中涂料—刷涂面涂料。底层及中层涂料的施工喷涂采用自重式喷枪，用小型空压机气源喷涂施工，喷涂时将气泵压力调至0.4～0.6MPa。注意喷涂涂料的稠度，以喷涂时不往下坠为宜。一般喷涂需分3～5次进行，每次喷涂厚度为1～2mm，待前遍涂层基本干燥后再喷下一遍。涂面层前应检查底层厚度是否符合要求，并在底层干燥以后进行。面层可以采用涂料喷枪进行喷涂或用毛刷进行刷涂，但无论是采用喷涂还是刷涂工艺，都要保持各部位的均匀一致，不得漏底。若涂料仅有一层，则应采用自重式喷枪分遍喷涂至要求的厚度，注意两道施工之间的时间间隔应能保证涂层很好地干燥。

（4）超薄型钢结构防火涂料：

①基层要求。清除铁锈及油污，保证涂料与基材的黏结性。

②环境要求。施工环境温度为10～30℃，相对湿度≤85%。

③施工。施涂前，涂料应用手持式自动搅拌机搅拌均匀。若涂料分为多层，其施工顺序应为：喷涂（刷涂）底涂料—喷涂中涂料—刷涂面涂料。并且应注意在底涂、中涂施工时，每道涂层的厚度应控制在0.5mm以下，前道涂层干燥后方可进行后道施工，直至涂到设计的厚度。若要求涂层表面平整，可对最后一道作压光处理。然后再进行面涂施工，面涂的施工采用羊毛刷或涂料刷子，涂刷二道。若涂料仅有一层，则应喷涂或刷涂至要求的厚度，注意两道施工之间的时间间隔应能保证涂层很好地干燥。

（5）钢结构防火涂料的施工验收。钢结构防火保护工程完工并且涂层完全干燥固化以后方能进行工程验收。

①厚型钢结构防火涂料：涂层厚度符合设计要求。涂层应完整，不应有露底、漏

涂。涂层不宜出现裂缝。如有个别裂缝，则每一构件上裂纹不应超过3条，其宽度应小于1mm，长度应小于1m。涂层与钢基材之间、各道涂层之间应黏结牢固，无空鼓、脱层和松散等现象存在。涂层表面应无突起。有外观要求的部位，母线不直度和失圆度允许偏差应不大于8mm。

②薄型钢结构防火涂料：涂层厚度符合设计要求。涂层应完整，无漏涂、脱粉、明显裂缝等缺陷。如有个别裂缝，则每一构件上裂纹不应超过3条，其宽度应不大于0.5mm。涂层与钢基材之间以及各道涂层之间应黏结牢固，无脱层、空鼓等现象。颜色与外观应符合设计规定，轮廓清晰、接搓平整。

③超薄型钢结构防火涂料：涂层厚度符合设计要求。涂层应完整，无漏涂，无脱粉，无龟裂。涂层与钢结构之间、各涂层之间应黏结牢固，无脱层、无空鼓。颜色与外观应符合设计规定，涂层平整，有一定的装饰效果。

三、混凝土结构防火涂料现场性能检测

（一）混凝土结构防火涂料的定义

混凝土结构防火涂料，是指涂覆在建设工程内和公路、铁路、隧道等混凝土表面，能形成耐火隔热保护层以提高其结构耐火极限的涂料。该防火涂料是喷涂在混凝土结构配筋的一面，当发生火灾时，涂层能有效地阻隔火焰，降低热量向混凝土及其内部预应力钢筋的传递速度，以推迟其温升和强度变弱的时间，从而提高混凝土结构的耐火极限，达到防火保护的目的。

（二）混凝土结构防火涂料的分类和命名

1.混凝土结构防火涂料的分类

（1）按使用场所分类。混凝土结构防火涂料按使用场所的不同可分为：混凝土构件防火涂料和隧道防火涂料两种类型。

（2）按特性分类。混凝土构件防火涂料按其特性的不同可分为：膨胀型和非膨胀型两种类型。

2.混凝土结构防火涂料的命名

以汉语拼音字母的缩写作为代号，H代表防火涂料，P和F分别代表膨胀型和非膨胀型，SH代表隧道防火涂料。各类混凝土结构防火涂料名称与代号对应关系如下：

（1）PH代表膨胀型混凝土构件防火涂料；

（2）FH代表非膨胀型混凝土构件防火涂料；

（3）SH代表隧道防火涂料。

（三）混凝土结构防火涂料现场产品性能检查方法与检验器具

1.检查方法

（1）外观检查。目测涂层有无开裂、脱落现象。

（2）厚度检查。选取至少5个不同涂层部位，用测厚仪分别测量其厚度，涂层厚度为5个测点厚度的平均值。

（3）在容器中的状态检查。用搅拌器搅拌容器内的试样或按规定的比例调配多组分涂料的试样，观察涂料是否均匀、有无结块。

2.检验器具

检验所需器具包括刀片、测厚仪。

（四）混凝土结构防火涂料施工要点

混凝土构件防火涂料的一般施工要求如下。根据建筑物的耐火等级、混凝土结构构件需要达到的耐火极限要求和外观装饰性要求，来选用适宜的防火涂料，确定防火涂层的厚度与外观颜色。应在混凝土结构构件吊装就位，缝隙用水泥砂浆填补抹平，经验收合格并在防水工程完工之后，再对混凝土构件进行防火保护施工。施工应在建筑物内装修之前和不被后续工序损坏的条件下进行。对不需作防火保护的门窗、墙面及其他物件，应进行遮挡保护。施工过程中和涂层干燥固化前，环境温度宜保持在5～38℃（以10℃以上为佳），相对湿度小于90%，风速不应大于5m/s。

具体操作如下。

（1）喷涂前，应将防火涂料按照产品说明书的要求调配并搅拌均匀，使涂料的黏度和稠度适宜，颜色均匀一致。

（2）采用喷涂工艺进行施工。可用压挤式灰浆泵、口径为2～8mm的斗式喷枪进行喷涂，调整气泵的压力为0.4～0.6MPa，喷嘴与待喷面的距离约为50cm。

（3）喷涂宜分遍成活。喷涂底层涂料时，每遍喷涂的厚度宜为1.5～2.5mm，喷涂1～2遍。喷涂中间层涂料时，必须在前一遍涂层基本干燥后再进行下一遍喷涂。喷涂面层涂料时，应在中间层涂料的厚度达到设计要求并基本干燥后进行，并应全部覆盖住中间层涂料。若涂料为单一配方，则应分遍喷涂至规定的厚度，喷涂第一遍涂料时基本盖底即可，待涂层基本干燥后再喷第二遍。所得涂层要均匀，外观应美观。

（4）在室内混凝土结构上喷涂时，喷涂后可用抹子抹平或用花碾子碾平，也可在涂层表面使用不影响涂料黏结性能的其他装饰材料。

混凝土结构防火保护工程施工完毕，并且涂层完全干燥固化后方能进行工程验收。验收要求一般为：

①涂层厚度达到防火设计要求规定的厚度。

②涂层完整，不出现露底、漏涂和明显的裂纹。

③涂层与混凝土结构之间、各层涂料之间应黏结牢固，没有空鼓、脱层和松散现象存在。

④涂层基本平整，无明显突起，颜色均匀一致。

四、电缆防火涂料现场性能检测

电缆是社会经济发展和人们生活不可缺少的重要产品，但由于电缆护套和绝缘层一般由塑料及橡胶材料制成，当它在过载、短路、局部过热等故障状态及外热作用下，就会使绝缘材料失去绝缘能力，甚至燃烧，进而引发火灾。一旦火灾发生，火势将顺着电缆延燃而蔓延到其他部位，从而造成重大的损失，而且电缆燃烧时会散发出大量的有害性气体，严重威胁着人们的生命安全。如果将电缆防火涂料涂覆于电缆表面，平时具有一定的装饰作用，而当发生火灾时，涂层膨胀形成致密的隔热层，能隔断火焰与电缆基材的接触，从而起到保护电缆的作用。

（一）电缆防火涂料的定义

电缆防火涂料，是指涂覆于电缆（如橡胶、聚乙烯、聚氯乙烯、交联聚氯乙烯等绝缘形式的电缆）表面，能形成具有防火阻燃保护及一定装饰作用的防火涂料。

（二）电缆防火涂料现场产品性能检查方法

1.外观检查

用黑色平绒布轻擦涂层表面5次，观察黑色平绒布是否变色。

2.裂纹检查

目测涂层表面有无裂纹。

3.涂层厚度检查

在施工现场，用刀片在已涂刷电缆防火涂料的电缆上随机选取3个位置轻轻剥取涂层3块，用精度为0.02mm的游标卡尺分别测其厚度，涂层厚度为3个测点厚度的平均值。

4.膨胀倍数检查

在施工现场，用刀片在已涂刷电缆防火涂料的电缆上随机轻轻剥取涂层3块，其尺寸不小于10mm × 10mm，分别用精度为0.02mm的游标卡尺测量其厚度。将涂层放在试验支架的金属网上，点燃酒精灯，酒精灯外焰应充分接触涂层，供火时间不低于20min。停止供火后，分别用游标卡尺测量其相应发泡层的厚度。

（三）检查注意事项及检验器具

1..检查注意事项

（1）用于测量涂层厚度及发泡层高度的游标卡尺必须经计量校准，并在有效期内，以确保检验结果的准确性。

（2）使用酒精灯时，酒精灯外焰应完全接触涂层。

2.检验器具

检验所需器具包括刀片、酒精灯、试验支架、金属网和准确度不低于0.02mm的游标卡尺。

第二节　防火封堵材料现场性能检测

一、防火封堵材料的产品标准及耐火性能

（一）防火封堵材料的产品标准

防火封堵材料执行的产品标准是《防火封堵材料》（GB 23864–2009）。该标准规定了防火封堵材料的术语和定义、分类与标记、要求、试验方法、检验规则、综合判定准则及包装、标志、贮存、运输等内容。该标准适用于建（构）筑物以及各类设施中的各种贯穿孔洞、构造缝隙所使用的防火封堵材料或防火封堵组件，建筑配件内部使用的防火膨胀密封件和硬聚氯乙烯建筑排水管道阻火圈除外。

（二）防火封堵材料的耐火性能

防火封堵材料按耐火时间不同，其耐火性能分为以下三级：一级≥3h；二级≥2h；三级≥1h。

二、防火封堵材料的特征代号及产品标记

（一）防火封堵材料的特征代号

各类防火封堵材料的名称与代号对应关系如下：DR代表柔性有机封堵材料；DW代表无机封堵材料；DB代表阻火包；DM代表阻火模块；DC代表防火封堵板材；DP代表泡沫封堵材料；DJ代表防火密封胶；DF代表缝隙封堵材料；DIT代表阻火包带。

（二）防火封堵材料的产品标记

防火封堵材料的标记顺序为：防火封堵材料代号—耐火性能级别代号—企业的产品型号。标记示例，DW-A3-ZH08，表示具有3h耐火完整性和耐火隔热性的无机封堵材料，企业的产品型号为ZH08。

三、防火封堵材料现场性能检测

（一）无机防火封堵材料现场产品性能检测

1.检查方法

（1）外观检查。采用目测与手触摸结合的方法进行。

（2）裂缝检查。采用目测的方法观察已施工样品表面是否有贯穿性裂缝产生。用塞尺和精度为0.02mm 的游标卡尺测量非贯穿性裂缝宽度，测量结果取其最大值。

2.检查注意事项

用于测量贯穿性裂缝的塞尺和游标卡尺必须经计量校准，并在有效期内，以确保检验结果的准确性。

3.检验器具

检验所需器具包括塞尺、游标卡尺。

（二）柔性有机防火封堵材料现场产品性能检测

采用目测与手触摸结合的方法进行。

（三）阻火包现场产品性能检测

（1）外观检查。采用目测的方法进行。

（2）抗跌落性检查。分别将3个完整的阻火包从5m高处自由下落到混凝土水平地面上，观察包体是否破损，至少应有2个包体无破损。

（四）阻火圈现场产品性能检测

（1）壳体检查。采用目测方法进行。

（2）阻燃膨胀芯材膨胀性检查。从阻火圈中取出干燥的膨胀芯材，将试件放在试验支架上，点燃酒精灯，酒精灯外焰应完全接触芯材，供火时间不低于30min，停止供火后目测试件受火后是否膨胀发泡。

（3）检验器具包括酒精灯、试验支架。

（五）电缆用阻燃包带现场产品性能检测

1.电缆用阻燃包带的定义

电缆用阻燃包带，是指缠绕在电缆表面，具有阻止电缆着火蔓延的带状材料。

2.电缆用阻燃包带的产品标准

现已发布的电缆用阻燃包带的产品标准是《电缆用阻燃包带》（GA 478-2004）。该标准规定了电缆用阻燃包带的术语和定义、技术要求、试验方法、检验规则、标志及包装等内容。

3.检查方法

（1）外观检查。外观用目测方法进行检查，观察表面是否平整，有无分层、鼓泡、凹凸等现象。

（2）阻燃性能检查。在施工现场，用刀片在已绕包电缆用阻燃包带的电缆上随机轻轻剥取包带1块，长度为100mm（注：在剥取包带的过程中不能损伤电缆）。用夹子夹住试样的一端，施加长度为20mm ± 5mm的火焰10s，离火后观察试样上的火焰能否在10s以内自熄。

4.检查注意事项和检验器具

（1）检查注意事项。用于测量的钢直尺必须经计量校准，并在有效期内，以确保检验结果的准确性。

（2）检验器具。检验器具包括刀片、钢直尺。

第三节　水基型阻燃处理剂现场性能检测

一、水基型阻燃处理剂的定义及分类

（一）水基型阻燃处理剂的定义

水基型阻燃处理剂，是指以水为分散介质，采用喷涂或浸渍等方式使木材、织物、纸板等获得规定的燃烧性能的各种水基型阻燃剂。

（二）水基型阻燃处理剂的分类

水基型阻燃处理剂按使用对象不同，分为木材用水基型阻燃剂和织物用水基型阻燃剂。

二、水基型阻燃处理剂的产品标准

水基型阻燃处理剂执行的产品标准是《水基型阻燃处理剂》（XF 159–2011）。该标准规定了水基型阻燃处理剂的定义和分类、要求、试验方法、检验规则、标签、包装、贮存等。该标准适用于以喷涂或浸渍等方式使木材、织物等获得规定的燃烧性能的各种水基型阻燃处理剂。

三、水基型阻燃处理剂现场产品性能检查方法及注意事项

（一）检查方法

（1）织物用阻燃剂检查。将涤棉布浸于阻燃剂中，浸透后自然晾干，将其裁剪为20mm × 200mm的试样，共3条。用夹子夹住试样的一端，施加长度为20mm ± 5mm的火焰10s，离火后观察是否至少有2条试样上的火焰能在5s以内自熄。

（2）木材用阻燃剂检查。将3mm厚的松木在阻燃剂中浸泡30min后自然晾干，将浸渍后的木材制成10mm × 200mm × 5mm的试样，共3根。用夹子夹住试样的一端，施加长度为25mm ± 5mm的火焰60s，离火后观察是否至少有2根试样上的火焰能在30s以内自熄。

（3）经阻燃处理后的织物检查。现场从不同部位取3个20mm × 200mm的试样，用夹子夹住试样的一端，施加长度为30mm ± 5mm的火焰30s，离火后观察是否至少有2条试样上的火焰能在10s以内自熄。

（4）经阻燃处理后的木材检查。现场取3块3mm × 10mm × 200mm的试样，用夹子夹住试样的一端，施加长度为30mm ± 5mm的火焰60s，离火后观察是否至少有2块试样上的火焰能在30s以内自熄。

（二）检查注意事项

（1）用于测量的钢直尺和秒表必须经计量校准，并在有效期内，以确保检验结果的准确性。

（2）采用专用的燃气喷枪时，点火前应检查喷枪的燃气压力，并应避免使燃气喷枪受到高温辐射。应采用性能较好、不易因受热而变得很烫的打火机。

（三）检验器具

检验器具包括钢直尺、测量范围为0 ~ 100s的秒表。

第四节　阻燃制品现场性能检测

一、阻燃制品的产品标准

阻燃制品执行的产品标准除《公共场所阻燃制品及组件燃烧性能要求和标识》（GB 20286-2006）外，还包括以下标准：

（一）《阻燃装饰织物》（XF 504—2004）

该标准规定了阻燃装饰织物的分类、标记、技术要求、试验程序、检验规则及包装和标志。该标准适用于窗帘、幕布、家具包布等装饰用纺织品。

（二）《建筑材料及制品燃烧性能分级》（GB 8624—2012）

该标准提出了所有建筑材料及制品的燃烧性能分级程序。所考虑的建筑制品是其最终应用形态。该标准适用于铺地材料和除铺地材料以外的建筑制品。

（三）《阻燃铺地材料性能要求和试验方法》（XF 495—2004）

该标准规定了阻燃铺地材料的定义、分类、技术要求、试验方法、检验规则及标签、包装、贮存等内容。该标准适用于木质地板（浸渍纸层压饰面木质地板、实木复合地板）、机制地毯、塑胶地板等铺地材料。

（四）《铺地材料的燃烧性能测定 辐射热源法》（GB/T 11785—2005）

该标准规定了评定铺地材料燃烧性能的方法。该方法是在试验燃烧箱中，用小火焰点燃水平放置并暴露于倾斜的热辐射场中的铺地材料，评估其火焰传播能力。该方法适用于各种铺地材料，如纺织地毯、软木板、木板、橡胶板和塑料地板及地板喷涂材料。其结果可反映出铺地材料（包括基材）的燃烧性能。背衬材料、底层材料或者铺地材料其他方面的改变都可能影响试验结果。该标准适用于测试和描述在受控的试验室条件下铺地材料的燃烧性能。

二、检查方法及检验器具

（一）现场性能检查方法

（1）墙面天花材料检查方法。在现场从制品上取3块250mm × 90mm的试样，用夹子夹住试样的一端，以45° 的角度在试样下端水平棱角中心处施加长度为30mm ± 5mm的火焰30s，观察火焰高度和燃烧滴落物状况。多层复合且厚度超过10mm的制品，可另外取样在厚度方向再施加火焰，同样观察火焰高度和燃烧滴落物状况。对于有外部保护层的保温、吸音泡沫材料，在试验时应保持外保护层状态。

（2）铺地材料检查方法。在现场从制品上取3块250mm × 90mm的试样，用夹子夹住试样的一端，以45° 的角度在试样下端水平棱角中心处施加长度为30mm ± 5mm的火焰30s，观察火焰高度和燃烧滴落物状况。对于使用方提供的资料显示纺织地毯的绒簇材料为丙纶，则需要特别测试，并抽样送法定消防产品质检中心进行检验判定。

（二）检验器具

检验所需器具包括钢直尺、测量范围为0 ~ 100s的秒表。

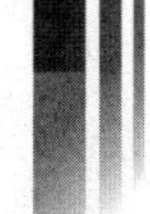

第十五章　抢险救援装备与灭火器现场性能检测

第一节　消防梯现场性能检测

一、消防梯的类型、特征代号及型号编制

（一）消防梯的类型及特征代号

1.消防梯按其结构形式分类

消防梯按结构形式分为以下四类：

（1）单杠梯。其产品代号为D，该梯由两侧板和梯蹬组成，可折成单杠。使用时将一端撞地，即张开成梯。该梯轻便、体积小、重量轻，适用于狭窄区域或室内登高作业，还可跨沟越墙和代替担架使用，侧板两端包有铁皮，可用来撞击建筑结构。

（2）挂钩梯。其产品代号为G，该梯由两侧板、梯磴和钢质挂钩组成，挂钩可折叠。使用时张开梯顶挂钩，钩住建筑的窗框、栏杆等建筑构件后，供消防员攀登救人、灭火或抢险救援时使用。

（3）拉梯。拉梯又分为：二节拉梯，产品代号为E；三节拉梯，产品代号为S。其中二节拉梯由上节梯、下节梯和升降装置组合而成，升降装置主要包括拉绳、滑轮和制动器；三节拉梯由上、中、下三个梯节、支撑杆以及升降装置组合而成。三节拉梯的上节梯纳入中节梯，中节梯纳入下节梯，梯节的连接和活动采用轨道式结构，中节梯的侧板上有滑槽，上节梯的侧板下端装有金属导板。使用时，拉动拉绳进行升降，上节梯在中节梯中滑动，中节梯在下节梯上滑动，各梯节间以制动器限位，支撑杆主要起辅助支撑作用。

（4）其他结构消防梯，产品代号为Q。

2.消防梯按其材质分类

消防梯按材质分为以下五类：竹质消防梯，产品代号为Z；木质消防梯，产品代号为M；铝合金消防梯，产品代号为L；钢质消防梯，产品代号为G；其他材质消防梯，产品代号为Q。

（二）消防梯的型号编制

消防梯的型号编制方法举例：TDL3代表工作长度为3m的铝质单杠梯；TEZ6代表工作长度为6m的竹质二节拉梯。

二、消防梯的产品标准

消防梯执行的产品标准是《消防梯》（XF 137-2007）。该标准规定了消防梯的术语、定义、分类、型号、基本参数、技术要求、试验方法、检验规则以及标志、包装和贮存。该标准适用于消防员在灭火、救援和训练时使用的消防梯。

三、消防梯现场性能检测

（一）检查方法

1.产品名称、型号规格检查

产品名称、型号规格检查采用目测的方法。以所检查产品的检验报告为依据，对该产品的名称、型号规格进行核对，如果发现有不一致的，则判定其一致性检查不合格。同时，还应对该产品所标的生产企业名称是否与型式检验报告上的企业名称相一致进行核对，如发现不一致的，则判定为不合格。

2.结构检查

结构检查采用目测手动的方法。消防梯的结构外形在检验报告中有该产品的外形照片。检查时与照片相对照，如发现不一致的，则判定结构外形一致性为不合格；用手扳动梯磴与侧板，不得出现松动现象。目测梯磴与侧板连接处，不得有松动、加楔的现象。如果消防梯为金属材质的，梯磴等应有防滑措施，否则判不合格。目测消防梯紧固件应垂直旋紧，不应有突出的钉头锋口和毛刺等缺陷，否则判定为不合格。目测消防梯外表面，外表面应光滑，无毛刺，并涂有不导电的涂料保护；竹木梯的表面应呈橘黄色，金属零件应镀锌或镀铬，或刷涂黑色磁漆，否则为不合格。徒手展开和缩合消防梯，应灵活可靠，不出现卡阻现象，限位装置应可靠，否则为不合格。大于或等于12m的消防梯，要检查其是否有支撑杆，并检查确认支撑杆能否牢固地固定在最下面的梯节上，否则为不合格。

（二）检查注意事项及检验器具

1.检查注意事项

（1）重量检查时，所用的衡器应放置平稳，保持水平；

（2）用手扳动梯磴、侧板等部分，用力应均匀，不宜用力过猛。

2.检验器具

（1）钢卷尺。最小分辨率为1mm，量程不小于20m。

（2）衡器。最小分辨率为0.5kg，量程不小于100kg。

四、消防电梯的构造要求

（1）建筑高度大于32m的住宅建筑，其他一类、二类高层民用建筑应设置消防电梯。消防电梯应分别设在不同的防火分区内，且每个防火分区不应少于1台。符合消防电梯要求的客梯或工作电梯可兼作消防电梯。

（2）建筑高度大于32m且设置电梯的高层厂房或高层仓库，每个防火分区内宜设置1台消防电梯。符合消防电梯要求的客梯或货梯可兼作消防电梯。

符合下列条件的建筑可不设置消防电梯。

①建筑高度大于32m且设置电梯，任一层工作平台人数不超过2人的高层塔架。

②局部建筑高度大于32m，且局部高出部分的每层建筑面积不大于50m²的丁类、戊类厂房。

（3）建筑内设置的消防电梯，除下列情况外，应每层均能停靠。

①地下、半地下建筑（室）层数小于等于3层且室内地面与室外出入口地坪高差小于10m。

②跃层住宅的跃层部分。

③住宅与其他使用功能上下组合建造，应分别考虑消防电梯的设置。

（4）消防电梯应设置前室，并应符合下列规定。

①前室的使用面积不应小于6m²，当与防烟楼梯间合用前室时应符合规定，前室应采用乙级防火门。

另外，设置在仓库连廊、冷库穿堂或谷物筒仓工作塔内的消防电梯，可不设置前室。

②前室宜靠外墙设置，在首层应设置直通室外的安全出口或经过长度不大于30m的通道通向室外。

（5）消防电梯井、机房与相邻电梯井、机房之间，应采用耐火极限不低于2.00h的不燃烧体隔墙隔开；当在隔墙上开门时，应设置甲级防火门。

（6）消防电梯的井底应设置排水设施，排水井的容量不应小于2m³，排水泵的排水量不应小于10L/s。消防电梯间前室门口宜设置挡水设施。

（7）消防电梯应符合下列规定。

①消防电梯的载重量不应小于800kg。

②消防电梯从首层到顶层的运行时间不宜超过60s。

③消防电梯的动力与控制电缆、电线、控制面板应采取防水措施。

④在首层的消防电梯入口处应设置供消防队员专用的操作按钮。

⑤消防电梯轿厢的内装修应采用不燃烧材料且其内部应设置专用消防对讲电话。

五、消防电梯的联动控制

消防电梯在火灾状态下应能在消防控制室和首层电梯门厅处明显的位置设有控制归底的按钮。在消防联动控制系统设计时，常用总线或多线控制模块来完成此项功能。消防电梯轿厢内应设有电话并应在首层设置消防队专用的操作按钮。在火灾发生期间，应保证对消防电梯的连续供电时间不小于60min。大型公共建筑中有多部客梯与消防电梯，在首层应设消防队专用的操作按钮，其功能主要是供消防队员操作，使消防电梯按要求停靠在任何楼层，同时其他电梯从任何一个楼层位置降到底层并停止工作。消防电梯应与消防控制中心有电话联系，以便按控制中心指令把消防器材送到着火部位的楼层。

在灭火时为了防止电源电路造成二次灾害，应切断有关楼层或防火分区的非消防电源。为此，在各楼层配电箱进线电源开关处设置分励脱扣器，利用控制模块运动切除非消防电源。

上述指令均由消防控制中心发出，并有信号返回到消防控制中心。在消防中心设有电梯运行盘或电梯归底控制按钮，平时显示电梯运行状态。消防控制室在确认火灾后，应能控制全部电梯停于首层，切断所有非消防电梯的电源，并接收其反馈信号。即要求电梯的动作归底信号反馈给消防中心的报警控制装置，控制装置上的电梯归底显示灯亮。非消防电梯电源的切除一般通过低压断路器的分励脱扣器完成。

对电梯的控制有两种方式：一种是将电梯的控制显示盘设在消防控制室，消防值班人员在必要时可直接进行操作；另一种是在人工确认真正发生火灾后，消防控制室向电梯控制室发出火灾信号及强制电梯下降的指令，所有电梯下行停于首层。电梯是纵向通道的主要交通工具，联动控制一定要安全可靠。在对自动化程度要求较高的建筑内，可用消防电梯前室的感烟探测器联动控制电梯。

为了避免消防队员在扑救火灾时发生触电事故，现代建筑中普遍在每一楼层配电箱处设置了1个强切信号输出模块。当发出火灾报警时，主机按照预先编制的软件程序指令相应输出模块动作，使火灾层及上、下层的楼层配电箱中进线断路器动作，切断非消防电源。

第二节　消防过滤式自救呼吸器现场性能检测

消防过滤式自救呼吸器是一种用于保护人体呼吸器官不受外界有毒有害气体损伤的专用防毒面具。在公众聚集场所发生火灾时，消防过滤式自救呼吸器供在火场内的被困人员自救逃生时使用，以防止有毒有害气体对人员呼吸器官的损害，其适合消防人员灭火时佩戴使用。

一、消防过滤式自救呼吸器的组成及工作原理

（一）消防过滤式自救呼吸器的组成

消防过滤式自救呼吸器由防护头罩、过滤装置和面罩组成，或由防护头罩和过滤装置组成。面罩可以是全面罩或半面罩。

（二）消防过滤式自救呼吸器的工作原理

通过佩戴人员的自主呼吸，吸入的被环境污染的空气经过过滤装置时，其中的烟雾等颗粒状杂质，被过滤装置中的过滤材料和活性炭过滤和吸附。一氧化碳气体被过滤装置中的化学药剂（通常使用的是霍加拉特）转化为二氧化碳。其他酸性和碱性气体、有机物气体被过滤装置中经化学处理过的活性炭所吸附。最终佩戴人员吸入可供正常呼吸的洁净气体。佩戴人员呼出和化学反应所产生的二氧化碳气体通过排气阀排到大气中。

二、消防过滤式自救呼吸器的类型及型号编制

（一）消防过滤式自救呼吸器的类型及特征代号

消防过滤式自救呼吸器分为存放型和随身携带型两种类型。存放型特征代号用C表示，随身携带型特征代号用D表示。

（二）消防过滤式自救呼吸器的型号编制

消防过滤式自救呼吸器的型号编制方法举例：XHZLC15表示防护时间为15min的存放型消防过滤式自救呼吸器。

三、消防过滤式自救呼吸器现场检查方法和注意事项

（一）检查方法

（1）目测检查消防过滤式自救呼吸器的部件组成、防护头罩的反光特性、标志内容。

（2）用手摇动滤毒罐，是否听到有松动的声响。

（3）拆开呼吸器的密封包装，展开后是否恢复原状。

（二）检查注意事项

（1）呼吸器打开后，复原时要仔细，以便确定不能再恢复原样。

（2）对必须破坏呼吸器的密封包装来检查的一些产品，经过检查的这类产品不能再使用，应予以报废。

（3）用手摇动滤毒罐时，应用力均匀，并仔细听在摇动中有无声响，应在安静的场合进行。

第三节　灭火器现场性能检测

灭火器能否成功有效地扑救初起火灾，其质量好坏十分关键。因此，对灭火器进行现场产品性能检测时，应严格依据灭火器的产品标准和消防产品现场检查判定规则实施。

一、灭火器的结构及喷射原理

（一）干粉灭火器的结构及喷射原理

1.手提式干粉灭火器的结构及喷射原理

手提式干粉灭火器的结构，随驱动灭火器的压力型式不同而有所区别。

（1）贮气瓶式干粉灭火器的结构及喷射原理。这类灭火器中的灭火剂和驱动气体分离储存，其驱动气体一般为液化二氧化碳气体，储存在贮气瓶内。根据贮气瓶的安装位置不同，分外置式和内置式两种结构型式。这种灭火器主要由筒体、器盖、贮气瓶、灭火剂及喷射部件等部分构成，使用时先将贮气瓶打开，由其释放的液化气体的压力驱动灭火剂喷射。

①筒体。它是存装灭火剂的容器，平时存放时不承受压力，当打开贮气瓶工作时承受压力，因此，灭火器筒体应有足够的机械强度。一般采用钢质焊接筒体，主要用于工作压力小于等于2.5MPa的灭火器筒体。焊接筒体又可分为拉伸焊接筒体和卷板焊接筒体。拉伸焊接筒体由封头和封底两头拉伸，经中间一道环向焊缝焊接而成；卷板焊接筒体由钢板卷圆的筒身、封头和封底，经一道纵向焊缝和二道环向焊缝焊接而成。灭火剂充装量大于3kg（L）的灭火器，其受压的筒体底部与地面应有5mm以上的间隙。如果受压筒体底部直接与地面接触，则其底部的厚度不应小于筒身部分最小厚度的1.5倍。灭火器筒体外表推荐采用红色。

②器头。它是用于密封筒体的盖子，一般包括提把、压把，对于内置式结构，还包括贮气瓶的穿刺机构和可控制灭火剂间歇喷射的装置等。灭火器的提把应有足够的强度和刚度，并应符合下列要求：第一，提把和压把应用金属材料制造。当灭火器总质量大于7kg，其提把长度不应小于92mm；当总质量大于或等于12kg，其提把长度不应小于120mm；当总质量小于或等于7kg，其提把长度不应小于75mm。第二，灭火器阀门上的提把和压把应用碳钢制造。当灭火器总质量大于7kg，其材料厚度不应小于1.5mm；当总质量大于或等于12kg，其材料厚度不应小于2mm；当总质量小于或等于7kg，其材料厚度不应小于1.2mm。第三，灭火器的提把与灭火器筒体上封头之间的间距不应小于25mm。第四，提把和压把表面应光滑不应有毛刺、锐边等缺陷。

③贮气瓶。它是驱动灭火剂喷射的动力源，贮气瓶采用的是高压钢质无缝气瓶。贮气瓶的密封结构有两种，一种是密封膜片式结构，其既能起到密封作用，又能起到超压安全作用，当贮气瓶内压力达到20～25MPa时，密封片会自动爆裂，让二氧化碳气体安全释放，正常使用时由穿刺机构刺破膜片释放二氧化碳气体到筒体内；另一种为阀门式结构，在贮气瓶上装有可启闭的阀门，使用时将阀门开启，释放二氧化碳气体到筒体内，在阀门侧面装有超压安全片，当贮气瓶内压力达到20～25MPa时，安全片会破裂，使二氧化碳气体安全释放。

④喷射部件。它由出气管、虹吸管、喷射软管和喷嘴或间歇喷射枪组成。凡充装灭火剂量大于3kg（3L）的必须装有喷射软管，其长度不应小于400mm（不包括接头和喷嘴长度）；凡充装灭火剂量小于3kg（3L）的可只装有喷嘴。出气管是将驱动气体释放到筒体内的通道，虹吸管是将筒体内灭火剂排出的通道，喷射软管和喷嘴是为喷射灭火剂至火源

起导向和扩散作用的部件。灭火器都配有可控制灭火剂间歇喷射的装置，间歇喷射装置有的装在器头上，称为器头阀门；有的装在喷射软管末端，称为间歇喷射枪。

（2）贮压式干粉灭火器的结构及喷射原理。这类灭火器中的灭火剂和驱动气体储存在同一容器内，驱动气体一般为氮气、压缩空气或灭火剂蒸气。其主要由筒体、器头、喷射部件等部分构成。筒体是存装灭火剂的容器，平时存放时承受内部气体平衡压力，一般采用钢制焊接筒体；器头是用于密封筒体的阀门，一般包括提把、压把、内部压力指示器和可控制灭火剂间歇喷射的阀门；喷射部件由虹吸管、喷射软管和喷嘴组成，虹吸管是将筒体内灭火剂排出的通道，喷射软管和喷嘴是为喷射灭火剂至火源起导向和扩散作用的部件。使用时，由驱动气体压力驱动灭火剂喷射。

2.推车式干粉灭火器的结构及喷射原理

推车式灭火器的驱动型式也有贮气瓶式和贮压式两种，其构造和喷射原理与手提式灭火器基本相同。推车式灭火器有车轮、车架等行驶机构（一般车架为靠背椅式，筒体直立其上，车架下安装有两只轮子），以及由喷射软管（一般采用纤维编织的有衬里胶管、纤维缠绕的橡胶管和有钢丝编织层的橡胶管，其长度大于4m）、喷射枪等组成的喷射系统。

（二）二氧化碳灭火器的结构及喷射原理

二氧化碳灭火器的结构和喷射原理类同于贮压式干粉灭火器。其主要由无缝气瓶、器头阀门、喷射部件等部分构成，无缝气瓶用来灌装液态二氧化碳灭火剂，手提式灭火器的气瓶由铬钼钢或铝合金制成；推车式灭火器的气瓶一般由合金钢制成。器头阀门采用铜锻制成，手提式灭火器的阀门一般为压把式；推车式灭火器一般采用旋转式手轮阀门，在阀门上下设有超压安全保护装置。当气瓶内的二氧化碳灭火剂蒸气压超过安全设计压力时，会自行爆破，以释放二氧化碳气体。喷射部件是由将气瓶内灭火剂排出的虹吸管和为喷射灭火剂至火源起导向和扩散作用的喷射软管或金属连接管以及喇叭喷筒组成，在喇叭喷筒与喷射软管连接处有一个防静电手柄。

（三）洁净气体灭火器的结构及喷射原理

洁净气体灭火器为贮压式结构，按移动方式分为手提式灭火器和推车式灭火器两种。其结构和喷射原理类同于贮压式干粉灭火器。

（四）简易式灭火器的结构及喷射原理

简易式灭火器由筒体、开闭阀、出液管及喷嘴组成。灭火剂的驱动型式为贮压式，驱动气体为氮气或压缩空气。罐体一般采用气雾剂罐，它由铝或马口铁皮制成，由于罐体承受一定的压力，要求罐体在大于1.8MPa的压力时爆破。开闭阀由阀座、阀芯组成，阀座一般由马口铁皮冲压成，阀芯用橡胶、尼龙等制成。在阀芯下有一根弹簧，它使阀芯牢牢地贴在阀座上，保证密封。开启时，只要将阀芯往下压，使阀芯脱离阀座，灭火剂从阀座与阀芯的间隙中通过而喷出。出液管是灭火剂喷出的通道，由工程塑料制成；喷嘴也由工程塑料制成，有的为操作方便，还设计有开启把等部件。简易式灭火器的包装形式有一元包装和二元包装两种。

二、灭火器的规格及型号编制

（一）灭火器的规格

灭火器的规格是按其充装的灭火剂量来划分的。目前国内手提式灭火器的规格是强制性的，推车式灭火器的规格是推荐性的。

1.手提式灭火器的规格

（1）手提式水基型灭火器的规格有4种：2L、3L、6L、9L。

（2）手提式干粉灭火器的规格有9种：1kg、2kg、3kg、4kg、5kg、6kg、8kg、9kg、12kg。

（3）手提式二氧化碳灭火器的规格有4种：2kg、3kg、5kg、7kg。

（4）手提式洁净气体灭火器的规格有4种：1kg、2kg、4kg、6kg。

2.推车式灭火器的规格

（1）推车式水基型灭火器的规格有4种：20L、45L、60L、125L。

（2）推车式干粉灭火器的规格有4种：20kg、50kg、100kg、125kg。

（3）推车式二氧化碳灭火器的规格有4种：10kg、20kg、30kg、50kg。

（4）推车式洁净气体灭火器的规格有4种：10kg、20kg、30kg、50kg。

3.简易式灭火器的规格

对于简易式灭火器的规格没有具体的规定。目前市场上有一种专门用于厨房灭火的灭火器，其规格是2L，在灭火器的名称中有“厨房专用”。

（二）灭火器型号的编制

1.手提式灭火器的型号编制

如产品结构有改变时，其改进代号可加在原型号的尾部，以示区别。编制举例：MSZ/6代表6L手提贮压式水型灭火器；MPZ/AR6代表6L手提贮压式抗溶性泡沫灭火器；MFCZ/ABC1代表1kg手提贮压式车用ABC干粉灭火器；MF/ABC5代表5kg手提贮气瓶式ABC干粉灭火器；MFZ/BC8或MFZ/8代表8kg手提贮压式BC干粉灭火器；MT/3代表3kg手提式二氧化碳灭火器；MJZ/4代表4kg手提贮压式洁净气体灭火器。

2.推车式灭火器的型号编制

推车式灭火器的型号编制方法在产品结构有改变时，其改进代号可加在原型号的尾部，以示区别。编制举例：MPTZ/AR45代表45L推车贮压式抗溶性泡沫灭火器；MFT/ABC20代表20kg推车贮气瓶式ABC干粉灭火器；MTT/20代表20kg推车式二氧化碳灭火器。

3.简易式灭火器的型号编制

简易式灭火器的型号编制方法，是在灭火剂类型后面再加一个“J”字母来表示。编制举例：MSJ480表示灭火剂为加入添加剂的水，公称充装量为480mL的简易式水基型灭火器。

三、灭火器的报废

（1）下列类型的灭火器应报废：①酸碱型灭火器；②化学泡沫型灭火器；③倒置使用型灭火器；④氯溴甲烷、四氯化碳灭火器；⑤国家政策明令淘汰的其他类型灭火器。

（2）有下列情况之一的灭火器应报废：①筒体严重锈蚀，锈蚀面积大于等于筒体总面积的1/3，表面有凹坑；②筒体明显变形，机械损伤严重；③器头存在裂纹、无泄压机构；④筒体为平底等结构不合理；⑤没有间歇喷射机构的手提式；⑥没有生产厂名称和出厂年月，包括铭牌脱落，或虽有铭牌，但已看不清生产厂名称，或出厂年月钢印无法识别；⑦筒体有锡焊、铜焊或补缀等修补痕迹；⑧被火烧过；⑨不符合消防产品市场准入制度。

四、灭火器现场性能检测

（一）手提式灭火器现场性能检测

1.检查方法

（1）外观检查方法。

①标志检查。主要是检查标志的内容，查看是否正确、完整。对灭火器标志要求包括：灭火器上应有发光标志，以便在黑暗中能够指示灭火器所处的位置。

灭火器应有铭牌贴在或印刷在筒体上，标志内容中须有：灭火器名称、灭火种类代号、灭火级别、使用温度、使用方法（用图形和文字表示）、驱动气体名称和数量（或压力）、筒体生产连续序号（也可用钢印打在灭火器的底圈或颈圈等部位）、灭火器制造厂名称等。如果在检查时，发现标志的内容比标准规定得少，不管少几项，均判定为标志不合格；而对于多于标准规定内容的，则不判定为不合格。实施国家标准的产品要有灭火器身份信息标识；无身份信息标识的，则判定为不合格。

②外观检查。用目测检查手提式灭火器的外观。依据《灭火器维修与报废规程》（XF 95 –2022）进行检查，符合规定的报废要求和报废期限的灭火器，必须报废。

③筒体钢印检查。检查灭火器的底圈或颈圈等部分，是否标记有该灭火器的水压试验压力值、出厂年份的钢印。检查时凡发现没有钢印或缺内容的，则判定为不合格；凡在名称中出现“高效”“超细”“全硅化”等词的，都是与认证检验报告中不一致的，应判定为不合格；规格、型号应按认证检验报告中的规格检查，如不一致，则判定为不合格；厨房用的水型灭火器，目前经过强制检验并在有效期内的只有2L的，如果有其他规格的，则判定为不合格。

④结构检查。灭火器不得倒置开启和使用。目前我国已淘汰了倒置开启的手提式化学泡沫灭火器和手提式酸碱灭火器，现在生产的手提式灭火器已无倒置开启的。如检查发现是倒置开启的，则判定为不合格。另外，灭火器的结构、外形在认证检验时，其检验报告中都有该产品的照片，检查时可与检验报告上的照片核对，确定是否一致。

（2）主要部件的检查方法。

①压力指示器检查。为了能够辨别灭火器内是否有压力，对于贮压式灭火器（二氧化碳灭火器除外），必须安装能够显示其内部压力的压力指示器。因此，检查时如发现没有安装压力指示器者，则判为不合格；此外，应检查压力指示器上的指针是否指示在绿色区域内，如果指针指示在红色区域内，则说明该灭火器驱动压力已不够，则判定为不合格；再检查压力指示器上20℃时的工作压力值与灭火器贴花上所标20℃时充装压力值是否相符，如灭火器贴花上20℃时充装压力为1.2MPa，而压力指示器上20℃压力指示值为1.5MPa，则说明该灭火器的压力指示器装错，则判定为不合格。最后还要检查该灭火器所安装的压力指示器的种类是否与该灭火器的种类相符。干粉灭火器所使用的压力指示器表盘上有“F”字母，水基型灭火器所使用的压力指示器表盘上有“S”字母，泡沫灭火器所使用的压力指示器表盘上有“P”字母，洁净气体灭火器所使用的压力指示器表盘上有“J”字母，1211灭火器所使用的压力指示器表盘上有“Y”字母。如手提式干粉灭火器安装的压力指示器表盘上的字母是“P”，说明灭火器的压力指示器类别安装错了，则判定该灭火器为不合格。

②喷射软管检查。凡是灭火剂充装量大于3kg（L）的灭火器，都应配有喷射软管。如果不装喷射软管，并大于3kg（L）的灭火器均判定为不合格。虽然装有喷射软管，但其长度达不到400mm的，则判定该灭火器为不合格。喷射软管长度可用卷尺或钢直尺测量，喷射软管400mm长度中，不包括喷射软管两端的接头或喷嘴。另外，喷射软管的两头一般都有螺纹接头，尤其是与器头喷射口连接的喷射软管接头都是采用金属材料制造，在检查时，发现该接头采用非金属材料制造的，则判定为不合格。

③保险机构检查。为防止错误操作，且能显示灭火器是否已被启用过，要求灭火器应

安装保险销。保险销一般由铅封和金属销组成。因此，检查时查看该灭火器是否装有保险销。如果灭火器没有安装保险销或保险销脱落，均判定该灭火器为不合格。灭火器保险销上的铅封或塑料带、线封是一次性使用的，凡检查发现灭火器上保险销铅封或塑料带、线封有脱落、断裂等现象，说明该灭火器可能已被使用过，则判定该灭火器为不合格。

④器头检查。为了保证能够密封灭火器都装有器头，器头与灭火器筒体的连接有两种，一种是器头部与灭火器筒体连接的螺纹是外螺纹，俗称“拼帽”的连接；另一种是器头部与灭火器筒体连接的螺纹是内螺纹。当在检查中发现实物与器头结构不一致时，应判定为不合格。

⑤间歇喷射机构检查。为保证灭火器在任何时候都能中断喷射，所有的灭火器均应配有阀等间歇喷射机构，检查时发现无间歇喷射机构的，则判定为不合格。另外，为便于二氧化碳灭火器内部压力超压时可以释放，以保证安全，要求该类灭火器的器头上应装有超压保护装置，否则判定该灭火器不合格。

2.检查注意事项

（1）在对手提式灭火器标志进行检查时，判别该灭火器是否打有出厂年份、水压试验压力和编号的钢印，应把灭火器放在光线充足的场合，必要时可将灭火器倾斜30°左右，观察灭火器底圈上是否有钢印。这是因为灭火器底圈上打了钢印的，都在上面涂有防腐的涂层，很容易将钢印盖住，如果不仔细观察不易发现，从而会造成误判。

（2）在检查喷射软管接头是否采用金属材料制造时，可将喷射软管从灭火器上拆下来仔细观察，不要被金属表面的涂层（如发黑层）迷惑。

3.检验器具

检验所需器具是最小分辨率为1mm，量程不小于400mm的钢卷尺。

（二）推车式灭火器现场性能检测

1.检查方法

用目测检查推车式灭火器的标志内容和主要部件，用钢卷尺测量喷射软管的长度。

（1）外观检查。推车式灭火器的外观检查与手提式灭火器的外观检查完全相同。

（2）标志检查。标志检查，主要是检查标志的内容是否正确、完整。推车式灭火器的标志内容中须有：灭火器名称、灭火种类代号、灭火级别、使用温度、驱动气体名称和数量（或压力）、使用说明、制造厂名称等。如果在检查时，发现标志的内容比标准规定得少，不管少几项，都判定为标志不合格；而对于多于规定的内容的则不判定为不合格。实施国家标准的产品，要有灭火器身份信息标识；无身份信息标识，则判定为不合格。

（3）结构检查。

①压力指示器和保险机构检查：检查方法与手提式灭火器的检查方法完全相同。

②喷射软管及喷射枪检查：对于推车式灭火器都应设有喷射软管及喷射枪（或二氧化碳喷筒），喷射软管一般采用有纤维编织层或缠绕的橡胶管或有衬里的消防水带，其长度不应小于4m（不包括接头和喷枪长度）。喷射枪或二氧化碳灭火器的喷筒应取用方便，喷射枪一般由铝合金压铸而成，二氧化碳灭火器的喷筒一般采用橡胶或ABS工程塑料制成。二氧化碳灭火器的喷筒与喷射软管连接处应配有一个能耐-50℃低温、电绝缘、绝热和防静电的手柄，以保护操作者在使用期间不遭受伤害。凡不装喷射软管或者喷射软管的长度小于4m（用卷尺测量时，软管两端的接头和喷枪的长度都不应计入4m之内），则判定该灭火器不合格；凡是推车式灭火器上没有装设可以“开”“关”的喷枪，或推车式二氧化碳灭火器没有二氧化碳喷筒，则判定该灭火器不合格；采用旋转式开启的喷枪，在其枪体上应有指示“开”“关”字样的标记，如果没有的，则判定该灭火器不合格。

③喷射软管的固定装置检查：喷射软管组件和喷射控制阀应被安全地固定在贮藏盒或夹紧装置中。在危急的场合，喷射软管应能被快速、简便地展开，并无绞缠。凡没有安装喷射软管的固定装置的推车式灭火器，均判定为不合格。

④行驶机构的检查：推车式灭火器的行驶机构应有足够的通过性能，在推或拉行过程中的最低位置（除轮子外）与地面间的间距不应小于100mm。检查该机构通过性能时，其方法可采用钢直尺进行测量，测量时将灭火器置于推或拉的位置，钢直尺从地面开始测量到最低位置（轮子除外）的尺寸，其应不小于100mm，否则判定该灭火器不合格。

2.检查注意事项

（1）在检查推车式贮压式灭火器的压力指示器时，压力指示器上20℃时的压力值一定要与该灭火器商标上所标的20℃压力值一致。压力指示器可适用的符号要与相配的灭火器类别一致。

（2）在检查喷射软管接头材料时，可以将喷射软管接头从灭火器的器头上拆下来，仔细检查。

3.检验器具

检验所需器具包括：最小分辨率为1mm、量程不小于4m的钢卷尺；最小分辨率为1mm、量程不小于100mm的钢直尺。

（三）简易式灭火器现场性能检测

1.检查方法

（1）用目测检查简易式灭火器的外观和结构。由于对贮压式简易灭火器没有规定须装有显示内部压力的压力指示器，因此，贮压式简易灭火器不装压力指示器可以判定为合格。但凡是装有压力指示器的简易式灭火器，其压力指示器的种类应与该灭火器的种类相符。另外，要求简易式灭火器20℃时充装压力值应不大于1.0MPa，因此，选用的压力指示器在20℃时工作压力大于1.0MPa，则判定为不合格；简易式灭火器如有保险销等保险机构，其保险机构检查方法和要求与手提式灭火器相同；如无手提把的简易式灭火器，其喷射操作部位应有保护盖等保护措施。如果没有这种保护措施的，则判定为不合格。

（2）用卡尺测量筒体外径。简易式灭火器筒体的外径不得大于75mm。采用卡尺测量，对大于75mm的，则判定为不合格。

2.检查注意事项

在检查简易式灭火器的标志时，应对商标上是否印有“灭火器一经开启，不得重复使用、充装”的警示性文字进行仔细查看，不要疏漏。

3.检验器具

检验所需器具为卡尺，其最小分辨率为0.1mm，量程为150mm。

五、灭火器的类型

（一）按操作使用分类

（1）手提式灭火器一般指灭火剂充装量小于20kg，能手提移动实施灭火的便携式灭火器。手提式灭火器是应用较为广泛的灭火器材，绝大多数的建筑物配置该类灭火器。

（2）推车式灭火器总装量较大，灭火剂充装量一般在20kg 以上，其操作一般需两人协同进行。通过其上固有的轮子可推行移动实施灭火。该灭火器灭火能力较大，特别适应于石油化工等企业。

（3）背负式灭火器能用肩背着实施灭火，灭火剂充装量较大，是消防人员专用的灭火器。

（4）手抛式灭火器一般做成工艺品形状，内充干粉灭火剂，需要时将其抛掷到着火点，干粉散开实施灭火。

（5）悬挂式灭火器是悬挂在保护场所内，依靠火焰将其引爆自动实施灭火。

（二）按充装的灭火剂分类

（1）水型灭火器以清水灭火器为主，使用水通过冷却作用实施灭火。

（2）泡沫型灭火器有空气泡沫灭火器和化学泡沫灭火器。化学泡沫灭火器目前已被淘汰，空气泡沫灭火器内装水成膜泡沫灭火剂。

（3）干粉灭火器是我国目前使用最为广泛的灭火器，其有两种类型。碳酸氢钠干粉灭火器：又叫BC类干粉灭火器，用于扑灭液体、气体火灾，对固体火灾扑灭效果较差，不宜使用。但对纺织品火灾非常有效。磷酸铵盐干粉灭火器：又叫ABC类干粉灭火器，可灭固体、液体、气体火灾，适用范围较广。

（4）卤代烷型灭火器是气体灭火器的一种，其最大的特点就是对保护对象不产生任何损害。出于保护环境的考虑，卤代烷1211灭火器和卤代烷1301灭火器，目前已停止生产使用。现在已生产七氟丙烷灭火器，替代卤代烷1211灭火器和卤代烷1301灭火器。

（5）二氧化碳灭火器也是一种气体灭火器，也具有对保护对象无污损的特点，但灭火能力较差。

（三）按驱动压力形式分类

（1）储气瓶式灭火器的动力气体储存在专用的小钢瓶内，是和灭火剂分开储存的，有外置和内置两种形式。使用时是将高压气体释放出并充到灭火剂储瓶内，作为驱动灭火剂的动力气体。由于灭火器筒体平时不受压，有问题也不易发现，突然受压有可能出现事故，正逐步被淘汰。

（2）储压式灭火器是将动力气体和灭火剂储存在同一个容器内，依靠这些气体或蒸气的压力驱动将灭火剂喷出。

（3）化学反应式灭火器通过酸性水溶液和碱性水溶液混合发生化学反应产生二氧化碳气体，借其压力将灭火剂驱动喷出灭火。酸碱灭火器、化学泡沫灭火器等属于这类灭火器。由于安全原因，这类灭火器属于淘汰产品。

（4）泵浦式灭火器是通过附加的手动泵浦加压，将灭火剂驱动喷出灭火，这种灭火器主要使用水作为灭火剂。对灭草丛火灾效果较好。

六、灭火器配置场所的火灾种类和危险等级

（一）火灾种类

（1）灭火器配置场所的火灾种类应根据该场所内的物质及其燃烧特性进行分类。

（2）灭火器配置场所的火灾种类可划分为以下五类。

①A类火灾：固体物质火灾。

②B类火灾：液体火灾或可熔化固体物质火灾。

③C类火灾：气体火灾。

④D类火灾：金属火灾。

⑤E类火灾（带电火灾）：物体带电燃烧的火灾。

（二）危险等级

（1）工业建筑灭火器配置场所的危险等级，应根据其生产、使用、储存物品的火灾危险性、可燃物数量、火灾蔓延速度、扑救难易程度等因素，划分为以下三级。

①严重危险级：火灾危险性大，可燃物多，起火后蔓延迅速，扑救困难，容易造成重大财产损失的场所。

②中危险级：火灾危险性较大，可燃物较多，起火后蔓延较迅速，扑救较难的场所。

③轻危险级：火灾危险性较小，可燃物较少，起火后蔓延较缓慢，扑救较易的场所。

（2）民用建筑灭火器配置场所的危险等级，应根据其使用性质、人员密集程度、用电用火情况、可燃物数量、火灾蔓延速度、扑救难易程度等因素，划分为以下三级。

①严重危险级：使用性质重要，人员密集，用电用火多，可燃物多，起火后蔓延迅速，扑救困难，容易造成重大财产损失或人员群死群伤的场所。

②中危险级：使用性质较重要，人员较密集，用电用火较多，可燃物较多，起火后蔓延较迅速，扑救较难的场所。

③轻危险级：使用性质一般，人员不密集，用电用火较少，可燃物较少，起火后蔓延较缓慢，扑救较易的场所。

七、灭火器的选择

（一）选择灭火器时应考虑的因素

1.灭火器配置场所的火灾种类

每一类灭火器都有其特定的扑救火灾类别，如水型灭火器不能灭B类火，碳酸氢钠干粉灭火器对扑救A类火无效等。因此，选择的灭火器应适应保护场所的火灾种类。这一点非常重要。

2.灭火器的灭火有效程度

尽管几种类型的灭火器均适用于灭同一种类的火灾，但它们在灭火程度上有明显的差异。如一具7kg二氧化碳灭火器的灭火能力不如一具2kg干粉灭火器的灭火能力。因此选择灭火器时应充分考虑灭火器的灭火有效程度。

3.对保护物品的污损程度

不同种类的灭火器在灭火时不可避免地会使被保护物品产生不同程度的污渍，泡沫、水、干粉灭火器较为严重，而气体灭火器（如二氧化碳灭火器）则非常轻微。为了保证贵重物质与设备免受不必要的污渍损失，灭火器的选择应充分考虑其对保护物品的污损程度。

4.设置点的环境温度

灭火器设置点的环境温度对灭火器的喷射性能和安全性能均有影响。若环境温度过低，则灭火器的喷射性能显著降低；若环境温度过高，则灭火器的内压剧增，灭火器本身有爆炸伤人的危险。因此，选择时其环境温度要与灭火器的使用温度相符合。

5.使用灭火器人员的素质

灭火器是靠人来操作的，因此选择灭火器时还要考虑建筑物内工作人员的年龄、性别、职业等，以适应他们的身体素质。

（二）灭火器类型的选择

灭火器类型选择原则如下。

（1）扑救A类火灾应选用水型、泡沫型、磷酸铵盐干粉型和卤代烷型灭火器。

（2）扑救B类火灾应选用干粉、泡沫、卤代烷和二氧化碳型灭火器。

（3）扑救C类火灾应选用干粉、卤代烷和二氧化碳型灭火器。

（4）扑救带电设备火灾应选用卤代烷、二氧化碳和干粉型灭火器。

（5）扑救可能同时发生A、B、C类火灾和带电设备火灾应选用磷酸铵盐干粉和卤代烷型灭火器。

（6）扑救D类火灾应选用专用干粉灭火器。

（三）选择灭火器时应注意的问题

（1）在同一配置场所，当选用同一类型灭火器时，宜选用相同操作方法的灭火器。这样可以为培训灭火器使用人员提供方便，为灭火器使用人员熟悉操作和积累灭火经验提供方便，也便于灭火器的维护保养。

（2）根据不同种类火灾，选择相适应的灭火器。

（3）配置灭火器时，宜选用手提式或推车式灭火器，因为这两类灭火器有完善的计算方法。其他类型的灭火器可作为辅助灭火器使用，如某些类型的微型灭火器作为家庭使用效果也很好。

（4）在同一配置场所，当选用两种或两种以上类型灭火器时，应选用灭火剂相容的灭火器，以便充分发挥各灭火器的作用。

（5）非必要场所不应配置卤代烷灭火器，宜选用磷酸铵盐干粉灭火器或泡沫灭火器等其他类型灭火器。

参考文献

[1]全国火灾调查技术学术工作委员会.火灾调查科学与技术 2020[M]. 天津：天津大学出版社，2021.

[2]王文杰.建筑火灾事故原因认定法律实务[M].北京：中国建材工业出版社，2021.

[3]宋波.火灾调查技术2019[M].天津：天津大学出版社，2020.

[4]全国火灾调查技术学术工作委员会组织.火灾调查科学与技术 2021[M].北京：中国计划出版社，2021.

[5]姜波.火灾[M].南京：南京出版社，2019.

[6]王天瑞.火灾调查实战技能 · 全国比武团体科目解析[M].北京：新华出版社，2022.

[7]应急管理部消防救援局.高层建筑火灾扑救技术[M].上海：上海科学技术出版社，2019.

[8]张建军，李学军.火灾事故调查典型案例研究[M].北京：世界图书出版公司，2020.

[9]李惠菁.火灾事故调查实用手册[M].上海：上海科学技术出版社，2018.

[10]高翱，曾定.电气火灾防控技术及应用[M].沈阳：东北大学出版社，2022.

[11]王健.电气火灾危险性与电线电缆老化关系分析[M].北京：应急管理出版社，2019.

[12]迟玉娟.消防管理与火灾预防[M].北京：中国建材工业出版社，2022.

[13]刘暄亚，鲁志宝，郝爱玲.火灾成因调查技术与方法[M].天津：天津大学出版社，2017.

[14]国网宁夏电力有限公司.配电线路工技能鉴定实操题库[M].北京:阳光出版社，2019.

[15]孙丽娜，何玲.低压电工实用技术 微课版[M].镇江：江苏大学出版社，2020.

[16]颜峻.电气防火技术[M].北京：气象出版社，2021.

[17]应急管理部消防救援局.消防监督检查手册[M].昆明：云南科技出版社，2019.

[18]赵杨.建设工程建筑防火设计审核、消防验收与消防监督检查一本通[M].呼和浩特：内蒙古大学出版社，2019.

[19]张慧，李星岫.消防安全管理与监督检查[M].长春：吉林科学技术出版社，2022.

[20]胡群明，张晓颖，余威.消防产品自愿性认证概述及指南[M].天津：天津大学出版社，2020.

[21]杨永起，孔祥荣.中国建筑保温防火产品及应用技术[M].北京：中国建材工业出版社，2015.

[22]应急管理部消防救援局.消防产品质量监督执法手册[M].昆明：云南人民出版社，2019.

[23]李博，李涛，刁晓亮.强制性认证消防产品工厂条件典型配置汇编——建筑耐火构件产品[M].天津：天津大学出版社，2018.

[24]陈灵智.高分子材料阻燃防火常识[M].石家庄：河北科学技术出版社，2019.

[25]消防救援人员业务训练系列教材编委会.消防员灭火救援实用理论 上[M].上海：上海科学技术出版社，2020.

[26]消防救援局培训基地.中国消防灭火救援实战研究 第2卷[M].北京：中国人民公安大学出版社，2019.

[27]中国标准出版社.消防标准汇编 灭火救援卷 第3版[M].北京：中国标准出版社，2018.

[28]张学魁，闫胜利.建筑灭火设施[M].北京：中国人民大学出版社，2014.